临近空间飞艇飞行控制技术

Flight Control Technology for Near Space Airships

史智广　翟昱涛　陈新民　左宗玉——著

国防工业出版社

·北京·

内 容 简 介

本书是“十四五”国家重点图片出版规划项目“临近空间低速飞行器技术丛书”之一，系统分析了临近空间的应用价值、临近空间飞艇的特征优势及应用场景，提炼出临近空间飞艇昼夜循环驻空过程中外界热辐射环境变化下氦气“超热/超冷”引发的浮力囊体安全压力成形浮力保持的核心关键基础问题。本书结合总体技术解决途径将国内外临近空间飞艇科学分类为抗压技术体制和调压技术体制两大类，剖析了临近空间飞艇的环境、被控对象、控制设计及控制目标等一般特点及两类技术体制飞艇飞行控制独特的难点，进而完整论述了其动力学与热力学耦合建模、飞行控制设计、航线巡航与区域驻留典型模式下飞行控制和长航时能力评估仿真、低空缩比飞行试验验证平台设计及实飞试验等过程。本书研究对象基本覆盖国内外现有临近空间飞艇主流技术体制，内容涉及建模、控制、仿真与试验验证等全流程理论与工程技术方法，是一本专业性、指导性较强的著作，具有鲜明的临近空间低速飞行器技术特色。

本书既可作为从事临近空间飞艇总体、飞控、建模仿真与低空试验科研人员的参考书，也可作为高校控制科学与工程学科临近空间飞行器领域从事低速飞行器建模、控制与低空缩比飞行理论研究人员及学生的一般指导教材。

图书在版编目(CIP)数据

临近空间飞艇飞行控制技术/史智广等著．--北京：国防工业出版社，2025.1．-- ISBN 978-7-118-13421-6

Ⅰ．V274

中国国家版本馆 CIP 数据核字第 202445TA72 号

※

国防工業出版社出版发行

（北京市海淀区紫竹院南路 23 号　邮政编码 100048）

北京虎彩文化传播有限公司印刷

新华书店经售

*

开本 710×1000　1/16　**彩插** 4　**印张** 15　**字数** 240 千字

2025 年 1 月第 1 版第 1 次印刷　**印数** 1—1500 册　**定价** 188.00 元

国防书店：(010)88540777　　书店传真：(010)88540776

发行业务：(010)88540717　　发行传真：(010)88540762

“临近空间低速飞行器技术丛书”

编 委 会

主　　任:顾逸东(中科院空间应用工程与技术中心,中国科学院院士)

副 主 任:侯中喜(国防科技大学,教授)

徐忠新(电子科技集团38所,研究员)

杨燕初(中科院空天信息创新研究院,研究员)

编　　委:(按姓氏笔画排序)

王全保(上海交通大学,研究员)

史智广(航天科工集团飞艇公司,研究员)

李　钊(电子科技集团18所,研究员)

李立毅(哈尔滨工业大学,教授)

刘沛清(北京航空航天大学,教授)

宋笔锋(西北工业大学,教授)

张卫民(国防科技大学,教授)

杨　洋(航天科技集团八院811所,研究员)

杨希祥(国防科技大学,教授)

倪　勇(电子科技集团38所,研究员)

徐国宁(中科院空天信息创新研究院,研究员)

谭惠丰(哈尔滨工业大学,教授)

秘 书 长:杨希祥(兼)

序　言

临近空间是继陆、海、空、天之后人类进一步拓展和利用的自然环境，是跨接传统航空与航天的新兴战略空间，对于催生新的经济产业和作战力量具有重大战略意义。以平流层飞艇和高空长航时太阳能飞机为代表的临近空间低速飞行器，可实现月、年量级的超长航时驻空，对地覆盖范围宽广，军民信息领域用途广泛，被形象地称为“平流层卫星”，是军事强国和商业巨头竞相发展的重大前沿方向。

十四五伊始，国防工业出版社前瞻布局，组织国内一流专家力量开展“临近空间低速飞行器技术丛书”编纂工作。丛书从总体和关键技术两个层面着手，系统总结临近空间低速飞行器技术前沿研究成果，全面阐述关键科学与技术问题。以国际最新技术进展和高水平研究成果为基础，聚焦制约长期驻空的先进囊体材料、昼夜循环能源、高空高效电机螺旋桨推进、轨迹与压力控制等核心技术，突出体系性和系统性，重视理论性与实用性相结合，可为该领域科研人员提供基础研究和工程研制参考。

临近空间安全是国家安全的重要组成部分，抢占临近空间，研发临近空间飞行器，建设临近空间学科，功在当代、利在千秋。我相信丛书的出版必将为我国临近空间领域科技创新和人才培养做出重大贡献！

中国科学院院士 

前 言

临近空间一般是指高于航空器飞行高度，低于航天器轨道高度的空天结合区域，气流以水平运动为主，不存在降雨、雷电等复杂气象，具有独特的环境优势和巨大的潜在军事效能，已成为各国争先抢占开发利用的战略空间资源，谁先实现对该空间的开发与利用，谁就占据主导优势，形成非对称威慑能力及应用价值。其军事应用价值主要体现在开发利用价格低、持续工作时间长、战场机动性能强等方面，民事应用价值主要体现在防灾减灾、国土资源观测与地理信息测绘、海洋监测、林业与现代农业、水利监测与环境保护、气象与大气观测、城市规划与管理、高空通信中继与宽带无线通信等领域，对拉动相关材料、能源等高新技术进步，带动上下游产业发展，促进产业化形成具有重要意义。

临近空间飞艇利用空气静力学高效稳定飘浮在驻空高度，配置电推进系统、循环能源系统，充分发挥临近空间底层 20km 高度附近常年风速小、空气密度适中、太阳能充足等环境特征，达到驻空高度"浮重平衡、动阻平衡、能源平衡"，可在目标区域上空凝视侦察数月，监视范围达到 1000km，能够有效开发利用临近空间资源。其在实现长航时飞行能力及工程化应用中面临着昼夜循环驻空过程中外界热辐射环境变化下氦气"超热/超冷"引发的浮力囊体安全压力成形浮力保持的核心关键基础问题，目前国内外临近空间飞艇按照解决该问题的总体技术途径不同可以划分为抗压技术体制(通过高强度蒙皮材料加工成型后的浮力囊体硬抗循环超热超压)和调压技术体制(通过浮力囊体内部布设调压气囊昼夜循环压力调节其超热超压维持在低压安全水平及维形浮力保持,或利用半硬式骨架系统低压承力维形浮力保持拉低昼夜超热超压水平)两大类,均受现有蒙皮材料性能及其热控涂层性能的制约,无法满足长航时多昼夜循环驻空超热超压闭环(白天氦气超热过大引发浮力囊体大超压,易引发囊体超压破裂或释放氦气降低航时),需要配合闭环飞行控制实现稳定的来流空速进行强制对流降低氦气超热水平,以实现飞艇"温致超压平衡"。这就产生一种矛盾的现象:临近空间飞艇特别是在白天不仅要稳定浮空,还要持续动态飞行。虽然不会像利用空气动力学的航空器若不持续飞行就会跌落那样,但飞艇若不持续飞行(白天)就会导致囊体超压破裂或释放氦气降低航时(对飞行任务的实施一样是致命的)。飞行控制能力不再仅是性能配置,更成为平台保命的一种必需的辅助手段,这无疑是对利用空气静力学飞行原理的飞艇总体效能的发挥是种压制或削弱。但其反映了当前研究两类临近空间飞艇动力学与热力学耦合下的飞行控制问题,既能提供稳定来流闭环超热超压,又能满足区域驻留、航路巡航等驻空应用飞行模式需求,方向重点突出、核心问题定位准确、工程应用需求迫切。未来,应重点从轻质高强蒙皮材料性能提升、表面热控涂层热物理性能提升、总体技术体制创新或应用模式创新等方面展开深入研究,释放飞艇总体性能潜能。

本书是"十四五"国家重点图片出版规划项目"临近空间低速飞行器技术丛书",全书共6章。第1章介绍了临近空间应用价值、临近空间飞艇特征优势,将其科学划分为抗压体制、调压体制两大类,并提炼出两类典型的平台对象结构,分析了飞行控制所面临的问题、特点及难点,综述了国内外两类平台、建模、控制与试验等方面的相关研究现状。第2章论述了典型抗压体制临近空间飞艇动力学建模过程,包括坐标系建立、桁架与囊体的动能与势能计算、飞艇所受的非保守广义力计算,重点介绍了两个浮力囊体相互遮挡下的气动特性计算问题，并对飞艇运动特性、抗风能力进行了开环仿真分析。第 3 章分析了典型抗压体制临近空间飞艇路径、偏航角及切向速度等控制跟踪问题，介绍了基于解出加速度的非线性补偿的任意光滑平面路径跟踪的标称非线性控制律设计及在桁架、囊体与气动力等不确定参数摄动下的基于动态非线性观测器补偿的鲁棒控制律设计，并对临近空间弱风层影响下航线巡航、区域驻留应用飞行模式进行系统闭环控制仿真验证。第 4 章论述了典型调压体制临近空间飞艇运动学、动力学与热力学建模过程，包括坐标系建立、缩比风洞试验空气动力分析、重力/浮力/附加惯性力及螺旋桨推力计算，环境热力学模型、蒙皮热力学模型、氦气热力学模型及氦气泄漏模型建立，并对力热耦合运动特性、抗风能力、随风飘长航时能力评估进行了开环仿真。第 5 章分析了典型调压体制临近空间飞艇路径、复合速度等控制问题，介绍了基于复合速度定义下的制导控制律设计。同时，采用改进的非线性预测控制方法进行基于有限时间区间上滚动优化控制器参数减少飞艇消耗的控制能量，结合内外囊体压力安全循环调节策略对临近空间弱风层影响下航线巡航、区域驻留应用飞行模式进行系统闭环控制仿真验证。第 6 章介绍了低空缩比飞行试验验证平台相似性设计，包括单值性条件分析、相似准则推导、相似准则数选取、相似指标分析及缩比参数计算。研制出 4.8：1 缩比实物样机，阐述了其功能组成、高度自主配平能力关键技术实现途径，并实施了艇库内及艇库外实飞验证。

本书在撰写期间得到了国家自然科学基金（NO. 62073019），某国家实验室的陆伟宁项目总师，国防科技大学侯中喜教授、杨希祥教授，北京航空航天大学的霍伟教授、周锐教授等的悉心指导和建议，以及国防工业出版社的辛俊颖编辑对本书出版给予的大力支持和帮助，在此一并表示衷心的感谢！

有关临近空间飞艇控制领域的学术文章较多，但系统性阐述抗压体制多体动力学的建模、控制、仿真验证及低空飞行试验，调压体制多要素力热耦合建模、运动与压力耦合控制、仿真验证及长航时能力评估等问题的书籍及文章较少。本书在撰写过程中，吸收借鉴了国内外学者公开发表的报告、资料、专利及学术文章，融合了作者10余年从事临近空间飞艇总体、飞控及飞行试验等相关领域研究所取得的部分可公开成果，循序渐进、逐层深入回答了临近空间飞艇飞行控制“为什么做?”“怎么做?”“做出来的效果如何?”等一些问题，力图呈现给读者全面、准确的信息。

由于作者水平有限，书中难免存在不足和疏漏的地方，敬请读者批评指正。

2023年10月于北京丰台

目　录

第 1 章 绪论

1.1 临近空间应用价值

临近空间(20～100km)一般是指高于航空器飞行高度,低于航天器轨道高度的空天结合区域,包含了大气层中平流层绝大部分区域、全部中间层和热层的底部,如图 1-1 所示。该高度层以水平东西风为主,基本不存在云、雨、雷、电等天气现象[1-2],具有独特的环境优势和巨大的潜在军事效能,是军事应用需求拓展的必然结果,已成为各国抢占利用开发的战略空间资源。目前,世界各国技术研发水平处于同一梯队,谁先实现该空间的开发与利用,谁就占据主导优势,具有非对称威慑力。其军事应用价值体现在[3]开发利用价格低、持续工作时间长、战场机动性能强、军事应用效益高等方面,民事其应用价值体现在发展高空观光旅行,带动上下游产业发展等方面。

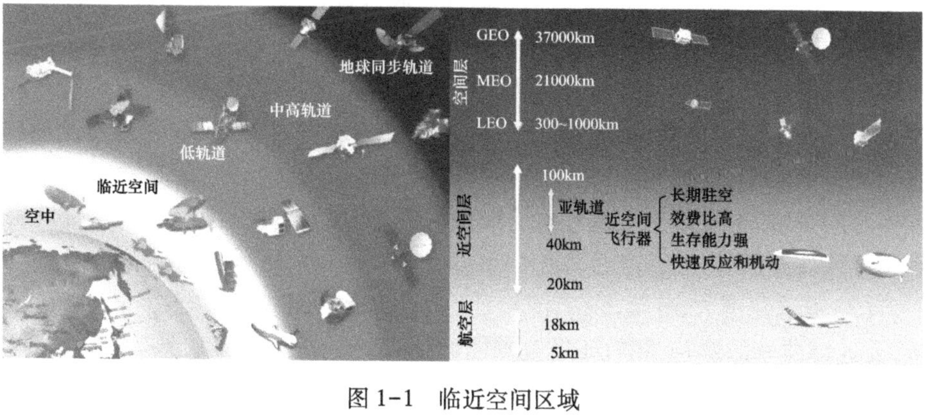

图 1-1　临近空间区域

临近空间飞艇是一种利用其独特的环境优势、依靠静浮力高效运行在约20km高度的浮空飞行器，可在目标区域上空定点凝视侦察数天至数月，监视范围达到1000km，能够有效开发利用临近空间资源，实现我国天、临、空、地装备体系优势互补，提升我军联合协同作战效能[4]。

1.2 临近空间飞艇特征优势及应用场景

临近空间飞艇飞行原理不同于利用空气动力学的航空器、轨道动力学的航天器，飞行高度介于两者之间的空天结合区域，主要利用空气静力学高效稳定飘浮在驻空高度，充分发挥临近空间底层20km高度附近常年风速小、空气密度适中太阳能充足等环境特征优势，通过在主囊体中填充轻于空气的氦气产生的静浮力实现驻空高度“浮重平衡”，配置电推进系统实现低速抗风机动飞行“动阻平衡”、循环能源系统实现昼夜长航时驻空电力不间断供应“能源平衡”；同时，满足昼夜循环驻空过程中热辐射环境变化引发的氦气超热导致浮力囊体超压安全闭环，既要保证白天热辐射强烈时大超热超压浮力囊体安全，又要维持夜晚超热降低后的浮力囊体低压成形，使得临近空间飞艇飞行过程兼具“浮空器热力学+飞行器动力学”复杂耦合特征，技术体系复杂度、难度较大，是一种典型的浮空飞行器。

结合临近空间飞艇飞行原理特征及运行环境，其相较于传统的航空器（如飞机）、航天器（如卫星）在区域时效性、持久性、定点特性、安全性、视野范围、视野清晰度、抗复杂天气、载荷能力、重复使用等方面具有较强的竞争优势，如图1-2所示，具体表现在以下几个方面。

（1）定点能力强、区域驻留持久：临近空间飞艇配置电推进系统，具备不小于90km/h的抗风能力，基本覆盖我国中低纬度地区0~25km高度全年环境风场变化（图1-3），能够实现全任务周期全天候抗风定点飞行；同时，配置循环能源系统昼夜不间断供能，利用静浮力高效持久区域驻留在目标空域达数天至数月之久。消除了飞机等航空器受装机燃料限制的影响、区域驻留时效性及持久性不足的影响，卫星等航天器受重访周期的影响，以及间隙性区域覆盖、灵活机动定点特性差的弊端。

（2）覆盖范围大、分辨率高、传输延迟小：临近空间飞艇运行在空天结合区域，受地球曲率的影响，相较于航空器能够提供更大的任务区域覆盖能力，如同样在5°仰角下，一艘运行在20km高度临近空间飞艇的视场半径是飞行在10km高度飞机视场半径的4倍；同时，相较于航天器受大气层电离层的干扰及自由

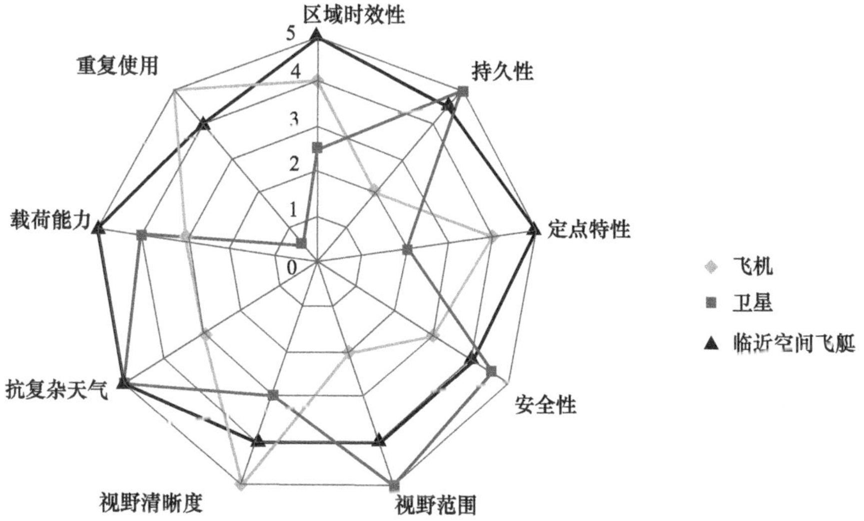

图 1-2　临近空间飞艇竞争能力强度分布

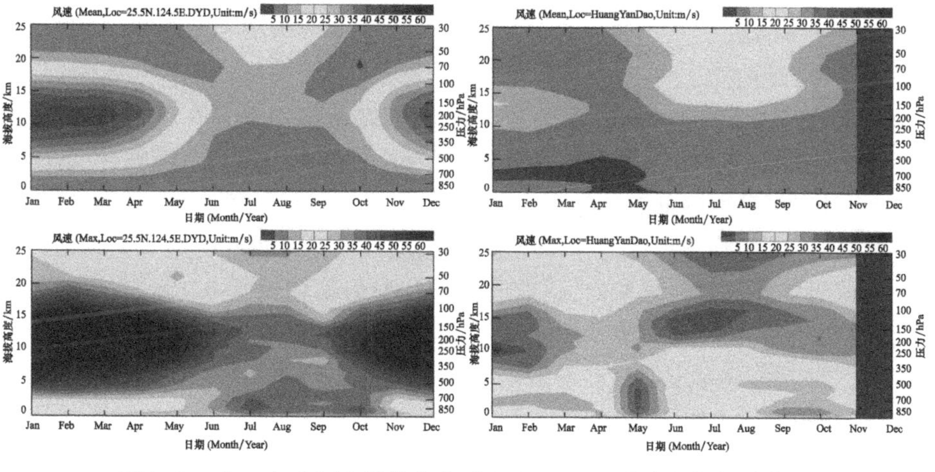

图 1-3　近 10 年我国中低纬度典型地区 0~25km 高度风场统计分布

空间衰减的影响，能够提供更高的分辨率及更低的传输时延，如搭载同样类型的电子侦察载荷，其空间光学分辨率可提高一个数量级，自由空间衰减可减少 65dB，延迟时间只有 0.5ms 左右。

（3）载荷能力强、使用效费比高：临近空间飞艇载荷能力在几百千克至几吨量级，采用载荷与平台一体化设计理念，其载重比可以达到 30%~40%[5]，对载荷搭载参数限制较低，且平台结构相对简单，配置空气囊能够实现成形升降、准确返场可重复使用，部署运行及维护控制等的花费相对较小。以与预警机相比为例，燃料消耗少、费用成本低，约为"全球鹰"无人机的40%[6]，按照DARPA提供的数据，E-8联合监视目标攻击雷达系统每飞行1h的使用成本为5.2万美元，E-3机载预警与控制系统则为2.4万美元，而ISIS临近空间飞艇(图1-4)只需要0.3万美元[5]。

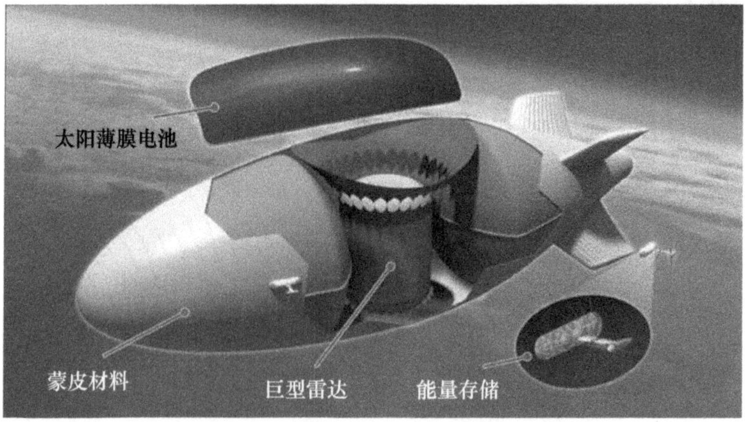

图1-4　ISIS临近空间飞艇总体设计示意图

(4)安全性高、生存能力强：临近空间飞艇基本采用全复合材料制造，虽然体积较大，但由于材料本身的雷达反射系数极小、没有大尺寸高温部件，加上在飞艇设计时可采取降低艇体的可观测性、对金属材料部件采用吸波材料进行表面喷涂以及外形隐身设计的种种措施，可保证飞艇具有较好的隐身性。据初步分析，临近空间飞艇在顺航向、逆航向的雷达反射面积约为0.16m^2，与B-2隐身轰炸机相当，比战斗机的2~5m^{2}要小得多；飞行高度在20km左右，不易被敌方雷达等捕获，且超出了目前一般防空导弹的打击范围，被敌方防空系统和空中战机识别攻击的可能性较低。另外，即使遭受普通攻击，由于其靠囊体静浮力驻空仍能保持相对较长的悬浮工作时间，即便被击毁，也不会有人员伤亡，损失较低[7]。

近年来，中国周边半岛问题、钓鱼岛及东海问题、南海问题、中印边界问题频频出现波动，对中国的对外贸易乃至国家安全造成严重影响，建立可跨区域的大范围侦察监视系统，实施对周边区域的持续侦察监视的应用需求迫切。临近空间飞艇作为一种新型综合电子信息平台，通过搭载不同任务载荷与卫星、无人机、预警机、地面雷达等构成"高低搭配、远近结合"的侦察监视预警体系，可在目标区域上空定点凝视侦察数天至数月之久，单艇监视范围达到1000km，对于提升我军在联合作战中的区域侦察监视、目标预警探测、战场环境探测、电子侦察对抗等方面具有不可代替的优势和作用。在民用领域方面，临近空间飞艇通过搭载不同任务载荷，可用于防灾减灾、国上资源观测与地理信息测绘、海洋监测、林业与现代农业、水利监测与环境保护、气象与大气观测、城市规划与管理、高空通信中继与宽带无线通信，对统筹城乡发展，加强能源资源节约和生态环境保护，优化国土开发格局，拉动相关材料、能源等高新技术进步，促进产业化发展具有重要的意义，如图 1-5 所示。

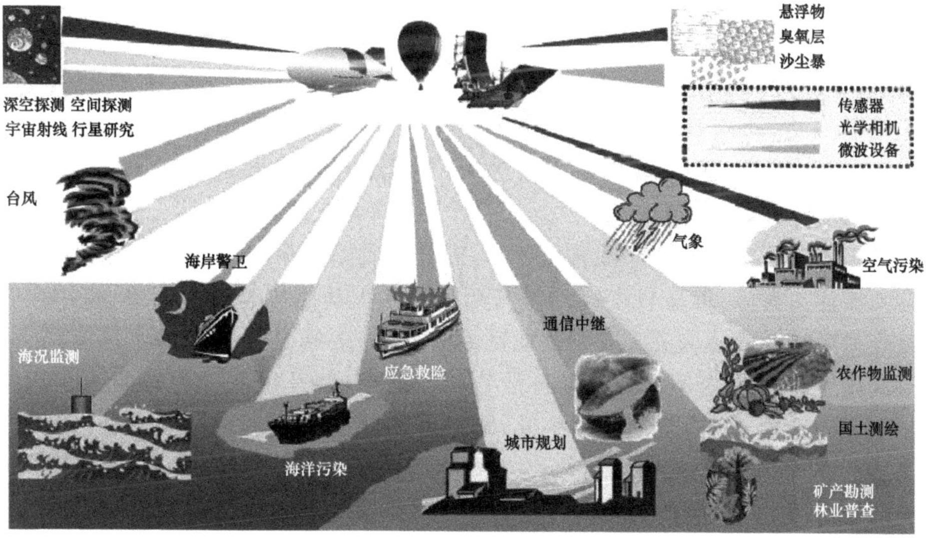

图 1-5 临近空间飞艇民用领域应用场景示意图

1.3 临近空间飞艇分类

结合临近空间飞艇特征可知，其是一种典型的浮空飞行器，基本飞行原理是依靠主囊体排开空气产生的静浮力平衡自身质量实现稳定驻空，必然面临着昼夜循环驻空过程中外界热辐射环境变化下氦气“超热/超冷”引发的浮力囊体安全压力成形浮力保持的核心关键基础问题。对该问题进一步剖析说明，白天在太阳辐射、红外辐射综合作用下，飞艇内部氦气超热可以达到 60℃ 左右，20km 高度产生的超压达到 1500Pa；夜晚仅受红外辐射作用，氦气微弱超热，为弥补长航时氦气累积微量泄漏带来的浮力损失，一般需保持夜晚基础压差 200Pa 以上维持囊体浮力，即临近空间飞艇面临的核心关键基础问题是如何解决昼夜循环氦气超热超压 200~1700Pa 范围内浮力囊体结构安全的难题。按照解决该问题的总体技术体制途径差异，国内外临近空间飞艇基本可以划分为两大类：

一类是抗压技术体制，主要是通过高强度蒙皮材料加工成型后的浮力囊体硬抗循环超热超压，但受限于蒙皮材料强度密度比及加工工艺水平，大尺寸囊体加工成型后的强度发挥率及氦气泄漏率都大大低于材料本身性能，使在确保囊体承压安全的前提下尺寸有限（一般在 50000m^3 以下），如中国北京航空航天大学的“圆梦号”临近空间飞艇[图 1-6(a)]，上海交通大学的欧拉体临近空间飞艇[图 1-6(b)]，美国的“高空哨兵”(HiSentinel)临近空间飞艇[图 1-6(c)]；或多囊体组合以提供所需更大的静浮力，如美国 JP 航宇公司的黑暗空间站(Dark Space Station，临近空间试验原型[图 1-6(d)]、(天腾)Tandem，临近空间飞艇[图 1-6(e)]、星光(StarLight)级联临近空间飞艇[图 1-6(f)]等。

该类临近空间虽然布局构型各异，但其本质特征相同——单一或多囊体组合高压浮力囊体，覆盖昼夜循环氦气超热超压。其优势是结构简单、解耦浮空器热力学特性简化为无人飞行器的动力学控制；弊端是浮力囊体规模有限、飞行高度及载荷能力不足或气动特性复杂、飞行控制及抗风能力较弱。一般采用非成形升降方式，重复使用率低，未来可向低成本、应急快速响应应用方向发展。在浮力囊体表面被动热控功能涂层性能或材料强度密度没有明显提升的情况下，其本质特征不会发生改变，后续称该类型飞艇为“抗压体制临近空间飞艇”。

另一类是调压技术体制，主要通过浮力囊体内部布设调压气囊昼夜循环压力调节其超热超压维持在低压安全水平及维形浮力保持，或利用半硬式骨架系统低压承力维形浮力保持拉低昼夜超热超压水平。如中国航天科工飞艇公司的临近空间飞艇[图 1-7(a)]、航空 605 所临近空间飞艇[图 1-7(b)]，美国的高空飞艇(HAA)临近空间飞艇[图 1-7(c)]，日本的平流层平台(SPF)临近空间飞艇[图 1-7(d)]，俄罗斯的“金雕”临近空间飞艇[图 1-7(e)]，法国的平流层客车(StratoBus)临近空间飞艇[图 1-7(f)]等。

该类临近空间飞艇本质特征——浮力囊体内部布设调压副气囊或骨架系统，将内部氦气昼夜循环超热产生的大超压调控到几百帕以下安全范围。优势是流线型气动布局具备优良的低阻操纵性能及高抗风能力、低压氦气泄漏小利于超长航时驻空、浮力囊体尺寸限制小利于提高飞行高度及载荷能力；弊端是结构相对复杂、热力学调控与飞行控制耦合紧密、体积大、成本高。其一般采用成形升降方式，重复使用能力强，未来向长航时、可往返重复使用方向发展。后续称该类飞艇为“调压体制临近空间飞艇”。

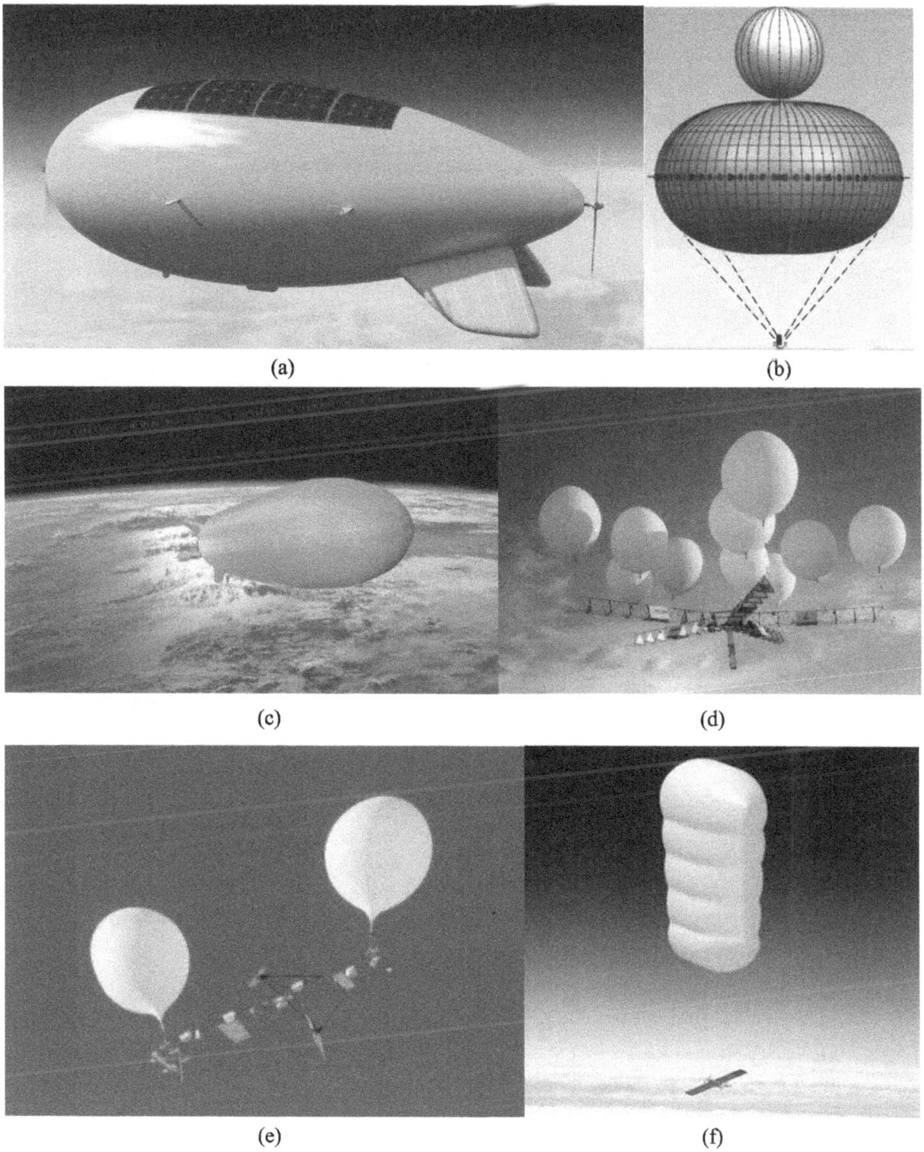

图 1-6　抗压体制临近空间飞艇

（a）“圆梦号”临近空间飞艇；（b）欧拉体临近空间飞艇；（c）HiSentinel 临近空间飞艇；（d）Dark Space Station 临近空间试验原型；（e）Tandem 临近空间飞艇；（f）StarLight 级联临近空间飞艇。

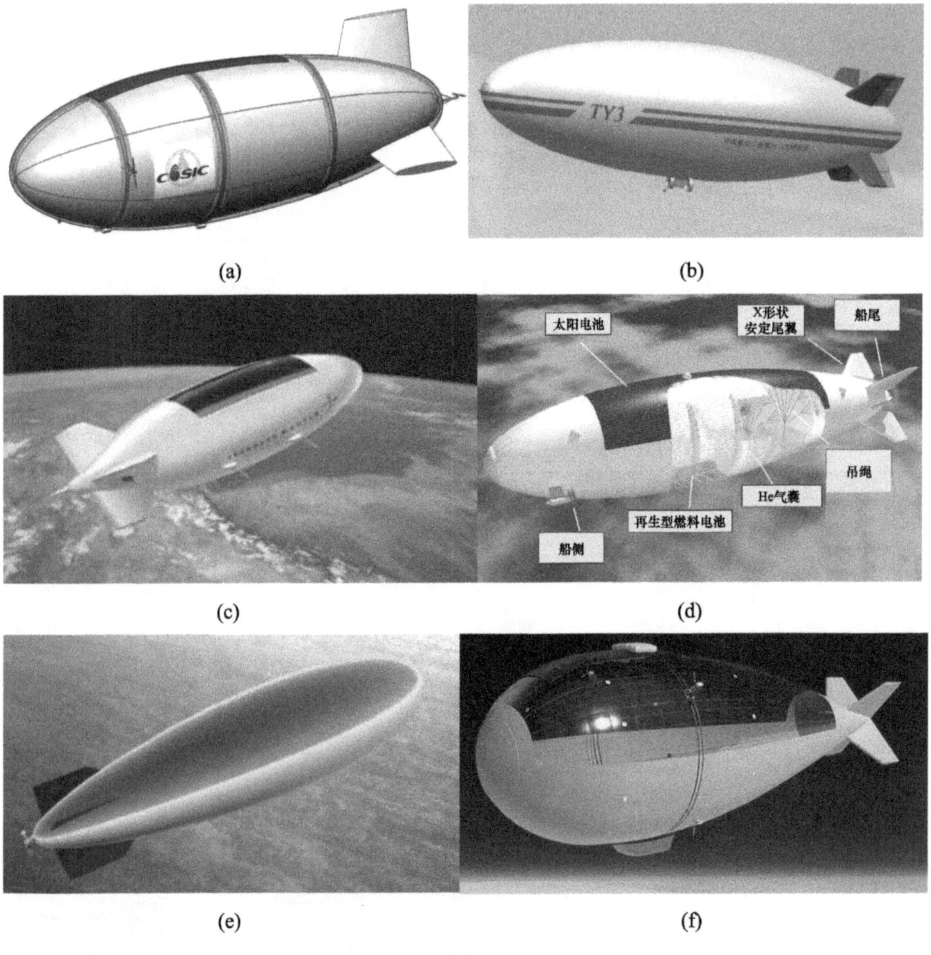

图 1-7　调压体制临近空间飞艇

(a)航天科工临近空间飞艇;(b)航空 605 所临近空间飞艇;(c)HAA 临近空间飞艇;
(d)SPF 临近空间飞艇;(e)“金雕”临近空间飞艇;(f)StratoBus 临近空间飞艇。

1.4　临近空间飞艇控制问题

1.4.1　控制问题分析

国内外临近空间飞艇通过抗压、调压两类技术体制给出长期驻空外界热辐射环境变化下氦气“超热/超冷”引发的浮力囊体安全压力成形浮力保持难题的解决途径。近年来，临近空间飞艇热特性研究结果表明[8]，在蒙皮表面铺设热控涂层，提高蒙皮材料的太阳光发射率，降低吸收率，能够有效降低临近空间飞艇长期驻空过程中昼夜温差变化幅度，采用吸收率/发射率为0.1左右的反射膜后，可使艇内气体由昼夜温差造成的循环超热幅度控制在40K以下，提高蒙皮材料强度密度比安全压差约束下的囊体尺寸，实现满足抗风能力需求下的动阻平衡及昼夜不间断供电的能源平衡的综合约束下的浮重平衡。当前蒙皮热控涂层的太阳光吸收率/发射率在0.2左右，使得内部氦气最大超热值达到60K左右，需要通过飞行控制实现稳定的来流空速进行强制对流降温。这样既能提供稳定来流闭环超热超压，又能满足区域驻留、航路巡航应用飞行模式需求。

临近空间飞艇的跟踪问题可以分为轨迹跟踪和路径跟踪两类。其中，轨迹跟踪是指给定期望的时变轨迹，设计控制律使飞艇的轨迹跟踪误差满足精度要求；路径跟踪是指给定期望的几何路径和期望速度，设计控制律使飞艇以给定速度沿设定的路径运动，同时在飞行过程上控制飞艇的偏航角沿平面路径的切向。两者的区别在于轨迹跟踪对受控运动的轨迹有对时间的严格要求，而路径跟踪只要求以给定速度沿给定路径飞行，其位置没有明显对时间的要求。临近空间飞艇作为一种新型综合电子信息平台，通过搭载不同任务载荷实现广域场景应用，对目标执行区域的巡航、驻留有一定要求，而对时间的限定相对较弱。另外，由于其囊体气动阻力大、动力配置弱、侧向控制能力低等特点，选择路径跟踪作为控制目标类型较为合适。

结合临近空间飞艇两大技术体制，各自选取典型结构为被控对象，具有较强的普适性。

(1)以美国Tandem临近空间飞艇为原型，抽象凝练一种双超压囊体组合构型的临近空间飞艇作为典型的被控研究对象，可应用于抗压体制临近空间飞艇飞行控制领域，具有较强的普适性和广泛性。该类研究对象气动构型及控制布局如图1-8所示。

从图1-8可以看出，该类典型抗压体制临近空间飞艇采用单排纵列式两囊体组合布局，通过约束绳索将囊体产生的静浮力传递至底部桁架，桁架两侧各分布两台电动螺旋桨、首尾各分布一台航向矢量螺旋桨。通过桁架上分布的电动螺旋桨驱动控制桁架，进而牵引浮力囊体跟踪期望控制目标，实现驻空高度平面路径区域驻留、航线巡航。其典型参数如单个囊体直径为44m、质量约为1460kg，单台动力系统推力为450N，桁架系统总质量约为4925kg。

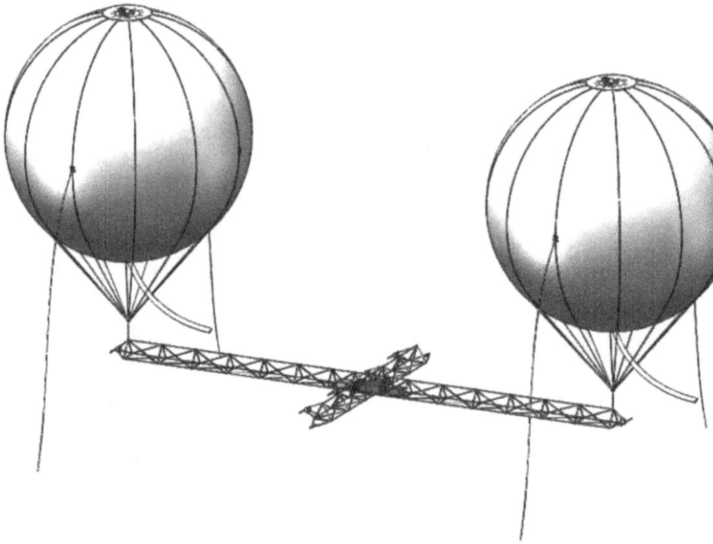

图 1-8 典型抗压体制临近空间飞艇气动构型及控制布局

(2)以美国 HAA 临近空间飞艇为原型,抽象凝练一种浮力囊体内含有双调节内囊构型的临近空间飞艇作为典型的被控研究对象,可应用于调压体制临近空间飞艇飞行控制领域,具有较强的普适性和广泛性。该类研究对象总体构型及控制布局如图 1-9 所示。

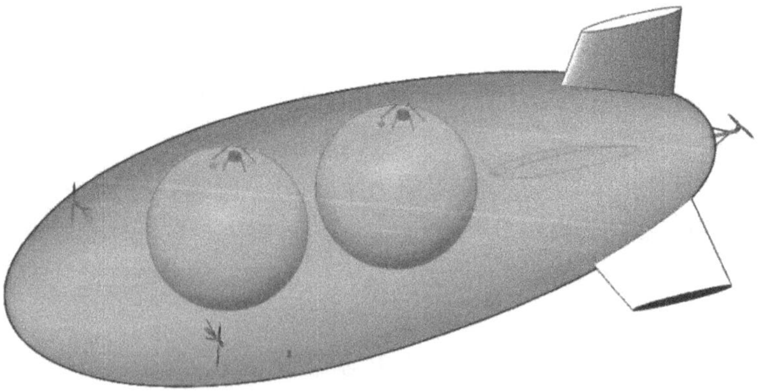

图 1-9 典型调压体制临近空间飞艇总体构型及控制布局

从图 1-9 可以看出,该类典型调压体制临近空间飞艇采用"流线形主囊体+倒 Y 形尾翼"气动布局,内部含有两个超压正球形调节气囊,主囊体两侧前段各布设一台固定轴电机螺旋桨,尾部布设一台航向矢量电动螺旋桨。通过两侧桨差动、尾部桨矢量航向控制飞艇跟踪期望控制目标，实现驻空高度平面路径区域驻留、航线巡航。其典型参数如外囊体长123m、最大直径囊体直径为40m、调节内囊体半径为15m、单台动力系统推力为600N、系统质量约为9068kg。

1.4.2 特点与难点分析

结合临近空间飞艇特征，可进一步分析其飞行控制的特点。

（1）环境特点：临近空间环境风场大尺度稳定、在小尺度时间上存在一定随机性，以东西风为主，存在弱风层，风速与飞艇飞行速度相当，动压较小，原位风场测量困难，风场扰动信息存在不确定性，此为控制环境的一大特点。

（2）被控对象特点：20km高度的空气密度只有地面的1/14，使依靠静浮力驻空的临近空间飞艇的浮力囊体尺寸达到百米量级，尺寸大、惯量大、响应缓慢、时滞效应明显，系统参数测量困难，此为被控对象的一大特点。

（3）控制设计特点：稀薄空气下的电动螺旋桨推力输出能力有限，“小马拉大车”机动控制性差，且受浮重平衡能力约束，动力布局一般采用“前拉+航向矢量推/拉”精简化设计，气动尾翼无舵面，动力飞行控制手段单一，俯仰与滚转姿态无控制通道，欠驱动控制效应明显，此为控制设计的一大特点。

（4）控制目标特点：驻空高度稳定控制主要由浮重平衡决定，可以与水平动力机动控制解耦，且由于飞艇机动性差、匹配区域驻留和航线巡航等实际应用飞行模式需求，长期驻空期望控制目标可以简化为二维平面路径跟踪控制，通过典型圆、直线路径组合实现任意几何路径的规划问题，此为控制目标的一大特点。

临近空间飞艇飞行控制的上述特点为其算法设计带来了巨大的挑战，且由于两类临近空间飞艇差异明显，又带来一些特有的飞行控制设计难点。

（1）抗压体制临近空间飞艇难点：无热力学调控耦合，可以降阶为动力学控制问题，但多囊体组合、无尾翼布局使得其气动特性较差，气动特性试验数据获取困难、通过机理建模难度较大，运动自由度多，控制欠驱动效应进一步加剧。

（2）调压体制临近空间飞艇难点：内部结构复杂，热力学交互特性建模模拟难度大，且热力学调控与动力学控制耦合紧密，被控对象特性维度高，是典型的“热力学+动力学”控制问题。

1.5 临近空间飞艇相关研究现状

1.5.1 抗压体制临近空间飞艇

1. 美国“高空哨兵”飞艇

“高空哨兵”飞艇[1]是美国西南研究所与 Raven 工业公司共同开发的临近空间飞艇，美国陆军和导弹防御司令部为该验证项目提供资助。“高空哨兵”飞艇为单囊体构型，内部无副气囊，以非成形方式升降，如图 1-10 所示。

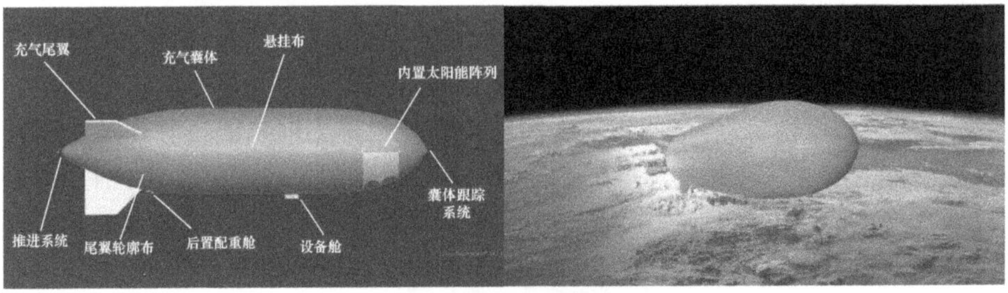

图 1-10 “高空哨兵”飞艇总体示意图

2005 年 11 月 8 日，HiSentinel 20 在新墨西哥州罗斯韦尔采用非成形方式，起飞时为部分充满状态，随着上升逐步使膨胀成形成功地进行了一次临近空间动力飞艇的升空和飞行测试，验证动力飞艇在 22.56km 高度上的技术可行性，飞艇携带了大约 27kg 的设备，飞行高度达到 22km，飞行时间为 5h；2008 年 6 月，HiSentinel 50 在新墨西哥州阿拉莫戈多地区进行了测试飞行，升空至 20km 高度后出现了由囊体压差过高引起的囊体破裂现象，在此高度停留约 30min 后便开始下落，40min 后坠落地面，整个飞行过程约 2h；2010 年 11 月 10 日，HiSentinel 80 从美国亚利桑那州升空，沿东北方向朝着犹他州和科罗拉多州飞行，获取高空飞艇的性能数据，测试各种载荷能力，验证系统载荷长期工作的工程可行性和潜在军事应用。HiSentinel 80 在 20km 高空驻留 8h，由于电机驱动器出现异常，飞艇试飞整个过程处于气球平飘状态，降落时一个氦气阀门出现故障，导致降落时间大于预期时间[9-12]（图 1-11）。

图 1-11　“高空哨兵”系列飞行试验

2. 美国黑暗空间站

黑暗空间站[1]是 JP 航宇公司提出的一种高空飘浮飞艇平台，由多艘长期驻留在 30km 高度的飞艇构成约 3200m 的一个永久性空中驻留平台（图 1-12）。黑暗空间站是从地面到轨道间的高空中转站，是第三方飞行设备补给站，也是远距离操纵的无线电通信中继站。该平台利用燃料电池和太阳能电池作为辅助动力。黑暗空间站可以在临近空间区域（20～100km）长期部署，集卫星和侦察机功能于一体，由地面遥控设备操纵，能完成高空侦察、勘测任务，也可用作战场高空通信中继站，保障指挥中心与作战部队之间的通信。图 1-13、图 1-14 分别为由气球构成的小型模拟黑暗天空站原型 DSS1、DSS2。

图 1-12　黑暗空间站临近空间飞艇平台

图 1-13　DSS1 原型飞艇平台

图 1-14　DSS2 原型飞艇平台

3. 美国天腾飞艇

天腾飞艇[1]由 JP 航宇公司制作，花费仅 3 万美元，先后持续 5 年完成，Tandem 飞艇是一个无人双球飞艇，属于串联类飞艇，安装两个气球，两球之间用 9m 长的碳纤维支架连接。此外，还拥有两个电力发动机，每个发动机驱动一个 1.8m 长的螺旋桨。螺旋桨是专门为 48km 的稀薄大气环境设计的，飞艇质量为 36.3kg，其中 9kg 为气球自身质量（图 1-15）。

如图 1-16 所示，在飞过大气环境复杂的 12～18km 高度后，Tandem 飞艇快速上升到 29km 高度，地面操纵飞艇进行了一系列的飞行机动演习。如果在上升过程中有一个气球爆裂，另一个气球就会被自动释放出来。同时飞艇上备有 5 顶降落伞自动打开，以保证其安全返回地面。作为高海拔实用飞艇，Tandem 飞艇作业高度为 24～42km。可用来执行广泛的重大任务，包括通信、侦察、火箭发射平台、无人机发射平台等。

图 1-15 几种典型的 Tandem 飞艇布局

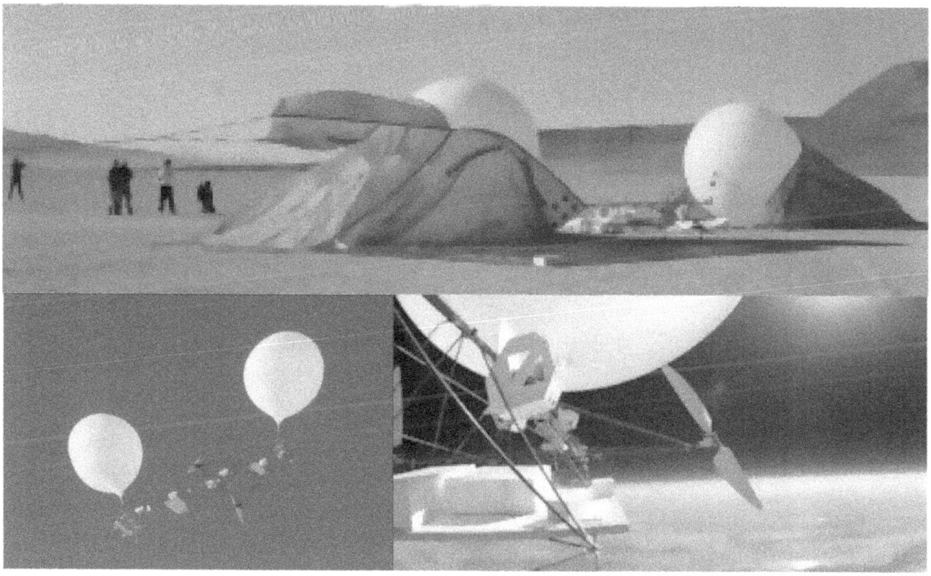

图 1-16 天腾飞艇飞行过程

4. 美国星光太阳能电动混合飞艇

2012 年 3 月 3 日，科罗拉多斯普林斯的全球近空服务（GNSS）和丹佛的 Bye 航宇公司联合宣布，将继续开发一款名为星光（StarLight）的太阳能飞艇[1]，项目目标是使这种低成本、无人的高空飞艇能在平流层一次驻留 4 个月。其能够为商业和政府提供可靠的持续广域传感器和通信。StarLight 飞艇由上下两级构成，上部主囊体采用多流线型囊体组成单一超压浮力囊体，上级部分初步设计等工作均已完成，规模较小的下级部分已经完成一个关键设计的审查，子系统也已组装和测试(图 1-17)。由 Bye 航宇公司加工的太阳能混合电动飞行器的下级部分包括飞行器控制和非系留悬停推进装置。这种新的轻于空气的无人飞行器采用先进的轻质高效柔性薄膜太阳能电池、电力推进技术和轻型复合结构。结合超高海拔的 LTA 先进空气动力学，实现极长的驻留时间。

图 1-17　星光 UAS0212

1.5.2 调压体制临近空间飞艇

1. 美国高空飞艇

2002 年，美国导弹防御局在“先期概念技术演示验证”计划中提出建造军用“高空飞艇”(HAA)[1,9,13]，主要作战任务是长时间停留在美国大陆边缘地区 20km 高空，监视可能飞向北美大陆的弹道导弹、巡航导弹等目标。2005 年 6 月，开始研制长为 131m、直径为 45.74m 的原型飞艇，艇体采用柔韧的多层纤维复合材料，利用空气囊成形升降，两侧各有 2 台电动螺旋桨发动机作为主动力源,可飞行到 18.3km 的高度,驻空时间为 1 个月,承载 227kg 的任务载荷,如图 1-18 所示。

图 1-18 HAA 临近空间飞艇

2011 年 7 月 27 日,洛克希德·马丁公司在俄亥俄州的阿克伦城进行了演示验证艇 HALE-D 的首次飞行试验,目的是验证平流层高空控制的可行性,但在上升至 9.75km 的高空时副气囊阀门结冰,导致排气流量显著降低而无法上升,迫使地面操控人员下达了紧急下降指令。在飞艇撤收过程中,由太阳电池短路引起起火,导致囊体和太阳电池烧毁,有效载荷受到损害,试验未能成功实现预期目标[1,14](图 1-19)。

图 1-19 HAA 演示验证艇 HALE-D 的首次飞行试验

2. 美国传感器/结构一体化飞艇

传感器/结构一体化飞艇(integrated sensor is Structure,ISIS)项目的目标是将电子设备的传感器和天线与飞艇结构进行一体化设计,利用副气囊实现成形升降,设计艇长为300m、最大直径为50m、体积约为30万立方米、结构质量为5500kg、工作高度为20~21km、巡航速度为110km/h、持续留空时间可达90天,设计寿命为10年,该探测器具有跟踪超过600km距离的最先进巡航导弹和地面近300千米距离的敌方作战人员的能力(图1-20)。2009年4月,洛克希德·马丁公司战胜诺斯罗普·格鲁曼公司获得美国国防高级研究计划局(DARPA)授予的总值4亿美元的ISIS项目第三阶段的合同,将与雷神公司(授予合同总值8亿美元)共同为DARPA建造和试验一架缩比1/3尺寸的原型艇。ISIS验证艇计划在2013年下半年开展缩比试验,2018年开展性能试验。DARPA认为ISIS飞艇将是未来革命性的监视平台,可一次持续使用多年,能够替代E-3机载预警与控制系统(AWACS)和E-8C联合监视目标攻击雷达系统(JSTARS)飞机[1,5,15]。

图1-20　传感器/结构一体化飞艇示意图

3. 法国平流层客车

平流层客车(StratoBus)项目[1]由法国泰雷兹·阿莱尼亚宇航公司提出,其技术概念研究开始于2010年,2014年3月对外公布,可用于执行边境和海上监视、通信、广播、导航等任务,最显著特征是长航时和完全自主区域驻留能力(图1-21)。设计艇长为115m、最大直径为34m、总质量为7000kg、体积为63000m^3,考虑低速风带、高度、大气密度等因素,设计驻空高度为20km,具备

90km/h 的抗风能力，载荷能力为 250kg/5kW，风场条件较好的地区，载荷能力可以达到 450kg/8kW。采用成形升降方式，通过在副气囊上安装的风机和阀门调整囊体内空气质量/体积，在地面上，空气体积占囊体总体积的 90%以上，在 20km 高度时，空气体积一般不超过囊体总体积的 5%，降落返场时间不超过 4h。设计寿命为 5 年，每年要进行为期两天的地面维护。

图 1-21 “平流层客车”示意图

2018 年 11 月，StratoBus 临近空间飞艇详细设计方案顺利通过审查，转入工程研制阶段，艇长调整为 140m，体积调整为 85000m^3，并计划于 2020—2021 年完成缩比验证艇研制和试飞，其长度为 40m，最大直径为 12m，飞行高度约为 300m，采用系留方式(图 1-22)。

图 1-22 “平流层客车”缩比飞行试验

2020 年 1 月,法国国防采购局(DGA)与泰雷兹阿莱尼亚空间公司签署合同,开展能满足军方情报、监视、侦察(ISR)等作战需求的“平流层客车”平台研究,包括 ISR 任务作战概念研究(包括作战模拟仿真)、全尺寸样机概念研究。预计将在 2023 年开展飞行验证。首次飞行试验计划在法国著名的伊斯特尔空军基地开展。

4. 日本平流层平台

平流层平台(SPF)项目[1]由日本国家航空实验室于 1998 年提出,采用双椭圆外形、半硬式双层薄膜艇体及“柔性薄膜太阳能电池+RFC”设计,主要用于宽带无线电通信、广播和地理环境监测等领域,设计艇长为 245m、最大直径约为 61m、运行高度为 20km、具备 108km/h 抗风能力、总体积约为 24 万立方米、总质量为 32.4t,如图 1-23 所示。

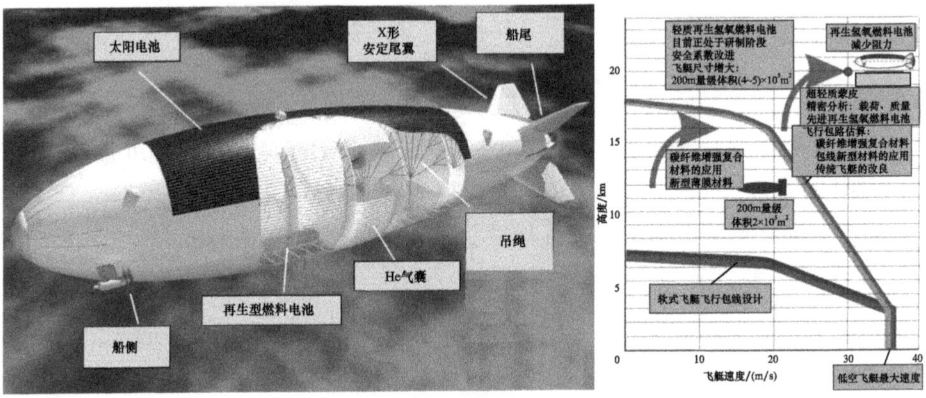

图 1-23　平流层平台总体示意图

2003 年 8 月开展了飞行试验[16],艇体长 47m,直径为 12m,体积为 $3566m^3$,有效载荷为 40kg(图 1-24)。在 30min 内到达 16.4km 高度,之后释放氦气,采用降落伞返回地面,主要验证了放飞技术、浮力精确测量、浮力控制、压力调节、放气策略等。2004 年 11 月,在北海道试验场再次开展了飞行试验,飞艇长 67m、直径为 17m、质量为 6500kg、体积为 $10500m^3$、有效载荷为 250kg,动力装置采用了航空发动机,升空高度约为 4000m,主要测试了热和浮力控制、远程遥控和自动驾驶、定点控制、地面植被和交通状况观测以及电信测试等。2005 年后,逐渐由总体演示验证转向轻质高强蒙皮材料技术和高比能量储能电池技术攻关。

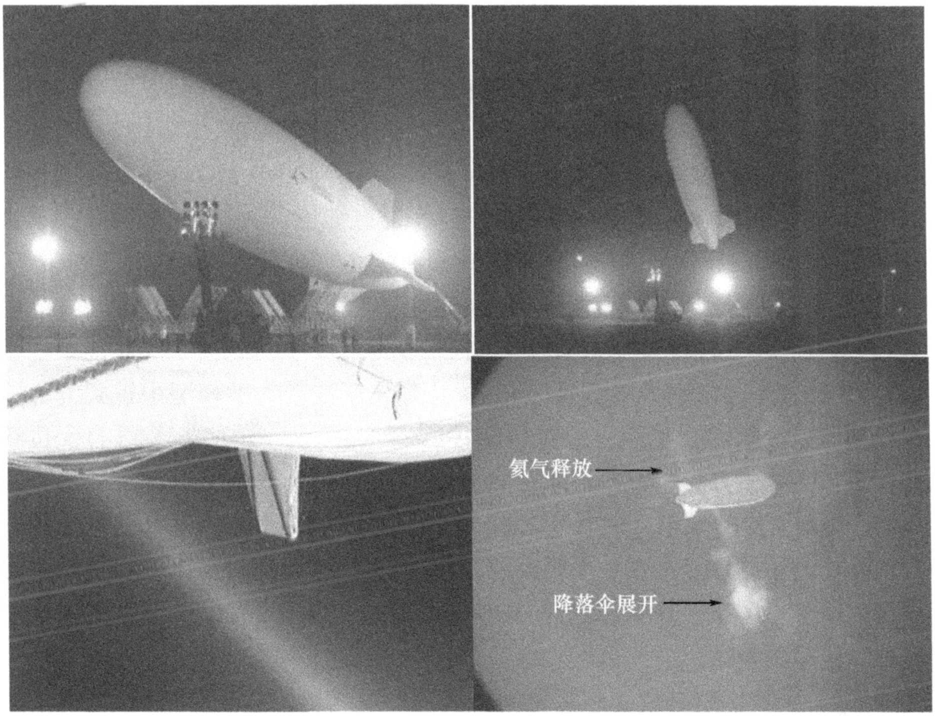

图 1-24　平流层平台低空缩比飞行试验

1.5.3　临近空间飞艇建模、飞行控制与试验

根据前文梳理的本书聚焦的具体研究问题，下面主要针对临近空间飞艇驻空过程被控对象建模、控制与试验方法等方面综述其研究现状。

1. 临近空间飞艇建模

文献[18-20]中详细介绍了飞行器和机器人等通用运动器的建模方法，然而由于飞艇属于低动态飞行器，且体积庞大，无法忽略附加惯性力的影响，因此不能直接采用传统常规飞行器的动力学模型。目前，大部分文献[21-27]采用传统的飞行器动力学建模方法，即选用一般的平动方程和转动方程对临近空间飞艇动力学特性进行刻画，此外文献[28]还提出了一种气动力的全面评估方法，包括附加质量、黏性影响、施加到舵的力、由于舵的存在反作用到艇体的力和阻力等，并进行了仿真[29]；文献[30]对采用不同的控制装置（矢量推进，无舵)的飞艇进行了建模;文献[31]对 Tri-Turbofan 遥控飞艇建立六自由度动力学模型并仿真。

上述所有文献都是基于牛顿-欧拉方程建立飞艇的模型,只是对具体的飞艇对象的控制力、气动力等有所不同。除了传统的建模方法,文献[32-33]还运用半直积约化理论将飞艇的动态用 Lie-Poisson 和 Euler-Poincaré 系统的形式来刻画,直接利用势流理论 Kirchhoff 方程的现有结论,给出了飞艇简单的动力学模型。文献[34]利用飞艇几何和气动参数建立较准确的飞艇纵向线性模型。上述建模过程均默认飞艇为刚体,而由于临近空间飞艇尺寸巨大、柔性特性明显,其柔性变形在建模过程中也需要考虑。文献[35-36]建立了飞艇的柔性模型,将结构变形与气动力结合到一起,整合到飞艇的动力学模型中得到统一的飞艇模型。文献[37]利用更新拉格朗日(updated Lagrangian)模型结合大位移小变形应力张量方程(large displacement and small deformation strain tensor formlation)得到飞艇的模型。此外,文献[38]还建立了带有风影响的飞艇模型方程。除了利用分析方法建立飞艇模型,还可以利用试验和辨识的方法得到飞艇的模型[39]。文献[40]利用传统的建模方法建立模型,然后设计卡尔曼滤波器来估计模型的参数。

另外,文献[41]建立了临近空间飞艇动力学与热力学耦合模型,研究了其上升阶段最短航时的轨迹优化问题,利用高斯伪谱法对问题进行转换;文献[42]建立了临近空间飞艇动力学与热力学耦合模型,研究了临近空间飞艇上升阶段轨迹多目标优化问题,采用遗传算法得出了综合优化结果;文献[43-44]中研究了考虑热效应的临近空间飞艇上升和下降阶段轨迹优化问题,利用直接配点法将轨迹优化问题转化为非线性规划问题,再通过非线性求解器 SNOPT 进行求解;文献[45]中利用粒子群优化算法对非常规飞艇高空对接轨迹进行了优化;文献[46]中研究了临近空间飞艇在梯度风场中以能耗最低为指标的轨迹优化问题,采用直接配点法将轨迹优化转化,利用 GPOPS 求解。

综上所述,临近空间飞艇建模主要聚焦在六自由度动力学方面,对多囊体组合形成的多体动力学建模研究较少;且对其动力学与热力学耦合的建模研究也多用于升降段的轨迹规划并进行简化处理,无法满足长期驻空过程中其耦合特性在运动与压力耦合控制驱动下平台综合性能及航时能力评估的研究需求。

2. 临近空间飞艇飞行控制

临近空间飞艇路径控制器设计都可以按照是否考虑其动力学特性而分为

两类。一类控制器设计方法是完全不考虑临近空间飞艇的动力学特性，只按照期望路径与实际路径之间的偏差进行负反馈控制。这类方法通常称为“运动控制”(kinematic control)，其控制器常采用PD控制器或PID控制器。运动控制的主要特点是控制律简单，易于实现。但这类方法的明显缺点在于控制过程中往往需要较大的能量，这对于“小马拉大车”的临近空间飞艇而言往往是很难实现的。另一类控制器设计方法统称“动态控制”(dynamic control)。这类方法是根据临近空间飞艇动力学模型的性质设计出更精细的非线性控制律，所以又称“基于模型的控制”(model-based control)，具有良好的动态和静态品质，能够克服运动控制中控制能量过大的缺点。

1)PID控制

PID控制是最成熟和应用最广的控制方法之一，其基本思想是将控制偏差通过比例项P、积分项I和微分项D的线性组合构成控制量，对受控对象进行控制以达到预定的性能指标。文献[47]将飞艇的飞行过程分为放飞、巡航、转弯、驻留和着陆五个状态，采用PID控制方法设计了与这些飞行状态相对应的控制器，并研究了不同飞行状态之间的控制切换策略；文献[48]采用PID控制方法设计了AURORA飞艇的控制系统，基本满足飞行控制需求；文献[49]研究了大型高空飞艇的驻留控制问题，根据实验观测数据建立高空风场的数学模型，采用PI控制方法设计了飞艇驻留控制器；文献[50]以低空无人飞艇为研究对象，采用PID控制方法设计了飞行控制器；文献[51]将飞艇的六自由度运动方程解耦为纵向运动方程和横侧向运动方程，采用PID控制方法设计了迎风控制器，仿真结果表明：飞艇的偏航角在风场变化条件下能够有效跟踪输入信号。PID控制方法的主要优点有算法简单、物理意义明确、可靠性高、易于工程实现。但在模型参数及工况发生变化时，控制性能难以得到保证。

2)反馈线性化控制

反馈线性化控制方法的基本思想是：首先通过非线性反馈和坐标变换，将非线性系统变换为线性系统；然后应用线性系统理论对变换后的线性系统进行设计，使控制系统满足设计指标的要求；最后将设计结果通过反变换，转换为原系统的状态和控制形式[52]。反馈线性化方法可分为两大类：微分几何方法和动态逆方法。其中，微分几何方法通过微分同胚坐标变换和非线性反馈给出解耦结构，其主要研究对象为仿射非线性系统。文献[53]采用输入输出反馈线性化方法设计了飞艇姿态控制系统，实现了姿态运动的鲁棒跟踪控制。该方法不同于将姿态控制系统分为俯仰、偏航和滚转三个通道，然后分别设计各通道控制律的常规思路，而是对飞艇的非线性姿态系统进行精确线性化，考虑了三个通道之间的耦合作用。文献[54]以 VIA-50 飞艇为研究对象,采用反馈线性化方法将描述飞艇空间运动的多输入多输出非线性系统变换为解耦线性系统,针对此线性系统设计飞行控制律,并通过仿真试验验证了方法的可行性。文献[55]针对浮力驱动飞艇的姿态和航向控制问题,提出了一种反馈线性化控制方法,分别设计了纵向运动和横侧向运动的非线性反馈控制器。文献[56]推导了飞艇姿态运动方程,首先通过选取合适的状态向量和控制向量,将其描述为仿射非线性系统,采用反馈线性化方法将非线性姿态控制系统线性化解耦为三个通道的线性子系统;然后针对此线性子系统设计姿态控制律,并应用李雅普诺夫(Lyapunov)稳定性理论证明了系统的全局稳定性。仿真结果表明:系统输出能够准确跟踪指令姿态角,验证了姿态控制系统的有效性。该方法采用反馈线性化方法将飞艇的非线性控制系统变换为线性系统,较大程度地简化了控制律设计的难度。动态逆方法通过对运动方程求逆实现系统的线性化解耦,其优点是物理概念明确、直观简便,系统模型可以不受仿射非线性系统形式的限制。文献[57]采用动态逆方法设计了 AURORA 飞艇的轨迹控制系统,并在参数时变和外界干扰条件下,验证了该方法的有效性;文献[58]探讨了土星探测飞艇的概念设计方案,采用动态逆方法设计了飞艇速度控制系统;文献[59]针对飞艇轨迹跟踪控制问题,采用动态逆控制方法设计轨迹跟踪控制系统。动态逆方法的主要缺点是要求建立飞艇空间运动的精确数学模型并进行实时求逆,在实际工程应用中不易实现。

3)变结构控制

变结构控制是一种不连续的反馈控制,其中滑模控制是最常见的变结构控制方法之一。滑模控制通过设计适当的切换流形和变结构控制律,使系统状态轨线在有限时间内到达所设计的切换流形并以适当的速度渐近滑向平衡点,从而保证系统具有预定的性能指标[60],其最大的优点是滑动模态对系统参数摄动及外界干扰不敏感,因此具有强鲁棒性,广泛应用于飞行控制系统设计。文献[61]将离散滑模控制方法应用于飞艇姿态控制系统设计,有效减小了俯仰通道的姿态跟踪误差,但仅考虑了升降舵与俯仰角之间的输入输出关系,没有系统研究俯仰、偏航和滚转三个通道的姿态控制问题;文献[62]采用变结构控制方法设计了飞艇轨迹控制系统;文献[63]基于等效控制原理设计了飞艇平面运动的滑模控制器;文献[64]采用改进的边界层滑模控制方法设计了飞艇飞行控制律,仿真结果表明:控制输入满足飞行控制需求,且对参数变化和外界扰动具有较好的鲁棒性;文献[65]针对飞艇姿态调节问题,采用终端滑模控制方法设计姿态控制律,通过选取终端滑模函数使得姿态跟踪误差在有限时间内收敛至零,应用李雅普诺夫稳定性理论证明了闭环系统的稳定性,并通过仿真试验验证了控制方法的有效性和鲁棒性。滑模控制从理论上讲为不确定系统的鲁棒控制提供了一种有效手段,但是在实际系统中变结构控制在不同的控制逻辑之间来回切换,从而导致滑动模态在切换面附近发生抖振。因此,抖振问题成为滑模控制最显著的缺点。

4)自适应控制

自适应控制通过获取过程状态的连续信息,自动调节控制参数以适应环境条件或过程参数的变化,并保证控制系统达到预定的性能指标。飞艇这一受控对象的不确定性主要包括模型参数变化、未建模动态和外界干扰等,因此,飞行控制系统需要有能够自适应调整控制参数和控制作用,以达到预定的控制指标。文献[66]针对飞艇充放气过程中质量、惯量等物理参数时变这一特点,设计了自适应反馈控制器,使系统能够根据当前的物理参数自适应调节控制参数,保证了系统的稳定性;文献[67]研究了浮重平衡条件下飞艇的轨迹跟踪控制问题,将轨迹跟踪问题转化为误差系统的镇定问题,应用李雅普诺夫稳定性理论和 Matrosov 定理设计了非线性自适应控制器。

5)鲁棒控制

临近空间飞艇动力学模型存在建模误差和参数摄动等不确定性,鲁棒控制是一种适合补偿此类不确定性的有效方法。文献[68]分别采用鲁棒控制和 PI 控制两种方法设计了飞艇航迹控制系统,并对两者进行了比较,结果表明:鲁棒控制在抗干扰方面优于 PI 控制;文献[69]采用线性矩阵不等式(linear matrix inequality,LMI)方法对飞艇姿态控制系统进行了多目标优化设计,使姿态控制系统对工况变化和参数摄动具有较强的鲁棒性;文献[70]针对飞行过程中飞艇模型参数摄动问题,采用 LMI 方法设计了飞艇平面运动的鲁棒控制系统;文献[71]为解决飞艇平面运动的定位和定向控制问题,设计了鲁棒控制器;文献[72]针对飞艇姿态控制问题,采用控制和特征结构配置方法设计了姿态控制系统,其基本思想为:将特征结构配置的输出反馈作为内环,将 H_∞ 控制器作为外环,同时兼顾时域与频域性能指标,以满足系统对鲁棒性和对指令信号精确跟踪的要求,仿真结果表明:在外界扰动条件下系统输出能够准确跟踪指令姿态角。

6)智能控制

智能控制方法是基于专家系统、模糊逻辑、神经网络和信息论等理论的控制方法,主要包括人工神经网络控制、模糊控制和智能优化控制等方法[73]。智能控制系统不是单一的数学解析模型,而是数学解析模型和知识系统相结合的广义模型,具有较强的容错能力。智能控制方法适用于模型未知或模型不确定复杂系统的控制器设计。

人工神经网络控制方法具有并行处理、高度容错、非线性运算等优点,能够高精度地逼近非线性函数。文献[74]设计了一种基于人工神经网络(artificial neural network)和人工操作经验(human operator skill)的飞艇航向控制器;文献[75]采用神经网络模型逆方法(model inversion)设计了飞艇航迹控制器;文献[76]研究了一种基于神经网络的飞艇姿态控制方法,采用自适应径向基函数(radial basis function)神经网络对模型误差进行补偿,根据李雅普诺夫稳定性理论得到神经网络权值的自适应律,使得闭环系统误差信号一致有界。

模糊控制方法是以模糊集合论、模糊语言变量及模糊逻辑推理为基础的一种控制方法,其主要特点是控制系统设计不需要被控对象的精确数学模型,是解决不确定系统控制问题的有效手段。文献[77-78]采用模糊控制方法设计了飞艇航迹控制器,并验证了控制系统的有效性;文献[79]针对飞艇压力调节问题,采用模糊 PID 控制方法设计了压力控制系统,解决了飞艇压力控制响应时间过长、调节精度不高的问题;文献[80]采用滑模控制方法设计了飞艇航迹控制系统,为解决滑模控制导致的抖振问题,以滑模面为模糊输入变量、以控制参数为模糊输出变量设计模糊控制器,通过模糊规则在线调整控制参数。通过与常规滑模控制的对比,验证了模糊滑模控制方法的优势:通过模糊规则在线调整控制参数,降低了切换控制的影响,能够有效抑制滑模控制导致的抖振。模糊控制方法较好地解决了模型不确定对控制系统设计带来的影响,但是模糊规则的确定成为工程应用中的难点。

智能优化控制方法是通过模拟某些自然现象或过程建立的优化方法,其思想和内容涉及数学、物理学、生物学和计算机科学等学科,具有全局、并行、高效的优化性能,鲁棒性和通用性强,为解决非线性优化问题提供了新的思路和手段。文献[69]将飞艇驻留控制问题转化为时间最优控制问题,采用一种改进的遗传算法对控制参数进行寻优,仿真结果表明:时间最优控制律能够使飞艇在较短的时间内回到指令位置,满足驻留控制要求。但是,该方法存在以下局限性:作为开环控制,系统性能易受参数摄动的影响;当初始条件不同时,控制参数须重新进行优化,从而增加了计算量。文献[81]等采用粒子群优化算法(particle swarm optimization,PSO)对空中侦察飞艇的飞行控制系统进行优化设计,使得飞艇能够高精度保持预定位置。文献[82]基于改进的遗传算法将飞艇驻留控制问题转化为非线性多目标优化问题,该方法通过借鉴并行遗传算法、模拟退火算法和向量评价遗传算法的基本思想,在基本遗传操作中添加切断算子和拼接算子,克服了遗传算法易陷入局部最优解、在遗传进化过程中随机性较强、搜索效率低等缺点。文献[83]针对飞艇驻空段航迹规划问题,采用遗传算法求解临近空间飞艇最优轨迹,仿真结果表明:遗传算法能够快速收敛并稳定至最优解。当前,智能控制已经从单学科研究逐步发展到多学科交叉研究,应用领域不断拓展。智能控制与传统控制方法之间的交叉研究有[73]神经网络自适应控制、神经网络变结构控制、模糊变结构控制、模糊自适应控制等;各种智能控制方法之间的交叉研究有专家神经网络控制、模糊神经网络控制、模糊专家系统等。智能控制在理论和仿真研究方面得到了较为完善的结果,但在实际控制系统中的应用有待进一步研究。

综上所述,临近空间飞艇飞行控制研究近年来取得了一定的进展,但由于飞艇控制问题的复杂性,上述控制方法都有各自的适应范围和局限性,难以满足工程应用的实际需求,尚有众多理论和应用问题亟待解决。

3. 临近空间飞艇低空缩比飞行控制试验

临近空间飞艇是一种新型探索性飞行试验平台,具有技术复杂度高、造价成本大、新技术应用集中、飞行试验风险频发[1,11-17]和试验可重复性低等诸多特点,可通过低成本、可重复低空缩比飞行控制试验,验证平台关键技术的有效性及可行性、获取宝贵的试验数据是当前行之有效的解决途径,其关键问题是如何保证缩比模型低空飞行试验与全尺寸飞艇临近空间飞行试验的天地等效相似性。

临近空间飞艇缩比模型与全尺寸艇之间的天地相似性关系是非全局的,两者之间飞行特性的相关性研究较复杂,尚未形成有效的理论与方法。美国NASA兰利研究中心使用缩比模型飞机进行飞行研究已经有很长的历史[84]。虽然在验证可信度方面,缩比飞行验证不能全面代替传统的飞行试验,但对飞行控制等技术的验证具有独特的优势[85]。需满足一定的相似性才能使飞行试验结果相对于原型机有参考价值,研究表明缩比验证飞行对于临近空间飞艇类较小升阻比飞行器的验证有效性较高[86]。当前,对飞行器缩比模型相似性设计及低空飞行试验的研究主要集中在飞机领域,如X-36[76]、X-48B[77]等缩比验证机飞行试验和缩比飞机的相似性分析[78,79]。临近空间飞艇缩比相似性及试验的研究主要集中在气动构型[80,81]、螺旋桨气动与振动[93-99]、结构力学特性响应[100]、柔性气动特性飞行器[101-105]和风洞试验方法[106-111]等领域。

综上所述,临近空间飞艇低空缩比飞行控制试验天地等效相似性的研究成果有限，主要体现在构型、气动和结构等方面，而相似性理论与方法在飞艇飞行控制验证方面的应用涉及较少。

1.6 小结

本章首先简述了临近空间应用价值，牵引出开发、利用该空间资源的临近空间飞艇平台。进而从定点能力强、区域驻留持久，覆盖范围大、分辨率高、传输延迟小，载荷能力强、使用效费比高，安全性高、生存能力强等方面论述了临近空间飞艇的特征优势，并探讨了其应用场景。其次结合平台昼夜循环长航时驻空浮力保持的核心关键基础问题，将国内外临近空间飞艇科学划分为抗压技术体制、调压技术体制两大类。再次提炼出两类典型的平台对象结构，分析了临近空间飞艇飞行控制所面临的问题、特点及难点。最后从两类平台、建模、控制与试验等方面综述了国内外临近空间飞艇相关研究现状，为后续各章的展开奠定背景、目标基础。

第 2 章 抗压体制临近空间飞艇动力学建模

本章依据典型抗压体制临近空间飞艇结构特征，在合理假设下确定了描述其运动的 10 个自由度，推导出飞艇的动能和势能，通过受力分析确定了其所受的非保守广义力，进而基于第二类拉格朗日方程建立了动力学方程，开展了随风飘运动仿真及最大恒定前向推力下运动仿真并分析了平面运动特性、抗风能力，为第 3 章该类飞艇控制律设计与受控闭环系统仿真研究提供了理论基础[112]。

2.1 基本假设

为在能反映抗压体制临近空间飞艇运动特性的前提下，尽可能简化建模的复杂性，突出主要因素、忽略次要因素，作以下合理假设。

(1) 临近空间飞艇飞行速度较低，几百千米短距离飞行可忽略地球曲率和自转，视地面坐标系为惯性坐标系。当飞艇长距离长时间飞行时，只要建立地心大地坐标系，就可由它与地面坐标系的关系导出飞艇相对地心大地坐标系的运动情况。

(2) 因囊体为高压超压气囊，飞行过程中两个浮力囊体充满气因此球形不变，过其中心的铅垂轴保持方向不变，且因囊体吊绳的约束，囊体不产生相对桁架的自转。

(3) 桁架采用“编织力学”方法拉索加固，使其近似于刚体，故建模时视其为刚体。又因桁架为空心结构，迎风面积很小，可忽略其所受的气动力。

2.2 坐标系建立和运动自由度确定

2.2.1 坐标系建立

由抗压体制临近空间飞艇结构（图 1-8）可以看出：其是一个运行在 20km

高度的浮重平衡多体系统，两个囊体产生浮力，螺旋桨产生推力并直接作用于桁架，桁架带动浮力囊体作平面飞行。因此，可以通过描述桁架相对地面的运动，以及两个囊体相对桁架的运动来确定整个飞艇的运动状况，并建立以下与地面、桁架及囊体固连的坐标系。

(1)地面坐标系$\{O_e x_e y_e z_e\}$:该坐标系与地面固连。原点O_e为地面一固定点；$O_e x_e$轴指向水平面正东方向；$O_e z_e$轴竖直向下；$O_e y_e$轴位于水平面内，并与$O_e x_e$和$O_e z_e$轴构成右手坐标系。

(2)桁架坐标系$\{Oxyz\}$:该坐标系与桁架固连。原点O为桁架质心，Ox轴在纵对称面内沿桁架的纵轴向前；Oz轴在纵对称平面内垂直于Ox轴向下；Oy轴在桁架横对称面内，并与Ox轴和Oz轴构成右手坐标系。

(3)囊体1坐标系$\{C_{B1} x_{B1} y_{B1} z_{B1}\}$:该坐标系与囊体1固连。原点$C_{B1}$为囊体1体积中心，$C_{B1} x_{B1}$轴平行于$Ox$轴在水平面的投影；$C_{B1} z_{B1}$轴竖直向下；$C_{B1} y_{B1}$轴在水平面内，并与$C_{B1} x_{B1}$轴和$C_{B1} z_{B1}$轴构成右手坐标系。

(4)囊体2坐标系$\{C_{B2} x_{B2} y_{B2} z_{B2}\}$:该坐标系与囊体2固连。原点$C_{B2}$为囊体2体积中心，$C_{B2} x_{B2}$轴平行于$Ox$轴在水平面的投影；$C_{B2} z_{B2}$轴竖直向下；$C_{B2} y_{B2}$轴在水平面内，并与$C_{B2} x_{B2}$轴和$C_{B2} z_{B2}$轴构成右手坐标系。

通过所建立的上述4个坐标系，即可完整描述囊体和桁架的位置和姿态。

2.2.2 桁架运动描述

桁架相对地面的位置可以由桁架坐标原点O在地面坐标系中的位置$\{x,y,z\}$确定。桁架相对地面的姿态，可用桁架坐标系与地面坐标系间的欧拉角$\{\phi,\theta,\psi\}$确定，其定义如下。

(1)滚转角ϕ:桁架坐标系Oz轴与通过桁架坐标系Ox轴的铅垂面间的夹角，右滚转为正；

(2)俯仰角θ:桁架坐标系Ox轴与水平面的夹角，抬头为正；

(3)偏航角ψ:桁架坐标系Ox轴在水平面上的投影与地面坐标系$O_e x_e$轴间的夹角，右偏航为正。

2.2.3 囊体运动描述

由于囊体由系绳连接到桁架上，又由基本假设(2)知:过其中心的铅垂轴保持方向不变，且囊体不产生相对桁架的自转，故只要知道囊体系绳相对桁架坐标系的夹角，就可确定囊体相对桁架坐标系的位置和姿态。

如图 2-1 所示，为描述两个囊体的运动，定义以下系绳偏角：

(1)囊体 1 系绳侧偏角χ_{11}：囊体 1 系绳 $O_{B1}L_{B1}$ 与面 Oxz 的夹角，囊体 1 向右偏为正。

(2)囊体 1 系绳倾角χ_{12}：囊体 1 系绳 $O_{B1}L_{B1}$ 在面 Oxz 上的投影 $O_{B1}L'_{B1}$ 与 $-Oz$ 轴间的夹角，投影在 $-Oz$ 轴左侧为正。

(3)囊体 2 系绳侧偏角χ_{21}：囊体 2 系绳 $O_{B2}L_{B2}$ 与面 Oxz 的夹角，囊体 2 向右偏为正。

(4)囊体 2 系绳倾角χ_{22}：囊体 2 系绳 $O_{B2}L_{B2}$ 在面 Oxz 上的投影 $O_{B2}L'_{B2}$ 与 $-Oz$ 轴间的夹角，投影在 $-Oz$ 轴左侧为正。

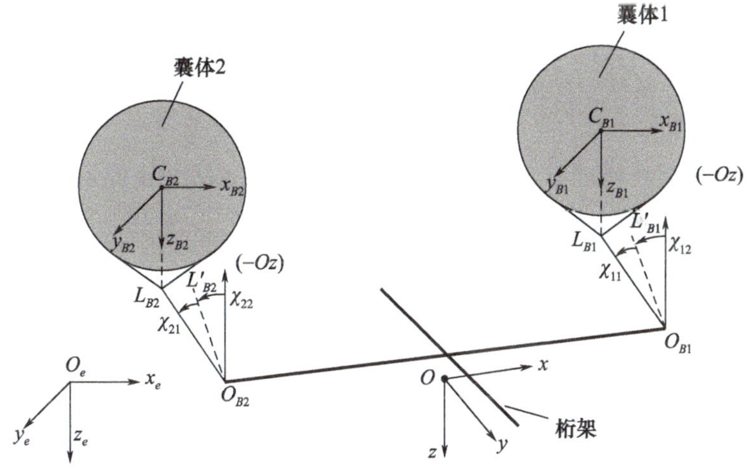

图 2-1　囊体运动描述

2.2.4　运动自由度确定

至此，可将上述 10 个变量分为四组：$\boldsymbol{r}=[x,y,z]^{\mathrm{T}}$，$\boldsymbol{\Theta}=[\phi,\theta,\psi]^{\mathrm{T}}$，$\boldsymbol{\chi}_1=[\chi_{11},\chi_{12}]^{\mathrm{T}}$，$\boldsymbol{\chi}_2=[\chi_{21},\chi_{22}]^{\mathrm{T}}$。其中 $\boldsymbol{r}$ 和 $\boldsymbol{\Theta}$ 分别描述桁架相对地面的位置和姿态，$\boldsymbol{\chi}_1$、$\boldsymbol{\chi}_2$ 分别描述两个囊体相对桁架的位置和姿态。显然，这 10 个变量是完整描述抗压体制临近空间飞艇这个多体系统相对地面位置和姿态的一组最小独立变量，故其具有 10 个运动自由度。

2.3 基于第二类拉格朗日方程建立临近空间飞艇动力学模型

2.3.1 基本原理

本节利用第二类拉格朗日方程建立抗压体制临近空间飞艇动力学模型,第二类拉格朗日方程是建立多体力学系统动力学模型的一般方法,其形式为

$$\frac{\mathrm{d}}{\mathrm{d}t}\left(\frac{\partial L}{\partial \dot{\boldsymbol{q}}}\right)-\frac{\partial L}{\partial \boldsymbol{q}}=\boldsymbol{Q} \tag{2-1}$$

式中:拉格朗日函数 $L=T-V$,T 为系统总动能,V 为系统总势能;$\boldsymbol{q}$ 为系统的一组广义坐标;$\boldsymbol{Q}$ 为系统所受非保守的主动力系对应广义坐标的广义力。利用第二类拉格朗日方程建模,只需求出用广义坐标表示的系统总动能和总势能,以及非保守的主动力系所对应的广义力,即可代入第二类拉格朗日方程得到系统的动力学方程。

利用第二类拉格朗日方程建模的优点是:建模方法系统性强,建模时不依赖广义坐标的选取,所建立的模型不出现多体系统中各物体间的内力,形式为更为简洁的封闭形式,便于进行理论分析和控制设计。

2.3.2 飞艇动能和势能计算

由 2.2.4 节知抗压体制临近空间飞艇有 10 个运动自由度,可选取上述 10 个变量作为描述飞艇运动的广义坐标,即取广义坐标 $\boldsymbol{q}=[q_{01},q_{02},\cdots,q_{10}]^{\mathrm{T}}=[\boldsymbol{r}^{\mathrm{T}},\boldsymbol{\Theta}^{\mathrm{T}},\boldsymbol{\chi}_1^{\mathrm{T}},\boldsymbol{\chi}_2^{\mathrm{T}}]^{\mathrm{T}}$。

1. 桁架动能和势能

桁架的动能 T_W 由随质心 O 的平动动能和绕质心 O 的转动动能两部分组成:

$$T_W=\frac{1}{2}m_W\dot{\boldsymbol{r}}^{\mathrm{T}}\dot{\boldsymbol{r}}+\frac{1}{2}\boldsymbol{\omega}^{\mathrm{T}}\boldsymbol{I}_O\boldsymbol{\omega} \tag{2-2}$$

式中:m_W 为桁架质量;$\boldsymbol{r}$ 为桁架质心 O 的矢径在地面坐标系中的表示;$\boldsymbol{\omega}=[p,q,r]^{\mathrm{T}}$ 为桁架相对于地面的角速度在桁架坐标系中的表示;$\boldsymbol{I}_O=\mathrm{diag}(I_x,I_y,$

I_z)为桁架对 O 点的惯性张量阵在桁架坐标系中的表示,其中$\{I_x, I_y, I_z\}$为桁架对桁架坐标系 3 个坐标轴的转动惯量。

由桁架坐标系定义可知,桁架坐标系到地面坐标系的坐标变换矩阵为

$$\begin{aligned}\boldsymbol{R}_\Theta &= \boldsymbol{R}_z(\psi)\boldsymbol{R}_y(\theta)\boldsymbol{R}_x(\phi)\\ &= \begin{bmatrix}\cos\psi & -\sin\psi & 0\\ \sin\psi & \cos\psi & 0\\ 0 & 0 & 1\end{bmatrix}\begin{bmatrix}\cos\theta & 0 & \sin\theta\\ 0 & 1 & 0\\ -\sin\theta & 0 & \cos\theta\end{bmatrix}\begin{bmatrix}1 & 0 & 0\\ 0 & \cos\phi & -\sin\phi\\ 0 & \sin\phi & \cos\phi\end{bmatrix}\\ &= \begin{bmatrix}\cos\theta\cos\psi & \sin\theta\cos\psi\sin\phi-\sin\psi\cos\phi & \sin\theta\cos\psi\cos\phi+\sin\psi\sin\phi\\ \cos\theta\sin\psi & \sin\theta\sin\psi\sin\phi+\cos\psi\cos\phi & \sin\theta\sin\psi\cos\phi-\cos\psi\sin\phi\\ -\sin\theta & \cos\theta\sin\phi & \cos\theta\cos\phi\end{bmatrix}\end{aligned} \tag{2-3}$$

式中:$\boldsymbol{R}_x(\cdot)$、$\boldsymbol{R}_y(\cdot)$、$\boldsymbol{R}_z(\cdot)$分别为绕 x 轴、y 轴、z 轴的三个基本旋转矩阵

$$\boldsymbol{R}_x(\cdot)=\begin{bmatrix}1 & 0 & 0\\ 0 & \cos(\cdot) & -\sin(\cdot)\\ 0 & \sin(\cdot) & \cos(\cdot)\end{bmatrix},$$

$$\boldsymbol{R}_y(\cdot)=\begin{bmatrix}\cos(\cdot) & 0 & \sin(\cdot)\\ 0 & 1 & 0\\ -\sin(\cdot) & 0 & \cos(\cdot)\end{bmatrix},$$

$$\boldsymbol{R}_z(\cdot)=\begin{bmatrix}\cos(\cdot) & -\sin(\cdot) & 0\\ \sin(\cdot) & \cos(\cdot) & 0\\ 0 & 0 & 1\end{bmatrix}$$

满足:

$$\boldsymbol{R}_x(-\phi)=\boldsymbol{R}_x^{\mathrm{T}}(\phi)=\boldsymbol{R}_x^{-1}(\phi),\ \boldsymbol{R}_y(-\theta)=\boldsymbol{R}_y^{\mathrm{T}}(\theta)=\boldsymbol{R}_y^{-1}(\theta),$$

$$\boldsymbol{R}_z(-\psi)=\boldsymbol{R}_y^{\mathrm{T}}(\psi)=\boldsymbol{R}_z^{-1}(\psi)$$

$$\frac{\mathrm{d}}{\mathrm{d}\phi}\boldsymbol{R}_x(\phi)=\boldsymbol{S}(\boldsymbol{e}_1)\boldsymbol{R}_x(\phi)=\boldsymbol{R}_x(\phi)\boldsymbol{S}(\boldsymbol{e}_1)$$

$$\frac{\mathrm{d}}{\mathrm{d}\theta}\boldsymbol{R}_y(\theta)=\boldsymbol{S}(\boldsymbol{e}_2)\boldsymbol{R}_y(\theta)=\boldsymbol{R}_y(\theta)\boldsymbol{S}(\boldsymbol{e}_2)$$

$$\frac{\mathrm{d}}{\mathrm{d}\psi}\boldsymbol{R}_z(\psi)=\boldsymbol{S}(\boldsymbol{e}_3)\boldsymbol{R}_z(\psi)=\boldsymbol{R}_z(\psi)\boldsymbol{S}(\boldsymbol{e}_3)$$

这里,$\boldsymbol{e}_1$、$\boldsymbol{e}_2$ 和 $\boldsymbol{e}_3$ 分别为单位阵 $\boldsymbol{E}_{3\times3}$ 的第一列、第二列和第三列;$S(\cdot)$为对应向量的叉乘矩阵。由角速度的定义可知:

$$\dot{\boldsymbol{R}}_\Theta=\boldsymbol{S}(\boldsymbol{R}_\Theta\boldsymbol{\omega})\boldsymbol{R}_\Theta=\boldsymbol{R}_\Theta\boldsymbol{S}(\boldsymbol{\omega})\boldsymbol{R}_\Theta^{\mathrm{T}}\boldsymbol{R}_\Theta=\boldsymbol{R}_\Theta\boldsymbol{S}(\boldsymbol{\omega})$$

从而有

$$
\begin{aligned}
S(\boldsymbol{\omega}) &= \boldsymbol{R}_{\Theta}^{\mathrm{T}}\dot{\boldsymbol{R}}_{\Theta} \\
&= \boldsymbol{R}_x(-\phi)\boldsymbol{R}_y(-\theta)\boldsymbol{R}_z(-\psi)[\boldsymbol{R}_z(\psi)S(\boldsymbol{e}_3)\boldsymbol{R}_y(\theta)\boldsymbol{R}_x(\phi)\dot{\psi}+ \\
&\quad \boldsymbol{R}_z(\psi)\boldsymbol{R}_y(\theta)S(\boldsymbol{e}_2)\boldsymbol{R}_x(\phi)\dot{\theta}+\boldsymbol{R}_z(\psi)\boldsymbol{R}_y(\theta)\boldsymbol{R}_x(\phi)S(\boldsymbol{e}_1)\dot{\phi}] \\
&= \boldsymbol{R}_x(-\phi)\boldsymbol{R}_y(-\theta)S(\boldsymbol{e}_3)\boldsymbol{R}_y(\theta)\boldsymbol{R}_x(\phi)\dot{\psi}+\boldsymbol{R}_x(-\phi)S(\boldsymbol{e}_2)\boldsymbol{R}_x(\phi)\dot{\theta}+S(\boldsymbol{e}_1)\dot{\phi} \\
&= S(\boldsymbol{R}_x(-\phi)\boldsymbol{R}_y(-\theta)\boldsymbol{e}_3\dot{\psi})+S(\boldsymbol{R}_x(-\phi)\boldsymbol{e}_2\dot{\theta})+S(\boldsymbol{e}_1\dot{\phi}) \\
&= S(\boldsymbol{R}_x(-\phi)\boldsymbol{R}_y(-\theta)\boldsymbol{e}_3\dot{\psi}+\boldsymbol{R}_x(-\phi)\boldsymbol{e}_2\dot{\theta}+\boldsymbol{e}_1\dot{\phi})
\end{aligned}
$$

由上式可得

$$
\begin{aligned}
\boldsymbol{\omega} &= \boldsymbol{R}_x(-\phi)\boldsymbol{R}_y(-\theta)\boldsymbol{e}_3\dot{\psi}+\boldsymbol{R}_x(-\phi)\boldsymbol{e}_2\dot{\theta}+\boldsymbol{e}_1\dot{\phi} \\
&= [\boldsymbol{e}_1 \quad \boldsymbol{R}_x(-\phi)\boldsymbol{e}_2 \quad \boldsymbol{R}_x(-\phi)\boldsymbol{R}_y(-\theta)\boldsymbol{e}_3]\begin{bmatrix}\dot{\phi}\\ \dot{\theta}\\ \dot{\psi}\end{bmatrix} \\
&= \boldsymbol{R}_x(-\phi)[\boldsymbol{e}_1 \quad \boldsymbol{e}_2 \quad \boldsymbol{R}_y(-\theta)\boldsymbol{e}_3]\dot{\boldsymbol{\Theta}} \\
&\triangleq \boldsymbol{K}\dot{\boldsymbol{\Theta}} = \begin{bmatrix}\dot{\phi}-\dot{\psi}\sin\theta \\ \dot{\theta}\cos\phi+\dot{\psi}\cos\theta\sin\phi \\ -\dot{\theta}\sin\phi+\dot{\psi}\cos\theta\cos\phi\end{bmatrix}
\end{aligned}
$$

式中：$\boldsymbol{K}\triangleq\boldsymbol{R}_x(-\phi)[\boldsymbol{e}_1 \quad \boldsymbol{e}_2 \quad \boldsymbol{R}_y(-\theta)\boldsymbol{e}_3]$。于是，桁架动能可以表示为

$$
T_W=\frac{1}{2}m_W\dot{\boldsymbol{r}}^{\mathrm{T}}\dot{\boldsymbol{r}}+\frac{1}{2}\boldsymbol{\omega}^{\mathrm{T}}\boldsymbol{I}_O\omega=\frac{1}{2}m_W\dot{\boldsymbol{r}}^{\mathrm{T}}\dot{\boldsymbol{r}}+\frac{1}{2}\dot{\boldsymbol{\Theta}}^{\mathrm{T}}(\boldsymbol{K}^{\mathrm{T}}\boldsymbol{I}_O\boldsymbol{K})\dot{\boldsymbol{\Theta}} \tag{2-4}
$$

以地面坐标系的水平面为势能参考平面，桁架势能为

$$
V_W=-m_W\boldsymbol{r}^{\mathrm{T}}\boldsymbol{g} \tag{2-5}
$$

式中：$\boldsymbol{g}=[0,0,g]^{\mathrm{T}}$ 为桁架所在高度的重力加速度矢量在地面坐标系中的表示；g 为重力加速度常数。

2. 囊体动能和势能

囊体 1 的动能 T_{B1} 为囊体 1 随其中心 C_{B1} 的平动动能和绕其中心 C_{B1} 的转动动能之和：

$$
T_{B1}=\frac{1}{2}m_B\dot{\boldsymbol{r}}_{B1}^{\mathrm{T}}\dot{\boldsymbol{r}}_{B1}+\frac{1}{2}\boldsymbol{\omega}_{B1}^{\mathrm{T}}\boldsymbol{J}_{B1}\boldsymbol{\omega}_{B1}
$$

式中：m_B 为单个囊体质量；$\boldsymbol{r}_{B1}$ 为囊体 1 中心 C_{B1} 在地面坐标系中的矢径；$\boldsymbol{\omega}_{B1}$ 为囊体 1 相对地面的角速度在地面坐标系中的表示；$\boldsymbol{J}_{B1}$ 为囊体 1 对 C_{B1} 点的惯性

张量阵在地面坐标系中的表示。

由图 2-1 可知：

$$\boldsymbol{r}_{B1}=\boldsymbol{r}+\overrightarrow{OO_{B1}}+\overrightarrow{O_{B1}L_{B1}}+\boldsymbol{l}_{BC}$$

式中：$\overrightarrow{OO_{B1}}$ 为桁架坐标系原点 O 到桁架上系绳点 O_{B1} 的矢径在地面坐标系中的表示；$\overrightarrow{O_{B1}L_{B1}}$ 为点 O_{B1} 到囊体 1 系绳点 L_{B1} 的矢径在地面坐标系中的表示；$\boldsymbol{l}_{BC}$ 为点 L_B 到囊体 1 中心 C_B 的矢径在地面坐标系中的表示。根据式(2-3)中 $\boldsymbol{R}_{\boldsymbol{\Theta}}$ 的定义知：

$$\overrightarrow{OO_{B1}}=\boldsymbol{R}_{\boldsymbol{\Theta}}\boldsymbol{z}_{B1}$$

其中，$\boldsymbol{z}_{B1}=[x_B,0,z_B]^{\mathrm{T}}$ 为点 O_{B1} 在桁架坐标系中的位矢，$\boldsymbol{R}_{\chi1}=\boldsymbol{R}_z(\psi)\boldsymbol{R}_y(\chi_{12})\boldsymbol{R}_x(\chi_{11})$，有

$$\overrightarrow{O_{B1}L_{B1}}=\boldsymbol{R}_{\chi1}\boldsymbol{l}_B$$

式中：$\boldsymbol{l}_B=[0,0,-l_B]^{\mathrm{T}}$；$l_B$ 为囊体系绳长度。于是有

$$\boldsymbol{r}_{B1}=\boldsymbol{r}+\overrightarrow{OO_{B1}}+\overrightarrow{O_{B1}L_{B1}}+\boldsymbol{l}_{BC}=\boldsymbol{r}+\boldsymbol{R}_{\boldsymbol{\Theta}}\boldsymbol{z}_{B1}+\boldsymbol{R}_{\chi1}\boldsymbol{l}_B+\boldsymbol{l}_{CB}$$

考虑到 $\boldsymbol{l}_{BC}=[0,0,-d]^{\mathrm{T}}$ 是常量（d 为囊体中心到其下方系绳点的距离），上式对时间求导可得

$$\dot{\boldsymbol{r}}_{B1}=\dot{\boldsymbol{r}}+\dot{\boldsymbol{R}}_{\boldsymbol{\Theta}}\boldsymbol{z}_{B1}+\dot{\boldsymbol{R}}_{\chi1}\boldsymbol{l}_B=\dot{\boldsymbol{r}}+\boldsymbol{R}_{B1}\dot{\boldsymbol{\Theta}}+\boldsymbol{R}_{\chi1a}\dot{\psi}+\boldsymbol{R}_{\chi1b}\dot{\boldsymbol{\chi}}_1=\dot{\boldsymbol{r}}+(\boldsymbol{R}_{B1}+\boldsymbol{R}_{\chi1a}\boldsymbol{e}_3^{\mathrm{T}})\dot{\boldsymbol{\Theta}}+\boldsymbol{R}_{\chi1b}\dot{\boldsymbol{\chi}}_1 \quad (2-6)$$

其中

$$\boldsymbol{R}_{B1}=\boldsymbol{R}_z(\psi)[\boldsymbol{S}(\boldsymbol{e}_2)\boldsymbol{R}_y(\theta)\boldsymbol{R}_x(\phi)\boldsymbol{z}_{B1}\quad \boldsymbol{R}_y(\theta)\boldsymbol{S}(\boldsymbol{e}_1)\boldsymbol{R}_x(\phi)\boldsymbol{z}_{B1}\quad \boldsymbol{S}(\boldsymbol{e}_3)\boldsymbol{R}_y(\theta)\boldsymbol{R}_x(\phi)\boldsymbol{z}_{B1}]$$

$$\boldsymbol{R}_{\chi1a}=\boldsymbol{R}_z(\psi)\boldsymbol{S}(\boldsymbol{e}_3)\boldsymbol{R}_y(\chi_{12})\boldsymbol{R}_x(\chi_{11})\boldsymbol{l}_B$$

$$\boldsymbol{R}_{\chi1b}=\boldsymbol{R}_z(\psi)[\boldsymbol{R}_y(\chi_{12})\boldsymbol{S}(\boldsymbol{e}_1)\boldsymbol{R}_x(\chi_{11})\boldsymbol{l}_B\quad \boldsymbol{S}(\boldsymbol{e}_2)\boldsymbol{R}_y(\chi_{12})\boldsymbol{R}_x(\chi_{11})\boldsymbol{l}_B]$$

由假设(2)知囊体 1 铅垂轴保持方向不变且囊体不产生相对桁架的自转，从囊体 1 坐标系定义可知囊体 1 坐标系到地面坐标系的旋转矩阵为 $\boldsymbol{R}_z(\psi)$，于是由角速度定义可得

$$\dot{\boldsymbol{R}}_z(\psi)=\boldsymbol{S}(\boldsymbol{\omega}_{B1})\boldsymbol{R}_z(\psi)$$

进一步计算知：

$$\dot{\boldsymbol{R}}_z(\psi)=\dot{\psi}\boldsymbol{S}(\boldsymbol{e}_3)\boldsymbol{R}_z(\psi)=\boldsymbol{S}(\dot{\psi}\boldsymbol{e}_3)\boldsymbol{R}_z(\psi)$$

故有

$$\boldsymbol{\omega}_{B1}=\dot{\psi}\boldsymbol{e}_3=\begin{bmatrix}0&0&0\\0&0&0\\0&0&1\end{bmatrix}\dot{\boldsymbol{\Theta}}\triangleq\boldsymbol{K}_{\omega}\dot{\boldsymbol{\Theta}}$$

由囊体 1 的球形结构可知，其对中心 C_{B1} 点的惯性张量阵在囊体 1 坐标系中的表示为 $I_B\boldsymbol{E}_{3\times3}$（$I_B$ 为囊体对任意中心轴的转动惯量）。故囊体 1 对 C_{B1} 点的惯性张量阵在地面坐标系中的表示为

$$\boldsymbol{J}_{B1}=\boldsymbol{R}_z(-\psi)(I_B\boldsymbol{E}_{3\times3})\boldsymbol{R}_z(\psi)=I_B\boldsymbol{R}_z(-\psi)\boldsymbol{R}_z(\psi)=I_B\boldsymbol{E}_{3\times3}$$

于是，可得囊体 1 的动能：

$$\begin{aligned}T_{B1}&=\frac{1}{2}m_B\dot{\boldsymbol{r}}_{B1}^{\mathrm{T}}\dot{\boldsymbol{r}}_{B1}+\frac{1}{2}\boldsymbol{\omega}_{B1}^{\mathrm{T}}\boldsymbol{J}_{B1}\boldsymbol{\omega}_{B1}\\&=\frac{1}{2}m_B[\dot{\boldsymbol{r}}+(\boldsymbol{R}_{B1}+\boldsymbol{R}_{\chi1a}\boldsymbol{e}_3^{\mathrm{T}})\dot{\boldsymbol{\Theta}}+\boldsymbol{R}_{\chi1b}\dot{\boldsymbol{\chi}}_1]^{\mathrm{T}}[\dot{\boldsymbol{r}}+(\boldsymbol{R}_{B1}+\boldsymbol{R}_{\chi1a}\boldsymbol{e}_3^{\mathrm{T}})\dot{\boldsymbol{\Theta}}+\boldsymbol{R}_{\chi1b}\dot{\boldsymbol{\chi}}_1]+\\&\quad\frac{1}{2}I_B\dot{\boldsymbol{\Theta}}^{\mathrm{T}}\boldsymbol{K}_{\omega}\dot{\boldsymbol{\Theta}}\end{aligned}\tag{2-7}$$

另外，若以地面坐标系的水平面为势能参考平面，则囊体 1 的势能为

$$V_{B1}=-m_B\boldsymbol{r}_{B1}^{\mathrm{T}}\boldsymbol{g}=-m_B(\boldsymbol{r}+\boldsymbol{R}_{\Theta}\boldsymbol{z}_{B1}+\boldsymbol{R}_{\chi1}\boldsymbol{l}_B+\boldsymbol{l}_{BC})^{\mathrm{T}}\boldsymbol{g}\tag{2-8}$$

与囊体 1 的分析类似，囊体 2 的动能 T_{B2} 为囊体 2 随其中心 C_{B2} 的平动动能和绕其中心 C_{B2} 的转动动能之和：

$$T_{B2}=\frac{1}{2}m_B\dot{\boldsymbol{r}}_{B2}^{\mathrm{T}}\dot{\boldsymbol{r}}_{B2}+\frac{1}{2}\boldsymbol{\omega}_{B2}^{\mathrm{T}}\boldsymbol{J}_{B2}\boldsymbol{\omega}_{B2}$$

式中：$\boldsymbol{r}_{B2}$ 为囊体 2 中心 C_{B2} 在地面坐标系中的矢径；$\boldsymbol{\omega}_{B2}$ 为囊体 2 相对于地面的角速度在地面坐标系中的表示；$\boldsymbol{J}_{B2}$ 为囊体 2 对 C_{B2} 点的惯性张量阵在地面坐标系中的表示。

由图 2-1 可知：

$$\boldsymbol{r}_{B2}=\boldsymbol{r}+\overrightarrow{OO_{B2}}+\overrightarrow{O_{B2}L_{B2}}+\boldsymbol{l}_{BC}=\boldsymbol{r}+\boldsymbol{R}_{\Theta}\boldsymbol{z}_{B2}+\boldsymbol{R}_{\chi2}\boldsymbol{l}_B+\boldsymbol{l}_{BC}$$

其中，$\boldsymbol{r}_{B2}$ 为点 C_{B2} 在地面坐标系中的位置矢径；$\overrightarrow{OO_{B2}}$ 为桁架坐标系原点 O 到桁架上系绳点 O_{B2} 的矢径在地面坐标系中的表示；$\overrightarrow{O_{B2}L_{B2}}$ 为点 O_{B2} 到囊体 2 系绳点 L_{B2} 的矢径在地面坐标系中的表示；$\boldsymbol{z}_{B2}=[-x_B,0,z_B]^{\mathrm{T}}$ 为点 O_{B2} 在桁架坐标系中的位矢；$\boldsymbol{R}_{\chi2}=\boldsymbol{R}_z(\psi)\boldsymbol{R}_y(\chi_{22})\boldsymbol{R}_x(\chi_{21})$。上式对时间求导可得

$$\dot{\boldsymbol{r}}_{B2}=\dot{\boldsymbol{r}}+\dot{\boldsymbol{R}}_{\Theta}\boldsymbol{z}_{B2}+\dot{\boldsymbol{R}}_{\chi2}\boldsymbol{l}_B=\dot{\boldsymbol{r}}+\boldsymbol{R}_{B2}\dot{\boldsymbol{\Theta}}+\boldsymbol{R}_{\chi2a}\dot{\psi}+\boldsymbol{R}_{\chi2b}\dot{\boldsymbol{\chi}}_2=\dot{\boldsymbol{r}}+(\boldsymbol{R}_{B2}+\boldsymbol{R}_{\chi2a}\boldsymbol{e}_3^{\mathrm{T}})\dot{\boldsymbol{\Theta}}+\boldsymbol{R}_{\chi2b}\dot{\boldsymbol{\chi}}_2\tag{2-9}$$

其中

$$\begin{aligned}\boldsymbol{R}_{B2}=\boldsymbol{R}_z(\psi)[&\boldsymbol{R}_y(\theta)\boldsymbol{S}(\boldsymbol{e}_1)\boldsymbol{R}_x(\phi)\boldsymbol{z}_{B2}\quad \boldsymbol{S}(\boldsymbol{e}_2)\boldsymbol{R}_y(\theta)\boldsymbol{R}_x(\phi)\boldsymbol{z}_{B2}\\&\boldsymbol{S}(\boldsymbol{e}_3)\boldsymbol{R}_y(\theta)\boldsymbol{R}_x(\phi)\boldsymbol{z}_{B2}]\end{aligned}$$

$$\boldsymbol{R}_{\chi2a}=\boldsymbol{R}_z(\psi)\boldsymbol{S}(\boldsymbol{e}_3)\boldsymbol{R}_y(\chi_{22})\boldsymbol{R}_x(\chi_{21})\boldsymbol{l}_B$$

$$\boldsymbol{R}_{\chi2b}=\boldsymbol{R}_z(\psi)[\boldsymbol{R}_y(\chi_{22})\boldsymbol{S}(\boldsymbol{e}_1)\boldsymbol{R}_x(\chi_{21})\boldsymbol{l}_B\quad \boldsymbol{S}(\boldsymbol{e}_2)\boldsymbol{R}_y(\chi_{22})\boldsymbol{R}_x(\chi_{21})\boldsymbol{l}_B]$$

与囊体 1 的分析类似，可知囊体 2 坐标系到地面坐标系的旋转矩阵为 $\boldsymbol{R}_z(\psi)$，由角速度定义可得

$$\dot{\boldsymbol{R}}_z(\psi)=\boldsymbol{S}(\boldsymbol{\omega}_{B2})\boldsymbol{R}_z(\psi)$$

进一步计算知：

$$\dot{\boldsymbol{R}}_z(\psi)=\dot{\psi}\boldsymbol{S}(\boldsymbol{e}_3)\boldsymbol{R}_z(\psi)=S(\dot{\psi}\boldsymbol{e}_3)\boldsymbol{R}_z(\psi)$$

故有

$$\boldsymbol{\omega}_{B2}=\dot{\psi}\boldsymbol{e}_3=\boldsymbol{K}_\omega\dot{\boldsymbol{\Theta}}$$

由囊体 2 的球形结构可知，其对 C_{B2} 点的惯性张量阵在囊体 2 坐标系中的表示为 $I_B\boldsymbol{E}_{3\times3}$。故，囊体 2 对其中心 C_{B2} 点的惯性张量阵在地面坐标系中的表示为

$$\boldsymbol{J}_{B2}=\boldsymbol{R}_z(\psi)(I_B\boldsymbol{E}_{3\times3})\boldsymbol{R}_z(-\psi)=I_B\boldsymbol{R}_z(\psi)\boldsymbol{R}_z(-\psi)=I_B\boldsymbol{E}_{3\times3}$$

于是可得到囊体 2 的动能：

$$\begin{aligned}T_{B2}&=\frac{1}{2}m_B\dot{\boldsymbol{r}}_{B1}^{\mathrm{T}}\dot{\boldsymbol{r}}_{B2}+\frac{1}{2}\boldsymbol{\omega}_{B2}^{\mathrm{T}}\boldsymbol{J}_{B2}\boldsymbol{\omega}_{B2}\\&=\frac{1}{2}m_B[\dot{\boldsymbol{r}}+(\boldsymbol{R}_{B2}+\boldsymbol{R}_{\chi2a}\boldsymbol{e}_3^{\mathrm{T}})\dot{\boldsymbol{\Theta}}+\boldsymbol{R}_{\chi2b}\dot{\boldsymbol{\chi}}_2]^{\mathrm{T}}[\dot{\boldsymbol{r}}+(\boldsymbol{R}_{B2}+\boldsymbol{R}_{\chi2a}\boldsymbol{e}_3^{\mathrm{T}})\dot{\boldsymbol{\Theta}}+\boldsymbol{R}_{\chi2b}\dot{\boldsymbol{\chi}}_2]+\\&\quad\frac{1}{2}I_B\dot{\boldsymbol{\Theta}}^{\mathrm{T}}\boldsymbol{K}_\omega\dot{\boldsymbol{\Theta}}\end{aligned}\tag{2-10}$$

以地面坐标系的水平面为势能参考平面，囊体 2 的势能为

$$V_{B2}=-m_B\boldsymbol{r}_{B1}^{\mathrm{T}}\boldsymbol{g}=-m_B(\boldsymbol{r}+\boldsymbol{R}_\Theta z_{B2}+\boldsymbol{R}_{\chi2}\boldsymbol{l}_B+\boldsymbol{l}_{BC})^{\mathrm{T}}\boldsymbol{g}\tag{2-11}$$

3. 飞艇动能、势能和拉格朗日函数

飞艇的动能 T 和势能 V 是桁架和囊体动能与势能之和，即

$$\begin{aligned}T&=T_W+T_{B1}+T_{B2}\\&=\frac{1}{2}m_w\dot{\boldsymbol{r}}^{\mathrm{T}}\dot{\boldsymbol{r}}+\frac{1}{2}\dot{\boldsymbol{\Theta}}^{\mathrm{T}}\boldsymbol{K}^{\mathrm{T}}\boldsymbol{I}_O\boldsymbol{K}\dot{\boldsymbol{\Theta}}+\\&\quad\frac{1}{2}m_B[\dot{\boldsymbol{r}}+(\boldsymbol{R}_{B1}+\boldsymbol{R}_{\chi1a}\boldsymbol{e}_3^{\mathrm{T}})\dot{\boldsymbol{\Theta}}+\boldsymbol{R}_{\chi1b}\dot{\boldsymbol{\chi}}_1]^{\mathrm{T}}[\dot{\boldsymbol{r}}+(\boldsymbol{R}_{B1}+\boldsymbol{R}_{\chi1a}\boldsymbol{e}_3^{\mathrm{T}})\dot{\boldsymbol{\Theta}}+\boldsymbol{R}_{\chi1b}\dot{\boldsymbol{\chi}}_1]+\\&\quad\frac{1}{2}I_B\dot{\boldsymbol{\Theta}}^{\mathrm{T}}\boldsymbol{K}_\omega\dot{\boldsymbol{\Theta}}+\\&\quad\frac{1}{2}m_B[\dot{\boldsymbol{r}}+(\boldsymbol{R}_{B2}+\boldsymbol{R}_{\chi2a}\boldsymbol{e}_3^{\mathrm{T}})\dot{\boldsymbol{\Theta}}+\boldsymbol{R}_{\chi2b}\dot{\boldsymbol{\chi}}_2]^{\mathrm{T}}[\dot{\boldsymbol{r}}+(\boldsymbol{R}_{B2}+\boldsymbol{R}_{\chi2a}\boldsymbol{e}_3^{\mathrm{T}})\dot{\boldsymbol{\Theta}}+\boldsymbol{R}_{\chi2b}\dot{\boldsymbol{\chi}}_2]+\end{aligned}$$

$$
\begin{aligned}
&\frac{1}{2}I_B\,\dot{\boldsymbol{\Theta}}^{\mathrm{T}}\boldsymbol{K}_\omega\,\dot{\boldsymbol{\Theta}}\\
&=\frac{1}{2}m_w\dot{\boldsymbol{r}}^{\mathrm{T}}\dot{\boldsymbol{r}}+\frac{1}{2}\dot{\boldsymbol{\Theta}}^{\mathrm{T}}[\boldsymbol{K}^{\mathrm{T}}\boldsymbol{I}_O\boldsymbol{K}+2I_B\boldsymbol{K}_\omega]\dot{\boldsymbol{\Theta}}+\\
&\frac{1}{2}m_B\{[\dot{\boldsymbol{r}}+(\boldsymbol{R}_{B1}+\boldsymbol{R}_{\chi1a}\boldsymbol{e}_3^{\mathrm{T}})\dot{\boldsymbol{\Theta}}+\boldsymbol{R}_{\chi1b}\dot{\boldsymbol{\chi}}_1]^{\mathrm{T}}[\dot{\boldsymbol{r}}+(\boldsymbol{R}_{B1}+\boldsymbol{R}_{\chi1a}\boldsymbol{e}_3^{\mathrm{T}})\dot{\boldsymbol{\Theta}}+\boldsymbol{R}_{\chi1b}\dot{\boldsymbol{\chi}}_1]+\\
&[\dot{\boldsymbol{r}}+(\boldsymbol{R}_{B2}+\boldsymbol{R}_{\chi2a}\boldsymbol{e}_3^{\mathrm{T}})\dot{\boldsymbol{\Theta}}+\boldsymbol{R}_{\chi2b}\dot{\boldsymbol{\chi}}_2]^{\mathrm{T}}[\dot{\boldsymbol{r}}+(\boldsymbol{R}_{B2}+\boldsymbol{R}_{\chi2a}\boldsymbol{e}_3^{\mathrm{T}})\dot{\boldsymbol{\Theta}}+\boldsymbol{R}_{\chi2b}\dot{\boldsymbol{\chi}}_2]\}
\end{aligned}
$$

$$
\begin{aligned}
V&=V_W+V_{B1}+V_{B2}\\
&=-m_W\boldsymbol{r}^{\mathrm{T}}g-m_B(\boldsymbol{r}+\boldsymbol{R}_{\boldsymbol{\Theta}}\boldsymbol{z}_{B1}+\boldsymbol{R}_{\chi1}\boldsymbol{l}_B+\boldsymbol{l}_{BC})^{\mathrm{T}}\boldsymbol{g}-m_B(\boldsymbol{r}+\boldsymbol{R}_{\boldsymbol{\Theta}}\boldsymbol{z}_{B2}+\boldsymbol{R}_{\chi2}\boldsymbol{l}_B+\boldsymbol{l}_{BC})^{\mathrm{T}}\boldsymbol{g}\\
&=-[(m_W+2m_B)\boldsymbol{r}+m_B\boldsymbol{R}_{\boldsymbol{\Theta}}(z_{B1}+z_{B2})+m_B(\boldsymbol{R}_{\chi1}+\boldsymbol{R}_{\chi2})\boldsymbol{l}_B+2m_B\boldsymbol{l}_{BC}]^{\mathrm{T}}\boldsymbol{g}
\end{aligned}
$$

因此,飞艇的拉格朗日函数为

$$
\begin{aligned}
L&=T-V\\
&=\frac{1}{2}m_w\dot{\boldsymbol{r}}^{\mathrm{T}}\dot{\boldsymbol{r}}+\frac{1}{2}\dot{\boldsymbol{\Theta}}^{\mathrm{T}}[\boldsymbol{K}^{\mathrm{T}}\boldsymbol{I}_O\boldsymbol{K}+2I_B\boldsymbol{K}_\omega]\dot{\boldsymbol{\Theta}}+\\
&\frac{1}{2}m_B\{[\dot{\boldsymbol{r}}+(\boldsymbol{R}_{B1}+\boldsymbol{R}_{\chi1a}\boldsymbol{e}_3^{\mathrm{T}})\dot{\boldsymbol{\Theta}}+\boldsymbol{R}_{\chi1b}\dot{\boldsymbol{\chi}}_1]^{\mathrm{T}}[\dot{\boldsymbol{r}}+(\boldsymbol{R}_{B1}+\boldsymbol{R}_{\chi1a}\boldsymbol{e}_3^{\mathrm{T}})\dot{\boldsymbol{\Theta}}+\boldsymbol{R}_{\chi1b}\dot{\boldsymbol{\chi}}_1]+\\
&[\dot{\boldsymbol{r}}+(\boldsymbol{R}_{B2}+\boldsymbol{R}_{\chi2a}\boldsymbol{e}_3^{\mathrm{T}})\dot{\boldsymbol{\Theta}}+\boldsymbol{R}_{\chi2b}\dot{\boldsymbol{\chi}}_2]^{\mathrm{T}}[\dot{\boldsymbol{r}}+(\boldsymbol{R}_{B2}+\boldsymbol{R}_{\chi2a}\boldsymbol{e}_3^{\mathrm{T}})\dot{\boldsymbol{\Theta}}+\boldsymbol{R}_{\chi2b}\dot{\boldsymbol{\chi}}_2]\}-\\
&[(m_W+2m_B)\boldsymbol{r}+m_B\boldsymbol{R}_{\boldsymbol{\Theta}}(z_{B1}+z_{B2})+m_B(\boldsymbol{R}_{\chi1}+\boldsymbol{R}_{\chi2})\boldsymbol{l}_B+2m_B\boldsymbol{l}_{BC}]^{\mathrm{T}}\boldsymbol{g}
\end{aligned}
\tag{2-12}
$$

4. 动力学特性计算

所谓动力学特性计算是指展开第二类拉格朗日方程的左端,利用式(2-12)可计算出:

$$
\begin{aligned}
\frac{\mathrm{d}}{\mathrm{d}t}\left(\frac{\partial L}{\partial\dot{\boldsymbol{r}}}\right)-\frac{\partial L}{\partial\boldsymbol{r}}&=m_w\ddot{\boldsymbol{r}}+m_B[2\ddot{\boldsymbol{r}}+(\boldsymbol{R}_{B1}+\boldsymbol{R}_{\chi1a}\,\boldsymbol{e}_3^{\mathrm{T}}+\boldsymbol{R}_{B2}+\boldsymbol{R}_{\chi2a}\,\boldsymbol{e}_3^{\mathrm{T}})\ddot{\boldsymbol{\Theta}}+\boldsymbol{R}_{\chi1b}\ddot{\boldsymbol{\chi}}_1+\boldsymbol{R}_{\chi2b}\ddot{\boldsymbol{\chi}}_2+\\
&\quad(\boldsymbol{R}_{B1,d}+\boldsymbol{R}_{\chi1a,d}\,\boldsymbol{e}_3^{\mathrm{T}}+\boldsymbol{R}_{B2,d}+\boldsymbol{R}_{\chi2a,d}\,\boldsymbol{e}_3^{\mathrm{T}})\dot{\boldsymbol{\Theta}}+\boldsymbol{R}_{\chi1b,d}\dot{\boldsymbol{\chi}}_1+\boldsymbol{R}_{\chi2b,d}\dot{\boldsymbol{\chi}}_2]-(m_w+2m_B)\boldsymbol{g}\\
&=(m_w+2m_B)\ddot{\boldsymbol{r}}+m_B(\boldsymbol{R}_{B1}+\boldsymbol{R}_{\chi1a}\,\boldsymbol{e}_3^{\mathrm{T}}+\boldsymbol{R}_{B2}+\boldsymbol{R}_{\chi2a}\,\boldsymbol{e}_3^{\mathrm{T}})\ddot{\boldsymbol{\Theta}}+m_B\,\boldsymbol{R}_{\chi1b}\ddot{\boldsymbol{\chi}}_1+\\
&\quad m_B\,\boldsymbol{R}_{\chi2b}\ddot{\boldsymbol{\chi}}_2+m_B\,\boldsymbol{R}_{\chi1b,d}\dot{\boldsymbol{\chi}}_1+m_B\,\boldsymbol{R}_{\chi2b,d}\dot{\boldsymbol{\chi}}_2+m_B(\boldsymbol{R}_{B1,d}+\boldsymbol{R}_{\chi1a,d}\,\boldsymbol{e}_3^{\mathrm{T}}+\\
&\quad\boldsymbol{R}_{B2,d}+\boldsymbol{R}_{\chi2a,d}\,\boldsymbol{e}_3^{\mathrm{T}})\dot{\boldsymbol{\Theta}}-(m_w+2m_B)\boldsymbol{g}\\
&\triangleq\overline{\boldsymbol{H}}_{r,r}\ddot{\boldsymbol{r}}+\overline{\boldsymbol{H}}_{r,\theta}\,\ddot{\boldsymbol{\Theta}}+\overline{\boldsymbol{H}}_{r,\chi1}\,\ddot{\boldsymbol{\chi}}_1+\overline{\boldsymbol{H}}_{r,\chi2}\,\ddot{\boldsymbol{\chi}}_2+\overline{\boldsymbol{n}}_r+\overline{\boldsymbol{g}}_r
\end{aligned}
$$

$$
\begin{aligned}
\frac{\mathrm{d}}{\mathrm{d}t}\left(\frac{\partial L}{\partial\dot{\boldsymbol{\Theta}}}\right)-\frac{\partial L}{\partial\boldsymbol{\Theta}}&=\boldsymbol{K}^{\mathrm{T}}\,\boldsymbol{I}_O\boldsymbol{K}\,\ddot{\boldsymbol{\Theta}}+(\boldsymbol{K}_1^{\mathrm{T}}\,\boldsymbol{I}_O\boldsymbol{K}+\boldsymbol{K}^{\mathrm{T}}\,\boldsymbol{I}_O\,\boldsymbol{K}_1-\boldsymbol{K}_2\,\boldsymbol{I}_O\boldsymbol{K})\dot{\boldsymbol{\Theta}}-\\
&\quad m_B(\boldsymbol{R}_{B1}+\boldsymbol{R}_{\chi1a}\,\boldsymbol{e}_3^{\mathrm{T}}+\boldsymbol{R}_{B2}+\boldsymbol{R}_{\chi2a}\,\boldsymbol{e}_3^{\mathrm{T}})^{\mathrm{T}}\boldsymbol{g}+
\end{aligned}
$$

$$
\begin{aligned}
&2I_B\boldsymbol{K}_\omega\ddot{\boldsymbol{\Theta}}+m_B(\boldsymbol{R}_{B1}+\boldsymbol{R}_{\chi1a}\boldsymbol{e}_3^{\mathrm{T}})^{\mathrm{T}}[\ddot{\boldsymbol{r}}+(\boldsymbol{R}_{B1}+\boldsymbol{R}_{\chi1a}\boldsymbol{e}_3^{\mathrm{T}})\ddot{\boldsymbol{\Theta}}+\boldsymbol{R}_{\chi1b}\ddot{\boldsymbol{\chi}}_1+\\
&(\boldsymbol{R}_{B1,d}+\boldsymbol{R}_{\chi1a,d}\boldsymbol{e}_3^{\mathrm{T}})\dot{\boldsymbol{\Theta}}+\boldsymbol{R}_{\chi1b.d}\dot{\boldsymbol{\chi}}_1]+m_B(\boldsymbol{R}_{B2}+\boldsymbol{R}_{\chi2a}\boldsymbol{e}_3^{\mathrm{T}})^{\mathrm{T}}[\ddot{\boldsymbol{r}}+(\boldsymbol{R}_{B2}+\\
&\boldsymbol{R}_{\chi2a}\boldsymbol{e}_3^{\mathrm{T}})\ddot{\boldsymbol{\Theta}}+\boldsymbol{R}_{\chi2b}\ddot{\boldsymbol{\chi}}_2+(\boldsymbol{R}_{B2,d}+\boldsymbol{R}_{\chi2a,d}\boldsymbol{e}_3^{\mathrm{T}})\dot{\boldsymbol{\Theta}}+\boldsymbol{R}_{\chi2b.d}\dot{\boldsymbol{\chi}}_2]\\
=&m_B[(\boldsymbol{R}_{B1}+\boldsymbol{R}_{\chi1a}\boldsymbol{e}_3^{\mathrm{T}})^{\mathrm{T}}+(\boldsymbol{R}_{B2}+\boldsymbol{R}_{\chi2a}\boldsymbol{e}_3^{\mathrm{T}})^{\mathrm{T}}]\ddot{\boldsymbol{r}}+[\boldsymbol{K}^{\mathrm{T}}\boldsymbol{I}_O\boldsymbol{K}+2I_B\boldsymbol{K}_\omega+\\
&m_B(\boldsymbol{R}_{B1}+\boldsymbol{R}_{\chi1a}\boldsymbol{e}_3^{\mathrm{T}})^{\mathrm{T}}\triangleq(\boldsymbol{R}_{B1}+\boldsymbol{R}_{\chi1a}\boldsymbol{e}_3^{\mathrm{T}})+m_B(\boldsymbol{R}_{B2}+\boldsymbol{R}_{\chi2a}\boldsymbol{e}_3^{\mathrm{T}})^{\mathrm{T}}(\boldsymbol{R}_{B2}+\\
&\boldsymbol{R}_{\chi2a}\boldsymbol{e}_3^{\mathrm{T}})]\ddot{\boldsymbol{\Theta}}+m_B(\boldsymbol{R}_{B1}+\boldsymbol{R}_{\chi1a}\boldsymbol{e}_3^{\mathrm{T}})^{\mathrm{T}}\boldsymbol{R}_{\chi1b}\ddot{\boldsymbol{\chi}}_1+m_B(\boldsymbol{R}_{B2}+\boldsymbol{R}_{\chi2a}\boldsymbol{e}_3^{\mathrm{T}})^{\mathrm{T}}\boldsymbol{R}_{\chi2b}\ddot{\boldsymbol{\chi}}_2+\\
&\{m_B(\boldsymbol{R}_{B1}+\boldsymbol{R}_{\chi1a}\boldsymbol{e}_3^{\mathrm{T}})^{\mathrm{T}}\boldsymbol{R}_{\chi1b.d}\dot{\boldsymbol{\chi}}_1+m_B(\boldsymbol{R}_{B2}+\boldsymbol{R}_{\chi2a}\boldsymbol{e}_3^{\mathrm{T}})^{\mathrm{T}}\boldsymbol{R}_{\chi2b.d}\dot{\boldsymbol{\chi}}_2+\\
&[(\boldsymbol{K}_1^{\mathrm{T}}\boldsymbol{I}_O\boldsymbol{K}+\boldsymbol{K}^{\mathrm{T}}\boldsymbol{I}_O\boldsymbol{K}_1-\boldsymbol{K}_2\boldsymbol{I}_O\boldsymbol{K})+m_B(\boldsymbol{R}_{B1}+\boldsymbol{R}_{\chi1a}\boldsymbol{e}_3^{\mathrm{T}})^{\mathrm{T}}(\boldsymbol{R}_{B1}+\boldsymbol{R}_{\chi1a}\boldsymbol{e}_3^{\mathrm{T}})+\\
&m_B(\boldsymbol{R}_{B2}+\boldsymbol{R}_{\chi2a}\boldsymbol{e}_3^{\mathrm{T}})^{\mathrm{T}}\triangleq(\boldsymbol{R}_{B2,d}+\boldsymbol{R}_{\chi2a.d}\boldsymbol{e}_3^{\mathrm{T}})]\dot{\boldsymbol{\Theta}}\}-\\
&m_B(\boldsymbol{R}_{B1}+\boldsymbol{R}_{\chi1a}\boldsymbol{e}_3^{\mathrm{T}}+\boldsymbol{R}_{B2}+\boldsymbol{R}_{\chi2a}\boldsymbol{e}_3^{\mathrm{T}})^{\mathrm{T}}\boldsymbol{g}\\
\triangleq&\overline{\boldsymbol{H}}_{\theta,r}\ddot{\boldsymbol{r}}+\overline{\boldsymbol{H}}_{\theta,\theta}\ddot{\boldsymbol{\Theta}}+\overline{\boldsymbol{H}}_{\theta,\chi1}\ddot{\boldsymbol{\chi}}_1+\overline{\boldsymbol{H}}_{\theta,\chi2}\ddot{\boldsymbol{\chi}}_2+\overline{\boldsymbol{n}}_\theta+\overline{\boldsymbol{g}}_\theta
\end{aligned}
$$

$$
\begin{aligned}
\frac{\mathrm{d}}{\mathrm{d}t}\left(\frac{\partial L}{\partial\dot{\boldsymbol{\chi}}_1}\right)-\frac{\partial L}{\partial\boldsymbol{\chi}_1}=&m_B\boldsymbol{R}_{\chi1b}^{\mathrm{T}}[\ddot{\boldsymbol{r}}+(\boldsymbol{R}_{B1}+\boldsymbol{R}_{\chi1a}\boldsymbol{e}_3^{\mathrm{T}})\ddot{\boldsymbol{\Theta}}+\boldsymbol{R}_{\chi1b}\ddot{\boldsymbol{\chi}}_1+(\boldsymbol{R}_{B1,d}+\boldsymbol{R}_{\chi1a,d}\boldsymbol{e}_3^{\mathrm{T}})\dot{\boldsymbol{\Theta}}+\boldsymbol{R}_{\chi1b,d}\dot{\boldsymbol{\chi}}_1-\boldsymbol{g}]\\
=&m_B\boldsymbol{R}_{\chi1b}^{\mathrm{T}}\ddot{\boldsymbol{r}}+m_B\boldsymbol{R}_{\chi1b}^{\mathrm{T}}(\boldsymbol{R}_{B1}+\boldsymbol{R}_{\chi1a}\boldsymbol{e}_3^{\mathrm{T}})\ddot{\boldsymbol{\Theta}}+m_B\boldsymbol{R}_{\chi1b}^{\mathrm{T}}\boldsymbol{R}_{\chi1b}\ddot{\boldsymbol{\chi}}_1+\\
&m_B\boldsymbol{R}_{\chi1b}^{\mathrm{T}}[(\boldsymbol{R}_{B1,d}+\boldsymbol{R}_{\chi1a,d}\boldsymbol{e}_3^{\mathrm{T}})\dot{\boldsymbol{\Theta}}+\boldsymbol{R}_{\chi1b,d}\dot{\boldsymbol{\chi}}_1]-m_B\boldsymbol{R}_{\chi1b}^{\mathrm{T}}\boldsymbol{g}\\
\triangleq&\overline{\boldsymbol{H}}_{\chi1,r}\ddot{\boldsymbol{r}}+\overline{\boldsymbol{H}}_{\chi1,\theta}\ddot{\boldsymbol{\Theta}}+\overline{\boldsymbol{H}}_{\chi1,\chi1}\ddot{\boldsymbol{\chi}}_1+\overline{\boldsymbol{n}}_{\chi1}+\overline{\boldsymbol{g}}_{\chi1}
\end{aligned}
$$

$$
\begin{aligned}
\frac{\mathrm{d}}{\mathrm{d}t}\left(\frac{\partial L}{\partial\dot{\boldsymbol{\chi}}_2}\right)-\frac{\partial L}{\partial\boldsymbol{\chi}_2}=&m_B\boldsymbol{R}_{\chi2b}^{\mathrm{T}}[\ddot{\boldsymbol{r}}+(\boldsymbol{R}_{B2}+\boldsymbol{R}_{\chi2a}\boldsymbol{e}_3^{\mathrm{T}})\ddot{\boldsymbol{\Theta}}+\boldsymbol{R}_{\chi2b}\ddot{\boldsymbol{\chi}}_2+(\boldsymbol{R}_{B2,d}+\boldsymbol{R}_{\chi2a,d}\boldsymbol{e}_3^{\mathrm{T}})\dot{\boldsymbol{\Theta}}+\boldsymbol{R}_{\chi2b,d}\dot{\boldsymbol{\chi}}_2-\boldsymbol{g}]\\
\triangleq&\overline{\boldsymbol{H}}_{\chi2,r}\ddot{\boldsymbol{r}}+\overline{\boldsymbol{H}}_{\chi2,\theta}\ddot{\boldsymbol{\Theta}}+\overline{\boldsymbol{H}}_{\chi2,\chi2}\ddot{\boldsymbol{\chi}}_1+\overline{\boldsymbol{n}}_{\chi2}+\overline{\boldsymbol{g}}_{\chi2}
\end{aligned}
$$

式中：$\boldsymbol{R}_{B1,d}$、$\boldsymbol{R}_{\chi1a,d}$、$\boldsymbol{R}_{B2,d}$、$\boldsymbol{R}_{\chi2a,d}$、$\boldsymbol{R}_{\chi1b,d}$、$\boldsymbol{R}_{\chi2b,d}$、$\boldsymbol{K}_1$ 分别为$\boldsymbol{R}_{B1}$、$\boldsymbol{R}_{\chi1a}$、$\boldsymbol{R}_{B2}$、$\boldsymbol{R}_{\chi2a}$、$\boldsymbol{R}_{\chi1b}$、$\boldsymbol{R}_{\chi2b}$、$\boldsymbol{K}$ 对时间的导数，其具体表达式为

$$
\begin{aligned}
\boldsymbol{R}_{B1,d}=&\boldsymbol{R}_z(\psi)[(\dot{\phi}\boldsymbol{R}_y(\theta)\boldsymbol{S}(\boldsymbol{e}_1)+\dot{\theta}\boldsymbol{S}(\boldsymbol{e}_2)\boldsymbol{R}_y(\theta)+\dot{\psi}\boldsymbol{S}(\boldsymbol{e}_3)\boldsymbol{R}_y(\theta))\boldsymbol{S}(\boldsymbol{e}_1)\boldsymbol{R}_x(\phi)\boldsymbol{z}_{B1},\\
&(\dot{\phi}\boldsymbol{S}(\boldsymbol{e}_2)\boldsymbol{R}_y(\theta)\boldsymbol{S}(\boldsymbol{e}_1)+\dot{\theta}\boldsymbol{S}^2(\boldsymbol{e}_2)\boldsymbol{R}_y(\theta)+\dot{\psi}\boldsymbol{S}(\boldsymbol{e}_3)\boldsymbol{S}(\boldsymbol{e}_2)\boldsymbol{R}_y(\theta))\boldsymbol{R}_x(\phi)\boldsymbol{z}_{B1},\\
&\boldsymbol{S}(\boldsymbol{e}_3)(\dot{\phi}\boldsymbol{R}_y(\theta)\boldsymbol{S}(\boldsymbol{e}_1)+\dot{\theta}\boldsymbol{S}(\boldsymbol{e}_2)\boldsymbol{R}_y(\theta)+\dot{\psi}\boldsymbol{S}(\boldsymbol{e}_3)\boldsymbol{R}_y(\theta))\boldsymbol{R}_x(\phi)\boldsymbol{z}_{B1}]
\end{aligned}
$$

$$
\boldsymbol{R}_{\chi1a,d}=\boldsymbol{R}_z(\psi)\boldsymbol{S}(\boldsymbol{e}_3)(\dot{\psi}\boldsymbol{S}(\boldsymbol{e}_3)\boldsymbol{R}_y(\chi_{12})+\dot{\chi}_{12}\boldsymbol{S}(\boldsymbol{e}_2)\boldsymbol{R}_y(\chi_{12})+\dot{\chi}_{11}\boldsymbol{R}_y(\chi_{12})\boldsymbol{S}(\boldsymbol{e}_1))\boldsymbol{R}_x(\chi_{11})\boldsymbol{l}_B
$$

$$
\begin{aligned}
\boldsymbol{R}_{B2,d}=&\boldsymbol{R}_z(\psi)[(\dot{\phi}\boldsymbol{R}_y(\theta)\boldsymbol{S}(\boldsymbol{e}_1)+\dot{\theta}\boldsymbol{S}(\boldsymbol{e}_2)\boldsymbol{R}_y(\theta)+\dot{\psi}\boldsymbol{S}(\boldsymbol{e}_3)\boldsymbol{R}_y(\theta))\boldsymbol{S}(\boldsymbol{e}_1)\boldsymbol{R}_x(\phi)\boldsymbol{z}_{B2},\\
&(\dot{\phi}\boldsymbol{S}(\boldsymbol{e}_2)\boldsymbol{R}_y(\theta)\boldsymbol{S}(\boldsymbol{e}_1)+\dot{\theta}\boldsymbol{S}^2(\boldsymbol{e}_2)\boldsymbol{R}_y(\theta)+\dot{\psi}\boldsymbol{S}(\boldsymbol{e}_3)\boldsymbol{S}(\boldsymbol{e}_2)\boldsymbol{R}_y(\theta))\boldsymbol{R}_x(\phi)\boldsymbol{z}_{B2},\\
&\boldsymbol{S}(\boldsymbol{e}_3)(\dot{\phi}\boldsymbol{R}_y(\theta)\boldsymbol{S}(\boldsymbol{e}_1)+\dot{\theta}\boldsymbol{S}(\boldsymbol{e}_2)\boldsymbol{R}_y(\theta)+\dot{\psi}\boldsymbol{S}(\boldsymbol{e}_3)\boldsymbol{R}_y(\theta))\boldsymbol{R}_x(\phi)\boldsymbol{z}_{B2}]
\end{aligned}
$$

$$
\boldsymbol{R}_{\chi2a,d}=\boldsymbol{R}_z(\psi)\boldsymbol{S}(\boldsymbol{e}_3)(\dot{\psi}\boldsymbol{S}(\boldsymbol{e}_3)\boldsymbol{R}_y(\chi_{22})+\dot{\chi}_{22}\boldsymbol{S}(\boldsymbol{e}_2)\boldsymbol{R}_y(\chi_{22})+\dot{\chi}_{21}\boldsymbol{R}_y(\chi_{22})\boldsymbol{S}(\boldsymbol{e}_1))\boldsymbol{R}_x(\chi_{21})\boldsymbol{l}_B
$$

$$\boldsymbol{R}_{\chi 1b,d}=\boldsymbol{R}_z(\psi)[(\dot{\psi}\boldsymbol{S}(\boldsymbol{e}_3)\boldsymbol{R}_y(\chi_{12})+\dot{\chi}_{12}\boldsymbol{S}(\boldsymbol{e}_2)\boldsymbol{R}_y(\chi_{12})+\dot{\chi}_{11}\boldsymbol{R}_y(\chi_{12})\boldsymbol{S}(\boldsymbol{e}_1))\boldsymbol{S}(\boldsymbol{e}_1)\boldsymbol{R}_x(\chi_{11})\boldsymbol{l}_B,$$
$$(\dot{\psi}\boldsymbol{S}(\boldsymbol{e}_3)\boldsymbol{S}(\boldsymbol{e}_2)\boldsymbol{R}_y(\chi_{12})+\dot{\chi}_{12}\boldsymbol{S}^2(\boldsymbol{e}_2)\boldsymbol{R}_y(\chi_{12})+\dot{\chi}_{11}\boldsymbol{S}(\boldsymbol{e}_2)\boldsymbol{R}_y(\chi_{12})\boldsymbol{S}(\boldsymbol{e}_1))\boldsymbol{R}_x(\chi_{11})\boldsymbol{l}_B]$$
$$\boldsymbol{R}_{\chi 2b,d}=\boldsymbol{R}_z(\psi)[(\dot{\psi}\boldsymbol{S}(\boldsymbol{e}_3)\boldsymbol{R}_y(\chi_{22})+\dot{\chi}_{22}\boldsymbol{S}(\boldsymbol{e}_2)\boldsymbol{R}_y(\chi_{22})+\dot{\chi}_{21}\boldsymbol{R}_y(\chi_{22})\boldsymbol{S}(\boldsymbol{e}_1))\boldsymbol{S}(\boldsymbol{e}_1)\boldsymbol{R}_x(\chi_{21})\boldsymbol{l}_B,$$
$$(\dot{\psi}\boldsymbol{S}(\boldsymbol{e}_3)\boldsymbol{S}(\boldsymbol{e}_2)\boldsymbol{R}_y(\chi_{22})+\dot{\chi}_{22}\boldsymbol{S}^2(\boldsymbol{e}_2)\boldsymbol{R}_y(\chi_{22})+\dot{\chi}_{21}\boldsymbol{S}(\boldsymbol{e}_2)\boldsymbol{R}_y(\chi_{22})\boldsymbol{S}(\boldsymbol{e}_1))\boldsymbol{R}_x(\chi_{21})\boldsymbol{l}_B]$$
$$\boldsymbol{K}_1=\boldsymbol{R}_x(-\phi)(-\dot{\phi}\boldsymbol{S}(\boldsymbol{e}_1)\boldsymbol{R}_\theta+\dot{\theta}\boldsymbol{R}_{\theta,d}),\boldsymbol{R}_{\theta,d}=[\boldsymbol{0}_{3\times1}\quad \boldsymbol{0}_{3\times1}\quad -\boldsymbol{R}_y(-\theta)\boldsymbol{e}_1]$$
$$\boldsymbol{K}_2=\frac{\partial(\boldsymbol{K}\dot{\boldsymbol{\Theta}})^{\mathrm{T}}}{\partial\boldsymbol{\Theta}}=[-\boldsymbol{S}(\boldsymbol{e}_1)\boldsymbol{R}_\theta\dot{\boldsymbol{\Theta}}\quad \boldsymbol{R}_{\theta,d}\dot{\boldsymbol{\Theta}}\quad \boldsymbol{0}_{3\times1}]^{\mathrm{T}}\boldsymbol{R}_x(\phi)$$

2.3.3 飞艇所受的非保守广义力

1. 囊体的受力分析

囊体受的非保守外力包括浮力、附加惯性力和气动阻力。

1)囊体浮力

各囊体所受浮力始终竖直向上,单个囊体的浮力为

$$B=\rho g\Delta$$

式中:ρ 为囊体所在高度的空气密度;Δ 为单个囊体体积。

两个囊体所受的浮力相同,浮力在地面坐标系下可表示为

$$\boldsymbol{F}_B=[0,0,-B]^{\mathrm{T}} \tag{2-13}$$

式中:B 为浮力大小,作用点在囊体中心;两个囊体中心矢径在地面坐标系下分别为$\boldsymbol{r}_{B1}$、$\boldsymbol{r}_{B2}$。

2)囊体附加惯性力

囊体体积庞大,其附加惯性效应显著。各囊体附加惯性力作用点在各囊体中心,该附加惯性力在地面坐标系下可表示为

$$\boldsymbol{F}_{adi}=-m'\ddot{\boldsymbol{r}}_{Bi}\quad (i=1,2)$$

式中:$m'=2\rho\pi R^3/3$ 为囊体附加惯性力系数。将式(2-6)、式(2-9)求导可得两个囊体的附加惯性力分别为

$$\begin{cases}\boldsymbol{F}_{ad1}=-m'[\ddot{\boldsymbol{r}}+(\boldsymbol{R}_{B1}+\boldsymbol{R}_{\chi1a}\boldsymbol{e}_3^{\mathrm{T}})\ddot{\boldsymbol{\Theta}}+\boldsymbol{R}_{\chi1b}\ddot{\boldsymbol{\chi}}_1+(\boldsymbol{R}_{B1,d}+\boldsymbol{R}_{\chi1a,d}\boldsymbol{e}_3^{\mathrm{T}})\dot{\boldsymbol{\Theta}}+\boldsymbol{R}_{\chi1b,d}\dot{\boldsymbol{\chi}}_1]\\ \boldsymbol{F}_{ad2}=-m'[\ddot{\boldsymbol{r}}+(\boldsymbol{R}_{B2}+\boldsymbol{R}_{\chi2a}\boldsymbol{e}_3^{\mathrm{T}})\ddot{\boldsymbol{\Theta}}+\boldsymbol{R}_{\chi2b}\ddot{\boldsymbol{\chi}}_2+(\boldsymbol{R}_{B2,d}+\boldsymbol{R}_{\chi2a,d}\boldsymbol{e}_3^{\mathrm{T}})\dot{\boldsymbol{\Theta}}+\boldsymbol{R}_{\chi2b,d}\dot{\boldsymbol{\chi}}_2]\end{cases} \tag{2-14}$$

3)囊体气动阻力

由于抗压体制临近空间飞艇的多囊体组合构型的气动特性风洞试验实施

困难，故采用机理建模方法建立两个囊体相互遮挡情况下的气动力模型，且其囊体为球形，整体结构纵向对称，可忽略其升力和侧力，仅分析其气动阻力。

对于囊体 1，按定义其空速矢量$\boldsymbol{V}_1$ 在地面坐标系下的表示为

$$\boldsymbol{V}_1=[V_{1x},V_{1y},V_{1z}]^{\mathrm{T}}=\dot{\boldsymbol{r}}_{B1}-\boldsymbol{V}_w=\dot{\boldsymbol{r}}+(\boldsymbol{R}_{B1}+\boldsymbol{R}_{\chi 1a}\boldsymbol{e}_3^{\mathrm{T}})\dot{\boldsymbol{\Theta}}+\boldsymbol{R}_{\chi 1b}\dot{\boldsymbol{\chi}}_1-\boldsymbol{V}_w$$

式中：$\boldsymbol{V}_w$ 为风速矢量在地面坐标系下的表示，如图 2-2 所示。定义囊体 1 侧滑角 β_1 为空速$\boldsymbol{V}_1$ 与地面坐标系 $O_ex_ez_e$ 平面之间的夹角，在 $O_ex_ez_e$ 平面右侧为正，则有

$$\beta_1=\arctan 2(V_{1y},V_{1x})$$

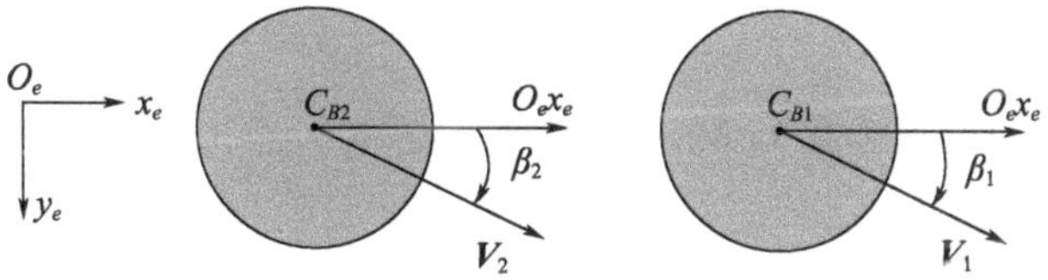

图 2-2　囊体侧滑角

于是，囊体 1 所受的气动阻力在地面坐标系下可表示为

$$\boldsymbol{F}_{A1}=\begin{bmatrix}F_{A1x}\\F_{A1y}\\F_{A1z}\end{bmatrix}=\boldsymbol{R}_z(-\beta_1)\begin{bmatrix}-Q_1S_1C_D\\0\\0\end{bmatrix}=-Q_1S_1C_D\begin{bmatrix}\cos\beta_1\\\sin\beta_1\\0\end{bmatrix}\tag{2-15}$$

式中：$Q_1=0.5\rho\,\boldsymbol{V}_1^{\mathrm{T}}\boldsymbol{V}_1$ 为囊体 1 动压；S_1 为囊体 1 等效面积（正对空速方向的投影面积）；C_D 为囊体阻力系数。囊体 1 气动阻力作用点为其中心，其矢径在地面坐标系下表示为$\boldsymbol{r}_{B1}$。

当空速$\boldsymbol{V}_1=\boldsymbol{0}$ 时，由式(2-15)知囊体 1 的气动阻力$\boldsymbol{F}_{A1}=\boldsymbol{0}$。当空速$\boldsymbol{V}_1\neq\boldsymbol{0}$ 时，为按式(2-15)求出囊体 1 的气动阻力，必须确定囊体 1 正对空速方向的等效面积 S_1。因两个囊体是相对独立运动的，在确定囊体 1 的等效面积 S_1 时需要考虑囊体 2 对它的遮挡。以下给出囊体 1 受囊体 2 遮挡情况的分析，得到确定其等效面积 S_1 的方法。

如图 2-3 所示，当囊体 1 空速$\boldsymbol{V}_1$ 方向位于囊体 1 与囊体 2 的两条内公切线之间时，囊体 2 遮挡囊体 1，遮挡面积记为 S_{12}。

为求 S_{12}，先算出囊体 1 中心 C_{B1} 至囊体 2 中心 C_{B2} 的矢径在地面坐标系下的表示：

$$\boldsymbol{r}_{12}=\boldsymbol{r}_{B2}-\boldsymbol{r}_{B1}$$

由图 2-3 可知，囊体 1 与囊体 2 的内公切线与$\boldsymbol{r}_{12}$ 间的夹角 $\delta_{12}(0<\delta_{12}<\pi/2)$ 满足：

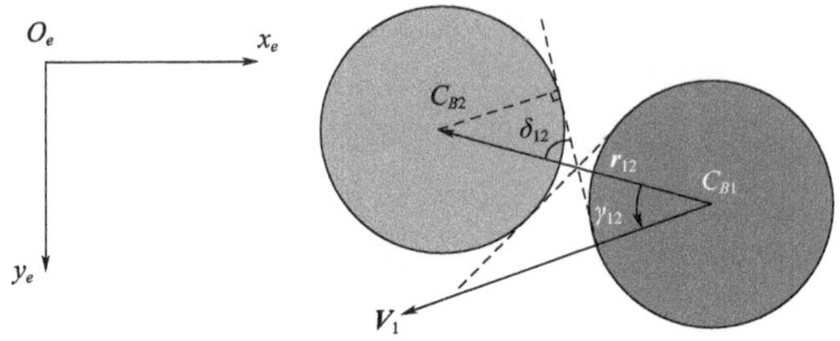

图 2-3　囊体 1 的被遮挡情况

$$\sin\delta_{12}=2R/\|\boldsymbol{r}_{12}\|>0$$

记矢径$\boldsymbol{r}_{12}$与空速向量$\boldsymbol{V}_1$间的夹角为 $\gamma_{12}(0\leqslant\gamma_{12}\leqslant\pi)$，则有

$$\cos\gamma_{12}=\frac{\boldsymbol{r}_{12}^{\mathrm{T}}\boldsymbol{V}_1}{\|\boldsymbol{r}_{12}\|\ \|\boldsymbol{V}_1\|}$$

当囊体 1 空速方向位于囊体 1 与囊体 2 的两条内公切线之间时，有 $\gamma_{12}<\delta_{12}$，这等价于

$$\cos\gamma_{12}>\cos\delta_{12}=\sqrt{1-\sin^2\delta_{12}}$$

此时，囊体 2 对囊体 1 产生遮挡现象，由图 2-4 所示囊体 1 被囊体 2 遮挡时在正对空速$\boldsymbol{V}_1$方向的投影图，可算出遮挡面积 S_{12}。$\boldsymbol{r}_{12}$ 在垂直于空速$\boldsymbol{V}_1$方向的投影长度为

$$L_{12}=\|\boldsymbol{r}_{12}\|\ |\sin\gamma_{12}|=\|\boldsymbol{r}_{12}\|\sqrt{1-\cos^2\gamma_{12}}$$

定义角度 $\varphi_{12}=\arccos(L_{12}/(2R))$，由图 2-4 可得囊体 2 对囊体 1 的遮挡面积为

$$S_{12}=\begin{cases}4\left[\dfrac{1}{2}\varphi_{12}R^2-\dfrac{1}{2}\left(\dfrac{1}{2}L_{12}\right)R\sin\varphi_{12}\right]=2\varphi_{12}R^2-L_{12}R\sin\varphi_{12} & \left(\cos\gamma_{12}>\sqrt{1-\sin^2\delta_{12}}\right)\\ 0 & (\text{其余情况})\end{cases}$$

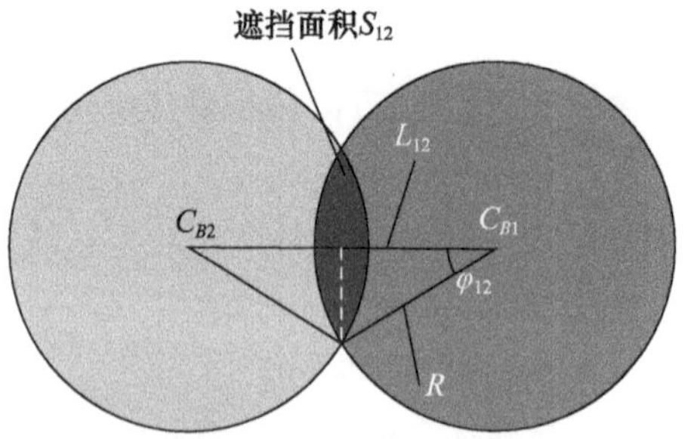

图 2-4　囊体 1 被遮挡时在正对空速 V_1 方向的投影图

记 S_0 为单个囊体无遮挡时的等效面积，可知囊体 1 此时受遮挡后的等效面积：

$$S_1 = S_0 - S_{12}$$

将其代入式(2-15)后即可算出当空速 $\boldsymbol{V}_1 \neq \boldsymbol{0}$ 时，囊体 1 受到的气动阻力 $\boldsymbol{F}_{A1}$。

同理，可求出囊体 2 的气动阻力。囊体 2 空速矢量 $\boldsymbol{V}_2$ 在地面坐标系下的表示为

$$\boldsymbol{V}_2 = [V_{2x}, V_{2y}, V_{2z}]^{\mathrm{T}} = \dot{\boldsymbol{r}}_{B2} - \boldsymbol{V}_w = \dot{\boldsymbol{r}} + (\boldsymbol{R}_{B2} + \boldsymbol{R}_{\chi 2a}\boldsymbol{e}_3^{\mathrm{T}})\dot{\boldsymbol{\Theta}} + \boldsymbol{R}_{\chi 2b}\dot{\boldsymbol{\chi}}_2 - \boldsymbol{V}_w$$

如图 2-2 所示，定义囊体 2 侧滑角 β_2 为空速 $\boldsymbol{V}_2$ 与地面坐标系 $O_e x_e z_e$ 平面之间的夹角，$\boldsymbol{V}_2$ 在 $O_e x_e z_e$ 平面右侧为正，则有

$$\beta_2 = \arctan 2(V_{2y}, V_{2x})$$

于是，囊体 2 所受的气动阻力在地面坐标系下可表示为

$$\boldsymbol{F}_{A2} = \begin{bmatrix} F_{A2x} \\ F_{A2y} \\ F_{A2z} \end{bmatrix} = \boldsymbol{R}_z(-\beta_2)\begin{bmatrix} -Q_2 S_2 C_D \\ 0 \\ 0 \end{bmatrix} = -Q_2 S_2 C_D \begin{bmatrix} \cos\beta_2 \\ \sin\beta_2 \\ 0 \end{bmatrix} \tag{2-16}$$

式中：$Q_2 = 0.5\rho\, \boldsymbol{V}_2^{\mathrm{T}} \boldsymbol{V}_2$ 为囊体 2 动压；S_2 为囊体 2 等效面积。囊体 2 气动阻力作用点在囊体 2 中心，其矢径在地面坐标系下表示为 $\boldsymbol{r}_{B2}$。

囊体 2 中心 C_{B2} 至囊体 1 中心 C_{B1} 的矢径在地面坐标系下的表示 $\boldsymbol{r}_{21} = -\boldsymbol{r}_{12}$。由图 2-5 可知，囊体 2 与囊体 1 的内公切线与 $\boldsymbol{r}_{21}$ 间的夹角 δ_{21}($0<\delta_{21}<\pi/2$)满足：

$$\delta_{21} = \delta_{12}, \sin\delta_{21} = \sin\delta_{12} = 2R / \| \boldsymbol{r}_{12} \| > 0$$

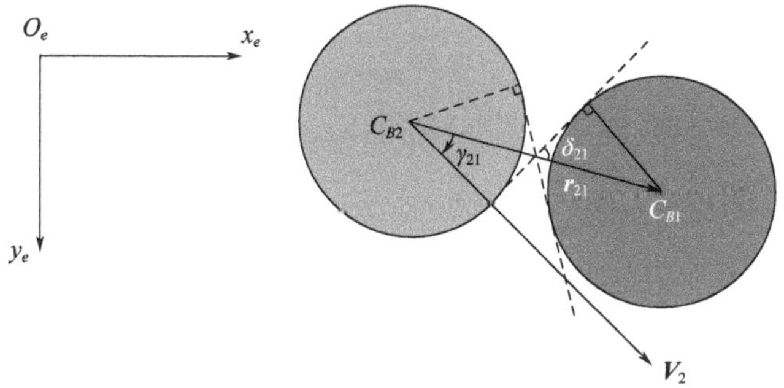

图 2-5　囊体 2 的被遮挡情况

记矢径 $\boldsymbol{r}_{21}$ 与空速向量 $\boldsymbol{V}_2$ 间的夹角为 γ_{21}($0 \leqslant \gamma_{21} \leqslant \pi$)，则有

$$\cos\gamma_{21}=\frac{\boldsymbol{r}_{21}^{\mathrm{T}}\boldsymbol{V}_2}{\|\boldsymbol{r}_{21}\|\ \|\boldsymbol{V}_2\|}$$

当囊体 2 空速$\boldsymbol{V}_2$ 的方向位于囊体 2 与囊体 1 的两条内公切线之间时,有

$$\cos\gamma_{21}>\cos\delta_{21}=\sqrt{1-\sin^2\delta_{12}}$$

此时,囊体 1 对囊体 2 产生遮挡,由图 2-6 知 $\boldsymbol{r}_{21}$ 在垂直于空速 $\boldsymbol{V}_2$ 方向的投影长度为

$$L_{21}=\|\boldsymbol{r}_{21}\|\ |\sin\gamma_{21}|=\|\boldsymbol{r}_{12}\|\sqrt{1-\cos^2\gamma_{21}}$$

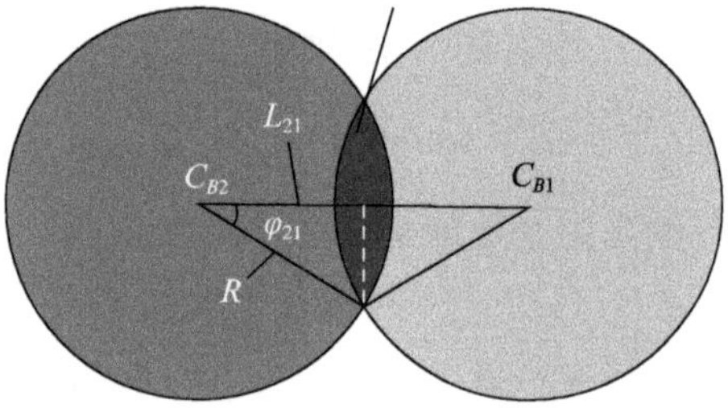

图 2-6　囊体 2 被遮挡时在垂直于空速 V_2 方向的投影图

定义角度 $\varphi_{21}=\arccos(L_{21}/(2R))$,由图 2-6 可得,囊体 1 对囊体 2 的遮挡面积为

$$S_{21}=\begin{cases}4\left[\dfrac{1}{2}\varphi_{21}R^2-\dfrac{1}{2}\left(\dfrac{1}{2}L_{21}\right)R\sin\varphi_{21}\right]=2\varphi_{21}R^2-L_{21}R\sin\varphi_{21} & \left(\cos\gamma_{21}>\sqrt{1-\sin^2\delta_{12}}\right)\\ 0 & (\text{其余情况})\end{cases}$$

则囊体 2 受遮挡后的等效面积为

$$S_2=S_0-S_{21}$$

将 S_2 值代入式(2-16)后即可算出当空速$\boldsymbol{V}_2\neq\boldsymbol{0}$ 时,囊体 2 受到的气动阻力$\boldsymbol{F}_{A2}$。

2. 螺旋桨推力分析

典型抗压临近空间飞艇 6 个螺旋桨配置在同一平面上,如图 2-7 所示。螺旋桨 1#~6#的推力在地面坐标系下可分别表示为

$$\boldsymbol{F}_1=\boldsymbol{R}_{\boldsymbol{\Theta}}\begin{bmatrix}F_1\cos\mu_1\\F_1\sin\mu_1\\0\end{bmatrix},\boldsymbol{F}_2=\boldsymbol{R}_{\boldsymbol{\Theta}}\begin{bmatrix}F_2\cos\mu_2\\F_2\sin\mu_2\\0\end{bmatrix},\boldsymbol{F}_3=\boldsymbol{R}_{\boldsymbol{\Theta}}\begin{bmatrix}F_3\\0\\0\end{bmatrix},$$

$$\boldsymbol{F}_4=\boldsymbol{R}_{\boldsymbol{\Theta}}\begin{bmatrix}F_4\\0\\0\end{bmatrix},\boldsymbol{F}_5=\boldsymbol{R}_{\boldsymbol{\Theta}}\begin{bmatrix}F_5\\0\\0\end{bmatrix},\boldsymbol{F}_6=\boldsymbol{R}_{\boldsymbol{\Theta}}\begin{bmatrix}F_6\\0\\0\end{bmatrix}\tag{2-17}$$

式中：$F_i(i=1,2,\cdots,6)$为第 i 个螺旋桨的推力大小；$\mu_i(i=1,2)$为第 i 个矢量螺旋桨的轴向偏角。

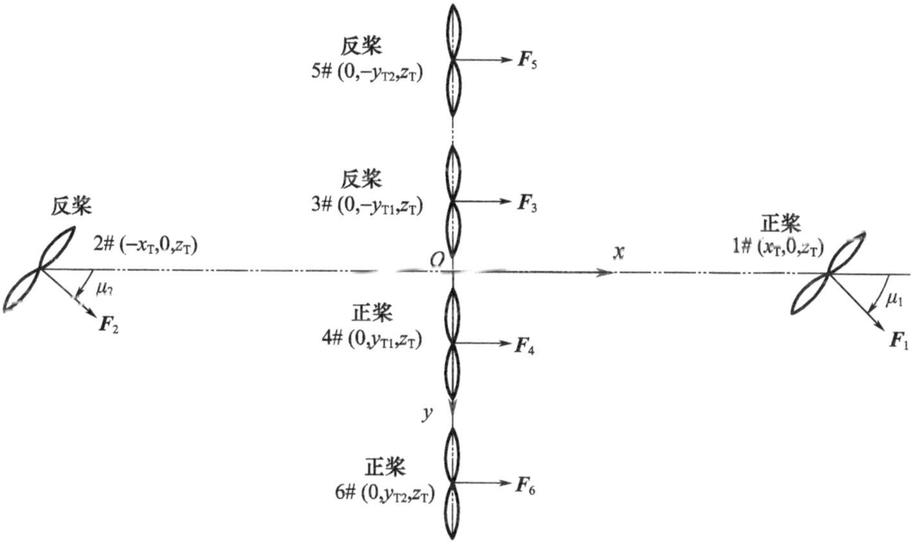

图 2-7　飞艇螺旋桨平面配置图

各螺旋桨推力作用点的矢径在地面坐标系中表示为

$$\boldsymbol{r}_i=\boldsymbol{r}+\boldsymbol{R}_{\boldsymbol{\Theta}}\boldsymbol{r}_{\mathrm{T}i}\quad(i=1,2,\cdots,6)\tag{2-18}$$

式中：$\boldsymbol{r}$ 为桁架坐标系原点的矢径在地面坐标系中的表示；$\boldsymbol{r}_{\mathrm{T1}}=[x_{\mathrm{T}},0,z_{\mathrm{T}}]^{\mathrm{T}}$、$\boldsymbol{r}_{\mathrm{T2}}=[-x_{\mathrm{T}},0,z_{\mathrm{T}}]^{\mathrm{T}}$、$\boldsymbol{r}_{\mathrm{T3}}=[0,-y_{\mathrm{T1}},z_{\mathrm{T}}]^{\mathrm{T}}$、$\boldsymbol{r}_{\mathrm{T4}}=[0,y_{\mathrm{T1}},z_{\mathrm{T}}]^{\mathrm{T}}$、$\boldsymbol{r}_{\mathrm{T5}}=[0,-y_{\mathrm{T2}},z_{\mathrm{T}}]^{\mathrm{T}}$、$\boldsymbol{r}_{\mathrm{T6}}=[0,y_{\mathrm{T2}},z_{\mathrm{T}}]^{\mathrm{T}}$分别为各螺旋桨推力作用点在桁架坐标系中的坐标，其中 x_{T}、y_{T1}、y_{T2} 和 z_{T} 均为常数，故$\boldsymbol{r}_{\mathrm{T}i}(i=1,2,\cdots,6)$均为常值向量。由式(2-17)和式(2-18)知，6 个螺旋桨推力对桁架坐标系原点的力矩在地面坐标系中的表示为

$$\begin{aligned}\boldsymbol{M}_F&=\sum_{i=1}^{6}(\boldsymbol{R}_{\boldsymbol{\Theta}}\boldsymbol{r}_{\mathrm{T}i})\times\boldsymbol{F}_i=\sum_{i=1}^{6}S(\boldsymbol{R}_{\boldsymbol{\Theta}}\boldsymbol{r}_{\mathrm{T}i})\boldsymbol{F}_i=\boldsymbol{R}_{\boldsymbol{\Theta}}\sum_{i=1}^{6}S(\boldsymbol{r}_{\mathrm{T}i})\boldsymbol{R}_{\boldsymbol{\Theta}}^{\mathrm{T}}\boldsymbol{F}_i\\&=\boldsymbol{R}_{\boldsymbol{\Theta}}\left(\begin{bmatrix}-z_{\mathrm{T}}F_1\sin\mu_1\\z_{\mathrm{T}}F_1\cos\mu_1\\x_{\mathrm{T}}F_1\sin\mu_1\end{bmatrix}+\begin{bmatrix}-z_{\mathrm{T}}F_2\sin\mu_2\\z_{\mathrm{T}}F_2\cos\mu_2\\-x_{\mathrm{T}}F_2\sin\mu_2\end{bmatrix}+\begin{bmatrix}0\\z_{\mathrm{T}}F_3\\y_{\mathrm{T1}}F_3\end{bmatrix}+\begin{bmatrix}0\\z_{\mathrm{T}}F_4\\-y_{\mathrm{T1}}F_4\end{bmatrix}+\begin{bmatrix}0\\z_{\mathrm{T}}F_5\\y_{\mathrm{T2}}F_5\end{bmatrix}+\begin{bmatrix}0\\z_{\mathrm{T}}F_6\\-y_{\mathrm{T2}}F_6\end{bmatrix}\right)\end{aligned}$$

$$
=\boldsymbol{R}_{\boldsymbol{\Theta}}\begin{bmatrix} -z_{\mathrm{T}}(F_1\sin\mu_1+F_2\sin\mu_2) \\ z_{\mathrm{T}}(F_1\cos\mu_1+F_2\cos\mu_2+F_3+F_4+F_5+F_6) \\ x_{\mathrm{T}}(F_1\sin\mu_1-F_2\sin\mu_2)+y_{\mathrm{T1}}(F_3-F_4)+y_{\mathrm{T2}}(F_5-F_6) \end{bmatrix}
$$

另外,螺旋桨转动时受到空气阻力,产生作用在螺旋桨上的反扭矩。6 个螺旋桨受到的反扭矩在地面坐标系中的表示分别为

$$
\boldsymbol{M}_1=\boldsymbol{R}_{\boldsymbol{\Theta}}\begin{bmatrix} -M_1\cos\mu_1 \\ -M_1\sin\mu_1 \\ 0 \end{bmatrix}=\boldsymbol{R}_{\boldsymbol{\Theta}}\begin{bmatrix} -c_MF_1\cos\mu_1 \\ -c_MF_1\sin\mu_1 \\ 0 \end{bmatrix},\boldsymbol{M}_2=\boldsymbol{R}_{\boldsymbol{\Theta}}\begin{bmatrix} M_2\cos\mu_2 \\ M_2\sin\mu_2 \\ 0 \end{bmatrix}=\boldsymbol{R}_{\boldsymbol{\Theta}}\begin{bmatrix} c_MF_2\cos\mu_2 \\ c_MF_2\sin\mu_2 \\ 0 \end{bmatrix}
$$

$$
\boldsymbol{M}_3=\boldsymbol{R}_{\boldsymbol{\Theta}}\begin{bmatrix} M_3 \\ 0 \\ 0 \end{bmatrix}=\boldsymbol{R}_{\boldsymbol{\Theta}}\begin{bmatrix} c_MF_3 \\ 0 \\ 0 \end{bmatrix},\boldsymbol{M}_4=\boldsymbol{R}_{\boldsymbol{\Theta}}\begin{bmatrix} -M_4 \\ 0 \\ 0 \end{bmatrix}=\boldsymbol{R}_{\boldsymbol{\Theta}}\begin{bmatrix} -c_MF_4 \\ 0 \\ 0 \end{bmatrix}
$$

$$
\boldsymbol{M}_5=\boldsymbol{R}_{\boldsymbol{\Theta}}\begin{bmatrix} M_5 \\ 0 \\ 0 \end{bmatrix}=\boldsymbol{R}_{\boldsymbol{\Theta}}\begin{bmatrix} c_MF_5 \\ 0 \\ 0 \end{bmatrix},\boldsymbol{M}_6=\boldsymbol{R}_{\boldsymbol{\Theta}}\begin{bmatrix} -M_6 \\ 0 \\ 0 \end{bmatrix}=\boldsymbol{R}_{\boldsymbol{\Theta}}\begin{bmatrix} -c_MF_6 \\ 0 \\ 0 \end{bmatrix}
$$

式中:$M_i=c_MF_i(i=1,2,\cdots,6)$为第 i 个螺旋桨受到反扭矩的大小,它与该螺旋桨的推力大小成正比,$c_M>0$ 为反扭矩与螺旋桨推力间的比例系数。

由此可知,螺旋桨产生的合推力和合力矩在地面坐标系下可表示为

$$
\begin{bmatrix} \sum_{i=1}^{6}\boldsymbol{F}_i \\ \boldsymbol{M}_F+\sum_{i=1}^{6}\boldsymbol{M}_i \end{bmatrix}=\begin{bmatrix} \boldsymbol{R}_{\boldsymbol{\Theta}} & \\ & \boldsymbol{R}_{\boldsymbol{\Theta}} \end{bmatrix}\cdot
$$

$$
\begin{bmatrix} F_1\cos\mu_1+F_2\cos\mu_2+F_3+F_4+F_5+F_6 \\ F_1\sin\mu_1+F_2\sin\mu_2 \\ 0 \\ -z_{\mathrm{T}}(F_1\sin\mu_1+F_2\sin\mu_2)-c_M(F_1\cos\mu_1-F_2\cos\mu_2-F_3+F_4-F_5+F_6) \\ z_{\mathrm{T}}(F_1\cos\mu_1+F_2\cos\mu_2+F_3+F_4+F_5+F_6)-c_M(F_1\sin\mu_1-F_2\sin\mu_2) \\ x_{\mathrm{T}}(F_1\sin\mu_1-F_2\sin\mu_2)+y_{\mathrm{T1}}(F_3-F_4)+y_{\mathrm{T2}}(F_5-F_6) \end{bmatrix}
$$

这表明,尽管飞艇有 6 个螺旋桨(4 个固定螺旋桨和 2 个矢量螺旋桨),但最多只能产生 5 个独立的作用力:前向推力、侧向推力、滚转力矩、俯仰力矩和偏航力矩。若记前向推力、侧向推力、滚转反扭矩、俯仰反扭矩和偏航力矩这 5 个独立作用力在桁架坐标系中的表示为

$$\boldsymbol{u}=\begin{bmatrix}u_1\\u_2\\u_3\\u_4\\u_5\end{bmatrix}=\begin{bmatrix}F_1\cos\mu_1+F_2\cos\mu_2+F_3+F_4+F_5+F_6\\F_1\sin\mu_1+F_2\sin\mu_2\\-c_M(F_1\cos\mu_1-F_2\cos\mu_2-F_3+F_4-F_5+F_6)\\-c_M(F_1\sin\mu_1-F_2\sin\mu_2)\\x_{\mathrm{T}}(F_1\sin\mu_1-F_2\sin\mu_2)+y_{\mathrm{T1}}(F_3-F_4)+y_{\mathrm{T2}}(F_5-F_6)\end{bmatrix}\tag{2-19}$$

则螺旋桨产生的合推力和合力矩在地面坐标系下的表示为

$$\begin{bmatrix}\sum_{i=1}^{6}\boldsymbol{F}_i\\\boldsymbol{M}_F+\sum_{i=1}^{6}\boldsymbol{M}_i\end{bmatrix}=\begin{bmatrix}\boldsymbol{R}_{\Theta}&\\&\boldsymbol{R}_{\Theta}\end{bmatrix}\begin{bmatrix}u_1\\u_2\\0\\-z_{\mathrm{T}}u_2+u_3\\z_{\mathrm{T}}u_1+u_4\\u_5\end{bmatrix}$$

$$=\begin{bmatrix}\boldsymbol{R}_{\Theta}&\\&\boldsymbol{R}_{\Theta}\end{bmatrix}\begin{bmatrix}1&0&0&0&0\\0&1&0&0&0\\0&0&0&0&0\\0&-z_{\mathrm{T}}&1&0&0\\z_{\mathrm{T}}&0&0&1&0\\0&0&0&0&1\end{bmatrix}\begin{bmatrix}u_1\\u_2\\u_3\\u_4\\u_5\end{bmatrix}$$

另外，由式（2-19）可知：

$$\boldsymbol{u}=\begin{bmatrix}\cos\mu_1&\cos\mu_2&1&1&1&1\\\sin\mu_1&\sin\mu_2&0&0&0&0\\-c_M\cos\mu_1&c_M\cos\mu_2&c_M&-c_M&c_M&-c_M\\-c_M\sin\mu_1&c_M\sin\mu_2&0&0&0&0\\x_{\mathrm{T}}\sin\mu_1&-x_{\mathrm{T}}\sin\mu_2&y_{\mathrm{T1}}&-y_{\mathrm{T1}}&y_{\mathrm{T2}}&-y_{\mathrm{T2}}\end{bmatrix}\begin{bmatrix}F_1\\F_2\\F_3\\F_4\\F_5\\F_6\end{bmatrix}\triangleq\boldsymbol{C}(\mu_1,\mu_2)\boldsymbol{F}$$

3. 飞艇所受的非保守广义力计算

若一系统上受到非保守力系 $\{\boldsymbol{F}_{N1},\boldsymbol{F}_{N2},\cdots,\boldsymbol{F}_{Nm}\}$，其中力 $\boldsymbol{F}_{Ni}(i=1,2\cdots,m)$ 作用点的矢径用系统的广义坐标 $\boldsymbol{q}$ 表示为 $\boldsymbol{p}_i(\boldsymbol{q})(i=1,2\cdots,m)$，则系统所受的对应 $\boldsymbol{q}$ 非保守广义力向量为

$$\boldsymbol{Q}_N=\sum_{i=1}^{m}\frac{\partial\boldsymbol{p}_i^{\mathrm{T}}}{\partial\boldsymbol{q}}\boldsymbol{F}_{Ni}\tag{2-20}$$

对于临近空间飞艇，所受的非保守力为两个囊体的浮力$\boldsymbol{F}_B$[作用点矢径分别为$\boldsymbol{r}_{B1}(\boldsymbol{r},\boldsymbol{\Theta},\boldsymbol{\chi}_1)$、$\boldsymbol{r}_{B2}(\boldsymbol{r},\boldsymbol{\Theta},\boldsymbol{\chi}_2)$]、两个囊体的附加惯性力$\boldsymbol{F}_{adi}(i=1,2)$[作用点矢径为$\boldsymbol{r}_{Bi}(\boldsymbol{r},\boldsymbol{\Theta},\boldsymbol{\chi}_i)(i=1,2)$]、两个囊体的气动阻力$\boldsymbol{F}_{Ai}(i=1,2)$[作用点矢径为$\boldsymbol{r}_{Bi}(\boldsymbol{r},\boldsymbol{\Theta},\boldsymbol{\chi}_i)(i=1,2)$]和6个螺旋桨推力$\boldsymbol{F}_i(i=1,2\cdots,6)$[作用点矢径为$\boldsymbol{r}_i(\boldsymbol{r},\boldsymbol{\Theta})(i=1,2,\cdots,6)$]。应用式(2-20)，按对矢量的求导法则可计算出对应广义坐标$\boldsymbol{q}=[\boldsymbol{r}^{\mathrm{T}},\boldsymbol{\Theta}^{\mathrm{T}},\boldsymbol{\chi}_1^{\mathrm{T}},\boldsymbol{\chi}_2^{\mathrm{T}}]^{\mathrm{T}}$的广义力如下：

$$
\begin{aligned}
\boldsymbol{Q}_r &= \sum_{i=1}^{2}\frac{\partial \boldsymbol{r}_{Bi}^{\mathrm{T}}}{\partial \boldsymbol{r}}(\boldsymbol{F}_B+\boldsymbol{F}_{adi}+\boldsymbol{F}_{Ai})+\sum_{i=1}^{6}\frac{\partial \boldsymbol{r}_i^{\mathrm{T}}}{\partial \boldsymbol{r}}\boldsymbol{F}_i=\sum_{i=1}^{2}(\boldsymbol{F}_B-m'\ddot{\boldsymbol{r}}_{Bi}+\boldsymbol{F}_{Ai})+\sum_{i=1}^{6}\boldsymbol{F}_i\\
&=-2m'\ddot{\boldsymbol{r}}-m'(\boldsymbol{R}_{B1}+\boldsymbol{R}_{B2}+\boldsymbol{R}_{\chi 2a}\,\boldsymbol{e}_3^{\mathrm{T}}+\boldsymbol{R}_{\chi 1a}\,\boldsymbol{e}_3^{\mathrm{T}})\ddot{\boldsymbol{\Theta}}-m'(\boldsymbol{R}_{\chi 1b}\ddot{\boldsymbol{\chi}}_1+\boldsymbol{R}_{\chi 2b}\ddot{\boldsymbol{\chi}}_2)-\\
&\quad[m'(\boldsymbol{R}_{B1,d}+\boldsymbol{R}_{B2,d}+\boldsymbol{R}_{\chi 2a.d}\,\boldsymbol{e}_3^{\mathrm{T}}+\boldsymbol{R}_{\chi 1a.d}\,\boldsymbol{e}_3^{\mathrm{T}})\dot{\boldsymbol{\Theta}}+m'(\boldsymbol{R}_{\chi 1b.d}\dot{\boldsymbol{\chi}}_1+\boldsymbol{R}_{\chi 2b.d}\dot{\boldsymbol{\chi}}_2)]-\\
&\quad(-2\boldsymbol{F}_B-\boldsymbol{F}_{A1}-\boldsymbol{F}_{A2})+\boldsymbol{R}_{\boldsymbol{\Theta}}[u_1,u_2,0]^{\mathrm{T}}\\
&\triangleq-\widetilde{\boldsymbol{H}}_{r,r}\ddot{\boldsymbol{r}}-\widetilde{\boldsymbol{H}}_{r,\theta}\ddot{\boldsymbol{\Theta}}-\widetilde{\boldsymbol{H}}_{r,\chi 1}\ddot{\boldsymbol{\chi}}_1-\widetilde{\boldsymbol{H}}_{r,\chi 2}\ddot{\boldsymbol{\chi}}_2-\widetilde{\boldsymbol{n}}_r-\widetilde{\boldsymbol{g}}_r+\boldsymbol{R}_{\boldsymbol{\Theta}}[\boldsymbol{e}_1\quad \boldsymbol{e}_2\quad \boldsymbol{0}_{3\times 3}]\boldsymbol{u}
\end{aligned}
$$

$$
\begin{aligned}
\boldsymbol{Q}_{\boldsymbol{\Theta}} &= \sum_{i=1}^{2}\frac{\partial \boldsymbol{r}_{Bi}^{\mathrm{T}}}{\partial \boldsymbol{\Theta}}(\boldsymbol{F}_B+\boldsymbol{F}_{adi}+\boldsymbol{F}_{Ai})+\sum_{i=1}^{6}\frac{\partial \boldsymbol{r}_i^{\mathrm{T}}}{\partial \boldsymbol{\Theta}}\boldsymbol{F}_i+\sum_{i=1}^{6}\frac{\partial \boldsymbol{\Theta}^{\mathrm{T}}}{\partial \boldsymbol{\Theta}}\boldsymbol{M}_i\\
&=\sum_{i=1}^{2}(\boldsymbol{R}_{Bi}+\boldsymbol{R}_{\chi ia}\boldsymbol{e}_3^{\mathrm{T}})^{\mathrm{T}}(\boldsymbol{F}_B-m'\ddot{\boldsymbol{r}}_{Bi}+\boldsymbol{F}_{Ai})+\sum_{i=1}^{6}\boldsymbol{R}_{\boldsymbol{\Theta},i}\boldsymbol{F}_i+\sum_{i=1}^{6}\boldsymbol{M}_i\\
&=-m'\sum_{i=1}^{2}(\boldsymbol{R}_{Bi}+\boldsymbol{R}_{\chi ia}\boldsymbol{e}_3^{\mathrm{T}})^{\mathrm{T}}[\ddot{\boldsymbol{r}}+(\boldsymbol{R}_{Bi}+\boldsymbol{R}_{\chi ia}\boldsymbol{e}_3^{\mathrm{T}})\ddot{\boldsymbol{\Theta}}+\boldsymbol{R}_{\chi ib}\ddot{\boldsymbol{\chi}}_i+\\
&\quad(\boldsymbol{R}_{Bi,d}+\boldsymbol{R}_{\chi ia.d}\boldsymbol{e}_3^{\mathrm{T}})\dot{\boldsymbol{\Theta}}+\boldsymbol{R}_{\chi ib.d}\dot{\boldsymbol{\chi}}_i]+\sum_{i=1}^{2}(\boldsymbol{R}_{Bi}+\boldsymbol{R}_{\chi ia}\boldsymbol{e}_3^{\mathrm{T}})^{\mathrm{T}}(\boldsymbol{F}_B+\boldsymbol{F}_{Ai})+\\
&\quad\boldsymbol{R}_{\boldsymbol{\Theta},\phi}\sum_{i=1}^{6}\boldsymbol{S}(\boldsymbol{r}_{\mathrm{T}i})\boldsymbol{R}_{\boldsymbol{\Theta}}^{\mathrm{T}}\boldsymbol{F}_i+\sum_{i=1}^{6}\boldsymbol{M}_i\\
&=-m'(\boldsymbol{R}_{B1}+\boldsymbol{R}_{B2}+\boldsymbol{R}_{\chi 2a}\boldsymbol{e}_3^{\mathrm{T}}+\boldsymbol{R}_{\chi 1a}\boldsymbol{e}_3^{\mathrm{T}})^{\mathrm{T}}\ddot{\boldsymbol{r}}-m'[(\boldsymbol{R}_{B1}+\boldsymbol{R}_{\chi 1a}\boldsymbol{e}_3^{\mathrm{T}})^{\mathrm{T}}(\boldsymbol{R}_{B1}+\boldsymbol{R}_{\chi 1a}\,\boldsymbol{e}_3^{\mathrm{T}})+\\
&\quad(\boldsymbol{R}_{B2}+\boldsymbol{R}_{\chi 2a}\boldsymbol{e}_3^{\mathrm{T}})^{\mathrm{T}}(\boldsymbol{R}_{B2}+\boldsymbol{R}_{\chi 2a}\,\boldsymbol{e}_3^{\mathrm{T}})]\ddot{\boldsymbol{\Theta}}-m'(\boldsymbol{R}_{B1}+\boldsymbol{R}_{\chi 1a}\boldsymbol{e}_3^{\mathrm{T}})^{\mathrm{T}}\boldsymbol{R}_{\chi 1b}\ddot{\boldsymbol{\chi}}_1-\\
&\quad m'(\boldsymbol{R}_{B2}+\boldsymbol{R}_{\chi 2a}\boldsymbol{e}_3^{\mathrm{T}})^{\mathrm{T}}\boldsymbol{R}_{\chi 2b}\ddot{\boldsymbol{\chi}}_2-m'[(\boldsymbol{R}_{B1}+\boldsymbol{R}_{\chi 1a}\boldsymbol{e}_3^{\mathrm{T}})^{\mathrm{T}}\boldsymbol{R}_{\chi 1b.d}\dot{\boldsymbol{\chi}}_1+\\
&\quad(\boldsymbol{R}_{B2}+\boldsymbol{R}_{\chi 2a}\boldsymbol{e}_3^{\mathrm{T}})^{\mathrm{T}}\boldsymbol{R}_{\chi 2b.d}\dot{\boldsymbol{\chi}}_2]-[-(\boldsymbol{R}_{B1}+\boldsymbol{R}_{\chi 1a}\boldsymbol{e}_3^{\mathrm{T}})^{\mathrm{T}}(\boldsymbol{F}_B+\boldsymbol{F}_{A1})-\\
&\quad(\boldsymbol{R}_{B2}+\boldsymbol{R}_{\chi 2a}\boldsymbol{e}_3^{\mathrm{T}})^{\mathrm{T}}(\boldsymbol{F}_B+\boldsymbol{F}_{A2})]+\boldsymbol{R}_{\boldsymbol{\Theta},\phi}[-z_{\mathrm{T}}u_2,z_{\mathrm{T}}u_1,u_5]^{\mathrm{T}}+\boldsymbol{R}_{\boldsymbol{\Theta}}[u_3,u_4,0]^{\mathrm{T}}\\
&\triangleq-\widetilde{\boldsymbol{H}}_{\vartheta,r}\ddot{\boldsymbol{r}}-\widetilde{\boldsymbol{H}}_{\theta,\theta}\ddot{\boldsymbol{\Theta}}-\widetilde{\boldsymbol{H}}_{\theta,\chi 1}\ddot{\boldsymbol{\chi}}_1-\widetilde{\boldsymbol{H}}_{\theta,\chi 2}\ddot{\boldsymbol{\chi}}_2-\widetilde{\boldsymbol{n}}_\theta-\widetilde{\boldsymbol{g}}_\theta+(\boldsymbol{R}_{\boldsymbol{\Theta},\phi}[z_{\mathrm{T}}\boldsymbol{e}_2\quad -z_{\mathrm{T}}\boldsymbol{e}_1\quad \boldsymbol{0}_{3\times 2}\quad \boldsymbol{e}_3]+\\
&\quad\boldsymbol{R}_{\boldsymbol{\Theta}}[\boldsymbol{0}_{3\times 2}\quad \boldsymbol{e}_1\quad \boldsymbol{e}_2\quad \boldsymbol{0}_{3\times 1}])\boldsymbol{u}
\end{aligned}
$$

$$
Q_{\chi 1}=\frac{\partial \boldsymbol{r}_{B1}^{\mathrm{T}}}{\partial \boldsymbol{\chi}_1}(\boldsymbol{F}_B+\boldsymbol{F}_{ad1}+\boldsymbol{F}_{A1})=\boldsymbol{R}_{\chi 1b}^{\mathrm{T}}(\boldsymbol{F}_B-m'\ddot{\boldsymbol{r}}_{B1}+\boldsymbol{F}_{A1})
$$

$$
\begin{aligned}
&= -m'\boldsymbol{R}_{\chi 1b}^{\mathrm{T}}\ddot{\boldsymbol{r}} - m'\boldsymbol{R}_{\chi 1b}^{\mathrm{T}}(\boldsymbol{R}_{B1}+\boldsymbol{R}_{\chi 1a}\boldsymbol{e}_3^{\mathrm{T}})^{\mathrm{T}}\ddot{\boldsymbol{\Theta}} - m'\boldsymbol{R}_{\chi 1b}^{\mathrm{T}}\boldsymbol{R}_{\chi 1b}\ddot{\boldsymbol{\chi}}_1 - \\
&\quad m'[\boldsymbol{R}_{\chi 1b}^{\mathrm{T}}(\boldsymbol{R}_{B1,d}+\boldsymbol{R}_{\chi 1a.d}\boldsymbol{e}_3^{\mathrm{T}})\dot{\boldsymbol{\Theta}}+\boldsymbol{R}_{\chi 1b}^{\mathrm{T}}\boldsymbol{R}_{\chi 1b.d}\dot{\boldsymbol{\chi}}_2] - [-\boldsymbol{R}_{\chi 1b}^{\mathrm{T}}(\boldsymbol{F}_B+\boldsymbol{F}_{A1})] \\
&\triangleq -\widetilde{\boldsymbol{H}}_{\chi 1,r}\ddot{\boldsymbol{r}} - \widetilde{\boldsymbol{H}}_{\chi 1,\theta}\ddot{\boldsymbol{\Theta}} - \widetilde{\boldsymbol{H}}_{\chi 1,\chi 1}\ddot{\boldsymbol{\chi}}_1 - \widetilde{\boldsymbol{n}}_{\chi 1} - \widetilde{\boldsymbol{g}}_{\chi 1}
\end{aligned}
$$

$$
\begin{aligned}
Q_{\chi 2} &= \frac{\partial \boldsymbol{r}_{B2}^{\mathrm{T}}}{\partial \boldsymbol{\chi}_2}(\boldsymbol{F}_B+\boldsymbol{F}_{ad2}+\boldsymbol{F}_{A2}) = \boldsymbol{R}_{\chi 2b}^{\mathrm{T}}(\boldsymbol{F}_B - m'\ddot{\boldsymbol{r}}_{B2}+\boldsymbol{F}_{A2}) \\
&= -m'\boldsymbol{R}_{\chi 2b}^{\mathrm{T}}\ddot{\boldsymbol{r}} - m'\boldsymbol{R}_{\chi 2b}^{\mathrm{T}}(\boldsymbol{R}_{B2}+\boldsymbol{R}_{\chi 2a}\boldsymbol{e}_3^{\mathrm{T}})^{\mathrm{T}}\ddot{\boldsymbol{\Theta}} - m'\boldsymbol{R}_{\chi 2b}^{\mathrm{T}}\boldsymbol{R}_{\chi 2b}\ddot{\boldsymbol{\chi}}_2 - \\
&\quad m'[\boldsymbol{R}_{\chi 2b}^{\mathrm{T}}(\boldsymbol{R}_{B2,d}+\boldsymbol{R}_{\chi 2a.d}\boldsymbol{e}_3^{\mathrm{T}})\dot{\boldsymbol{\Theta}}+\boldsymbol{R}_{\chi 2b}^{\mathrm{T}}\boldsymbol{R}_{\chi 2b.d}\dot{\boldsymbol{\chi}}_2] - [-\boldsymbol{R}_{\chi 2b}^{\mathrm{T}}(\boldsymbol{F}_B+\boldsymbol{F}_{A2})] \\
&\triangleq -\widetilde{\boldsymbol{H}}_{\chi 2,r}\ddot{\boldsymbol{r}} - \widetilde{\boldsymbol{H}}_{\chi 2,\theta}\ddot{\boldsymbol{\Theta}} - \widetilde{\boldsymbol{H}}_{\chi 2,\chi 2}\ddot{\boldsymbol{\chi}}_2 - \widetilde{\boldsymbol{n}}_{\chi 2} - \widetilde{\boldsymbol{g}}_{\chi 2}
\end{aligned}
$$

$$
\begin{aligned}
\boldsymbol{R}_{\boldsymbol{\Theta},i} &= \frac{\partial \boldsymbol{r}_i^{\mathrm{T}}}{\partial \boldsymbol{\Theta}} \\
&= [\boldsymbol{R}_y(\theta)\boldsymbol{S}(\boldsymbol{e}_1)\boldsymbol{R}_x(\phi)\boldsymbol{r}_{\mathrm{T}i}\quad \boldsymbol{S}(\boldsymbol{e}_2)\boldsymbol{R}_y(\theta)\boldsymbol{R}_x(\phi)\boldsymbol{r}_{\mathrm{T}i}\quad \boldsymbol{S}(\boldsymbol{e}_3)(\theta)\boldsymbol{R}_x(\phi)\boldsymbol{r}_{\mathrm{T}i}]^{\mathrm{T}}\boldsymbol{R}_z(-\psi)
\end{aligned}
$$

2.3.4　动力学模型

将 2.3.2 节中动力学特性计算结果和 2.3.5 节非保守广义力计算结果代入第二类拉格朗日方程，整理后得到典型抗压体制临近空间飞艇的动力学方程如下：

$$
\begin{bmatrix}
\boldsymbol{H}_{r,r} & \boldsymbol{H}_{r,\theta} & \boldsymbol{H}_{r,\chi 1} & \boldsymbol{H}_{r,\chi 2} \\
\boldsymbol{H}_{\theta,r} & \boldsymbol{H}_{\theta,\theta} & \boldsymbol{H}_{\theta,\chi 1} & \boldsymbol{H}_{\theta,\chi 2} \\
\boldsymbol{H}_{\chi 1,r} & \boldsymbol{H}_{\chi 1,\theta} & \boldsymbol{H}_{\chi 1,\chi 1} & \boldsymbol{0}_{2\times 2} \\
\boldsymbol{H}_{\chi 2,r} & \boldsymbol{H}_{\chi 2,\theta} & \boldsymbol{0}_{2\times 2} & \boldsymbol{H}_{\chi 2,\chi 2}
\end{bmatrix}
\begin{bmatrix} \ddot{\boldsymbol{r}} \\ \ddot{\boldsymbol{\Theta}} \\ \ddot{\boldsymbol{\chi}}_1 \\ \ddot{\boldsymbol{\chi}}_2 \end{bmatrix}
+
\begin{bmatrix} \boldsymbol{n}_r \\ \boldsymbol{n}_\theta \\ \boldsymbol{n}_{\chi 1} \\ \boldsymbol{n}_{\chi 2} \end{bmatrix}
+
\begin{bmatrix} \boldsymbol{g}_r \\ \boldsymbol{g}_\theta \\ \boldsymbol{g}_{\chi 1} \\ \boldsymbol{g}_{\chi 2} \end{bmatrix}
=
\begin{bmatrix}
[\boldsymbol{R\Theta e}_1\quad \boldsymbol{R}_{\boldsymbol{\Theta}}\boldsymbol{e}_2\quad \boldsymbol{0}_{3\times 3}] \\
[z_{\mathrm{T}}\boldsymbol{R}_{\boldsymbol{\Theta},\phi}\boldsymbol{e}_2\quad -z_{\mathrm{T}}\boldsymbol{R}_{\boldsymbol{\Theta},\phi}\boldsymbol{e}_1\quad \boldsymbol{R}_{\boldsymbol{\Theta}}\boldsymbol{e}_1\quad \boldsymbol{R}_{\boldsymbol{\Theta}}\boldsymbol{e}_2\quad \boldsymbol{R}_{\boldsymbol{\Theta},\phi}\boldsymbol{e}_3] \\
\boldsymbol{0}_{2\times 5} \\
\boldsymbol{0}_{2\times 3}
\end{bmatrix}\boldsymbol{u}
$$

其中，

$$
\boldsymbol{H}_{r,r}=\overline{\boldsymbol{H}}_{r,r}+\widetilde{\boldsymbol{H}}_{r,r},\ \boldsymbol{H}_{r,\theta}=\overline{\boldsymbol{H}}_{r,\theta}+\widetilde{\boldsymbol{H}}_{r,\theta},\ \boldsymbol{H}_{r,\chi 1}=\overline{\boldsymbol{H}}_{r,\chi 1}+\widetilde{\boldsymbol{H}}_{r,\chi 1},\ \boldsymbol{H}_{r,\chi 2}=\overline{\boldsymbol{H}}_{r,\chi 2}+\widetilde{\boldsymbol{H}}_{r,\chi 2}
$$

$$
\boldsymbol{H}_{\theta,\theta}=\overline{\boldsymbol{H}}_{\theta,\theta}+\widetilde{\boldsymbol{H}}_{\theta,\theta},\ \boldsymbol{H}_{\theta,\chi 1}=\overline{\boldsymbol{H}}_{\theta,\chi 1}+\widetilde{\boldsymbol{H}}_{\theta,\chi 1},\ \boldsymbol{H}_{\theta,\chi 2}=\overline{\boldsymbol{H}}_{\theta,\chi 2}+\widetilde{\boldsymbol{H}}_{\theta,\chi 2},\ \boldsymbol{H}_{\chi 1,\chi 1}=\overline{\boldsymbol{H}}_{\chi 1,\chi 1}+\widetilde{\boldsymbol{H}}_{\chi 1,\chi 1}
$$

$$
\boldsymbol{H}_{\chi 2,\chi 2}=\overline{\boldsymbol{H}}_{\chi 2,\chi 2}+\widetilde{\boldsymbol{H}}_{\chi 2,\chi 2},\ \boldsymbol{n}_r=\overline{\boldsymbol{n}}_r+\widetilde{\boldsymbol{n}}_r,\ \boldsymbol{n}_\theta=\overline{\boldsymbol{n}}_\theta+\widetilde{\boldsymbol{n}}_\theta,\ \boldsymbol{n}_{\chi 1}=\overline{\boldsymbol{n}}_{\chi 1}+\widetilde{\boldsymbol{n}}_{\chi 1},\ \boldsymbol{n}_{\chi 2}=\overline{\boldsymbol{n}}_{\chi 2}+\widetilde{\boldsymbol{n}}_{\chi 2}
$$

$$
\boldsymbol{g}_r=\overline{\boldsymbol{g}}_r+\widetilde{\boldsymbol{g}}_r,\ \boldsymbol{g}_\theta=\overline{\boldsymbol{g}}_\theta+\widetilde{\boldsymbol{g}}_\theta,\ \boldsymbol{g}_{\chi 1}=\overline{\boldsymbol{g}}_{\chi 1}+\widetilde{\boldsymbol{g}}_{\chi 1},\ \boldsymbol{g}_{\chi 2}=\overline{\boldsymbol{g}}_{\chi 2}+\widetilde{\boldsymbol{g}}_{\chi 2}
$$

上式可写成更紧凑的形式：

$$\boldsymbol{H}(\boldsymbol{q})\ddot{\boldsymbol{q}}+\boldsymbol{n}(\boldsymbol{q},\dot{\boldsymbol{q}})+\boldsymbol{g}(\boldsymbol{q},\dot{\boldsymbol{q}})=\boldsymbol{B}(\boldsymbol{q})\boldsymbol{u} \tag{2-21}$$

式中:$\boldsymbol{H}(\boldsymbol{q})$为对称阵,即系统的惯性矩阵;$\boldsymbol{n}(\boldsymbol{q},\dot{\boldsymbol{q}})$为离心力和科里奥利力项;$\boldsymbol{g}(\boldsymbol{q},\dot{\boldsymbol{q}})$为重力、囊体浮力和气动阻力项;$\boldsymbol{B}(\boldsymbol{q})$为控制矩阵。

利用2.3.2节和2.3.4节中的表达式,可具体计算出$\boldsymbol{H}(\boldsymbol{q})$、$\boldsymbol{N}(\boldsymbol{q},\dot{\boldsymbol{q}})$、$\boldsymbol{G}(\boldsymbol{q},\dot{\boldsymbol{q}})$和$\boldsymbol{B}(\boldsymbol{q})$的各元素。其中,对称阵$\boldsymbol{H}=[h_{ij}]_{10\times10}$中对角线以上的各元素分别为

$h_{1,1}=2(m_B+m')+m_W,h_{1,2}=h_{1,3}=0$

$h_{1,4}=\boldsymbol{e}_1^{\mathrm{T}}[(m_B+m')(\boldsymbol{R}_{B1}+\boldsymbol{R}_{\chi1a}\boldsymbol{e}_3^{\mathrm{T}}+\boldsymbol{R}_{B2}+\boldsymbol{R}_{\chi2a}\boldsymbol{e}_3^{\mathrm{T}})]\boldsymbol{e}_1$
$\quad=(2m_Bz_B+2m'z_B)(\cos\phi\sin\psi-\sin\phi\sin\theta\cos\psi)$

$h_{1,5}=\boldsymbol{e}_1^{\mathrm{T}}[(m_B+m')(\boldsymbol{R}_{B1}+\boldsymbol{R}_{\chi1a}\boldsymbol{e}_3^{\mathrm{T}}+\boldsymbol{R}_{B2}+\boldsymbol{R}_{\chi2a}\boldsymbol{e}_3^{\mathrm{T}})]\boldsymbol{e}_2=(2m_Bz_B+2m'z_B)\cos\phi\cos\theta\cos\psi$

$h_{1,6}=\boldsymbol{e}_1^{\mathrm{T}}[(m_B+m')(\boldsymbol{R}_{B1}+\boldsymbol{R}_{\chi1a}\boldsymbol{e}_3^{\mathrm{T}}+\boldsymbol{R}_{B2}+\boldsymbol{R}_{\chi2a}\boldsymbol{e}_3^{\mathrm{T}})]\boldsymbol{e}_3$
$\quad=(m_B+m')[2(\cos\psi\sin\phi-\sin\psi\sin\theta\cos\phi)z_B-$
$\quad(\cos\psi\sin\chi_{11}-\sin\psi\sin\chi_{12}+\cos\chi_{11}+\cos\psi\sin\chi_{21}-\sin\psi\sin\chi_{22}\cos\chi_{21})l_B]$

$h_{1,7}=(m_B+m')\boldsymbol{e}_1^{\mathrm{T}}\boldsymbol{R}_{\chi1b}[1\quad0]^{\mathrm{T}}=(m_B+m')(\cos\psi\sin\chi_{11}\sin\chi_{12}-\sin\psi\cos\chi_{11})l_B$

$h_{1,8}=(m_B+m')\boldsymbol{e}_1^{\mathrm{T}}\boldsymbol{R}_{\chi1b}[0\quad1]^{\mathrm{T}}=-(m_B+m')l_B\cos\psi\cos\chi_{11}\cos\chi_{12}$

$h_{1,9}=(m_B+m')\boldsymbol{e}_1^{\mathrm{T}}\boldsymbol{R}_{\chi2b}[1\quad0]^{\mathrm{T}}=(m_B+m')(\cos\psi\sin\chi_{21}\sin\chi_{22}-\sin\psi\cos\chi_{21})l_B$

$h_{1,10}=(m_B+m')\boldsymbol{e}_1^{\mathrm{T}}\boldsymbol{R}_{\chi2b}[0\quad1]^{\mathrm{T}}=-(m_B+m')l_B\cos\psi\cos\chi_{21}\cos\chi_{22}$

$h_{2,2}=h_{1,1},h_{2,3}=0$

$h_{2,4}=\boldsymbol{e}_2^{\mathrm{T}}[(m_B+m')(\boldsymbol{R}_{B1}+\boldsymbol{R}_{\chi1a}\boldsymbol{e}_3^{\mathrm{T}}+\boldsymbol{R}_{B2}+\boldsymbol{R}_{\chi2a}\boldsymbol{e}_3^{\mathrm{T}})]\boldsymbol{e}_1$
$\quad=-(2m_Bz_B+2m'z_B)(\cos\phi\cos\psi+\sin\phi\sin\theta\sin\psi)$

$h_{2,5}=\boldsymbol{e}_2^{\mathrm{T}}[(m_B+m')(\boldsymbol{R}_{B1}+\boldsymbol{R}_{\chi1a}\boldsymbol{e}_3^{\mathrm{T}}+\boldsymbol{R}_{B2}+\boldsymbol{R}_{\chi2a}\boldsymbol{e}_3^{\mathrm{T}})]\boldsymbol{e}_2=(2m_Bz_B+2m'z_B)\cos\phi\cos\theta\sin\psi$

$h_{2,6}=\boldsymbol{e}_2^{\mathrm{T}}[(m_B+m')(\boldsymbol{R}_{B1}+\boldsymbol{R}_{\chi1a}\boldsymbol{e}_3^{\mathrm{T}}+\boldsymbol{R}_{B2}+\boldsymbol{R}_{\chi2a}\boldsymbol{e}_3^{\mathrm{T}})]\boldsymbol{e}_3$
$\quad=(m_B+m')[2(\sin\psi\sin\phi+\cos\psi\sin\theta\cos\phi)z_B-$
$\quad(\sin\psi\sin\chi_{11}+\cos\psi\sin\chi_{12}\cos\chi_{11}+\sin\psi\sin\chi_{21}+\cos\psi\sin\chi_{22}\cos\chi_{21})l_B]$

$h_{2,7}=(m_B+m')\boldsymbol{e}_2^{\mathrm{T}}\boldsymbol{R}_{\chi1b}[1\quad0]^{\mathrm{T}}=(m_B+m')(\cos\psi\cos\chi_{11}+\sin\psi\sin\chi_{12}\sin\chi_{11})l_B$

$h_{2,8}=(m_B+m')\boldsymbol{e}_2^{\mathrm{T}}\boldsymbol{R}_{\chi1b}[0\quad1]^{\mathrm{T}}=-(m_B+m')l_B\sin\psi\cos\chi_{12}\cos\chi_{11}$

$h_{2,9}=(m_B+m')\boldsymbol{e}_2^{\mathrm{T}}\boldsymbol{R}_{\chi2b}[1\quad0]^{\mathrm{T}}=(m_B+m')(\cos\psi\cos\chi_{21}+\sin\psi\sin\chi_{22}\sin\chi_{21})l_B$

$h_{2,10}=(m_B+m')\boldsymbol{e}_2^{\mathrm{T}}\boldsymbol{R}_{\chi2b}[0\quad1]^{\mathrm{T}}=-(m_B+m')l_B\sin\psi\cos\chi_{22}\cos\chi_{21}$

$h_{3,3}=h_{1,1},h_{3,4}=\boldsymbol{e}_3^{\mathrm{T}}[(m_B+m')(\boldsymbol{R}_{B1}+\boldsymbol{R}_{\chi1a}\boldsymbol{e}_3^{\mathrm{T}}+\boldsymbol{R}_{B2}+\boldsymbol{R}_{\chi2a}\boldsymbol{e}_3^{\mathrm{T}})]\boldsymbol{e}_1$
$\quad=-(2m_Bz_B+2m'z_B)\sin\phi\cos\theta$

$h_{3,5}=\boldsymbol{e}_3^{\mathrm{T}}[(m_B+m')(\boldsymbol{R}_{B1}+\boldsymbol{R}_{\chi1a}\boldsymbol{e}_3^{\mathrm{T}}+\boldsymbol{R}_{B2}+\boldsymbol{R}_{\chi2a}\boldsymbol{e}_3^{\mathrm{T}})]\boldsymbol{e}_2=-(2m_Bz_B+2m'z_B)\cos\phi\sin\theta$

$h_{3,6}=\boldsymbol{e}_3^{\mathrm{T}}[(m_B+m')(\boldsymbol{R}_{B1}+\boldsymbol{R}_{\chi1a}\boldsymbol{e}_3^{\mathrm{T}}+\boldsymbol{R}_{B2}+\boldsymbol{R}_{\chi2a}\boldsymbol{e}_3^{\mathrm{T}})]\boldsymbol{e}_3=0$

$h_{3,7}=(m_B+m')\boldsymbol{e}_3^{\mathrm{T}}\boldsymbol{R}_{\chi1b}[1\quad0]^{\mathrm{T}}=(m_B+m')l_B\sin\chi_{11}\cos\chi_{12}$

$$h_{3,8}=(m_B+m')\boldsymbol{e}_3^{\mathrm{T}}\boldsymbol{R}_{\chi 1b}[0\quad 1]^{\mathrm{T}}=(m_B+m')l_B\cos\chi_{11}\sin\chi_{12}$$

$$h_{3,9}=(m_B+m')\boldsymbol{e}_3^{\mathrm{T}}\boldsymbol{R}_{\chi 2b}[1\quad 0]^{\mathrm{T}}=(m_B+m')l_B\sin\chi_{21}\cos\chi_{22}$$

$$h_{3,10}=(m_B+m')\boldsymbol{e}_3^{\mathrm{T}}\boldsymbol{R}_{\chi 2b}[0\quad 1]^{\mathrm{T}}=(m_B+m')l_B\cos\chi_{21}\sin\chi_{22}$$

$$\begin{aligned}h_{4,4}=&\boldsymbol{e}_1^{\mathrm{T}}[\boldsymbol{K}^{\mathrm{T}}\boldsymbol{I}_C\boldsymbol{K}+2I_B\boldsymbol{K}_\omega+(m_B+m')(\boldsymbol{R}_{B1}+\boldsymbol{R}_{\chi 1a}\boldsymbol{e}_3^{\mathrm{T}})^{\mathrm{T}}(\boldsymbol{R}_{B1}+\boldsymbol{R}_{\chi 1a}\boldsymbol{e}_3^{\mathrm{T}})+\\&(m_B+m')(\boldsymbol{R}_{B2}+\boldsymbol{R}_{\chi 2a}\boldsymbol{e}_3^{\mathrm{T}})^{\mathrm{T}}(\boldsymbol{R}_{B2}+\boldsymbol{R}_{\chi 2a}\boldsymbol{e}_3^{\mathrm{T}})]\boldsymbol{e}_1\\=&2(m_B+m')z_B^2+I_x\end{aligned}$$

$$\begin{aligned}h_{4,5}=&\boldsymbol{e}_1^{\mathrm{T}}[\boldsymbol{K}^{\mathrm{T}}\boldsymbol{I}_C\boldsymbol{K}+2I_B\boldsymbol{K}_\omega+(m_B+m')(\boldsymbol{R}_{B1}+\boldsymbol{R}_{\chi 1a}\boldsymbol{e}_3^{\mathrm{T}})^{\mathrm{T}}(\boldsymbol{R}_{B1}+\boldsymbol{R}_{\chi 1a}\boldsymbol{e}_3^{\mathrm{T}})+\\&(m_B+m')(\boldsymbol{R}_{B2}+\boldsymbol{R}_{\chi 2a}\boldsymbol{e}_3^{\mathrm{T}})^{\mathrm{T}}(\boldsymbol{R}_{B2}+\boldsymbol{R}_{\chi 2a}\boldsymbol{e}_3^{\mathrm{T}})]\boldsymbol{e}_2=0\end{aligned}$$

$$\begin{aligned}h_{4,6}=&\boldsymbol{e}_1^{\mathrm{T}}[\boldsymbol{K}^{\mathrm{T}}\boldsymbol{I}_C\boldsymbol{K}+2I_B\boldsymbol{K}_\omega+(m_B+m')(\boldsymbol{R}_{B1}+\boldsymbol{R}_{\chi 1a}\boldsymbol{e}_3^{\mathrm{T}})^{\mathrm{T}}(\boldsymbol{R}_{B1}+\boldsymbol{R}_{\chi 1a}\boldsymbol{e}_3^{\mathrm{T}})+\\&(m_B+m')(\boldsymbol{R}_{B2}+\boldsymbol{R}_{\chi 2a}\boldsymbol{e}_3^{\mathrm{T}})^{\mathrm{T}}(\boldsymbol{R}_{B2}+\boldsymbol{R}_{\chi 2a}\boldsymbol{e}_3^{\mathrm{T}})]\boldsymbol{e}_3\\=&-I_x\sin\theta-2(m_B+m')z_B^2\sin\theta+(m_B+m')(\sin\chi_{11}+\sin\chi_{21})z_Bl_B\sin\theta\sin\phi+\\&(m_B+m')(\sin\chi_{12}\cos\chi_{11}+\sin\chi_{22}\cos\chi_{21})z_Bl_B\cos\phi\end{aligned}$$

$$\begin{aligned}h_{4,7}=&(m_B+m')\boldsymbol{e}_1^{\mathrm{T}}(\boldsymbol{R}_{B1}+\boldsymbol{R}_{\chi 1a}\boldsymbol{e}_3^{\mathrm{T}})^{\mathrm{T}}\boldsymbol{R}_{\chi 1b}[1\quad 0]^{\mathrm{T}}\\=&-(m_B+m')(\cos\phi\cos\chi_{11}+\sin\theta\sin\phi\sin\chi_{12}\sin\chi_{11}+\cos\theta\sin\phi\cos\chi_{12}\sin\chi_{11})z_Bl_B\end{aligned}$$

$$\begin{aligned}h_{4,8}=&(m_B+m')\boldsymbol{e}_1^{\mathrm{T}}(\boldsymbol{R}_{B1}+\boldsymbol{R}_{\chi 1a}\boldsymbol{e}_3^{\mathrm{T}})^{\mathrm{T}}\boldsymbol{R}_{\chi 1b}[0\quad 1]^{\mathrm{T}}=(m_B+m')(\sin\theta\cos\chi_{12}-\\&\cos\theta\sin\chi_{12})z_Bl_B\sin\phi\cos\chi_{11}\end{aligned}$$

$$\begin{aligned}h_{4,9}=&(m_B+m')\boldsymbol{e}_1^{\mathrm{T}}(\boldsymbol{R}_{B2}+\boldsymbol{R}_{\chi 2a}\boldsymbol{e}_3^{\mathrm{T}})^{\mathrm{T}}\boldsymbol{R}_{\chi 2b}[1\quad 0]^{\mathrm{T}}\\=&-(m_B+m')(\cos\phi\cos\chi_{21}+\sin\theta\sin\phi\sin\chi_{22}\sin\chi_{21}+\cos\theta\sin\phi\cos\chi_{22}\sin\chi_{21})z_Bl_B\end{aligned}$$

$$\begin{aligned}h_{4,10}=&(m_B+m')\boldsymbol{e}_1^{\mathrm{T}}(\boldsymbol{R}_{B2}+\boldsymbol{R}_{\chi 2a}\boldsymbol{e}_3^{\mathrm{T}})^{\mathrm{T}}\boldsymbol{R}_{\chi 2b}[0\quad 1]^{\mathrm{T}}\\=&(m_B+m')(\sin\theta\cos\chi_{22}-\cos\theta\sin\chi_{22})z_Bl_B\sin\phi\cos\chi_{21}\end{aligned}$$

$$\begin{aligned}h_{5,5}=&\boldsymbol{e}_2^{\mathrm{T}}[\boldsymbol{K}^{\mathrm{T}}\boldsymbol{I}_C\boldsymbol{K}+2I_B\boldsymbol{K}_\omega+(m_B+m')(\boldsymbol{R}_{B1}+\boldsymbol{R}_{\chi 1a}\boldsymbol{e}_3^{\mathrm{T}})^{\mathrm{T}}(\boldsymbol{R}_{B1}+\boldsymbol{R}_{\chi 1a}\boldsymbol{e}_3^{\mathrm{T}})+\\&(m_B+m')(\boldsymbol{R}_{B2}+\boldsymbol{R}_{\chi 2a}\boldsymbol{e}_3^{\mathrm{T}})^{\mathrm{T}}(\boldsymbol{R}_{B2}+\boldsymbol{R}_{\chi 2a}\boldsymbol{e}_3^{\mathrm{T}})]\boldsymbol{e}_2\\=&I_z\sin^2\phi+I_y\cos^2\phi+2(m_B+m')z_B^2\cos^2\phi+2(m_B+m')x_B^2\end{aligned}$$

$$\begin{aligned}h_{5,6}=&\boldsymbol{e}_2^{\mathrm{T}}[\boldsymbol{K}^{\mathrm{T}}\boldsymbol{I}_C\boldsymbol{K}+2I_B\boldsymbol{K}_\omega+(m_B+m')(\boldsymbol{R}_{B1}+\boldsymbol{R}_{\chi 1a}\boldsymbol{e}_3^{\mathrm{T}})^{\mathrm{T}}(\boldsymbol{R}_{B1}+\boldsymbol{R}_{\chi 1a}\boldsymbol{e}_3^{\mathrm{T}})+\\&(m_B+m')(\boldsymbol{R}_{B2}+\boldsymbol{R}_{\chi 2a}\boldsymbol{e}_3^{\mathrm{T}})^{\mathrm{T}}(\boldsymbol{R}_{B2}+\boldsymbol{R}_{\chi 2a}\boldsymbol{e}_3^{\mathrm{T}})]\boldsymbol{e}_3\\=&2(m_B+m')z_B^2\cos\theta\cos\phi\sin\phi+(m_B+m')\sin\chi_{11}x_Bl_B\sin\theta-\\&(m_B+m')(\sin\chi_{11}+\sin\chi_{21})z_Bl_B\cos\theta\cos\phi-I_z\sin\phi\cos\theta\cos\phi+I_y\cos\phi\cos\theta\sin\phi\end{aligned}$$

$$\begin{aligned}h_{5,7}=&(m_B+m')\boldsymbol{e}_2^{\mathrm{T}}(\boldsymbol{R}_{B1}+\boldsymbol{R}_{\chi 1a}\boldsymbol{e}_3^{\mathrm{T}})^{\mathrm{T}}\boldsymbol{R}_{\chi 1b}[1\quad 0]^{\mathrm{T}}\\=&(m_B+m_1)(-x_B\sin\theta\sin\chi_{12}-x_B\cos\theta\cos\chi_{12}+z_B\cos\phi\cos\theta\sin\chi_{12}-\\&z_B\cos\phi\sin\theta\cos\chi_{12})l_B\sin\chi_{11}\end{aligned}$$

$$h_{5,8}=(m_B+m')\boldsymbol{e}_2^{\mathrm{T}}(\boldsymbol{R}_{B1}+\boldsymbol{R}_{\chi 1a}\boldsymbol{e}_3^{\mathrm{T}})^{\mathrm{T}}\boldsymbol{R}_{\chi 1b}[0\quad 1]^{\mathrm{T}}$$

$$=-(m_B+m')(-x_B\cos\chi_{12}\sin\theta+z_B\cos\chi_{12}\cos\theta\cos\phi+x_B\sin\chi_{12}\cos\theta+z_B\sin\chi_{12}\sin\theta\cos\phi)l_B\cos\chi_{11}$$

$$h_{5,9}=(m_B+m')\boldsymbol{e}_2^{\mathrm{T}}(\boldsymbol{R}_{B2}+\boldsymbol{R}_{\chi 2a}\boldsymbol{e}_3^{\mathrm{T}})^{\mathrm{T}}\boldsymbol{R}_{\chi 2b}[1\quad 0]^{\mathrm{T}}$$
$$=(m_B+m')(\cos\theta\sin\chi_{22}-\sin\theta\cos\chi_{22})z_Bl_B\cos\phi\sin\chi_{21}$$

$$h_{5,10}=(m_B+m')\boldsymbol{e}_2^{\mathrm{T}}(\boldsymbol{R}_{B2}+\boldsymbol{R}_{\chi 2a}\boldsymbol{e}_3^{\mathrm{T}})^{\mathrm{T}}\boldsymbol{R}_{\chi 2b}[0\quad 1]^{\mathrm{T}}$$
$$=-(m_B+m')(\cos\theta\cos\chi_{22}+\sin\theta\sin\chi_{22})z_Bl_B\cos\phi\cos\chi_{21}$$

$$h_{6,6}=\boldsymbol{e}_3^{\mathrm{T}}[\boldsymbol{K}^{\mathrm{T}}\boldsymbol{I}_C\boldsymbol{K}+2I_B\boldsymbol{K}_{\omega}+(m_B+m')(\boldsymbol{R}_{B1}+\boldsymbol{R}_{\chi 1a}\boldsymbol{e}_3^{\mathrm{T}})^{\mathrm{T}}(\boldsymbol{R}_{B1}+\boldsymbol{R}_{\chi 1a}\boldsymbol{e}_3^{\mathrm{T}})+(m_B+m')(\boldsymbol{R}_{B2}+\boldsymbol{R}_{\chi 2a}\boldsymbol{e}_3^{\mathrm{T}})^{\mathrm{T}}(\boldsymbol{R}_{B2}+\boldsymbol{R}_{\chi 2a}\boldsymbol{e}_3^{\mathrm{T}})]\boldsymbol{e}_3$$
$$=(m_B+m')(2l_B^2+x_B^2\cos^2\theta)-(m_B+m')(\cos^2\chi_{11}\cos^2\chi_{12}+\cos^2\chi_{21}\cos^2\chi_{22})l_B^2+2(m_B+m')(1-\cos^2\phi\cos^2\theta)z_B^2+I_x\sin\theta+2I_B+(I_y\sin^2\phi+I_z\cos^2\phi)\cos^2\theta-2(m_B+m')(\sin\chi_{11}+\sin\chi_{21})z_Bl_B\sin\phi-2(m_B+m')(\sin\chi_{22}\cos\chi_{21}+\sin\chi_{12}\cos\chi_{11})z_Bl_B\sin\theta\cos\phi-2(m_B+m')\sin\chi_{12}\cos\chi_{11}x_Bl_B\cos\theta$$

$$h_{6,7}=(m_B+m')\boldsymbol{e}_3^{\mathrm{T}}(\boldsymbol{R}_{B1}+\boldsymbol{R}_{\chi 1a}\boldsymbol{e}_3^{\mathrm{T}})^{\mathrm{T}}\boldsymbol{R}_{\chi 1b}[1\quad 0]^{\mathrm{T}}$$
$$=(m_B+m')(x_B\cos\theta\cos\chi_{11}+z_B\sin\theta\cos\phi\cos\chi_{11}+z_B\sin\phi\sin\chi_{12}\sin\chi_{11}-l_B\sin\chi_{12})l_B$$

$$h_{6,8}=(m_B+m')\boldsymbol{e}_3^{\mathrm{T}}(\boldsymbol{R}_{B1}+\boldsymbol{R}_{\chi 1a}\boldsymbol{e}_3^{\mathrm{T}})^{\mathrm{T}}\boldsymbol{R}_{\chi 1b}[0\quad 1]^{\mathrm{T}}$$
$$=-(m_B+m')(z_B\sin\phi-\boldsymbol{l}_B\sin\chi_{11})\boldsymbol{l}_B\cos\chi_{12}\cos\chi_{11}$$

$$h_{6,9}=(m_B+m')\boldsymbol{e}_3^{\mathrm{T}}(\boldsymbol{R}_{B2}+\boldsymbol{R}_{\chi 2a}\boldsymbol{e}_3^{\mathrm{T}})^{\mathrm{T}}\boldsymbol{R}_{\chi 2b}[1\quad 0]^{\mathrm{T}}$$
$$=(m_B+m')(z_B\sin\theta\cos\phi\cos\chi_{21}+z_B\sin\phi\sin\chi_{22}\sin\chi_{21}-l_B\sin\gamma_{22})l_B$$

$$h_{6,10}=(m_B+m')\boldsymbol{e}_3^{\mathrm{T}}(\boldsymbol{R}_{B2}+\boldsymbol{R}_{\chi 2a}\boldsymbol{e}_3^{\mathrm{T}})^{\mathrm{T}}\boldsymbol{R}_{\chi 2b}[0\quad 1]^{\mathrm{T}}$$
$$=-(m_B+m')(z_B\sin\phi-l_B\sin\chi_{21})l_B\cos\chi_{22}\cos\chi_{21}$$

$h_{7,7}=(m_B+m')[1\quad 0]\boldsymbol{R}_{\chi 1b}^{\mathrm{T}}\boldsymbol{R}_{\chi 1b}[1\quad 0]^{\mathrm{T}}=(m_B+m')l_B^2$，$h_{7,8}=(m_B+m')[1\quad 0]\boldsymbol{R}_{\chi 1b}^{\mathrm{T}}\boldsymbol{R}_{\chi 1b}[0\quad 1]^{\mathrm{T}}=0$，$h_{7,9}=h_{7,10}=0$

$h_{8,8}=(m_B+m')[0\quad 1]\boldsymbol{R}_{\chi 1b}^{\mathrm{T}}\boldsymbol{R}_{\chi 1b}[0\quad 1]^{\mathrm{T}}=(m_B+m')l_B^2\cos^2\chi_{11}$，$h_{8,9}=h_{8,10}=0$

$h_{9,9}=(m_B+m')[1\quad 0]\boldsymbol{R}_{\chi 2b}^{\mathrm{T}}\boldsymbol{R}_{\chi 2b}[1\quad 0]^{\mathrm{T}}=(m_B+m')l_B^2$，

$h_{9,10}=(m_B+m')[1\quad 0]\boldsymbol{R}_{\chi 2b}^{\mathrm{T}}\boldsymbol{R}_{\chi 2b}[0\quad 1]^{\mathrm{T}}=0$

$h_{10,10}=(m_B+m')[0\quad 1]\boldsymbol{R}_{\chi 2b}^{\mathrm{T}}\boldsymbol{R}_{\chi 2b}[0\quad 1]^{\mathrm{T}}=(m_B+m')l_B^2\cos^2\chi_{21}$

向量 $\boldsymbol{n}(\boldsymbol{q},\dot{\boldsymbol{q}})=[n_1,n_2,\cdots,n_{10}]^{\mathrm{T}}$ 中各元素分别为

$$n_1=\boldsymbol{e}_1^{\mathrm{T}}\boldsymbol{n}_r=(m_B+m')\boldsymbol{e}_1^{\mathrm{T}}[(\boldsymbol{R}_{B1,d}+\boldsymbol{R}_{\chi 1a,d}\boldsymbol{e}_3^{\mathrm{T}}+\boldsymbol{R}_{B2,d}+\boldsymbol{R}_{\chi 2a,d}\boldsymbol{e}_3^{\mathrm{T}})\dot{\boldsymbol{\Theta}}+\boldsymbol{R}_{\chi 1b,d}\dot{\boldsymbol{\chi}}_1+\boldsymbol{R}_{\chi 2b,d}\dot{\boldsymbol{\chi}}_2]$$
$$=-2(m_B+m')z_B[(\dot{\phi}^2+\dot{\psi}^2)(\sin\phi\sin\psi+\cos\phi\sin\theta\cos\psi)+\dot{\theta}^2\cos\phi\sin\theta\cos\psi+2\dot{\phi}\dot{\theta}\cos\psi\cos\theta\sin\phi-2\dot{\phi}\dot{\psi}(\cos\phi\cos\psi+\sin\phi\sin\theta\sin\psi)+2\dot{\theta}\dot{\psi}\cos\phi\cos\theta\sin\psi]+(m_B+m')l_B\{\dot{\psi}^2[\sin\psi(\sin\chi_{11}+\sin\chi_{21})+\cos\psi(\cos\chi_{11}\sin\chi_{12}+\cos\chi_{21}\sin\chi_{22})]-$$

$$2\dot{\psi}\dot{\chi}_{11}(\cos\psi\cos\chi_{11}+\sin\psi\sin\chi_{12}\sin\chi_{11})+2\dot{\psi}\dot{\chi}_{12}\sin\psi\cos\chi_{11}\cos\chi_{12}-$$
$$2\dot{\psi}\dot{\chi}_{21}(\cos\psi\cos\chi_{21}+\sin\psi\sin\chi_{21}\sin\chi_{22})+2\dot{\psi}\dot{\chi}_{22}\sin\psi\cos\chi_{21}\cos\chi_{22}+$$
$$\dot{\chi}_{11}^2(\sin\psi\sin\chi_{11}+\cos\psi\cos\chi_{11}\sin\chi_{12})+\dot{\chi}_{12}^2\cos\psi\cos\chi_{11}\sin\chi_{12}+$$
$$\dot{\chi}_{21}^2(\sin\psi\sin\chi_{21}+\cos\psi\cos\chi_{21}\sin\chi_{22})+\dot{\chi}_{22}^2\cos\psi\sin\chi_{22}\cos\chi_{21}+$$
$$2\dot{\chi}_{11}\dot{\chi}_{12}\cos\psi\sin\chi_{11}\cos\chi_{12}+2\dot{\chi}_{21}\dot{\chi}_{22}\cos\psi\sin\chi_{21}\cos\chi_{22}\}$$

$$n_2=\boldsymbol{e}_2^{\mathrm{T}}\boldsymbol{n}_r=(m_B+m')\boldsymbol{e}_2^{\mathrm{T}}[(\boldsymbol{R}_{B1,d}+\boldsymbol{R}_{\chi1a,d}\boldsymbol{e}_3^{\mathrm{T}}+\boldsymbol{R}_{B2,d}+\boldsymbol{R}_{\chi2a,d}\boldsymbol{e}_3^{\mathrm{T}})\dot{\boldsymbol{\Theta}}+\boldsymbol{R}_{\chi1b,d}\dot{\boldsymbol{\chi}}_1+\boldsymbol{R}_{\chi2b,d}\dot{\boldsymbol{\chi}}_2]$$
$$=2(m_B+m')z_B[(\dot{\phi}^2+\dot{\psi}^2)(\sin\phi\cos\psi-\cos\phi\sin\theta\sin\psi)-\dot{\theta}^2\cos\phi\sin\theta\sin\psi-$$
$$2\dot{\phi}\dot{\theta}\sin\phi\cos\theta\sin\psi+2\dot{\phi}\dot{\psi}(\cos\phi\sin\psi-\sin\phi\sin\theta\cos\psi)+2\dot{\theta}\dot{\psi}\cos\phi\cos\theta\cos\psi]+$$
$$(m_B+m')l_B\{-\dot{\psi}^2[\cos\psi(\sin\chi_{11}+\sin\chi_{21})-\sin\psi(\cos\chi_{11}\sin\chi_{12}+\cos\chi_{21}\sin\chi_{22})]-$$
$$2\dot{\psi}\dot{\chi}_{11}(\sin\psi\cos\chi_{11}-\cos\psi\sin\chi_{11}\sin\chi_{12})-2\dot{\psi}\dot{\chi}_{12}\cos\psi\cos\chi_{11}\cos\chi_{12}-$$
$$2\dot{\psi}\dot{\chi}_{21}(\sin\psi\cos\chi_{21}-\cos\psi\sin\chi_{21}\sin\chi_{22})-2\dot{\psi}\dot{\chi}_{22}\cos\psi\cos\chi_{21}\cos\chi_{22}-$$
$$\dot{\chi}_{11}^2(\cos\psi\sin\chi_{11}-\sin\psi\cos\chi_{11}\sin\chi_{12})+\dot{\chi}_{12}^2\sin\psi\cos\chi_{11}\sin\chi_{12}-$$
$$\dot{\chi}_{21}^2(\cos\psi\sin\chi_{21}-\sin\psi\cos\chi_{21}\sin\chi_{22})+\dot{\chi}_{22}^2\sin\psi\cos\chi_{21}\sin\chi_{22}+$$
$$2\dot{\chi}_{11}\dot{\chi}_{12}\sin\psi\sin\chi_{11}\cos\chi_{12}+2\dot{\chi}_{21}\dot{\chi}_{22}\sin\psi\sin\chi_{21}\cos\chi_{22}\}$$

$$n_3=\boldsymbol{e}_3^{\mathrm{T}}\boldsymbol{n}_r=(m_B+m')\boldsymbol{e}_3^{\mathrm{T}}[(\boldsymbol{R}_{B1,d}+\boldsymbol{R}_{\chi1a,d}\boldsymbol{e}_3^{\mathrm{T}}+\boldsymbol{R}_{B2,d}+\boldsymbol{R}_{\chi2a,d}\boldsymbol{e}_3^{\mathrm{T}})\dot{\boldsymbol{\Theta}}+\boldsymbol{R}_{\chi1b,d}\dot{\boldsymbol{\chi}}_1+\boldsymbol{R}_{\chi2b,d}\dot{\boldsymbol{\chi}}_2]$$
$$=-2(m_B+m')z_B(\dot{\phi}^2\cos\phi\cos\theta+\dot{\theta}^2\cos\theta\cos\phi-2\dot{\phi}\dot{\theta}\sin\phi\sin\theta)+$$
$$(m_B+m')l_B[(\dot{\chi}_{11}^2+\dot{\chi}_{12}^2)\cos\chi_{11}\cos\chi_{12}+(\dot{\chi}_{21}^2+\dot{\chi}_{22}^2)\cos\chi_{21}\cos\chi_{22}-$$
$$2\dot{\chi}_{11}\dot{\chi}_{12}\sin\chi_{11}\sin\chi_{12}-2\dot{\chi}_{21}\dot{\chi}_{22}\sin\chi_{21}\sin\chi_{22}]$$

$$n_4=\boldsymbol{e}_1^{\mathrm{T}}\boldsymbol{n}_\theta=\boldsymbol{e}_1^{\mathrm{T}}\{(\boldsymbol{K}_d^{\mathrm{T}}\boldsymbol{I}_O\boldsymbol{K}+\boldsymbol{K}^{\mathrm{T}}\boldsymbol{I}_O\boldsymbol{K}_d-\boldsymbol{K}_1\boldsymbol{I}_O\boldsymbol{K})\dot{\boldsymbol{\Theta}}+$$
$$(m_B+m')(\boldsymbol{R}_{B1}+\boldsymbol{R}_{\chi1a}\boldsymbol{e}_3^{\mathrm{T}})^{\mathrm{T}}[(\boldsymbol{R}_{B1,d}+\boldsymbol{R}_{\chi1a,d}\boldsymbol{e}_3^{\mathrm{T}})\dot{\boldsymbol{\Theta}}+$$
$$\boldsymbol{R}_{\chi1b,d}\dot{\boldsymbol{\chi}}_1]+(m_B+m')(\boldsymbol{R}_{B2}+\boldsymbol{R}_{\chi2a}\boldsymbol{e}_3^{\mathrm{T}})^{\mathrm{T}}[(\boldsymbol{R}_{B2,d}+\boldsymbol{R}_{\chi2a,d}\boldsymbol{e}_3^{\mathrm{T}})\dot{\boldsymbol{\Theta}}+\boldsymbol{R}_{\chi2b,d}\dot{\boldsymbol{\chi}}_2]\}$$
$$=-I_x\dot{\theta}\dot{\psi}\cos\theta+(I_y-I_z)[\dot{\theta}^2\sin\phi\cos\phi-\dot{\psi}^2\sin\phi\cos\phi\cos^2\theta+\dot{\theta}\dot{\psi}(\sin^2\phi-\cos^2\phi)\cos\theta]+$$
$$2(m_B+m')z_B^2(\dot{\theta}^2\sin\phi\sin^2\theta-\dot{\psi}^2\sin\phi\cos^2\theta-2\dot{\theta}\dot{\psi}\cos\phi\cos\theta)\cos\phi+$$
$$(m_B+m')z_Bl_B\{\dot{\psi}^2[\cos\phi(\sin\chi_{11}+\sin\chi_{21})-\sin\phi\sin\theta(\cos\chi_{11}\sin\chi_{12}+\cos\chi_{21}\sin\chi_{22})]+$$
$$2\dot{\psi}\dot{\chi}_{11}(\sin\phi\sin\theta\cos\chi_{11}-\cos\phi\sin\chi_{11}\sin\chi_{12})+2\dot{\psi}\dot{\chi}_{12}\cos\phi\cos\chi_{11}\cos\chi_{12}+$$
$$\dot{\chi}_{11}^2[\cos\phi\sin\chi_{11}-\sin\phi\cos\chi_{11}\cos(\theta-\chi_{12})]-\dot{\chi}_{12}^2\sin\phi\cos\chi_{11}\cos(\theta-\chi_{12})-$$
$$2\dot{\chi}_{11}\dot{\chi}_{12}\sin\phi\sin\chi_{11}\sin(\theta-\chi_{12})+2\dot{\psi}\dot{\chi}_{21}(\sin\phi\sin\theta\cos\chi_{21}-\cos\phi\sin\chi_{21}\sin\chi_{22})+$$
$$2\dot{\psi}\dot{\chi}_{22}\cos\phi\cos\chi_{21}\cos\chi_{22}+\dot{\chi}_{21}^2[\cos\phi\sin\chi_{21}-\sin\phi\cos\chi_{21}\cos(\theta-\chi_{22})]-$$
$$\dot{\chi}_{22}^2\sin\phi\cos\chi_{21}\cos(\theta-\chi_{22})-2\dot{\chi}_{21}\dot{\chi}_{22}\sin\phi\sin\chi_{21}\sin(\theta-\chi_{22})\}$$

$$
\begin{aligned}
n_5 = & \boldsymbol{e}_2^{\mathrm{T}}\{(\boldsymbol{K}_d^{\mathrm{T}}\boldsymbol{I}_O\boldsymbol{K}+\boldsymbol{K}^{\mathrm{T}}\boldsymbol{I}_O\boldsymbol{K}_d-\boldsymbol{K}_1\boldsymbol{I}_O\boldsymbol{K})\dot{\boldsymbol{\Theta}}+ \\
& (m_B+m')(\boldsymbol{R}_{B1}+\boldsymbol{R}_{\chi1a}\boldsymbol{e}_3^{\mathrm{T}})^{\mathrm{T}}[(\boldsymbol{R}_{B1,d}+\boldsymbol{R}_{\chi1a,d}\boldsymbol{e}_3^{\mathrm{T}})\dot{\boldsymbol{\Theta}}+ \\
& \boldsymbol{R}_{\chi1b,d}\dot{\boldsymbol{\chi}}_1]+(m_B+m')(\boldsymbol{R}_{B2}+\boldsymbol{R}_{\chi2a}\boldsymbol{e}_3^{\mathrm{T}})^{\mathrm{T}}[(\boldsymbol{R}_{B2,d}+\boldsymbol{R}_{\chi2a,d}\boldsymbol{e}_3^{\mathrm{T}})\dot{\boldsymbol{\Theta}}+\boldsymbol{R}_{\chi2b,d}\dot{\boldsymbol{\chi}}_2]\} \\
= & -I_x(\dot{\psi}^2\sin\theta-\dot{\phi}\dot{\psi})\cos\theta+I_y[\dot{\psi}^2\sin^2\phi\sin\theta\cos\theta-2\dot{\phi}\dot{\theta}\sin\phi\cos\phi- \\
& \dot{\phi}\dot{\psi}(\sin^2\phi-\cos^2\phi)\cos\theta]+I_z[\dot{\psi}^2\cos^2\phi\sin\theta\cos\theta+2\dot{\phi}\dot{\theta}\sin\phi\cos\phi+ \\
& \dot{\phi}\dot{\psi}(\sin^2\phi-\cos^2\phi)\cos\theta]+2(m_B+m')x_B^2\dot{\psi}^2\sin\theta\cos\theta- \\
& 2(m_B+m')z_B^2(\dot{\psi}^2\cos\phi\sin\theta\cos\theta+2\dot{\phi}\dot{\theta}\sin\phi-2\dot{\phi}\dot{\psi}\cos\phi\cos\theta)\cos\phi+ \\
& (m_B+m')z_Bl_B[\dot{\psi}^2\sin\theta(\cos\chi_{11}\sin\chi_{12}+\cos\chi_{21}\sin\chi_{22})-2\dot{\psi}\dot{\chi}_{11}\cos\theta\cos\chi_{11}- \\
& (\dot{\chi}_{11}^2+\dot{\chi}_{12}^2)\cos\chi_{11}\sin(\theta-\chi_{12})-2\dot{\chi}_{11}\dot{\chi}_{12}\sin\chi_{11}\cos(\theta+\chi_{12})-2\dot{\psi}\dot{\chi}_{21}\cos\theta\cos\chi_{21}- \\
& (\dot{\chi}_{21}^2+\dot{\chi}_{22}^2)\cos\chi_{21}\sin(\theta-\chi_{22})-2\dot{\chi}_{21}\dot{\chi}_{22}\sin\chi_{21}\cos(\theta+\chi_{22})]\cos\phi
\end{aligned}
$$

$$
\begin{aligned}
n_7 = & [1\quad 0]\boldsymbol{n}_{\chi1}=(m_B+m')[1\quad 0]\boldsymbol{R}_{\chi1b}^{\mathrm{T}}[(\boldsymbol{R}_{B1,d}+\boldsymbol{R}_{\chi1a,d}\boldsymbol{e}_3^{\mathrm{T}})\dot{\boldsymbol{\Theta}}+\boldsymbol{R}_{\chi1b,d}\dot{\boldsymbol{\chi}}_1] \\
= & (m_B+m')z_Bl_B\{\dot{\phi}^2[\sin\phi\cos\chi_{11}-\cos\phi\sin\chi_{11}\cos(\theta-\chi_{12})]- \\
& \dot{\theta}^2\cos\phi\sin\chi_{11}\cos(\theta-\chi_{12})+\dot{\psi}^2(\sin\phi\cos\chi_{11}-\cos\phi\sin\theta\sin\chi_{11}\sin\chi_{12})+ \\
& 2\dot{\phi}\dot{\theta}\sin\phi\sin\chi_{11}\sin(\theta-\chi_{12})+2\dot{\phi}\dot{\psi}(\cos\phi\sin\chi_{11}\sin\chi_{12}-\sin\phi\sin\theta\cos\chi_{11})+ \\
& 2\dot{\theta}\dot{\psi}\cos\phi\cos\theta\cos\chi_{11}\}+(m_B+m')x_Bl_B[\dot{\theta}^2\sin\chi_{11}\sin(\theta-\chi_{12})-\dot{\psi}^2\cos\theta\sin\chi_{11}\sin\chi_{12}+ \\
& 2\dot{\theta}\dot{\psi}\sin\theta\cos\chi_{11}]-(m_B+m')l_B^2[\dot{\psi}^2\sin\chi_{11}\cos^2\chi_{12}+(\dot{\chi}_{11}^2-\dot{\chi}_{12}^2)\sin\chi_{11}+ \\
& 2\dot{\psi}\dot{\chi}_{12}\cos\chi_{11}\cos\chi_{12}]\cos\chi_{11}
\end{aligned}
$$

$$
\begin{aligned}
n_8 = & [0\quad 1]\boldsymbol{n}_{\chi1}=(m_B+m')[0\quad 1]\boldsymbol{R}_{\chi1b}^{\mathrm{T}}[(\boldsymbol{R}_{B1,d}+\boldsymbol{R}_{\chi1a,d}\boldsymbol{e}_3^{\mathrm{T}})\dot{\boldsymbol{\Theta}}+\boldsymbol{R}_{\chi1b,d}\dot{\boldsymbol{\chi}}_1] \\
= & (m_B+m')z_Bl_B[(\dot{\phi}^2+\dot{\theta}^2)\cos\phi\sin(\theta-\chi_{12})+\dot{\psi}^2\cos\phi\sin\theta\cos\chi_{12}+ \\
& 2\dot{\phi}\dot{\theta}\sin\phi\cos(\theta-\chi_{12})-2\dot{\phi}\dot{\psi}\cos\phi\cos\chi_{12}]\cos\chi_{11}+(m_B+m')x_Bl_B[\dot{\theta}^2\cos(\theta-\chi_{12})+ \\
& \dot{\psi}^2\cos\theta\cos\chi_{12}]\cos\chi_{11}-(m_B+m')l_B^2(\dot{\psi}^2\cos\chi_{11}\sin\chi_{12}\cos\chi_{12}-2\dot{\psi}\dot{\chi}_{11}\cos\chi_{11}\cos\chi_{12}+ \\
& 2\dot{\chi}_{11}\dot{\chi}_{12}\sin\chi_{11})\cos\chi_{11}
\end{aligned}
$$

$$
\begin{aligned}
n_6 = & \boldsymbol{e}_3^{\mathrm{T}}\{(\boldsymbol{K}_d^{\mathrm{T}}\boldsymbol{I}_O\boldsymbol{K}+\boldsymbol{K}^{\mathrm{T}}\boldsymbol{I}_O\boldsymbol{K}_d-\boldsymbol{K}_1\boldsymbol{I}_O\boldsymbol{K})\dot{\boldsymbol{\Theta}}+(m_B+m')(\boldsymbol{R}_{B1}+\boldsymbol{R}_{\chi1a}\boldsymbol{e}_3^{\mathrm{T}})^{\mathrm{T}}[(\boldsymbol{R}_{B1,d}+\boldsymbol{R}_{\chi1a,d}\boldsymbol{e}_3^{\mathrm{T}})\dot{\boldsymbol{\Theta}}+ \\
& \boldsymbol{R}_{\chi1b,d}\dot{\boldsymbol{\chi}}_1]+(m_B+m')(\boldsymbol{R}_{B2}+\boldsymbol{R}_{\chi2a}\boldsymbol{e}_3^{\mathrm{T}})^{\mathrm{T}}[(\boldsymbol{R}_{B2,d}+\boldsymbol{R}_{\chi2a,d}\boldsymbol{e}_3^{\mathrm{T}})\dot{\boldsymbol{\Theta}}+\boldsymbol{R}_{\chi2b,d}\dot{\boldsymbol{\chi}}_2]\} \\
= & -I_x(\dot{\phi}\dot{\theta}-2\dot{\theta}\dot{\psi}\sin\theta)\cos\theta-I_y[\dot{\theta}^2\sin\phi\cos\phi\sin\theta+\dot{\phi}\dot{\theta}(\sin^2\phi-\cos^2\phi)\cos\theta- \\
& 2\dot{\phi}\dot{\psi}\sin\phi\cos\phi\cos^2\theta+2\dot{\theta}\dot{\psi}\sin^2\phi\sin\theta\cos\theta]+I_z[\dot{\theta}^2\sin\phi\cos\phi+\dot{\phi}\dot{\theta}(\sin^2\phi-\cos^2\phi)- \\
& 2\dot{\phi}\dot{\psi}\sin\phi\cos\phi\cos\theta-2\dot{\theta}\dot{\psi}\cos^2\phi\sin\theta]\cos\theta-2(m_B+m')x_B^2\sin\theta\cos\theta- \\
& 2(m_B+m')z_B^2[\dot{\theta}^2\sin\phi\cos\phi\sin\theta+2(\dot{\phi}\dot{\theta}\sin^2\phi-\dot{\phi}\dot{\psi}\sin\phi\cos\phi\cos\theta-
\end{aligned}
$$

$$\dot{\theta}\dot{\psi}\cos^2\phi\sin\theta)\cos\theta]+(m_B+m')z_B l_B\{\dot{\phi}^2[\cos\phi\sin\theta(\sin\chi_{11}+\sin\chi_{21})-$$
$$\sin\phi(\cos\chi_{11}\sin\chi_{12}+\cos\chi_{21}\sin\chi_{22})]+\dot{\theta}^2\cos\phi\sin\theta(\sin\chi_{11}+\sin\chi_{21})+$$
$$2\dot{\phi}\dot{\theta}\sin\phi\cos\theta(\sin\chi_{11}+\sin\chi_{21})-2\dot{\phi}\dot{\psi}[\cos\phi(\sin\chi_{11}+\sin\chi_{21})-$$
$$\sin\phi\sin\theta(\cos\chi_{11}\sin\chi_{12}+\cos\chi_{21}\sin\chi_{22})]-2\dot{\theta}\dot{\psi}\cos\phi\cos\theta(\cos\chi_{11}\sin\chi_{12}+$$
$$\cos\chi_{21}\sin\chi_{22})-2\dot{\psi}\dot{\chi}_{11}(\sin\phi\cos\chi_{11}-\cos\phi\sin\theta\sin\chi_{11}\sin\chi_{12})-$$
$$2\dot{\psi}\dot{\chi}_{12}\cos\phi\sin\theta\cos\chi_{11}\cos\chi_{12}+\dot{\chi}_{11}^2(\sin\phi\cos\chi_{11}\sin\chi_{12}-\cos\phi\sin\theta\sin\chi_{11})+$$
$$\dot{\chi}_{12}^2\sin\phi\cos\chi_{11}\sin\chi_{12}+2\dot{\chi}_{11}\dot{\chi}_{12}\sin\phi\sin\chi_{11}\cos\chi_{12}-2\dot{\psi}\dot{\chi}_{21}(\sin\phi\cos\chi_{21}-$$
$$\cos\phi\sin\theta\sin\chi_{21}\sin\chi_{22})-2\dot{\psi}\dot{\chi}_{22}\cos\phi\sin\theta\cos\chi_{21}\cos\chi_{22}+\dot{\chi}_{21}^2(\sin\phi\cos\chi_{21}\sin\chi_{22}-$$
$$\cos\phi\sin\theta\sin\chi_{21})+\dot{\chi}_{22}^2\sin\phi\cos\chi_{21}\sin\chi_{22}+2\dot{\chi}_{21}\dot{\chi}_{22}\sin\phi\sin\chi_{21}\cos\chi_{22}\}+$$
$$(m_B+m')l_B^2(2\dot{\psi}\dot{\chi}_{11}\sin\chi_{11}\cos\chi_{11}\cos^2\chi_{12}+2\dot{\psi}\dot{\chi}_{12}\cos^2\chi_{11}\sin\chi_{12}\cos\chi_{12}-$$
$$\dot{\chi}_{12}^2\sin\chi_{11}\cos\chi_{11}\sin\chi_{12}-2\dot{\chi}_{11}\dot{\chi}_{12}\sin^2\chi_{11}\cos\chi_{12}+2\dot{\psi}\dot{\chi}_{21}\sin\chi_{21}\cos\chi_{21}\cos^2\chi_{22}+$$
$$2\dot{\psi}\dot{\chi}_{22}\cos^2\chi_{21}\sin\chi_{22}\cos\chi_{22}-\dot{\chi}_{22}^2\sin\chi_{21}\cos\chi_{21}\sin\chi_{22}-2\dot{\chi}_{21}\dot{\chi}_{22}\sin^2\chi_{21}\cos\chi_{22})$$

$$n_9=[1\quad 0]\boldsymbol{n}_{\chi 2}=(m_B+m')[1\quad 0]\boldsymbol{R}_{\chi 2b}^{\mathrm{T}}[(\boldsymbol{R}_{B2,d}+\boldsymbol{R}_{\chi 2a,d}\,\boldsymbol{e}_3^{\mathrm{T}})\dot{\boldsymbol{\Theta}}+\boldsymbol{R}_{\chi 2b,d}\dot{\boldsymbol{\chi}}_2]$$
$$=(m_B+m')z_B l_B\{\dot{\phi}^2[\sin\phi\cos\chi_{21}-\cos\phi\sin\chi_{21}\cos(\theta-\chi_{22})]-$$
$$\dot{\theta}^2\cos\phi\sin\chi_{21}\cos(\theta-\chi_{22})+\dot{\psi}^2(\sin\phi\cos\chi_{21}-\cos\phi\sin\theta\sin\chi_{21}\sin\chi_{22})+$$
$$2\dot{\phi}\dot{\theta}\sin\phi\sin\chi_{21}\sin(\theta-\chi_{22})+2\dot{\phi}\dot{\psi}(\cos\phi\sin\chi_{21}\sin\chi_{22}-\sin\phi\sin\theta\cos\chi_{21})+$$
$$2\dot{\theta}\dot{\psi}\cos\phi\cos\theta\cos\chi_{21}\}-(m_B+m')x_B l_B[\dot{\theta}^2\sin\chi_{21}\sin(\theta-\chi_{22})-\dot{\psi}^2\cos\theta\sin\chi_{21}\sin\chi_{22}+$$
$$2\dot{\theta}\dot{\psi}\sin\theta\cos\chi_{21}]-(m_B+m')l_B^2[\dot{\psi}^2\sin\chi_{21}\cos^2\chi_{22}+(\dot{\chi}_{21}^2-\dot{\chi}_{22}^2)\sin\chi_{21}+$$
$$2\dot{\psi}\dot{\chi}_{22}\cos\chi_{21}\cos\chi_{22}]\cos\chi_{21}$$

$$n_{10}=[0\quad 1]\boldsymbol{n}_{\chi 2}=(m_B+m')[0\quad 1]\boldsymbol{R}_{\chi 2b}^{\mathrm{T}}[(\boldsymbol{R}_{B2,d}+\boldsymbol{R}_{\chi 2a,d}\,\boldsymbol{e}_3^{\mathrm{T}})\dot{\boldsymbol{\Theta}}+\boldsymbol{R}_{\chi 2b,d}\dot{\boldsymbol{\chi}}_2]$$
$$=(m_B+m')z_B l_B[(\dot{\phi}^2+\dot{\theta}^2)\cos\phi\sin(\theta-\chi_{22})+\dot{\psi}^2\cos\phi\sin\theta\cos\chi_{22}+$$
$$2\dot{\phi}\dot{\theta}\sin\phi\cos(\theta-\chi_{22})-2\dot{\phi}\dot{\psi}\cos\phi\cos\chi_{22}]\cos\chi_{21}-(m_B+m')x_B l_B[\dot{\theta}^2\cos(\theta-\chi_{22})+$$
$$\dot{\psi}^2\cos\theta\cos\chi_{22}]\cos\chi_{21}-(m_B+m')l_B^2(\dot{\psi}^2\cos\chi_{21}\sin\chi_{22}\cos\chi_{22}-$$
$$2\dot{\psi}\dot{\chi}_{21}\cos\chi_{21}\cos\chi_{22}+2\dot{\chi}_{21}\dot{\chi}_{22}\sin\chi_{21})\cos\chi_{21}$$

向量 $\boldsymbol{g}(\boldsymbol{q},\dot{\boldsymbol{q}})=[g_1,g_2,\cdots,g_{10}]^{\mathrm{T}}$ 中各元素分别为

$$g_1=-\boldsymbol{e}_1^{\mathrm{T}}[(m_w+2m_B)\boldsymbol{g}+2\boldsymbol{F}_B+\sum_{i=1}^{2}\boldsymbol{F}_{Ai}]=-\sum_{i=1}^{2}F_{Aix}$$

$$g_2=-\boldsymbol{e}_2^{\mathrm{T}}[(m_w+2m_B)\boldsymbol{g}+2\boldsymbol{F}_B+\sum_{i=1}^{2}\boldsymbol{F}_{Ai}]=-\sum_{i=1}^{2}F_{Aiy}$$

$$g_3=-\boldsymbol{e}_3^{\mathrm{T}}\left[(m_w+2m_B)\boldsymbol{g}+2\boldsymbol{F}_B+\sum_{i=1}^{2}\boldsymbol{F}_{Ai}\right]=2B-(m_W+2m_B)g-\sum_{i=1}^{2}F_{A1z}$$

$$\begin{aligned}g_4&=-\boldsymbol{e}_1^{\mathrm{T}}\sum_{i=1}^{2}(\boldsymbol{R}_{Bi}+\boldsymbol{R}_{\chi ia}\boldsymbol{e}_3^{\mathrm{T}})^{\mathrm{T}}(m_B\boldsymbol{g}+\boldsymbol{F}_{Ai}+\boldsymbol{F}_B)\\&=[(\cos\psi\sin\theta\sin\phi-\sin\psi\cos\phi)F_{A1x}+(m_Bg+F_{A1z}-B)\cos\theta\sin\phi+(\cos\psi\sin\theta\sin\phi-\\&\quad\sin\psi\cos\phi)F_{A2x}+(\sin\psi\sin\theta\sin\phi-\cos\psi\cos\phi)F_{A2y}+(\sin\psi\sin\theta\sin\phi+\cos\psi\cos\phi)F_{A1y}+\\&\quad(m_Bg-B)\cos\theta\sin\phi+(m_Bg-B)\cos\theta\sin\phi]z_B\end{aligned}$$

$$\begin{aligned}g_5&=-\boldsymbol{e}_2^{\mathrm{T}}\sum_{i=1}^{2}(\boldsymbol{R}_{Bi}+\boldsymbol{R}_{\chi ia}\boldsymbol{e}_3^{\mathrm{T}})^{\mathrm{T}}(m_B\boldsymbol{g}+\boldsymbol{F}_{Ai}+\boldsymbol{F}_B)\\&=(x_B\cos\psi\sin\theta-z_B\cos\psi\cos\theta\cos\phi)F_{A1x}+(x_B\sin\psi\sin\theta+z_B\sin\psi\cos\theta\cos\phi)F_{A1y}+\\&\quad(x_B\cos\theta-z_B\sin\theta\cos\phi)(m_Bg+F_{A1z}-B)-F_{A2x}z_B\cos\psi\cos\theta\cos\phi-\\&\quad F_{A2y}z_B\sin\psi\cos\theta\cos\phi+(m_Bg+F_{A2z}-B)z_B\sin\theta\cos\phi-\\&\quad(m_Bg-B)(x_B\cos\theta-z_B\sin\theta\cos\phi)\end{aligned}$$

$$\begin{aligned}g_6&=-\boldsymbol{e}_3^{\mathrm{T}}\sum_{i=1}^{2}(\boldsymbol{R}_{Bi}+\boldsymbol{R}_{\chi ia}\boldsymbol{e}_3^{\mathrm{T}})^{\mathrm{T}}(m_B\boldsymbol{g}+\boldsymbol{F}_{Ai}+\boldsymbol{F}_B)\\&=[x_B\sin\psi\cos\theta-z_B(\cos\psi\sin\phi-\sin\psi\sin\theta\cos\phi)+l_B(\cos\psi\sin\chi_{11}-\\&\quad\sin\psi\sin\chi_{12}\cos\chi_{11})]F_{A1x}-[x_B\cos\psi\cos\theta+z_B(\sin\psi\sin\phi+\cos\psi\sin\theta\cos\phi)-\\&\quad l_B(\sin\psi\sin\chi_{11}+\cos\psi\sin\chi_{12}\cos\chi_{11})]F_{A1y}-[z_B(\cos\psi\sin\phi-\sin\psi\sin\theta\cos\phi)-\\&\quad l_B(\cos\psi\sin\chi_{21}-\sin\psi\sin\chi_{22}\cos\chi_{21})]F_{A2x}-[z_B(\sin\psi\sin\phi+\cos\psi\sin\theta\cos\phi)-\\&\quad l_B(\sin\psi\sin\chi_{21}+\cos\psi\sin\chi_{22}\cos\chi_{21})]F_{A2y}\end{aligned}$$

$$\begin{aligned}g_7&=-[1\quad 0]\boldsymbol{R}_{\chi 1b}^{\mathrm{T}}(m_B\boldsymbol{g}+\boldsymbol{F}_{A1}+\boldsymbol{F}_B)\\&=F_{A1x}l_B(\sin\psi\cos\chi_{11}-\cos\psi\sin\chi_{12}\sin\chi_{11})-F_{A1y}l_B(\cos\psi\cos\chi_{11}+\sin\psi\sin\chi_{12}\sin\chi_{11})-\\&\quad(m_Bg+F_{A1z}-B)l_B\cos\chi_{12}\sin\chi_{11}\end{aligned}$$

$$\begin{aligned}g_8&=-[0\quad 1]\boldsymbol{R}_{\chi 1b}^{\mathrm{T}}(m_B\boldsymbol{g}+\boldsymbol{F}_{A1}+\boldsymbol{F}_B)\\&=(F_{A1x}\cos\psi\cos\chi_{12}+F_{A1y}\sin\psi\cos\chi_{12}-m_Bg\sin\chi_{12}-F_{A1z}\sin\chi_{12}+B\sin\chi_{12})l_B\cos\chi_{11}\end{aligned}$$

$$\begin{aligned}g_9&=-[1\quad 0]\boldsymbol{R}_{\chi 2b}^{\mathrm{T}}(m_B\boldsymbol{g}+\boldsymbol{F}_{A2}+\boldsymbol{F}_B)\\&=F_{A2x}l_B(\sin\psi\cos\chi_{21}-\cos\psi\sin\chi_{22}\sin\chi_{21})-F_{A2y}l_B(\cos\psi\cos\chi_{21}+\sin\psi\sin\chi_{22}\sin\chi_{21})-\\&\quad(m_Bg+F_{A2z}-B)l_B\cos\chi_{22}\sin\chi_{21}\end{aligned}$$

$$\begin{aligned}g_{10}&=-[0\quad 1]\boldsymbol{R}_{\chi 2b}^{\mathrm{T}}(m_B\boldsymbol{g}+\boldsymbol{F}_{A2}+\boldsymbol{F}_B)\\&=(F_{A2x}\cos\psi\cos\chi_{22}+F_{A2y}\sin\psi\cos\chi_{22}-m_Bg\sin\chi_{22}-F_{A2z}\sin\chi_{22}+B\sin\chi_{22})l_B\cos\chi_{21}\end{aligned}$$

输入矩阵 $\boldsymbol{B}(\boldsymbol{q})=[b_{ij}]_{10\times 5}$ 中的非零元素分别为

$$b_{1,1}=\cos\theta\cos\psi,\ b_{1,2}=\sin\theta\cos\psi\sin\phi-\sin\psi\cos\phi,\ b_{2,1}=\cos\theta\sin\psi$$

$$b_{2,2}=\sin\theta\sin\psi\sin\phi+\cos\psi\cos\phi,\ b_{3,1}=-\sin\theta,\ b_{3,2}=\cos\theta\sin\phi$$

$b_{4,2}=-z_T, b_{4,3}=b_{11}, b_{4,4}=b_{1,2}, b_{5,1}=z_T\cos\phi, b_{5,3}=b_{2,1}, b_{5,4}=b_{2,2}, b_{5,5}=-\sin\phi$

$b_{6,1}=z_T\sin\phi\cos\theta, b_{6,2}=z_T\sin\theta, b_{6,3}=b_{3,1}, b_{6,4}=b_{3,2}, b_{6,5}=\cos\phi\cos\theta$

控制量 $\boldsymbol{u}=[u_1,u_2,u_3,u_4,u_5]^T$ 由式(2-19)定义。

动力学方程式(2-21)具有典型多体系统形式,它的建立为后续典型抗压体制临近空间飞艇控制律设计和仿真研究奠定了坚实的理论基础。

2.4　运动特性仿真

根据抗压体制临近空间飞艇多体动力学模型式(2-21),在 MATLAB/Simulink 数值仿真环境中搭建系统开环控制模型,进行系统特性仿真,为后续控制律设计提供基础支撑。系统仿真参数如表 2-1 所列。

表 2-1　系统仿真参数

序号	类型	参数名称	取值	单位
1	环境参数	平衡高度大气密度 ρ	0.088	kg/m^3
2		平衡高度重力加速度 g	9.81	m/s^2
3	桁架参数	桁架质量 m_W	4925	kg
4		桁架对 x 轴转动惯量 I_x	5.0×10^4	$kg\cdot m^2$
5		桁架对 y 轴转动惯量 I_y	1.2×10^5	$kg\cdot m^2$
6		桁架对 z 轴转动惯量 I_z	1.5×10^5	$kg\cdot m^2$
7		桁架上囊体系绳点坐标 $[x_B,0,z_B]^T$	$[41,0,-10]^T$	m
8	囊体参数	单囊体质量 m_B	1460	kg
9		囊体对中心轴的转动惯量 I_B	1.5×10^5	$kg\cdot m^2$
10		囊体附加惯性力系数 m'	730	kg
11		囊体半径 R	22	m
12		单囊体无遮挡时等效面积 S_0	1520.53	m^2
13		囊体阻力系数 C_D	0.4	—
14		囊体系绳长度 l_B	3	m
15	螺旋桨参数	桁架上 1#螺旋桨坐标 $[x_T,0,z_T]^T$	$[43.5,0,-1]^T$	m
16		桁架上 4#螺旋桨坐标 $[0,y_{T1},z_T]^T$	$[0,5.25,-1]^T$	m
17		桁架上 6#螺旋桨坐标 $[0,y_{T2},z_T]^T$	$[0,15,-1]^T$	m
18		螺旋桨反扭矩/推力比例系数 C_M	0.46	m

考虑抗压体制临近空间飞艇设计性能指标及平衡高度环境风场特征,设

定初始平衡高度为 20km、航向正东、静止状态，弱风层环境风场为常值东风（3m/s、6m/s），叠加南北风交变周期 10min 及幅值 3m/s 的时变风，即

$$\begin{cases}\boldsymbol{q}(0)=[0,0,-20000,0,0,0,0,0,0,0]^{\mathrm{T}}\\ \dot{\boldsymbol{q}}(0)=[0,0,0,0,0,0,0,0,0,0]^{\mathrm{T}}\end{cases},$$

$$\boldsymbol{V}_w=\begin{cases}[-3/-6,0,0]^{\mathrm{T}}\mathrm{m/s}\\ [-3/-6,3\sin(\pi t/300),0]^{\mathrm{T}}\mathrm{m/s}\end{cases}$$

2.4.1 随风飘运动仿真

1. 常值风场

由图 2-8 可以看出，抗压体制临近空间飞艇在 3m/s、6m/s 常值东风推动下呈直线飞行、平衡高度变化很小，桁架滚转角和偏航角保持稳定，而俯仰角先是在风的推力作用下向上“抬头”，然后在气动阻力、浮力和重力的作用下逐渐恢复到 0°附近的小幅周期运动。另外，在飞行过程中囊体 1 始终承受大部分气流的作用，其系绳倾角较大且向前；而囊体 2 因被囊体 1 遮挡所受气流影响较小，其系绳倾角较小，且因受气动阻力其方向与囊体 1 系绳倾角相反；当飞艇加速到接近风速时，空速越来越小，气动阻力也越来越小，两个囊体系绳倾角趋于一致，保持在 0°附近。

2. 时变风场

从图 2-9 可以看出，由于受东北风时变风场的周期性影响，抗压体制临近空间飞艇向西南方向振荡飞行、平衡高度变化很小，桁架姿态与囊体姿态均出现振荡运动。当飞艇加速到接近风速时，空速越来越小，气动阻力越来越小，振荡幅值也逐渐减小。

2.4.2 最大恒定前向推力下运动仿真

该工况下各螺旋桨最大推力及矢量偏角分别设定为 $F_i=450\mathrm{N}(i=1,2,\cdots,6)$，$\mu_i=0(i=1,2)$。

1. 常值风场

从图 2-10 可以看出，抗压体制临近空间飞艇在 3m/s、6m/s 常值东风及 2700N

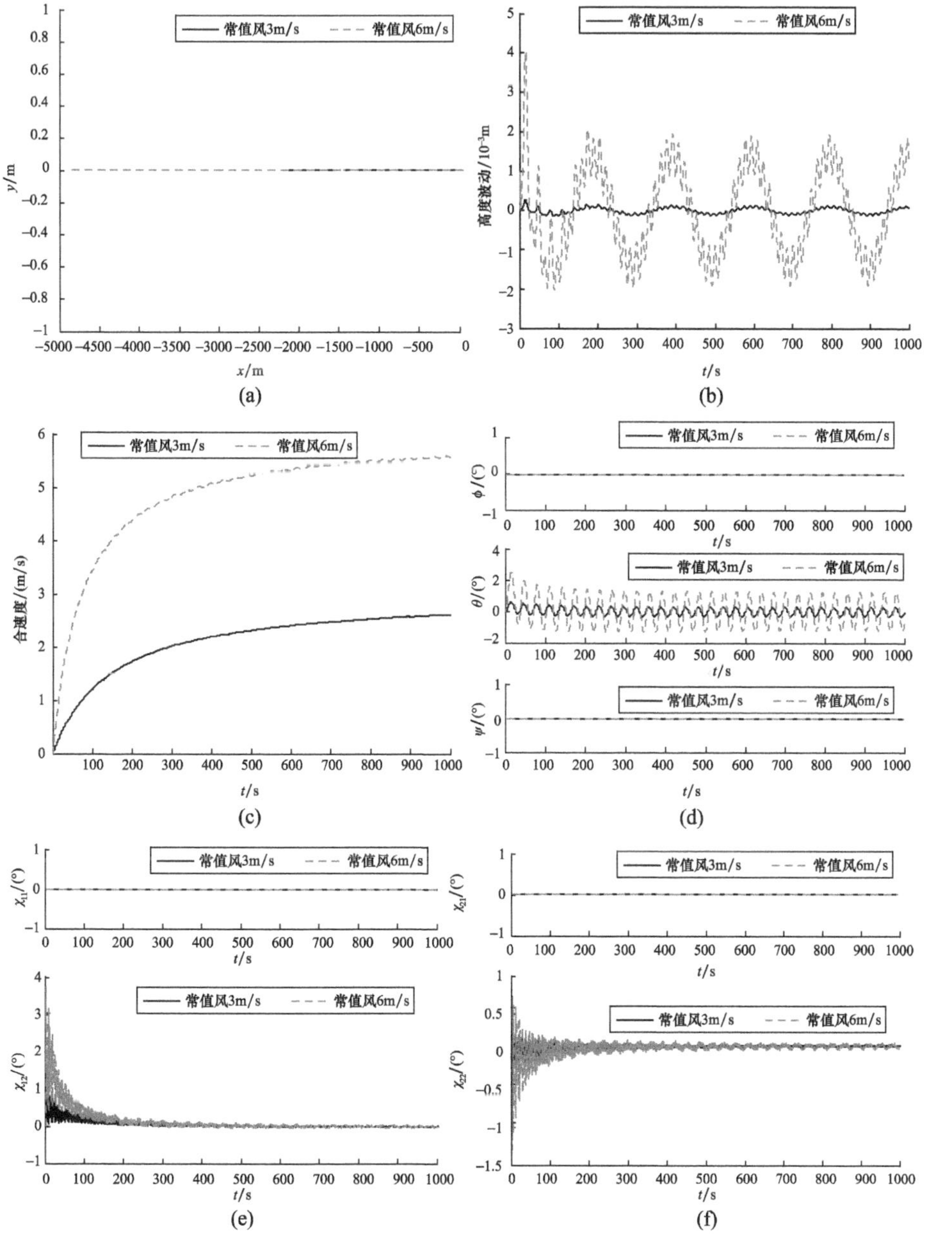

图 2-8　抗压体制临近空间飞艇常值风场下随风飘运动仿真

(a)平面运动轨迹;(b)平衡高度动态波动;(c)飞行合速度;

(d)桁架姿态;(e)囊体 1 姿态;(f)囊体 2 姿态。

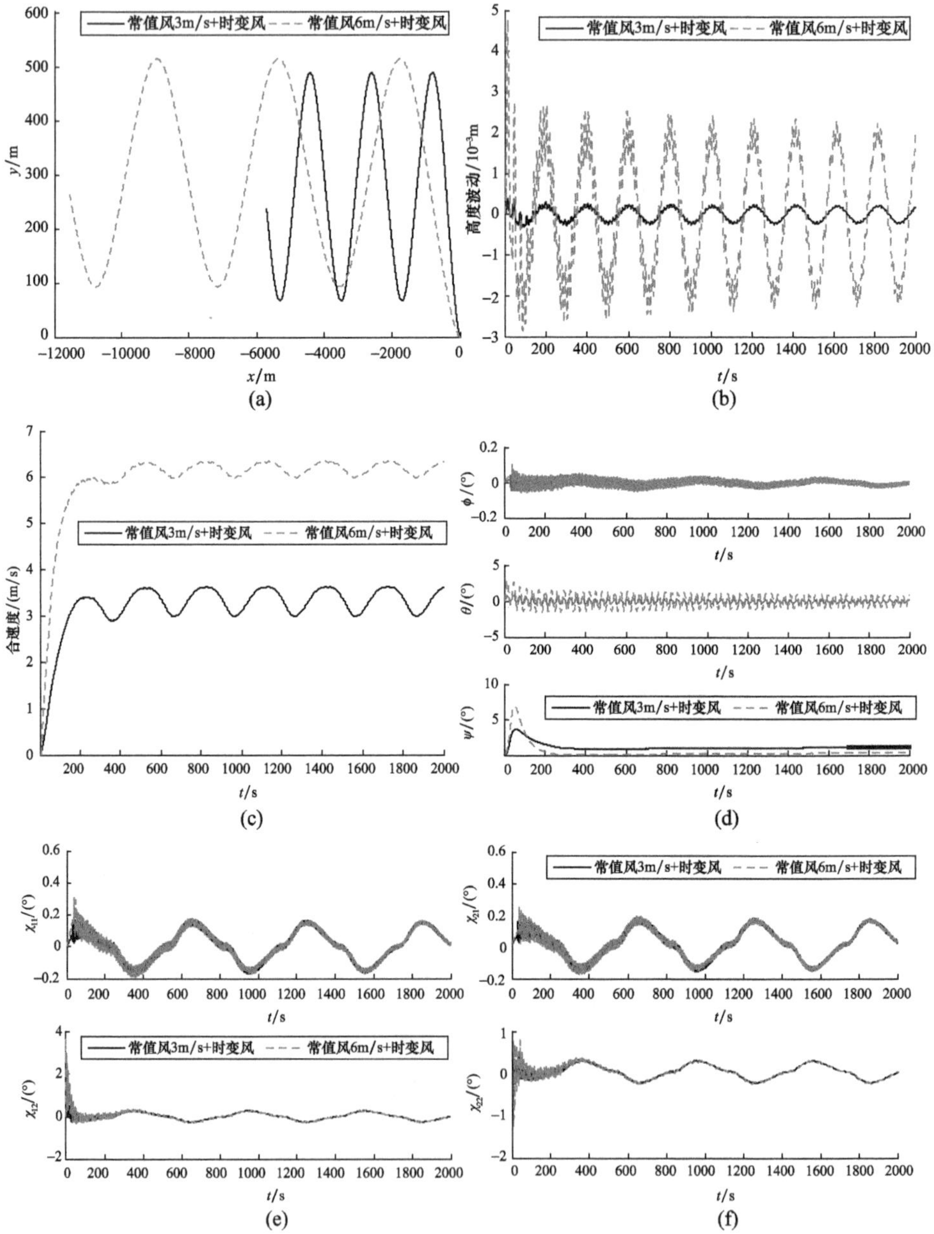

图 2-9　抗压体制临近空间飞艇时变风场下随风飘运动仿真

(a)平面运动轨迹;(b)平衡高度动态波动;(c)飞行合速度;(d)桁架姿态;

(e)囊体 1 姿态;(f)囊体 2 姿态。

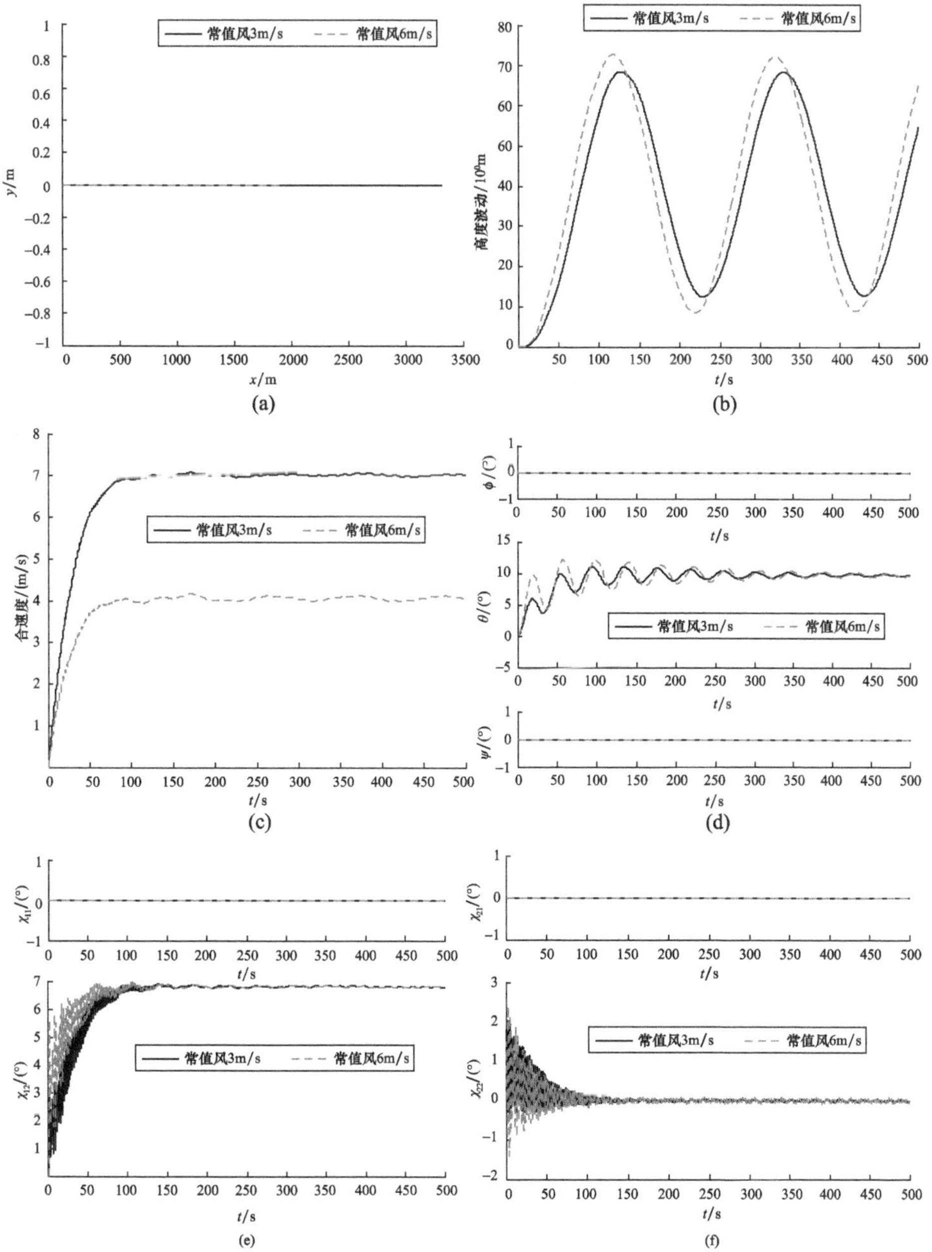

图 2-10　抗压体制临近空间飞艇常值风场下最大恒定前向推力下运动仿真

(a)平面运动轨迹;(b)平衡高度动态波动;(c)飞行合速度;

(d)桁架姿态;(e)囊体 1 姿态;(f)囊体 2 姿态。

前向推力综合作用下呈抗风直线飞行，飞行速度逐渐稳定到 10m/s-风速，验证了平台总体抗风能力约为 10m/s 的设计性能，平衡高度动态波动最大约为 75m；桁架滚转角和偏航角保持稳定，而俯仰角在推力、气动阻力、浮力和重力的作用下逐渐稳定到约 10°常值。另外，在飞行过程中囊体 1 始终承受大部分气流的作用，其系绳倾角较大且向前并最终稳定到约 7°常值；而囊体 2 因被囊体 1 遮挡所受气流影响较小，其系绳倾角较小并逐渐收敛到 0°附近。

2. 时变风场

从图 2-11 可以看出，由于受东北风时变风场的周期性影响及 2700N 前向推力综合作用，抗压体制临近空间飞艇向东南方向抗风振荡飞行，飞行速度振荡稳定到约 10m/s-风速，验证了平台总体抗风能力约为 10m/s 的设计性能，平衡高度动态波动最大约为 65m；与受常值风场影响飞行不同的是桁架姿态角与囊体姿态角均发生周期性变化，振荡幅值明显变大，但变化规律一致。

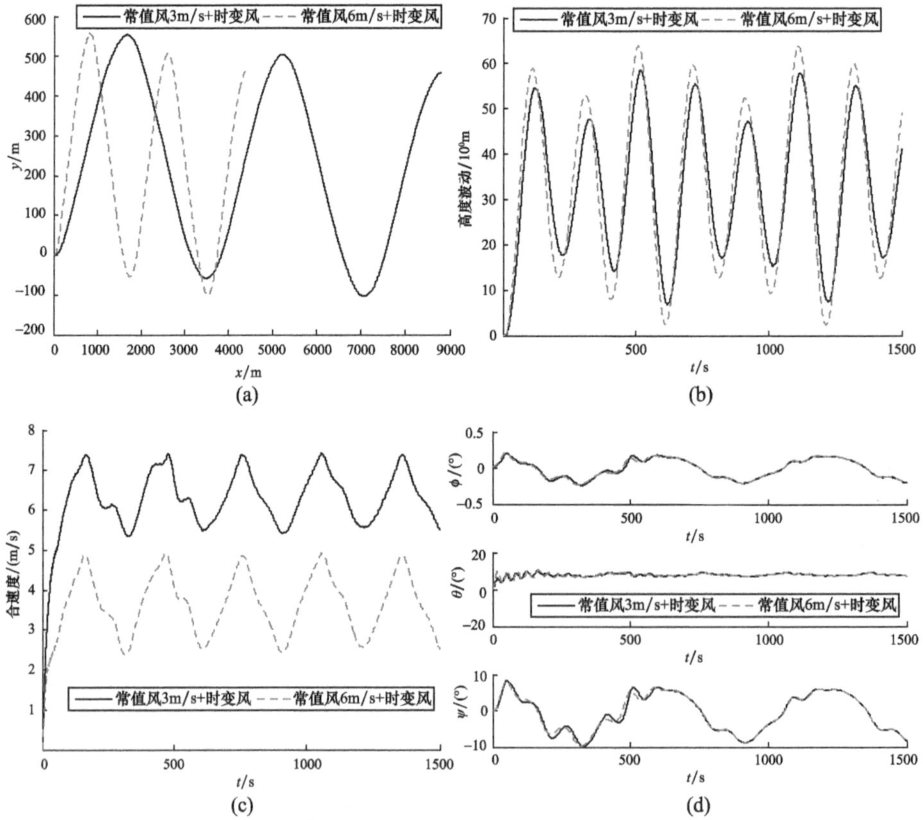

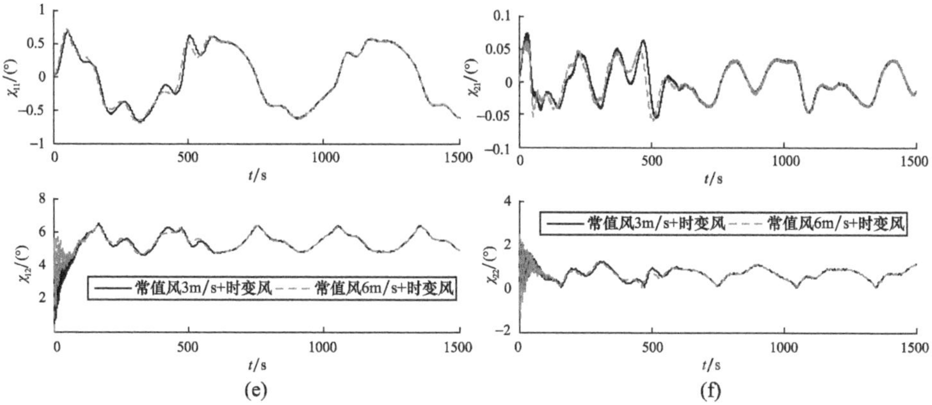

图 2-11　抗压体制临近空间飞艇常值风场下最大恒定前向推力下运动仿真
(a)平面运动轨迹;(b)平衡高度动态波动;(c)飞行合速度;
(d)桁架姿态;(e)囊体 1 姿态;(f)囊体 2 姿态。

2.4.3　运动特性分析

结合前文抗压体制临近空间飞艇随风飘运动仿真及最大恒定前向推力下运动仿真平衡高度动态波动结果可以看出,最大波动范围为 75m(占比 0.375%),驻空高度稳定性优良,这和抗压技术体制的总体设计相匹配。一是无热力学调节昼夜循环飞艇系统质量不变;二是正球形浮力囊体动态升力特性不明显;三是推力布局位于重心下方产生“抬头”,引发的高度波动。但临近空间环境大气密度随高度负向变化,使得高度上升浮力减小、高度下降浮力增大,实现驻空高度自平衡特性。因此,后续控制律设计可以简化为平面路径跟踪控制设计,也是低空缩比飞行控制试验需要模拟重要特性的前提。

2.5　小结

本章根据典型抗压体制临近空间飞艇的结构特征,在合理的基本假设下建立了 4 个坐标系,通过 10 个变量完整描述其桁架、囊体的位置与姿态,并分别计算了桁架与各囊体的动能与势能、飞艇所受的非保守广义力,特别是分析了两个浮力囊体相互遮挡的问题,通过机理建模模拟其运动过程中的气动特性,克服了风洞试验获取数据的困难。利用第二类拉格朗日方程建立了抗压体制临近空间飞艇20阶多体动力学模型,完成了随风飘运动仿真及最大恒定前向推力下运动仿真并分析运动特性、抗风能力,为第3章控制律的设计及受控闭环系统稳定性分析、仿真奠定了坚实的被控对象模型基础。

第 3 章 抗压体制临近空间飞艇控制律设计与仿真

在第 2 章所建立的 10 个自由度多体动力学模型的基础上，开展飞艇平衡高度飞行平面内的路径跟踪控制律设计，明确以位置、偏航角及切向速度为被控参数的路径跟踪控制问题描述，推导出基于确定性模型的路径跟踪控制律设计及闭环稳定性分析；并在此基础上改写含模型不确定性的飞行动力学模型，采用动态观测器设计直接鲁棒自适应路径跟踪控制律并进行闭环稳定性分析，通过仿真验证控制律设计的有效性[113-114]。

3.1 路径跟踪控制问题描述

临近空间飞艇平面路径跟踪控制问题是设计控制输入 $\boldsymbol{u}$，使受控闭环系统的质心坐标 (x,y) 以给定速度沿预定的平面参考路径 $f(x_r,y_r)=0$ 运动，同时在飞行过程中保持飞艇的偏航角 ψ 沿着平面参考路径的切向。

为保证飞艇沿期望参考路径飞行，定义路径跟踪误差为

$$e_1=f(x,y) \tag{3-1}$$

式中：(x,y) 为飞艇质心坐标。当飞艇在平面参考路径 $f(x_r,y_r)=0$ 上飞行时，其质心坐标 (x,y) 满足 $f(x,y)=0$。

记 $f_x \triangleq \dfrac{\partial f(x,y)}{\partial x}$，$f_y \triangleq \dfrac{\partial f(x,y)}{\partial y}$，若 $f_x^2+f_y^2\neq 0$，则上述平面参考路径上 (x,y) 处的切向角 ψ_f 可表示为

$$\psi_f=\operatorname{atan2}\left(\frac{-f_x}{f_y}\right) \tag{3-2}$$

因双变量反正切函数 atan2 的值域仅为 $(-\pi,\pi]$，在全角度运动过程中会产生在角度 π 和 $-\pi$ 之间的跳变，为连续的角度跟踪控制带来困难。解决的方法

是用角速度信号 $\dot{\psi}_f$ 的积分产生 ψ_f。由式(3-2)知：

$$\dot{\psi}_f=\frac{1}{1+\dfrac{f_x^2}{f_y^2}}\frac{\mathrm{d}}{\mathrm{d}t}\left(\frac{-f_x}{f_y}\right)=-\frac{f_y^2}{f_x^2+f_y^2}\frac{f_y\dot{f}_x-f_x\dot{f}_y}{f_y^2}$$

$$=-\frac{1}{f_x^2+f_y^2}\left[f_y(f_{xx}\dot{x}+f_{xy}\dot{y})-f_x(f_{xy}\dot{x}+f_{yy}\dot{y})\right]$$

$$=-\left[\frac{f_yf_{xx}-f_xf_{xy}}{f_x^2+f_y^2}\quad\frac{f_yf_{xy}-f_xf_{yy}}{f_x^2+f_y^2}\right]\begin{bmatrix}\dot{x}\\ \dot{y}\end{bmatrix}\triangleq-\boldsymbol{f}_0^{\mathrm{T}}\begin{bmatrix}\dot{x}\\ \dot{y}\end{bmatrix}\tag{3-3}$$

故，可知

$$\psi_f=\int_0^t\dot{\psi}_f\mathrm{d}t=-\int_0^t\boldsymbol{f}_0^{\mathrm{T}}\begin{bmatrix}\dot{x}\\ \dot{y}\end{bmatrix}\mathrm{d}t,\quad \psi_f(0)=\mathrm{atan2}\left(\frac{-f_x(0)}{f_y(0)}\right)\tag{3-4}$$

利用参考路径的切向角 ψ_f，可将参考路径的单位切向量 $\boldsymbol{\tau}_f$ 表示为

$$\boldsymbol{\tau}_f=[\cos\psi_f,\sin\psi_f]^{\mathrm{T}}=\left[\frac{f_y}{\sqrt{f_x^2+f_y^2}},\frac{-f_x}{\sqrt{f_x^2+f_y^2}}\right]^{\mathrm{T}}\tag{3-5}$$

为使飞艇偏航角 ψ 与参考路径的切向角 ψ_f 保持一致，定义航向误差为

$$e_2=\psi-\psi_f\tag{3-6}$$

为保证飞艇沿着平面参考路径 $f(x_r,y_r)=0$ 持续运动，需要控制其沿路径切向的速度达到期望速度 $v_d>0$。因飞艇的水平速度向量为 $[\dot{x},\dot{y}]^{\mathrm{T}}$，则其沿参考路径的切向速度 v_τ 可以表示为

$$v_\tau=\boldsymbol{\tau}_f^{\mathrm{T}}\begin{bmatrix}\dot{x}\\ \dot{y}\end{bmatrix}=[\cos\psi_f,\sin\psi_f]\begin{bmatrix}\dot{x}\\ \dot{y}\end{bmatrix}=\left[\frac{f_y}{\sqrt{f_x^2+f_y^2}},\frac{-f_x}{\sqrt{f_x^2+f_y^2}}\right]^{\mathrm{T}}\begin{bmatrix}\dot{x}\\ \dot{y}\end{bmatrix}$$

为使飞艇由初始切向速度 $v_\tau(0)=\dot{x}(0)\cos\psi_f(0)+\dot{y}(0)\sin\psi_f(0)$ 逐渐达到期望速度 v_d，可将飞艇要跟踪的切向参考速度 v_r 设计为

$$v_r(t)=[v_\tau(0)-v_d]\mathrm{e}^{-k_tt}+v_d$$

式中：k_t 为速度差衰减因子。为控制飞艇的切向速度 v_τ 按参考速度 v_r 变化，定义速度误差为

$$e_3=v_\tau-v_r=\boldsymbol{\tau}_f^{\mathrm{T}}\begin{bmatrix}\dot{x}\\ \dot{y}\end{bmatrix}-[v_\tau(0)-v_d]\mathrm{e}^{-k_tt}-v_d\tag{3-7}$$

利用上述三个误差的定义，飞艇的平面路径跟踪控制问题可更准确地描述为：设定平面参考路径 $f(x_r,y_r)=0$，设计控制律 $\boldsymbol{u}$，使得：

(1)受控飞艇质心坐标 (x,y) 沿参考路径 $f(x_r,y_r)=0$ 运动，即使路径误差

$e_1=f(x,y)\to 0$；

（2）控制飞艇偏航角 ψ 沿参考路径的切向 $\boldsymbol{\tau}_f$，即使航向误差 $e_2=\psi-\psi_f\to 0$；

（3）控制飞艇沿参考路径的切向速度 v_τ 由初始切向速度 $v_\tau(0)$ 逐渐达到期望速度 v_d，即使速度误差 $e_3=v_\tau-v_r\to 0$。

3.2 基于确定性模型的路径跟踪控制律设计

本节假设模型相关参数都是确定已知的，通过对其路径跟踪问题和独立控制量的分析，研究如何利用解出加速度的非线性补偿方法设计一种可跟踪任意平面路径的非线性控制律，为后续模型参数存在不确定性情况下的控制律设计提供指导，其闭环控制框图如图 3-1 所示。

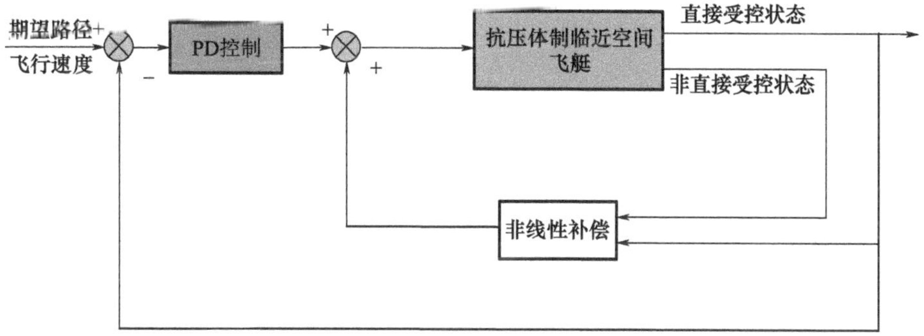

图 3-1　基于确定模型的标称路径跟踪控制框图

3.2.1 控制量选取

从控制量 $\boldsymbol{u}=[u_1,u_2,u_3,u_4,u_5]^{\mathrm{T}}$ 的定义可看出：只有前向推力 u_1、侧向推力 u_2 和偏航力矩 u_5 是主动控制量，而俯仰反扭矩 u_3 和滚转反扭矩 u_4 均为螺旋桨的反作用力矩。所以本书设计前向推力 u_1、侧向推力 u_2 和偏航力矩 u_5 来控制飞艇的路径跟踪误差、航向误差和速度误差。同时，为简化控制设计，取

$$F_1=F_2,\mu_1=\mu_2,F_3=F_4 \tag{3-8}$$

这时有

$$u_3=-c_M(F_1\cos\mu_1-F_2\cos\mu_2-F_3+F_4-F_5+F_6)=c_M(F_5-F_6)$$

$$u_4=-c_M(F_1\sin\mu_1-F_2\sin\mu_2)=0$$

且可知：

$$
\boldsymbol{u}=\begin{bmatrix}u_1\\u_2\\u_3\\u_4\\u_5\end{bmatrix}=\begin{bmatrix}F_1\cos\mu_1+F_2\cos\mu_2+F_3+F_4+F_5+F_6\\F_1\sin\mu_1+F_2\sin\mu_2\\-c_M(F_1\cos\mu_1-F_2\cos\mu_2-F_3+F_4-F_5+F_6)\\-c_M(F_1\sin\mu_1-F_2\sin\mu_2)\\x_{\mathrm{T}}(F_1\sin\mu_1-F_2\sin\mu_2)+y_{\mathrm{T1}}(F_3-F_4)+y_{\mathrm{T2}}(F_5-F_6)\end{bmatrix}
$$

$$
=\begin{bmatrix}2F_1\cos\mu_1+2F_3+F_5+F_6\\2F_1\sin\mu_1\\c_M(F_5-F_6)\\0\\y_{\mathrm{T2}}(F_5-F_6)\end{bmatrix}
$$

$$
=\begin{bmatrix}1&0&0\\0&2&0\\0&0&c_M\\0&0&0\\0&0&y_{\mathrm{T2}}\end{bmatrix}\begin{bmatrix}2F_1\cos\mu_1+2F_3+F_5+F_6\\F_1\sin\mu_1\\F_5-F_6\end{bmatrix}\triangleq\boldsymbol{C}_0\boldsymbol{u}_0 \tag{3-9}
$$

其中

$$
\boldsymbol{u}_0\triangleq\begin{bmatrix}u_{01}\\u_{02}\\u_{03}\end{bmatrix}=\begin{bmatrix}2F_1\cos\mu_1+2F_3+F_5+F_6\\F_1\sin\mu_1\\F_5-F_6\end{bmatrix} \tag{3-10}
$$

从误差量和控制量的选取可知，上述路径跟踪控制问题的实质是：用 3 个控制量$\boldsymbol{u}_0=[u_{01}\quad u_{02}\quad u_{03}]^{\mathrm{T}}$ 控制 3 个自由度$\{x,y,\psi\}$的运动来实现路径跟踪的目标。

因飞艇动力学方程式(2-21)中惯性矩阵 $\boldsymbol{H}(\boldsymbol{q})$是可逆的正定阵，故利用式(3-9)可得

$$
\ddot{\boldsymbol{q}}=-\boldsymbol{H}^{-1}(\boldsymbol{q})\{\boldsymbol{n}(\boldsymbol{q},\dot{\boldsymbol{q}})+\boldsymbol{g}(\boldsymbol{q},\dot{\boldsymbol{q}})\}+\boldsymbol{H}^{-1}(\boldsymbol{q})\boldsymbol{B}(\boldsymbol{q})\boldsymbol{C}_0\boldsymbol{u}_0 \tag{3-11}
$$

定义

$$
\boldsymbol{T}=\begin{bmatrix}1&0&0&0&0&0&0&0&0&0\\0&1&0&0&0&0&0&0&0&0\\0&0&0&0&0&1&0&0&0&0\end{bmatrix}
$$

将式(3-11)等号左边乘 $\boldsymbol{T}$，得到 3 个控制量$\boldsymbol{u}_0=[u_{01},u_{02},u_{03}]^{\mathrm{T}}$ 与 $\bar{\boldsymbol{q}}\triangleq[x,y,\psi]^{\mathrm{T}}$

间的动力学关系：

$$\ddot{\boldsymbol{q}}=\begin{bmatrix}\ddot{x}\\ \ddot{y}\\ \ddot{\psi}\end{bmatrix}=\boldsymbol{T}\ddot{\boldsymbol{q}}=-\boldsymbol{T}\boldsymbol{H}^{-1}(\boldsymbol{q})[\boldsymbol{n}(\boldsymbol{q},\dot{\boldsymbol{q}})+\boldsymbol{g}(\boldsymbol{q},\dot{\boldsymbol{q}})]+\boldsymbol{T}\boldsymbol{H}^{-1}(\boldsymbol{q})\boldsymbol{B}(\boldsymbol{q})\boldsymbol{C}_0\boldsymbol{u}_0 \tag{3-12}$$

3.2.2 跟踪误差导数计算

对路径误差 $e_1=f(x,y)$ 求导可得

$$\dot{e}_1=f_x\dot{x}+f_y\dot{y}=[f_x\quad f_y]\begin{bmatrix}\dot{x}\\ \dot{y}\end{bmatrix}\triangleq\boldsymbol{f}_1^{\mathrm{T}}\begin{bmatrix}\dot{x}\\ \dot{y}\end{bmatrix} \tag{3-13}$$

对式(3-13)再次求导，得到

$$\begin{aligned}\ddot{e}_1&=\dot{\boldsymbol{f}}_1^{\mathrm{T}}\begin{bmatrix}\dot{x}\\ \dot{y}\end{bmatrix}+\boldsymbol{f}_1^{\mathrm{T}}\begin{bmatrix}\ddot{x}\\ \ddot{y}\end{bmatrix}=[f_{xx}\dot{x}+f_{xy}\dot{y}\quad f_{xy}\dot{x}+f_{yy}\dot{y}]\begin{bmatrix}\dot{x}\\ \dot{y}\end{bmatrix}+\boldsymbol{f}_1^{\mathrm{T}}\begin{bmatrix}\ddot{x}\\ \ddot{y}\end{bmatrix}\\&=[\dot{x}\quad\dot{y}]\begin{bmatrix}f_{xx}&f_{xy}\\ f_{xy}&f_{yy}\end{bmatrix}\begin{bmatrix}\dot{x}\\ \dot{y}\end{bmatrix}+\boldsymbol{f}_1^{\mathrm{T}}\begin{bmatrix}\ddot{x}\\ \ddot{y}\end{bmatrix}\triangleq[\dot{x}\quad\dot{y}]\boldsymbol{F}_2\begin{bmatrix}\dot{x}\\ \dot{y}\end{bmatrix}+\boldsymbol{f}_1^{\mathrm{T}}\begin{bmatrix}\ddot{x}\\ \ddot{y}\end{bmatrix}\end{aligned} \tag{3-14}$$

式中：$f_{xx}=\dfrac{\partial^2 f(x,y)}{\partial x^2}$；$f_{xy}=\dfrac{\partial^2 f(x,y)}{\partial x\partial y}$；$f_{yy}=\dfrac{\partial^2 f(x,y)}{\partial y^2}$。

对航向误差 $e_2=\psi-\psi_f=\psi-\int_0^t\dot{\psi}_f\mathrm{d}t$ 求导，由式(3-3)可得

$$\dot{e}_2=\dot{\psi}-\dot{\psi}_f=\dot{\psi}+\boldsymbol{f}_0^{\mathrm{T}}\begin{bmatrix}\dot{x}\\ \dot{y}\end{bmatrix} \tag{3-15}$$

对式(3-15)再次求导可得

$$\ddot{e}_2=\dot{\boldsymbol{f}}_0^{\mathrm{T}}\begin{bmatrix}\dot{x}\\ \dot{y}\end{bmatrix}+\boldsymbol{f}_0^{\mathrm{T}}\begin{bmatrix}\ddot{x}\\ \ddot{y}\end{bmatrix}+\ddot{\psi} \tag{3-16}$$

其中，可计算出：

$$\begin{aligned}\dot{\boldsymbol{f}}_0^{\mathrm{T}}=&\left[\frac{\frac{\mathrm{d}}{\mathrm{d}t}(f_yf_{xx}-f_xf_{xy})}{f_x^2+f_y^2}-\frac{(f_yf_{xx}-f_xf_{xy})\frac{\mathrm{d}}{\mathrm{d}t}(f_x^2+f_y^2)}{(f_x^2+f_y^2)^2}\right.\\&\left.\frac{\frac{\mathrm{d}}{\mathrm{d}t}(f_yf_{xy}-f_xf_{yy})}{f_x^2+f_y^2}-\frac{(f_yf_{xy}-f_xf_{yy})\frac{\mathrm{d}}{\mathrm{d}t}(f_x^2+f_y^2)}{(f_x^2+f_y^2)^2}\right]\\=&\left[\frac{\dot{f}_yf_{xx}+f_y\dot{f}_{xx}-\dot{f}_xf_{xy}-f_x\dot{f}_{xy}}{f_x^2+f_y^2}-\frac{2(f_yf_{xx}-f_xf_{xy})(f_x\dot{f}_x+f_y\dot{f}_y)}{(f_x^2+f_y^2)^2},\right.\end{aligned}$$

$$\left.\frac{\dot f_y f_{xy}+f_y\dot f_{xy}-\dot f_x f_{yy}-f_x\dot f_{yy}}{f_x^2+f_y^2}-\frac{2(f_y f_{xy}-f_x f_{yy})(f_x\dot f_x+f_y\dot f_y)}{(f_x^2+f_y^2)^2}\right]$$

$$=\left[\begin{array}{l}\dfrac{f_{xx}(f_{xy}\dot x+f_{yy}\dot y)+f_y(f_{xxx}\dot x+f_{xxy}\dot y)-f_{xy}(f_{xx}\dot x+f_{xy}\dot y)-f_x(f_{xxy}\dot x+f_{xyy}\dot y)}{f_x^2+f_y^2}\\ \quad-\dfrac{2(f_y f_{xx}-f_x f_{xy})[f_x(f_{xx}\dot x+f_{xy}\dot y)+f_y(f_{xy}\dot x+f_{yy}\dot y)]}{(f_x^2+f_y^2)^2},\\ \dfrac{f_{xy}(f_{xy}\dot x+f_{yy}\dot y)+f_y(f_{xxy}\dot x+f_{xyy}\dot y)-f_{yy}(f_{xx}\dot x+f_{xy}\dot y)-f_x(f_{yyx}\dot x+f_{yyy}\dot y)}{f_x^2+f_y^2}\\ \quad-\dfrac{2(f_y f_{xy}-f_x f_{yy})[(f_x(f_{xx}\dot x+f_{xy}\dot y)+f_y(f_{xy}\dot x+f_{yy}\dot y)]}{(f_x^2+f_y^2)^2}\end{array}\right]$$

$$=\left[\begin{array}{l}\dfrac{(f_y f_{xxx}-f_x f_{xxy})\dot x+(f_{xx}f_{yy}+f_y f_{xxy}-f_{xy}^2-f_x f_{xyy})\dot y}{f_x^2+f_y^2}\\ \quad-\dfrac{2(f_y f_{xx}-f_x f_{xy})[(f_x f_{xx}+f_y f_{xy})\dot x+(f_x f_{xy}+f_y f_{yy})\dot y]}{(f_x^2+f_y^2)^2},\\ \dfrac{(f_{xy}^2+f_y f_{xxy}-f_{yy}f_{xx}-f_x f_{yyx})\dot x+(f_y f_{xyy}-f_x f_{yyy})\dot y}{f_x^2+f_y^2}\\ \quad-\dfrac{2(f_y f_{xy}-f_x f_{yy})[(f_x f_{xx}+f_y f_{xy})\dot x+(f_x f_{xy}+f_y f_{yy})\dot y]}{(f_x^2+f_y^2)^2}\end{array}\right]$$

$$=[\dot x\quad \dot y]\begin{bmatrix}\dfrac{f_y f_{xxx}-f_x f_{xxy}}{f_x^2+f_y^2}-\dfrac{2(f_y f_{xx}-f_x f_{xy})(f_x f_{xx}+f_y f_{xy})}{(f_x^2+f_y^2)^2}, & \dfrac{f_{xy}^2+f_y f_{xxy}-f_{yy}f_{xx}-f_x f_{yyx}}{f_x^2+f_y^2}-\dfrac{2(f_y f_{xy}-f_x f_{yy})(f_x f_{xx}+f_y f_{xy})}{(f_x^2+f_y^2)^2}\\ \dfrac{f_{xx}f_{yy}+f_y f_{xxy}-f_{xy}^2-f_x f_{xyy}}{f_x^2+f_y^2}-\dfrac{2(f_y f_{xx}-f_x f_{xy})(f_x f_{xy}+f_y f_{yy})}{(f_x^2+f_y^2)^2}, & \dfrac{f_y f_{xyy}-f_x f_{yyy}}{f_x^2+f_y^2}-\dfrac{2(f_y f_{xy}-f_x f_{yy})(f_x f_{xy}+f_y f_{yy})}{(f_x^2+f_y^2)^2}\end{bmatrix}$$

$$\triangleq[\dot x\quad \dot y]\boldsymbol{F}_3$$

式中：$f_{xxx}=\dfrac{\partial^3 f(x,y)}{\partial x^3}$；$f_{xxy}=\dfrac{\partial^3 f(x,y)}{\partial^2 x\partial y}$；$f_{xyy}=\dfrac{\partial^3 f(x,y)}{\partial x\partial y^2}$；$f_{yyx}=\dfrac{\partial^3 f(x,y)}{\partial^2 y\partial x}$；$f_{yyy}=\dfrac{\partial^3 f(x,y)}{\partial y^3}$。

将其代入式(3-16)后得

$$\ddot{e}_2=[\dot{x}\quad \dot{y}]\boldsymbol{F}_3\begin{bmatrix}\dot{x}\\ \dot{y}\end{bmatrix}+\boldsymbol{f}_0^{\mathrm{T}}\begin{bmatrix}\ddot{x}\\ \ddot{y}\end{bmatrix}+\ddot{\psi} \tag{3-17}$$

再对速度误差 $e_3=v_\tau-v_r=\boldsymbol{\tau}_f^{\mathrm{T}}\begin{bmatrix}\dot{x}\\ \dot{y}\end{bmatrix}-(v_\tau(0)-v_d)\mathrm{e}^{-k_t t}-v_d$ 求导可得

$$\begin{aligned}\dot{e}_3&=\dot{\boldsymbol{\tau}}_f^{\mathrm{T}}\begin{bmatrix}\dot{x}\\ \dot{y}\end{bmatrix}+k_t(v_\tau(0)-v_d)\mathrm{e}^{-k_t t}+\boldsymbol{\tau}_f^{\mathrm{T}}\begin{bmatrix}\ddot{x}\\ \ddot{y}\end{bmatrix}\\ &=\dot{\psi}_f[-\sin\psi_f,\cos\psi_f]\begin{bmatrix}\dot{x}\\ \dot{y}\end{bmatrix}+k_t(v_\tau(0)-v_d)\mathrm{e}^{-k_t t}+\boldsymbol{\tau}_f^{\mathrm{T}}\begin{bmatrix}\ddot{x}\\ \ddot{y}\end{bmatrix}\\ &=[\dot{x}\quad \dot{y}]\boldsymbol{f}_0[\sin\psi_f,-\cos\psi_f]\begin{bmatrix}\dot{x}\\ \dot{y}\end{bmatrix}+k_t(v_\tau(0)-v_d)\mathrm{e}^{-k_t t}+\boldsymbol{\tau}_f^{\mathrm{T}}\begin{bmatrix}\ddot{x}\\ \ddot{y}\end{bmatrix}\\ &=[\dot{x}\quad \dot{y}]\boldsymbol{f}_0\left[\frac{-f_x}{\sqrt{f_x^2+f_y^2}},\frac{-f_y}{\sqrt{f_x^2+f_y^2}}\right]\begin{bmatrix}\dot{x}\\ \dot{y}\end{bmatrix}+k_t(v_\tau(0)-v_d)\mathrm{e}^{-k_t t}+\boldsymbol{\tau}_f^{\mathrm{T}}\begin{bmatrix}\ddot{x}\\ \ddot{y}\end{bmatrix}\\ &\triangleq[\dot{x}\quad \dot{y}]\boldsymbol{f}_0\boldsymbol{f}_4^{\mathrm{T}}\begin{bmatrix}\dot{x}\\ \dot{y}\end{bmatrix}+k_t(v_\tau(0)-v_d)\mathrm{e}^{-k_t t}+\boldsymbol{\tau}_f^{\mathrm{T}}\begin{bmatrix}\ddot{x}\\ \ddot{y}\end{bmatrix}\end{aligned} \tag{3-18}$$

3.2.3 路径跟踪控制律设计

由误差 e_1 和 e_2 的定义可得

$$\begin{bmatrix}e_1\\ e_2\end{bmatrix}=\begin{bmatrix}f(x,y)\\ \psi-\psi_f\end{bmatrix} \tag{3-19}$$

由式(3-13)、式(3-15)和 e_3 的定义可得

$$\begin{bmatrix}\dot{e}_1\\ \dot{e}_2\\ \dot{e}_3\end{bmatrix}=\begin{bmatrix}\boldsymbol{f}_1^{\mathrm{T}} & 0\\ \boldsymbol{f}_0^{\mathrm{T}} & 1\\ \boldsymbol{\tau}_f^{\mathrm{T}} & 0\end{bmatrix}\begin{bmatrix}\dot{x}\\ \dot{y}\\ \dot{\psi}\end{bmatrix}-\begin{bmatrix}0\\ 0\\ (v_\tau(0)-v_d)\mathrm{e}^{-k_t t}+v_d\end{bmatrix}\triangleq\boldsymbol{F}_5\dot{\boldsymbol{q}}-\begin{bmatrix}0\\ 0\\ (v_\tau(0)-v_d)\mathrm{e}^{-k_t t}+v_d\end{bmatrix} \tag{3-20}$$

整理式(3-14)、式(3-17)和式(3-18)可得

$$\begin{bmatrix}\ddot{e}_1\\ \ddot{e}_2\\ \dot{e}_3\end{bmatrix}=\begin{bmatrix}\boldsymbol{f}_1^{\mathrm{T}}\begin{bmatrix}\ddot{x}\\ \ddot{y}\end{bmatrix}\\ \boldsymbol{f}_0^{\mathrm{T}}\begin{bmatrix}\ddot{x}\\ \ddot{y}\end{bmatrix}+\ddot{\psi}\\ \boldsymbol{\tau}_f^{\mathrm{T}}\begin{bmatrix}\ddot{x}\\ \ddot{y}\end{bmatrix}\end{bmatrix}+\begin{bmatrix}[\dot{x}\quad \dot{y}]\boldsymbol{F}_2\begin{bmatrix}\dot{x}\\ \dot{y}\end{bmatrix}\\ [\dot{x}\quad \dot{y}]\boldsymbol{F}_3\begin{bmatrix}\dot{x}\\ \dot{y}\end{bmatrix}\\ [\dot{x}\quad \dot{y}]\boldsymbol{f}_0\boldsymbol{f}_4^{\mathrm{T}}\begin{bmatrix}\dot{x}\\ \dot{y}\end{bmatrix}+k_t(v_\tau(0)-v_d)\mathrm{e}^{-k_t t}\end{bmatrix}$$

$$
=\begin{bmatrix} \boldsymbol{f}_1^{\mathrm{T}} & 0 \\ \boldsymbol{f}_0^{\mathrm{T}} & 1 \\ \boldsymbol{\tau}_f^{\mathrm{T}} & 0 \end{bmatrix}\begin{bmatrix} \ddot{x} \\ \ddot{y} \\ \ddot{\psi} \end{bmatrix}+\begin{bmatrix} [\dot{x} \quad \dot{y}]\boldsymbol{F}_2 \\ [\dot{x} \quad \dot{y}]\boldsymbol{F}_3 \\ [\dot{x} \quad \dot{y}]\boldsymbol{f}_0\boldsymbol{f}_4^{\mathrm{T}} \end{bmatrix}\begin{bmatrix} \dot{x} \\ \dot{y} \end{bmatrix}+\begin{bmatrix} 0 \\ 0 \\ k_t(v_\tau(0)-v_d)\mathrm{e}^{-k_t t} \end{bmatrix}
$$

$$
=\boldsymbol{F}_5\ddot{\bar{\boldsymbol{q}}}+\begin{bmatrix} [\dot{x} \quad \dot{y}]\boldsymbol{F}_2 \\ [\dot{x} \quad \dot{y}]\boldsymbol{F}_3 \\ [\dot{x} \quad \dot{y}]\boldsymbol{f}_0\boldsymbol{f}_4^{\mathrm{T}} \end{bmatrix}\begin{bmatrix} \dot{x} \\ \dot{y} \end{bmatrix}+\begin{bmatrix} 0 \\ 0 \\ k_t(v_\tau(0)-v_d)\mathrm{e}^{-k_t t} \end{bmatrix} \tag{3-21}
$$

为保证闭环系统误差的收敛性，设计期望的闭环误差方程为

$$
\begin{cases} \ddot{e}_1+k_{1d}\dot{e}_1+k_{1p}e_1=0 \\ \ddot{e}_2+k_{2d}\dot{e}_2+k_{2p}e_2=0 \\ \dot{e}_3+k_{3p}e_3=0 \end{cases} \tag{3-22}
$$

式中：k_{1d}、k_{1p}、k_{2d}、k_{2p}、k_{3p} 均为正数。由式(3-21)、式(3-20)和式(3-19)可知，式(3-22)可写为

$$
\boldsymbol{F}_5\ddot{\bar{\boldsymbol{q}}}+\boldsymbol{r}_1(\bar{\boldsymbol{q}},\dot{\bar{\boldsymbol{q}}},t)=0 \tag{3-23}
$$

其中

$$
\boldsymbol{r}_1(\bar{\boldsymbol{q}},\dot{\bar{\boldsymbol{q}}},t)=\begin{bmatrix} [\dot{x} \quad \dot{y}]\boldsymbol{F}_2 \\ [\dot{x} \quad \dot{y}]\boldsymbol{F}_3 \\ [\dot{x} \quad \dot{y}]\boldsymbol{f}_0\boldsymbol{f}_4^{\mathrm{T}} \end{bmatrix}\begin{bmatrix} \dot{x} \\ \dot{y} \end{bmatrix}+\begin{bmatrix} 0 \\ 0 \\ k_t(v_\tau(0)-v_d)\mathrm{e}^{-k_t t} \end{bmatrix}+
$$

$$
\mathrm{diag}[k_{1d},k_{2d},k_{3p}]\begin{bmatrix} \boldsymbol{f}_1^{\mathrm{T}} & 0 \\ \boldsymbol{f}_0^{\mathrm{T}} & 1 \\ \boldsymbol{\tau}_f^{\mathrm{T}} & 0 \end{bmatrix}\begin{bmatrix} \dot{x} \\ \dot{y} \\ \dot{\psi} \end{bmatrix}-
$$

$$
k_{3p}\begin{bmatrix} 0 \\ 0 \\ (v_\tau(0)-v_d)\mathrm{e}^{-k_t t}+v_d \end{bmatrix}+\begin{bmatrix} k_{1p}f(x,y) \\ k_{2p}(\psi-\psi_f) \\ 0 \end{bmatrix}
$$

$$
=\begin{bmatrix} [\dot{x} \quad \dot{y}]\boldsymbol{F}_2+k_{1d}\boldsymbol{f}_1^{\mathrm{T}} & 0 \\ [\dot{x} \quad \dot{y}]\boldsymbol{F}_3+k_{2d}\boldsymbol{f}_0^{\mathrm{T}} & k_{2d} \\ [\dot{x} \quad \dot{y}]\boldsymbol{f}_0\boldsymbol{f}_4^{\mathrm{T}}+k_{3p}\boldsymbol{\tau}_f^{\mathrm{T}} & 0 \end{bmatrix}\begin{bmatrix} \dot{x} \\ \dot{y} \\ \dot{\psi} \end{bmatrix}+\begin{bmatrix} k_{1p}f(x,y) \\ k_{2p}(\psi-\psi_f) \\ (k_t-k_{3p})(v_\tau(0)-v_d)\mathrm{e}^{-k_t t}-k_{3p}v_d \end{bmatrix}
$$

$$
\triangleq \boldsymbol{F}_6\dot{\bar{\boldsymbol{q}}}+\boldsymbol{r}_2(\bar{\boldsymbol{q}},\dot{\bar{\boldsymbol{q}}},t)
$$

因为

$$|\boldsymbol{F}_5|=\left|\begin{bmatrix}\boldsymbol{f}_1^{\mathrm{T}} & 0\\ \boldsymbol{f}_3^{\mathrm{T}} & 1\\ \boldsymbol{\tau}_f^{\mathrm{T}} & 0\end{bmatrix}\right|=\left|\begin{bmatrix}f_x & f_y & 0\\ \dfrac{f_y f_{xx}-f_x f_{xy}}{f_x^2+f_y^2} & \dfrac{f_y f_{xy}-f_x f_{yy}}{f_x^2+f_y^2} & 1\\ \dfrac{f_y}{\sqrt{f_x^2+f_y^2}} & \dfrac{-f_x}{\sqrt{f_x^2+f_y^2}} & 0\end{bmatrix}\right|=\sqrt{f_x^2+f_y^2}\neq 0$$

所以$\boldsymbol{F}_5$ 是可逆的，从式(3-23)可解出期望的加速度：

$$\ddot{\boldsymbol{q}}=-\boldsymbol{F}_5^{-1}\boldsymbol{r}_1(\bar{\boldsymbol{q}},\dot{\bar{\boldsymbol{q}}},t) \tag{3-24}$$

将式(3-24)代入飞艇动力学方程式(3-12)，得到

$$-\boldsymbol{F}_5^{-1}\boldsymbol{r}_1(\bar{\boldsymbol{q}},\dot{\bar{\boldsymbol{q}}},t)=-\boldsymbol{T}\boldsymbol{H}^{-1}(\boldsymbol{q})[\boldsymbol{n}(\boldsymbol{q},\dot{\boldsymbol{q}})+\boldsymbol{g}(\boldsymbol{q},\dot{\boldsymbol{q}})]+\boldsymbol{T}\boldsymbol{H}^{-1}(\boldsymbol{q})\boldsymbol{B}(\boldsymbol{q})\boldsymbol{C}_0\boldsymbol{u}_0 \tag{3-25}$$

若 3 阶方阵 $\boldsymbol{T}\boldsymbol{H}^{-1}(\boldsymbol{q})\boldsymbol{B}\boldsymbol{C}_0$ 可逆，则可由式(3-25)解出所需的路径跟踪控制律：

$$\boldsymbol{u}_0=(\boldsymbol{T}\boldsymbol{H}^{-1}(\boldsymbol{q})\boldsymbol{B}(\boldsymbol{q})\boldsymbol{C}_0)^{-1}\{\boldsymbol{T}\boldsymbol{H}^{-1}(\boldsymbol{n}+\boldsymbol{g})-\boldsymbol{F}_5^{-1}\boldsymbol{r}_1\} \tag{3-26}$$

很容易证明所设计的控制律式(3-26)可使三个跟踪误差$\{e_1,e_2,e_3\}$趋于零。因为只要将控制律式(3-26)代入飞艇动力学方程式(3-12)就可得

$$\begin{aligned}\ddot{\boldsymbol{q}}&=-\boldsymbol{T}\boldsymbol{H}^{-1}(\boldsymbol{n}+\boldsymbol{g})+\boldsymbol{T}\boldsymbol{H}^{-1}\boldsymbol{B}\boldsymbol{C}_0(\boldsymbol{T}\boldsymbol{H}^{-1}\boldsymbol{B}\boldsymbol{C}_0)^{-1}\{\boldsymbol{T}\boldsymbol{H}^{-1}[\boldsymbol{n}(\boldsymbol{q},\dot{\boldsymbol{q}})+\boldsymbol{g}(\boldsymbol{q},\dot{\boldsymbol{q}})]-\boldsymbol{F}_5^{-1}\boldsymbol{r}_1(\bar{\boldsymbol{q}},\dot{\bar{\boldsymbol{q}}},t)\}\\&=-\boldsymbol{F}_5^{-1}\boldsymbol{r}_1(\bar{\boldsymbol{q}},\dot{\bar{\boldsymbol{q}}},t)\end{aligned}$$

再考虑到$\boldsymbol{F}_5$ 的可逆性，可知上式等价于

$$\boldsymbol{F}_5\ddot{\bar{\boldsymbol{q}}}_1+\boldsymbol{r}_1(\bar{\boldsymbol{q}},\dot{\bar{\boldsymbol{q}}},t)=\begin{bmatrix}\ddot{e}_1+k_{1d}\dot{e}_1+k_{1p}e_1\\ \ddot{e}_2+k_{2d}\dot{e}_2+k_{2p}e_2\\ \dot{e}_3+k_{3p}e_3\end{bmatrix}=\begin{bmatrix}0\\0\\0\end{bmatrix}$$

因控制律参数 k_{1d}、k_{1p}、k_{2d}、k_{2p}、k_{3p} 均为正数，所以

$$\lim_{t\to\infty}e_1(t)=\lim_{t\to\infty}\dot{e}_1(t)=\lim_{t\to\infty}e_2(t)=\lim_{t\to\infty}\dot{e}_2(t)=\lim_{t\to\infty}e_3(t)=0$$

这表明，飞艇路径跟踪误差$f(x,y)\to 0$，偏航角 $\psi\to\psi_f$(偏航角 ψ 收敛到参考路径的切向角 ψ_f)，飞艇沿所跟踪路径的切向速度 $v_\tau\to v_d$(飞艇切向速度 v_τ 趋于期望切向速度 v_d)，实现了预定的飞艇控制目标。

3.2.4　螺旋桨推力确定

当利用式(3-26)算出控制量$\boldsymbol{u}_0=[u_{01}\quad u_{02}\quad u_{03}]^{\mathrm{T}}$ 后，还必须利用式(3-10)确定螺旋桨控制量$\{F_1,F_3,F_5,F_6,\mu_1\}$，进而由式(3-8)确定全部螺旋桨控制量。方法如下。

(1)由 u_{02} 确定μ_1 和 F_1。由定义知 $u_{02}=F_1\sin\mu_1$，为避免矢量螺旋桨转角μ_1

的频繁变化,可选取

$$\mu_1=\mathrm{sgn}(u_{02})\mu_{\max}=\begin{cases}\mu_{\max} & (u_{02}>0)\\ 0 & (u_{02}=0)\\ -\mu_{\max} & (u_{02}<0)\end{cases} \tag{3-27}$$

式中:$\mu_{\max}\leqslant\pi/2$ 是矢量螺旋桨所允许的最大偏角。显然由式(3-27)确定的 μ_1 满足 $|\mu_1|\leqslant\mu_{\max}$。这时有

$$\sin\mu_1=\sin(\mathrm{sgn}(u_{02})\mu_{\max})=\mathrm{sgn}(u_{02})\sin\mu_{\max}$$

由 F_1 的定义知:

$$F_1=\frac{u_{02}}{\sin\mu_1}=\frac{u_{02}}{\mathrm{sgn}(u_{02})\sin\mu_{\max}}=\frac{|u_{02}|}{\sin\mu_{\max}}\geqslant 0 \tag{3-28}$$

(2)由 u_{03} 确定 F_5 和 F_6。因 $u_{03}=F_5-F_6$,且 F_5 和 F_6 均非负,可取

$$\begin{cases}F_5=u_{03},F_6=0, & (u_{03}\geqslant 0)\\ F_5=0,F_6=-u_{03}, & (u_{03}<0)\end{cases} \tag{3-29}$$

式(5-29)可统一地写为

$$F_5=\frac{\mathrm{sgn}(u_{03})+1}{2}u_{03},\quad F_6=\frac{\mathrm{sgn}(u_{03})-1}{2}u_{03}$$

(3)由 u_{01} 确定 F_3。因为这时有

$$F_1\cos\mu_1=\frac{|u_{02}|}{\sin\mu_{\max}}\cos(\mathrm{sgn}(u_{02})\mu_{\max})=|u_{02}|\frac{\cos\mu_{\max}}{\sin\mu_{\max}}=|u_{02}|\mathrm{ctan}\,\mu_{\max}$$

$$F_5+F_6=\frac{\mathrm{sgn}(u_{03})+1}{2}u_{03}+\frac{\mathrm{sgn}(u_{03})-1}{2}u_{03}=\mathrm{sgn}(u_{03})u_{03}=|u_{03}|$$

所以,由定义 $u_{01}=2F_1\cos\mu_1+2F_3+F_5+F_6$ 及上式可解出:

$$F_3=\frac{u_{01}-(F_5+F_6)}{2}-F_1\cos\mu_1=\frac{u_{01}-|u_{03}|}{2}-|u_{02}|\mathrm{ctan}\,\mu_{\max} \tag{3-30}$$

(4)由求出的 F_1、μ_1 和 F_3 确定:

$$F_2=F_1,\quad \mu_2=\mu_1,\quad F_4=F_3 \tag{3-31}$$

3.3 含模型不确定性的鲁棒自适应路径跟踪控制设计

含模型不确定性的鲁棒自适应路径跟踪控制设计的基本思路:首先基于3.2节中的标称对象动力学模型进行非线性补偿设计,然后设计非线性观测器实时估计不确定项的值,最后在鲁棒控制器中实时补偿该部分的影响,其闭环

控制框图如图 3-2 所示。

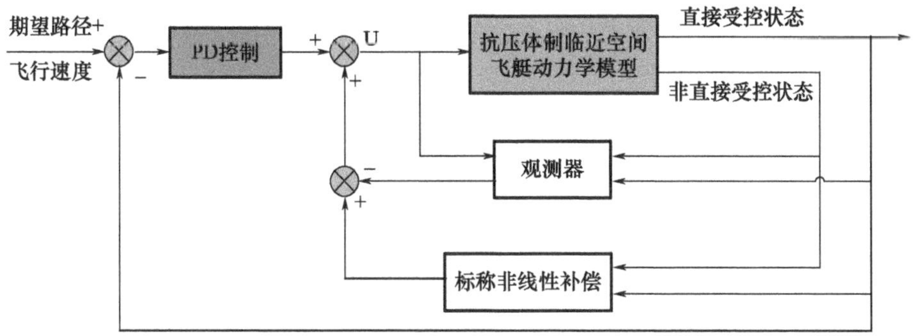

图 3-2　含模型不确定性的鲁棒自适应路径跟踪控制框图

3.3.1 含模型不确定性的飞艇动力学方程

1. 不确定性参数分析

根据前文临近空间飞艇飞行控制的特点与难点分析，其不确定性参数主要体现在以下三个方面。

(1)桁架结构参数，由于桁架结构尺寸巨大，质量分布不均匀，因此其质量测量不准确、三轴转动惯量计算不准确、质心位置无法准确确定。

(2)单囊体参数，由于囊体尺寸巨大，质量分布不均匀且内部气体流动状态不确定等因素，因此单囊体质量测量不准确、三轴转动惯量计算不准确。

(3)气动力参数，由于囊体尺寸巨大、柔性体、气弹效应明显，特别是环境风场无法准确测量且三个囊体位置无法准确确定，因此三个囊体的气动力参数存在较大的不确定性。

总的来说，抗压体制临近空间飞艇飞行控制过程中存在的不确定性参数如表 3-1 所列。

表 3-1　不确定性参数

序号	类型	不确定性参数	单位
1	桁架惯性参数	桁架质量	kg
2		桁架对 x 轴转动惯量	kg · m^2
3		桁架对 y 轴转动惯量	kg · m^2
4		桁架对 z 轴转动惯量	kg · m^2

续表

序号	类型	不确定性参数	单位
5	单囊体惯性参数	单囊体质量	kg
6		囊体对中心轴的转动惯量	kg · m^2
7	气动力参数	囊体 1x 轴气动力	N
8		囊体 1y 轴气动力	N
9		囊体 1z 轴气动力	N
10		囊体 2x 轴气动力	N
11		囊体 2y 轴气动力	N
12		囊体 2z 轴气动力	N

针对上述不确定性参数,在控制设计时只采用其标称值,通过非线性观测器实时估计不确定参数的值。

2. 含模型不确定性的受控对象动力学模型

由于飞艇的不确定性参数众多且其动力学模型非常复杂,故本书不采用基于参数估计的间接鲁棒自适应控制方法设计能克服参数不确定性的鲁棒自适应控制律,而是采用动态观测器估计总的模型不确定性影响,形成计算更为简单的一种直接鲁棒自适应控制律。

由飞艇动力学模型表达式知,这些未知量都是线性地出现在动力学方程式(2-21)中,且方程中的控制矩阵 $\boldsymbol{B}(\boldsymbol{q})$ 不含这些未知量。因此在考虑以上模型不确定性时,飞艇的动力学方程式(2-21)中的 $\boldsymbol{H}$、$\boldsymbol{n}$ 和 $\boldsymbol{g}$ 可写为以下形式:

$$\boldsymbol{H}(\boldsymbol{q})=\hat{\boldsymbol{H}}(\boldsymbol{q})+\boldsymbol{\Delta}_H(\boldsymbol{q}),\boldsymbol{n}(\boldsymbol{q},\dot{\boldsymbol{q}})=\hat{\boldsymbol{n}}(\boldsymbol{q},\dot{\boldsymbol{q}})+\boldsymbol{\Delta}_n(\boldsymbol{q},\dot{\boldsymbol{q}}),\boldsymbol{g}(\boldsymbol{q},\dot{\boldsymbol{q}})=\hat{\boldsymbol{g}}(\boldsymbol{q},\dot{\boldsymbol{q}})+\boldsymbol{\Delta}_g(\boldsymbol{q},\dot{\boldsymbol{q}}) \tag{3-32}$$

式中:$\hat{\boldsymbol{H}}$、$\hat{\boldsymbol{n}}$、$\hat{\boldsymbol{g}}$ 为用未知量的标称值计算出的 $\boldsymbol{H}$、$\boldsymbol{n}$、$\boldsymbol{g}$;$\boldsymbol{\Delta}_H(\boldsymbol{q})$、$\boldsymbol{\Delta}_n(\boldsymbol{q},\dot{\boldsymbol{q}})$、$\boldsymbol{\Delta}_g(\boldsymbol{q},\dot{\boldsymbol{q}})$ 是由未知量的不确定性引起的 $\boldsymbol{H}$、$\boldsymbol{n}$、$\boldsymbol{g}$ 的误差。

由式(3-32)可知含模型不确定性的飞艇动力学模型可写为

$$\hat{\boldsymbol{H}}(\boldsymbol{q})\ddot{\boldsymbol{q}}+\hat{\boldsymbol{n}}(\boldsymbol{q},\dot{\boldsymbol{q}})+\hat{\boldsymbol{g}}(\boldsymbol{q},\dot{\boldsymbol{q}})+[\boldsymbol{\Delta}_H(\boldsymbol{q})\ddot{\boldsymbol{q}}+\boldsymbol{\Delta}_n(\boldsymbol{q},\dot{\boldsymbol{q}})+\boldsymbol{\Delta}_g(\boldsymbol{q},\dot{\boldsymbol{q}})]=\boldsymbol{B}(\boldsymbol{q})\boldsymbol{u} \tag{3-33}$$

选取未知量的标称值使 $\hat{\boldsymbol{H}}$ 可逆,可知

$$\begin{aligned}\ddot{\boldsymbol{q}}=&-\hat{\boldsymbol{H}}^{-1}(\boldsymbol{q})[\hat{\boldsymbol{n}}(\boldsymbol{q},\dot{\boldsymbol{q}})+\hat{\boldsymbol{g}}(\boldsymbol{q},\dot{\boldsymbol{q}})]-\\&\hat{\boldsymbol{H}}^{-1}(\boldsymbol{q})[\boldsymbol{\Delta}_H(\boldsymbol{q})\ddot{\boldsymbol{q}}+\boldsymbol{\Delta}_n(\boldsymbol{q},\dot{\boldsymbol{q}})+\boldsymbol{\Delta}_g(\boldsymbol{q},\dot{\boldsymbol{q}})]+\hat{\boldsymbol{H}}^{-1}(\boldsymbol{q})\boldsymbol{B}(\boldsymbol{q})\boldsymbol{u}\end{aligned} \tag{3-34}$$

进而由 $\bar{\boldsymbol{q}}$ 和$\boldsymbol{u}_0$ 的定义,并考虑到式(3-20)所定义的$\boldsymbol{F}_5$ 中不含不确定的未知量可得

$$
\begin{aligned}
\ddot{q} &= T\ddot{q} = -T\hat{H}^{-1}(q)[\hat{n}(q,\dot{q})+\hat{g}(q,\dot{q})]-T\hat{H}^{-1}(q)[\Delta_H(q)\ddot{q}+\Delta_n(q,\dot{q})+\\
&\quad \Delta_g(q,\dot{q})]+T\hat{H}^{-1}(q)B(q)C_0u_0\\
&= -T\hat{H}^{-1}(q)[\hat{n}(q,\dot{q})+\hat{g}(q,\dot{q})]-F_5^{-1}\{F_5T\hat{H}^{-1}(q)[\Delta_H(q)\ddot{q}+\Delta_n(q,\dot{q})+\\
&\quad \Delta_g(q,\dot{q})]\}+T\hat{H}^{-1}(q)B(q)C_0u_0\\
&\triangleq -\hat{h}(q,\dot{q})-F_5^{-1}\Delta(q,\dot{q})+\hat{B}(q)u_0
\end{aligned}
\tag{3-35}
$$

式中：$\hat{h}(q,\dot{q})=T\hat{H}^{-1}(q)[\hat{n}(q,\dot{q})+\hat{g}(q,\dot{q})]$、$\hat{B}(q)=T\hat{H}^{-1}(q)B(q)C_0$ 可以用未知量标称值算出，而 $\Delta=F_5T\hat{H}^{-1}(q)[\Delta_H(q)\ddot{q}+\Delta_n(q,\dot{q})+\Delta_g(q,\dot{q})]$ 为不可计算的未知向量。

3.3.2　基于观测器的鲁棒自适应路径跟踪控制律设计和闭环稳定性分析

为基于含不确定性的飞艇动力学方程式(3-35)设计路径跟踪控制律，需要估计模型中的不确定项 Δ，为此构造以下观测器：

$$
\begin{cases}
\hat{\Delta}=\xi-\lambda_1F_5\dot{q}\\
\dot{\xi}=-\lambda_2(\xi-\lambda_1F_5\dot{q})+\lambda_1[F_5(-\hat{h}(q,\dot{q})+\hat{B}(q)u_0)+F_7\dot{q}]-\lambda_1\hat{\Delta}
\end{cases}
\tag{3-36}
$$

式中：λ_1、λ_2 为正常数。

$$
F_7=\begin{bmatrix}[\dot{x},\dot{y}]F_2 & 0\\ [\dot{x},\dot{y}]F_3 & 0\\ [\dot{x},\dot{y}]f_0f_4^{\mathrm{T}} & 0\end{bmatrix}
$$

式中：F_2、F_3、f_0 和 f_4 分别由式(3-14)、式(3-16)、式(3-3)和式(3-18)定义。利用式(3-14)、式(3-16)和式(3-18)很容易证明 $F_7=\dot{F}_5$。因此，由观测器方程式(3-36)和飞艇动力学方程式(3-35)可算出：

$$
\begin{aligned}
\dot{\hat{\Delta}} &= \dot{\xi}-\lambda_1F_5\ddot{q}-\lambda_1\dot{F}_5\dot{q}\\
&= -\lambda_2(\xi-\lambda_1F_5\dot{q}_1)+\lambda_1[F_5(\hat{h}(q,\dot{q})+\hat{B}(q)u_0)+F_7\dot{q}]-\lambda_1\hat{\Delta}-\\
&\quad \lambda_1F_5(\hat{h}(q,\dot{q})-F_5^{-1}\Delta+\hat{B}u_0)-\lambda_1\dot{F}_5\dot{q}\\
&= -\lambda_2\dot{\hat{\Delta}}-\lambda_1\hat{\Delta}+\lambda_1\Delta
\end{aligned}
$$

即有

$$
\ddot{\hat{\Delta}}+\lambda_2\dot{\hat{\Delta}}+\lambda_1\hat{\Delta}=\lambda_1\Delta
$$

以 $\boldsymbol{\Delta}=[\Delta_1,\Delta_2,\Delta_3]^{\mathrm{T}}$ 为输入，以 $\hat{\boldsymbol{\Delta}}=[\hat{\Delta}_1,\hat{\Delta}_2,\hat{\Delta}_3]^{\mathrm{T}}$ 为输出，其对应分量拉普拉斯(Laplace)变换之间的传递函数为

$$\frac{\hat{\Delta}_i(s)}{\Delta_i(s)}=\frac{\lambda_1}{s^2+\lambda_2 s+\lambda_1}(i=1,2,3)$$

因此，取 λ_1 充分大时有 $\hat{\boldsymbol{\Delta}}\approx\boldsymbol{\Delta}$。

对于含模型不确定性的飞艇动力学模型式(3-35)，将控制律由对确定性模型设计的控制律式(3-26)修改为

$$\begin{aligned}\boldsymbol{u}_0&=(\boldsymbol{T}\hat{\boldsymbol{H}}^{-1}(\boldsymbol{q})\boldsymbol{B}(\boldsymbol{q})\boldsymbol{C}_0)^{-1}[\boldsymbol{T}\hat{\boldsymbol{H}}^{-1}(\boldsymbol{q})(\hat{\boldsymbol{n}}(\boldsymbol{q},\dot{\boldsymbol{q}})+\hat{\boldsymbol{g}}(\boldsymbol{q},\dot{\boldsymbol{q}}))-\boldsymbol{F}_5^{-1}(\boldsymbol{r}_1(\bar{\boldsymbol{q}},\dot{\bar{\boldsymbol{q}}},t)-\hat{\boldsymbol{\Delta}})]\\&=\hat{\boldsymbol{B}}^{-1}(\boldsymbol{q})[\hat{\boldsymbol{h}}(\boldsymbol{q},\dot{\boldsymbol{q}})-\boldsymbol{F}_5^{-1}(\boldsymbol{r}_1(\bar{\boldsymbol{q}},\dot{\bar{\boldsymbol{q}}},t)-\hat{\boldsymbol{\Delta}})]\end{aligned}\tag{3-37}$$

将此控制律代入含模型不确定性的飞艇动力学模型式(3-35)中，得到闭环系统：

$$\begin{aligned}\ddot{\boldsymbol{q}}&=-\hat{\boldsymbol{h}}(\boldsymbol{q},\dot{\boldsymbol{q}})-\boldsymbol{F}_5^{-1}\boldsymbol{\Delta}+\hat{\boldsymbol{B}}(\boldsymbol{q})\hat{\boldsymbol{B}}^{-1}(\boldsymbol{q})[\hat{\boldsymbol{h}}(\boldsymbol{q},\dot{\boldsymbol{q}})-\boldsymbol{F}_5^{-1}(\boldsymbol{r}_1(\bar{\boldsymbol{q}},\dot{\bar{\boldsymbol{q}}},t)-\hat{\boldsymbol{\Delta}})]\\&=-\boldsymbol{F}_5^{-1}[\boldsymbol{r}_1(\bar{\boldsymbol{q}},\dot{\bar{\boldsymbol{q}}},t)-(\hat{\boldsymbol{\Delta}}-\boldsymbol{\Delta})]\triangleq-\boldsymbol{F}_5^{-1}(\boldsymbol{r}_1(\bar{\boldsymbol{q}},\dot{\bar{\boldsymbol{q}}},t)-\tilde{\boldsymbol{\Delta}})\end{aligned}$$

由此得到

$$\boldsymbol{F}_5\ddot{\bar{\boldsymbol{q}}}+\boldsymbol{r}_1(\bar{\boldsymbol{q}},\dot{\bar{\boldsymbol{q}}},t)=\tilde{\boldsymbol{\Delta}}$$

记 $\tilde{\boldsymbol{\Delta}}=\hat{\boldsymbol{\Delta}}-\boldsymbol{\Delta}=[\hat{\Delta}_1-\Delta_1,\hat{\Delta}_2-\Delta_2,\hat{\Delta}_3-\Delta_3]^{\mathrm{T}}\triangleq[\tilde{\Delta}_1,\tilde{\Delta}_2,\tilde{\Delta}_3]^{\mathrm{T}}$，由式(3-22)知这等价于

$$\begin{cases}\ddot{e}_1+k_{1d}\dot{e}_1+k_{1p}e_1=\tilde{\Delta}_1\\\ddot{e}_2+k_{2d}\dot{e}_2+k_{2p}e_2=\tilde{\Delta}_2\\\dot{e}_3+k_{3p}e_3=\tilde{\Delta}_3\end{cases}\tag{3-38}$$

因在观测器设计中已知：当取 λ_1 充分大时有 $\hat{\boldsymbol{\Delta}}\approx\boldsymbol{\Delta}$，观测器误差 $\tilde{\boldsymbol{\Delta}}=\hat{\boldsymbol{\Delta}}-\boldsymbol{\Delta}=[\tilde{\Delta}_1,\tilde{\Delta}_2,\tilde{\Delta}_3]^{\mathrm{T}}$ 是有界的，存在常数使得 $\bar{\Delta}_i(i=1,2,3)$ 满足 $|\tilde{\Delta}_i|\leqslant\bar{\Delta}_i(i=1,2,3)$，因此可证明闭环系统式(3-33)的跟踪误差可收敛到原点的小邻域内。事实上，对于式(3-38)中前两个系统，有

$$\ddot{e}_i+k_{id}\dot{e}_i+k_{ip}e_i=\tilde{\Delta}_i(i=1,2,3)$$

定义 $\bar{\boldsymbol{e}}_i=[e_i\quad\dot{e}_i]^{\mathrm{T}}(i=1,2)$，可将其写为状态空间形式：

$$\dot{\bar{\boldsymbol{e}}}_i=\begin{bmatrix}0&1\\-k_{ip}&-k_{id}\end{bmatrix}\bar{\boldsymbol{e}}_i+\begin{bmatrix}0\\1\end{bmatrix}\tilde{\Delta}_i\triangleq\boldsymbol{A}_i\bar{\boldsymbol{e}}_i+\boldsymbol{b}\tilde{\Delta}_i(i=1,2)\tag{3-39}$$

由 $\boldsymbol{A}_i$ 的表达式知，可利用 k_{id} 和 k_{ip} 任意配置 $\boldsymbol{A}_i$ 的特征根，可选取 k_{id} 和 k_{ip} 满足 $k_{id}^2>4k_{ip}$ 使 $\boldsymbol{A}_i$ 具有 2 个不同的负实特征根 $\{-\lambda_{i1},-\lambda_{i2}\}$，这时可算出其特征

矩阵 $s\boldsymbol{I}-\boldsymbol{A}_i$ 的逆矩阵为

$$(s\boldsymbol{I}-\boldsymbol{A}_i)^{-1}=\begin{bmatrix} s & -1 \\ k_{ip} & s+k_{id}\end{bmatrix}^{-1}=\begin{bmatrix} \dfrac{s+k_{id}}{s^2+k_{id}s+k_{ip}} & \dfrac{1}{s^2+k_{id}s+k_{ip}} \\ \dfrac{-k_{ip}}{s^2+k_{id}s+k_{ip}} & \dfrac{s}{s^2+k_{id}s+k_{ip}}\end{bmatrix}$$

$$=\begin{bmatrix} \dfrac{s+k_{id}}{(s+\lambda_{i1})(s+\lambda_{i2})} & \dfrac{1}{(s+\lambda_{i1})(s+\lambda_{i2})} \\ \dfrac{-k_{ip}}{(s+\lambda_{i1})(s+\lambda_{i2})} & \dfrac{s}{(s+\lambda_{i1})(s+\lambda_{i2})}\end{bmatrix}$$

$$=\frac{1}{\lambda_{i1}-\lambda_{i2}}\begin{bmatrix} \dfrac{\lambda_{i1}-k_{id}}{s+\lambda_{i1}}-\dfrac{\lambda_{i2}-k_{id}}{s+\lambda_{i2}} & \dfrac{-1}{s+\lambda_{i1}}+\dfrac{1}{s+\lambda_{i2}} \\ \dfrac{k_{ip}}{s+\lambda_{i1}}-\dfrac{k_{ip}}{s+\lambda_{i2}} & \dfrac{\lambda_{i1}}{s+\lambda_{i1}}-\dfrac{\lambda_{i2}}{s+\lambda_{i2}}\end{bmatrix}(i=1,2)$$

对其取拉普拉斯反变换可得

$$\mathrm{e}^{A_it}=\frac{1}{\lambda_{i1}-\lambda_{i2}}\begin{bmatrix}(\lambda_{i1}-k_{id})\mathrm{e}^{-\lambda_{i1}t}-(\lambda_{i2}-k_{id})\mathrm{e}^{-\lambda_{i2}t} & -\mathrm{e}^{-\lambda_{i1}t}+\mathrm{e}^{-\lambda_{i2}t} \\ k_{ip}(\mathrm{e}^{-\lambda_{i1}t}-\mathrm{e}^{-\lambda_{i2}t}) & \lambda_{i1}\mathrm{e}^{-\lambda_{i1}t}-\lambda_{i2}\mathrm{e}^{-\lambda_{i2}t}\end{bmatrix}(i=1,2)$$

由式(3-39)知

$$\bar{\boldsymbol{e}}_i(t)=\mathrm{e}^{A_it}\bar{\boldsymbol{e}}_i(0)+\int_0^t \mathrm{e}^{\boldsymbol{A}_i(t-\tau)}\boldsymbol{b}\tilde{\Delta}_i(\tau)\mathrm{d}\tau$$

$$=\mathrm{e}^{\boldsymbol{A}_it}\bar{\boldsymbol{e}}_i(0)+\frac{1}{\lambda_{i1}-\lambda_{i2}}\int_0^t\begin{bmatrix}\mathrm{e}^{-\lambda_{i2}(t-\tau)}-\mathrm{e}^{-\lambda_{i1}(t-\tau)} \\ \lambda_{i1}\mathrm{e}^{-\lambda_{i1}(t-\tau)}-\lambda_{i2}\mathrm{e}^{-\lambda_{i2}(t-\tau)}\end{bmatrix}\tilde{\Delta}_i(\tau)\mathrm{d}\tau\ (i=1,2)$$

由上式的两个分量得

$$|e_i(t)|\leqslant\frac{1}{|\lambda_{i1}-\lambda_{i2}|}|[(\lambda_{i1}-k_{id})\mathrm{e}^{-\lambda_{i1}t}-(\lambda_{i2}-k_{id})\mathrm{e}^{-\lambda_{i2}t}]e_i(0)+(\mathrm{e}^{-\lambda_{i2}t}-\mathrm{e}^{-\lambda_{i1}t})\dot{e}(0)|+$$
$$\frac{1}{|\lambda_{i1}-\lambda_{i2}|}\int_0^t|\mathrm{e}^{-\lambda_{i2}(t-\tau)}-\mathrm{e}^{-\lambda_{i1}(t-\tau)}||\tilde{\Delta}_i|\mathrm{d}\tau$$
$$\leqslant\frac{1}{|\lambda_{i1}-\lambda_{i2}|}|[(\lambda_{i1}-k_{id})\mathrm{e}^{-\lambda_{i1}t}-(\lambda_{i2}-k_{id})\mathrm{e}^{-\lambda_{i2}t}]e_i(0)+(\mathrm{e}^{-\lambda_{i2}t}-\mathrm{e}^{-\lambda_{i1}t})\dot{e}(0)|+$$
$$\frac{1}{|\lambda_{i1}-\lambda_{i2}|}\int_0^t(\mathrm{e}^{-\lambda_{i2}(t-\tau)}+\mathrm{e}^{-\lambda_{i1}(t-\tau)})\mathrm{d}\tau\bar{\Delta}_i$$
$$=\frac{1}{|\lambda_{i1}-\lambda_{i2}|}|[(\lambda_{i1}-k_{id})\mathrm{e}^{-\lambda_{i1}t}-(\lambda_{i2}-k_{id})\mathrm{e}^{-\lambda_{i2}t}]e_i(0)+(\mathrm{e}^{-\lambda_{i2}t}-\mathrm{e}^{-\lambda_{i1}t})\dot{e}(0)|+$$

$$\frac{1}{|\lambda_{i1}-\lambda_{i2}|}\left\{\frac{1}{\lambda_{i2}}(1-e^{-\lambda_{i2}t})+\frac{1}{\lambda_{i1}}(1-e^{-\lambda_{i1}t})\right\}\bar{\Delta}_i(i=1,2) \tag{3-40}$$

$$\begin{aligned}|\dot{e}_i(t)| \leqslant & \frac{1}{|\lambda_{i1}-\lambda_{i2}|}|k_{ip}(e^{-\lambda_{i1}t}-e^{-\lambda_{i2}t})e_i(0)+(\lambda_{i1}e^{-\lambda_{i1}t}-\lambda_{i2}e^{-\lambda_{i2}t})\dot{e}(0)|+ \\ & \frac{1}{|\lambda_{i1}-\lambda_{i2}|}\int_0^t|\lambda_{i1}e^{-\lambda_{i1}(t-\tau)}-\lambda_{i2}e^{-\lambda_{i2}(t-\tau)}||\tilde{\Delta}_i|\mathrm{d}\tau \\ \leqslant & \frac{1}{|\lambda_{i1}-\lambda_{i2}|}|k_{ip}(e^{-\lambda_{i1}t}-e^{-\lambda_{i2}t})e_i(0)+(\lambda_{i1}e^{-\lambda_{i1}t}-\lambda_{i2}e^{-\lambda_{i2}t})\dot{e}(0)|+ \\ & \frac{1}{|\lambda_{i1}-\lambda_{i2}|}\int_0^t(\lambda_{i1}e^{-\lambda_{i1}(t-\tau)}+\lambda_{i2}e^{-\lambda_{i2}(t-\tau)})\mathrm{d}\tau\bar{\Delta}_i \\ = & \left|\frac{1}{\lambda_{i1}-\lambda_{i2}}\{k_{ip}(e^{-\lambda_{i1}t}-e^{-\lambda_{i2}t})e_i(0)+(\lambda_{i1}e^{-\lambda_{i1}t}-\lambda_{i2}e^{-\lambda_{i2}t})\dot{e}(0)\}\right|+ \\ & \frac{1}{|\lambda_{i1}-\lambda_{i2}|}\{(1-e^{-\lambda_{i1}t})+(1-e^{-\lambda_{i2}t})\}\bar{\Delta}_i(i=1,2)\end{aligned} \tag{3-41}$$

当 $t\to\infty$ 时，可知

$$\begin{aligned}|e_i(t)| \leqslant & \frac{1}{|\lambda_{i1}-\lambda_{i2}|}\left(\frac{1}{\lambda_{i2}}+\frac{1}{\lambda_{i1}}\right)\bar{\Delta}_i=\frac{\lambda_{i1}+\lambda_{i2}}{|\lambda_{i1}-\lambda_{i2}|\lambda_{i1}\lambda_{i2}}\bar{\Delta}_i \\ = & \frac{k_{id}}{k_{ip}\sqrt{k_{id}^2-4k_{ip}}}\bar{\Delta}_i=\frac{1}{k_{ip}\sqrt{1-\dfrac{4k_{ip}}{k_{id}^2}}}\bar{\Delta}_i(i=1,2)\end{aligned} \tag{3-42}$$

$$|\dot{e}_i(t)| \leqslant \frac{2}{|\lambda_{i1}-\lambda_{i2}|}\bar{\Delta}_i=\frac{2}{\sqrt{k_{id}^2-4k_{ip}}}\bar{\Delta}_i=\frac{1}{k_{id}\sqrt{1-\dfrac{4k_{ip}}{k_{id}^2}}}\bar{\Delta}_i(i=1,2) \tag{3-43}$$

因 $k_{id}^2>4k_{ip}$，在 k_{ip} 和 k_{id} 取值时保持比例关系 $\frac{k_{id}^2}{4k_{ip}}\triangleq\delta<1$，由式(3-42)、式(3-43)可知，当 $t\to\infty$ 时

$$|e_i(t)| \leqslant \frac{1}{k_{ip}\sqrt{1-\delta}}\bar{\Delta}_i,\ |\dot{e}_i(t)| \leqslant \frac{1}{k_{id}\sqrt{1-\delta}}\bar{\Delta}_i(i=1,2)$$

所以，当 k_{ip} 和 k_{id} 值足够大时，可使路径和偏航角跟踪误差及其导数 $e_i(t)$、$\dot{e}_i(t)$ $(i=1,2)$ 收敛到事先任意给定的原点小邻域内。

对于式(3-38)中第三个子系统，可得

$$|e_3(t)|=|e^{-k_{3p}t}e_3(0)+\int_0^t e^{-k_{3p}(t-\tau)}\tilde{\Delta}_3(\tau)\mathrm{d}\tau|$$

$$\leqslant e^{-k_{3p}t}\mid e_3(0)\mid+\int_0^t e^{-k_{3p}(t-\tau)}d\tau\mid\bar{\Delta}_3\mid$$

$$=e^{-k_{3p}t}\mid e_3(0)\mid+\frac{1}{k_{3p}}(1-e^{-k_{3p}t})\mid\bar{\Delta}_3\mid$$

当 $t\to\infty$ 时，可知

$$\mid e_3(t)\mid\leqslant\frac{1}{k_{3p}}\bar{\Delta}_3$$

当取 k_{3p} 足够大时，可使速度跟踪误差 $e_3(t)$ 收敛到事先任意给定的原点小邻域内。

3.4　鲁棒自适应闭环控制数值仿真

根据抗压体制临近空间飞艇多体动力学模型式(3-35)和基于观测器的鲁棒自适应路径跟踪控制律式(3-37)，在 MATLAB/Simulink 数值仿真环境中搭建系统闭环控制模型，进行控制律有效性仿真验证。控制系统仿真不确定性参数如表 3-2 所列，其中不确定性参数摄动范围在 10%左右。

表 3-2　控制系统仿真不确定性参数

序号	参数名称	取值	单位
1	桁架质量 m_W	4925(真值) 5400(标称值)	kg
2	桁架对 x 轴转动惯量 I_x	5.0×10^4(真值) 5.5×10^4(标称值)	$kg\cdot m^2$
3	桁架对 y 轴转动惯量 I_y	1.2×10^5(真值) 1.32×10^5(标称值)	$kg\cdot m^2$
4	桁架对 z 轴转动惯量 I_z	1.5×10^5(真值) 1.65×10^5(标称值)	$kg\cdot m^2$
5	单囊体质量 m_B	1460(真值) 1600(标称值)	kg
6	囊体对中心轴的转动惯量 I_B	1.5×10^5(真值) 1.65×10^5(标称值)	$kg\cdot m^2$
7	囊体阻力系数 C_D	0.4(真值) 0.44(标称值)	—
8	螺旋桨反扭矩/推力比例系数 C_M	0.46(真值) 0.41(标称值)	m

考虑抗压体制临近空间飞艇设计性能指标及平衡高度环境风场特征,设定初始平衡高度为20km、航向正东、静止状态,弱风层环境风场为常值东风(3m/s、6m/s),叠加南北风交变周期10min及幅值3m/s的时变风,即

$$\begin{cases}\boldsymbol{q}(0)=[0,-100,-20000,0,0,0,0,0,0,0]^{\mathrm{T}}\\ \dot{\boldsymbol{q}}(0)=[0,0,0,0,0,0,0,0,0,0]^{\mathrm{T}}\end{cases},$$

$$\boldsymbol{V}_w=\begin{cases}[-3/-6,0,0]^{\mathrm{T}}\mathrm{m/s}\\ [-3/-6,3\sin(\pi t/300),0]^{\mathrm{T}}\mathrm{m/s}\end{cases}$$

3.4.1 航线巡航控制模式闭环仿真

对于要跟踪的平面航线巡航路径$f(x,y)=ax+by+c=0$,可算出$f_x=a$,$f_y=b$,其余二阶及以上偏导数均为零。这时有

$$\dot{\psi}_f=0,\psi_f=\psi_f(0)=\mathrm{atan2}\left(\frac{-f_x(0)}{f_y(0)}\right)=\mathrm{atan2}\left(\frac{-a}{b}\right),$$

$$\boldsymbol{\tau}_f^{\mathrm{T}}=\left[\frac{f_y}{\sqrt{f_x^2+f_y^2}},\frac{-f_x}{\sqrt{f_x^2+f_y^2}}\right]=\left[\frac{b}{\sqrt{a^2+b^2}},\frac{-a}{\sqrt{a^2+b^2}}\right]$$

$$\boldsymbol{f}_0^{\mathrm{T}}=\begin{bmatrix}\dfrac{f_yf_{xx}-f_xf_{xy}}{f_x^2+f_y^2} & \dfrac{f_yf_{xy}-f_xf_{yy}}{f_x^2+f_y^2}\end{bmatrix}=[0\quad 0],$$

$$\boldsymbol{f}_1^{\mathrm{T}}=[f_x\quad f_y]=[a\quad b],\boldsymbol{F}_2=\begin{bmatrix}f_{xx} & f_{xy}\\ f_{xy} & f_{yy}\end{bmatrix}=\begin{bmatrix}0&0\\0&0\end{bmatrix}$$

$$\boldsymbol{F}_3=\begin{bmatrix}\dfrac{f_yf_{xxx}-f_xf_{xxy}}{f_x^2+f_y^2}-\dfrac{2(f_yf_{xx}-f_xf_{xy})(f_xf_{xx}+f_yf_{xy})}{(f_x^2+f_y^2)^2}, & \dfrac{f_{xy}^2+f_yf_{xxy}-f_{yy}f_{xx}-f_xf_{yyx}}{f_x^2+f_y^2}-\dfrac{2(f_yf_{xy}-f_xf_{yy})(f_xf_{xx}+f_yf_{xy})}{(f_x^2+f_y^2)^2}\\ \dfrac{f_{xx}f_{yy}+f_yf_{xxy}-f_{xy}^2-f_xf_{xyy}}{f_x^2+f_y^2}-\dfrac{2(f_yf_{xx}-f_xf_{xy})(f_xf_{xy}+f_yf_{yy})}{(f_x^2+f_y^2)^2}, & \dfrac{f_yf_{xyy}-f_xf_{yyy}}{f_x^2+f_y^2}-\dfrac{2(f_yf_{xy}-f_xf_{yy})(f_xf_{xy}+f_yf_{yy})}{(f_x^2+f_y^2)^2}\end{bmatrix}=\begin{bmatrix}0&0\\0&0\end{bmatrix}$$

$$\boldsymbol{f}_4^{\mathrm{T}}=\left[\frac{-f_x}{\sqrt{f_x^2+f_y^2}},\frac{-f_y}{\sqrt{f_x^2+f_y^2}}\right]=\left[\frac{-a}{\sqrt{a^2+b^2}},\frac{-b}{\sqrt{a^2+b^2}}\right]$$

$$\boldsymbol{F}_5=\begin{bmatrix} f_x & f_y & 0 \\ \dfrac{f_y f_{xx}-f_x f_{xy}}{f_x^2+f_y^2} & \dfrac{f_y f_{xy}-f_x f_{yy}}{f_x^2+f_y^2} & 1 \\ \dfrac{f_y}{\sqrt{f_x^2+f_y^2}} & \dfrac{-f_x}{\sqrt{f_x^2+f_y^2}} & 0 \end{bmatrix}=\begin{bmatrix} a & b & 0 \\ 0 & 0 & 1 \\ \dfrac{b}{\sqrt{a^2+b^2}} & \dfrac{-a}{\sqrt{a^2+b^2}} & 0 \end{bmatrix}$$

$$\boldsymbol{F}_6=\begin{bmatrix} [\dot{x}\quad \dot{y}]\boldsymbol{F}_2+k_{1d}\boldsymbol{f}_1^{\mathrm{T}} & 0 \\ [\dot{x}\quad \dot{y}]\boldsymbol{F}_3+k_{2d}\boldsymbol{f}_0^{\mathrm{T}} & k_{2d} \\ [\dot{x}\quad \dot{y}]\boldsymbol{f}_0\boldsymbol{f}_4^{1}+k_{3p}\boldsymbol{\tau}_f^{\mathrm{T}} & 0 \end{bmatrix}=\begin{bmatrix} k_{1d}a & k_{1d}b & 0 \\ 0 & 0 & k_{2d} \\ \dfrac{k_{3p}b}{\sqrt{a^2+b^2}} & \dfrac{-k_{3p}a}{\sqrt{a^2+b^2}} & 0 \end{bmatrix}$$

$$\boldsymbol{r}_2(\bar{\boldsymbol{q}},\dot{\bar{\boldsymbol{q}}},t)=\begin{bmatrix} k_{1p}(ax+by+c) \\ k_{2p}(\psi-\psi_f) \\ (k_t-k_{3p})(v_\tau(0)-v_d)\mathrm{e}^{-k_t t}-k_{3p}v_d \end{bmatrix}$$

$$=\begin{bmatrix} k_{1p}a & k_{1p}b & 0 \\ 0 & 0 & k_{2p} \\ 0 & 0 & 0 \end{bmatrix}\begin{bmatrix} x \\ y \\ \psi \end{bmatrix}+\begin{bmatrix} k_{1p}c \\ -k_{2p}\psi_f \\ (k_t-k_{3p})(v_\tau(0)-v_d)\mathrm{e}^{-k_t t}-k_{3p}v_d \end{bmatrix}$$

$$\boldsymbol{r}_1(\bar{\boldsymbol{q}},\dot{\bar{\boldsymbol{q}}},t)=\boldsymbol{F}_6\dot{\bar{\boldsymbol{q}}}+\boldsymbol{r}_2(\bar{\boldsymbol{q}},\dot{\bar{\boldsymbol{q}}},t)$$

$$=\begin{bmatrix} k_{1d}a & k_{1d}b & 0 \\ 0 & 0 & k_{2d} \\ \dfrac{k_{3p}b}{\sqrt{a^2+b^2}} & \dfrac{-k_{3p}a}{\sqrt{a^2+b^2}} & 0 \end{bmatrix}\begin{bmatrix} \dot{x} \\ \dot{y} \\ \dot{\psi} \end{bmatrix}+\begin{bmatrix} k_{1p}a & k_{1p}b & 0 \\ 0 & 0 & k_{2p} \\ 0 & 0 & 0 \end{bmatrix}\begin{bmatrix} x \\ y \\ \psi \end{bmatrix}+$$

$$\begin{bmatrix} k_{1p}c \\ -k_{2p}\psi_f \\ (k_t-k_{3p})(v_\tau(0)-v_d)\mathrm{e}^{-k_t t}-k_{3p}v_d \end{bmatrix}$$

以期望平面参考航线巡航路径 $f(x_r,y_r)=-x_r+y_r=0$、期望速度 $v_r(t)=3\mathrm{e}^{-0.01t}+3$ 为例，将 $a=-1,b=1,c=0,k_t=0.01,v_d=3\mathrm{m/s}$ 代入以上表达式，并取控制器参数 $k_{1d}=0.044,k_{1p}=0.001,k_{2d}=0.044,k_{2p}=0.001,k_{3p}=0.001$，观测器参数 $\lambda_1=1000,\lambda_2=1$，观测器初始条件为 $[\hat{\boldsymbol{\Delta}}(0),\xi(0)]=[0,0,0,0,0,0]$。

将已知的飞艇模型不确定性参数标称值和上述控制器与观测器参数代入

式(3-36)和式(3-37)后即可计算出所需的鲁棒自适应路径跟踪控制律。仿真结果如下：

1. 常值风场

从图 3-3 可以看出，抗压体制临近空间飞艇在 3m/s、6m/s 常值东风环境下，所设计的鲁棒自适应控制律式(3-37)能够克服参数不确定性及环境风场的影响，有效实现期望航线巡航路径、飞行速度、偏航姿态的直接跟踪控制，平衡高度波动自稳定性较好、桁架姿态与囊体姿态均逐步收敛至稳定状态。所需控制力幅值也随环境风速的增加而增大，已超出了螺旋桨实际输出能力限制，在实际应用中可以通过降低巡航速度、增加过渡路径使控制误差干扰小，进而降低飞行对控制力的需求，匹配螺旋桨输出能力。

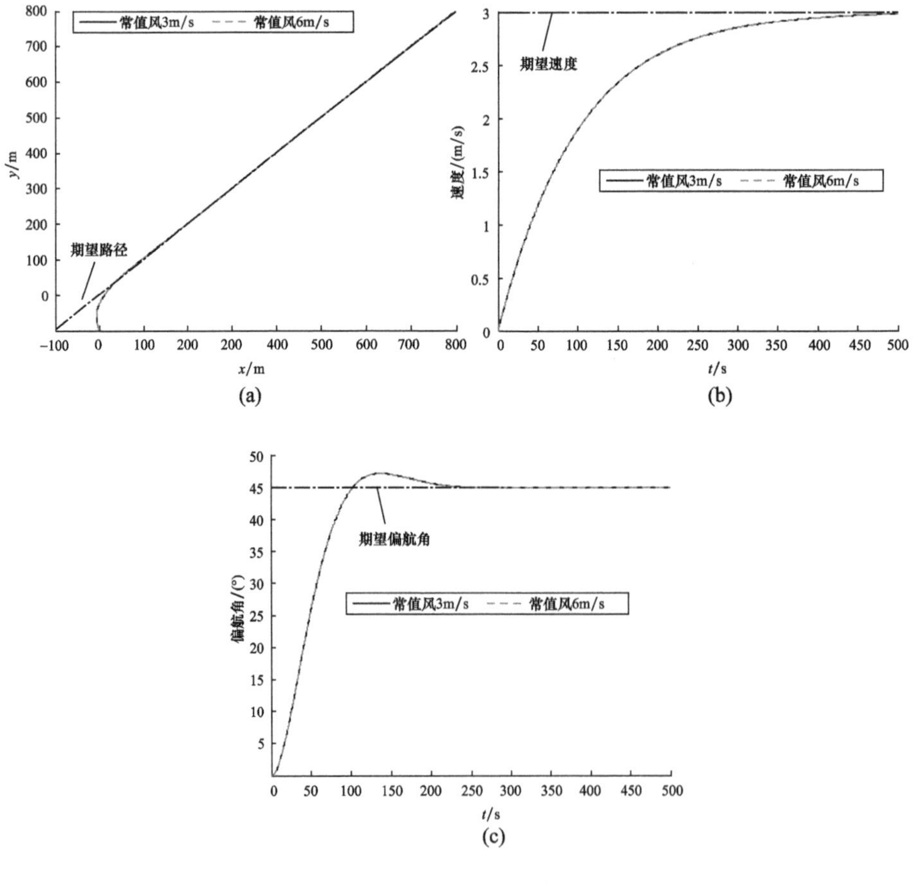

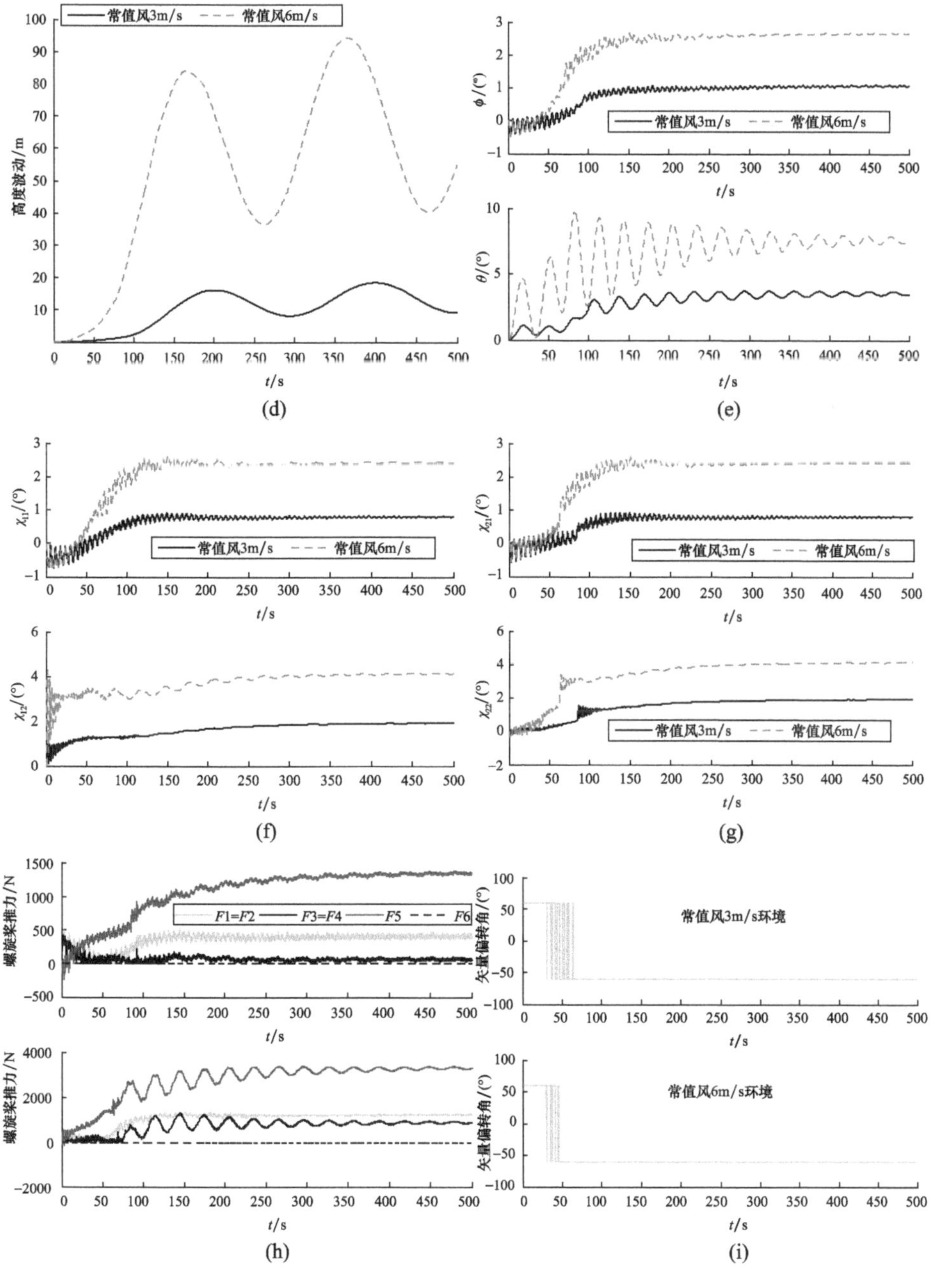

图 3-3　抗压体制临近空间飞艇常值风场下平面航线巡航路径跟踪控制仿真

(a)平面期望航线巡航路径跟踪;(b)平面期望速度跟踪;(c)平面期望偏航角跟踪;(d)平衡高度动态波动;(e)桁架俯仰角与滚转角;(f)囊体1姿态;(g)囊体2姿态;(h)各螺旋桨所需推力;(i)矢量偏转角。

2. 时变风场

从图 3-4 可以看出,抗压体制临近空间飞艇在 3m/s、6m/s 东北风时变风场

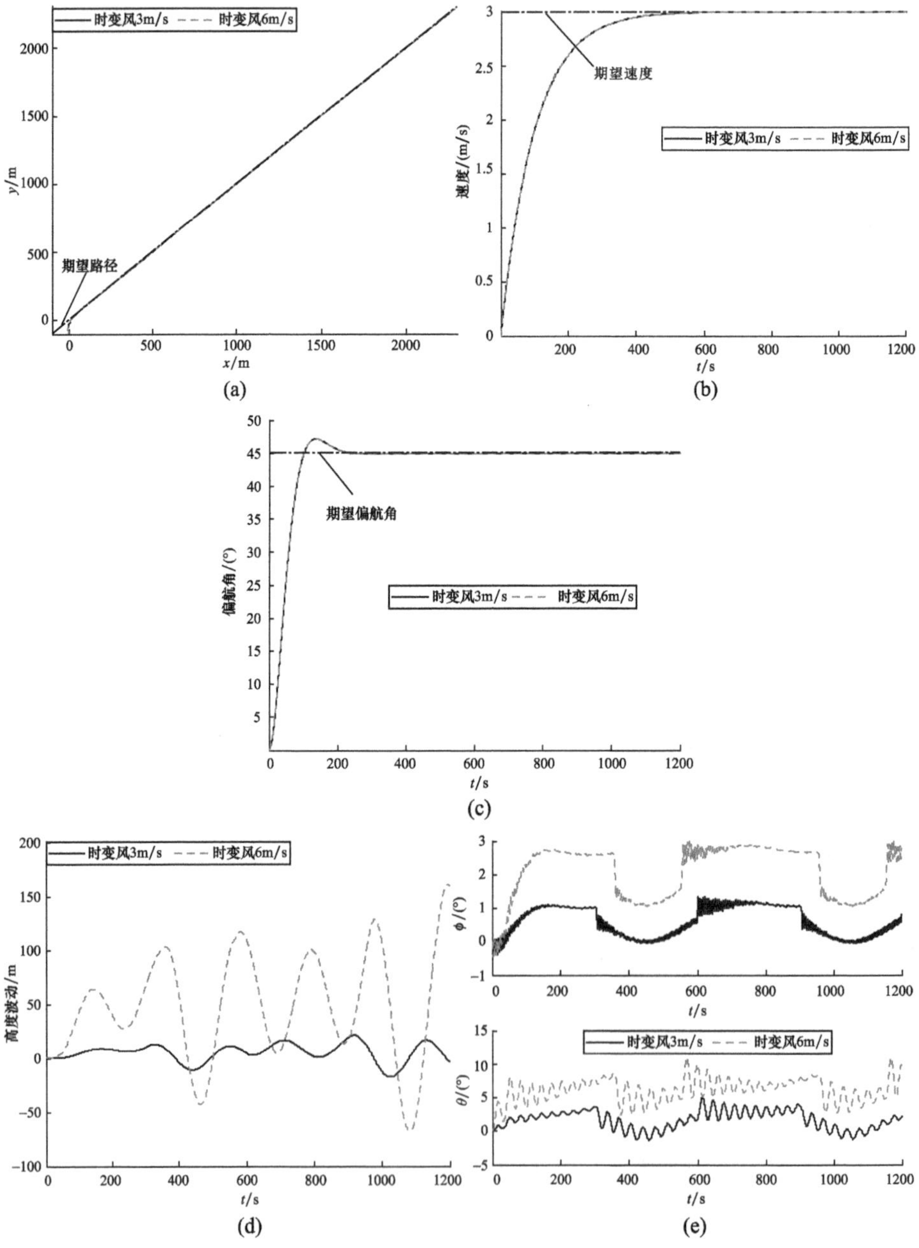

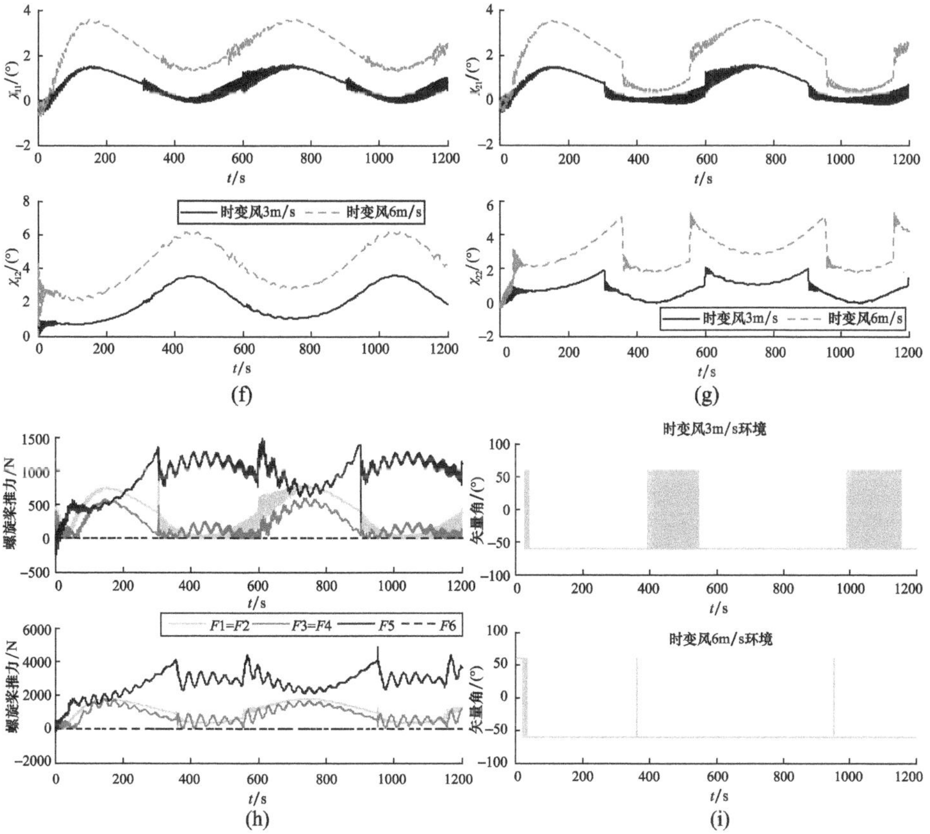

图 3-4 抗压体制临近空间飞艇时变风场下平面航线巡航路径跟踪控制仿真

(a)平面期望航线巡航路径跟踪；(b)平面期望速度跟踪；(c)平面期望偏航角跟踪；(d)平衡高度动态波动；(e)桁架俯仰角与滚转角；(f)囊体1姿态；(g)囊体2姿态；(h)各螺旋桨所需推力(见彩插)；(i)矢量偏转角。

的环境下，所设计的鲁棒自适应控制律式(3-37)能够克服参数不确定性及环境风场的影响，有效实现期望直线路径、飞行速度、偏航姿态的直接跟踪控制，平衡高度波动自稳定性较好、桁架姿态与囊体姿态均逐步收敛至稳定状态。所需控制力幅值随环境风速的增加而增大，已超出螺旋桨实际输出能力限制，在实际应用中可以通过降低巡航速度、增加过渡路径使控制误差干扰小，进而降低飞行对控制力的需求，匹配螺旋桨输出能力。

3.4.2 区域驻留控制模式闭环仿真

对于要跟踪的平面区域驻留路径 $f(x,y)=(x-x_c)^2+(y-y_c)^2-r^2=0$，可以

算出：
$$f_x = 2(x-x_c), f_y = 2(y-y_c), f_{xx} = 2, f_{yy} = 2$$

且其余二阶及以上偏导数均为零。这时有

$$\boldsymbol{f}_0^{\mathrm{T}} = \left[\frac{f_y f_{xx} - f_x f_{xy}}{f_x^2 + f_y^2} \quad \frac{f_y f_{xy} - f_x f_{yy}}{f_x^2 + f_y^2} \right] = \left[\frac{y-y_c}{r^2} \quad \frac{-(x-x_c)}{r^2} \right],$$

$$\dot{\psi}_f = -\boldsymbol{f}_0^{\mathrm{T}} \begin{bmatrix} \dot{x} \\ \dot{y} \end{bmatrix} = \left[\frac{-(y-y_c)}{r^2} \quad \frac{x-x_c}{r^2} \right] \begin{bmatrix} \dot{x} \\ \dot{y} \end{bmatrix}$$

$$\psi_f = \int_0^t \dot{\psi}_f \mathrm{d}t = \frac{1}{r^2} \int_0^t [-(y-y_c) \quad x-x_c] \begin{bmatrix} \dot{x} \\ \dot{y} \end{bmatrix} \mathrm{d}t$$

$$= \mathrm{atan2}\left(\frac{-f_x(0)}{f_y(0)} \right) = \mathrm{atan2}\left(\frac{-(x(0)-x_c)}{y(0)-y_c} \right)$$

$$\boldsymbol{\tau}_f^{\mathrm{T}} = \left[\frac{f_y}{\sqrt{f_x^2+f_y^2}}, \frac{-f_x}{\sqrt{f_x^2+f_y^2}} \right] = \left[\frac{y-y_c}{r}, \frac{-(x-x_c)}{r} \right]$$

$$\boldsymbol{f}_1^{\mathrm{T}} = [f_x \quad f_y] = [2(x-x_c) \quad 2(y-y_c)], \boldsymbol{F}_2 = \begin{bmatrix} f_{xx} & f_{xy} \\ f_{xy} & f_{yy} \end{bmatrix} = \begin{bmatrix} 2 & 0 \\ 0 & 2 \end{bmatrix}$$

$$\boldsymbol{F}_3 = \begin{bmatrix} \dfrac{f_y f_{xxx} - f_x f_{xxy}}{f_x^2 + f_y^2} - \dfrac{2(f_y f_{xx} - f_x f_{xy})(f_x f_{xx} + f_y f_{xy})}{(f_x^2 + f_y^2)^2}, \\[2mm] \dfrac{f_{xx} f_{yy} + f_y f_{xxy} - f_{xy}^2 - f_x f_{xyy}}{f_x^2 + f_y^2} - \dfrac{2(f_y f_{xx} - f_x f_{xy})(f_x f_{xy} + f_y f_{yy})}{(f_x^2 + f_y^2)^2}, \\[2mm] \dfrac{f_{xy}^2 + f_y f_{xxy} - f_{yy} f_{xx} - f_x f_{yyx}}{f_x^2 + f_y^2} - \dfrac{2(f_y f_{xy} - f_x f_{yy})(f_x f_{xx} + f_y f_{xy})}{(f_x^2 + f_y^2)^2} \\[2mm] \dfrac{f_y f_{xyy} - f_x f_{yyy}}{f_x^2 + f_y^2} - \dfrac{2(f_y f_{xy} - f_x f_{yy})(f_x f_{xy} + f_y f_{yy})}{(f_x^2 + f_y^2)^2} \end{bmatrix}$$

$$= \begin{bmatrix} -\dfrac{2(f_y f_{xx})(f_x f_{xx})}{(f_x^2+f_y^2)^2} & \dfrac{-f_{yy} f_{xx}}{f_x^2+f_y^2} + \dfrac{2(f_x f_{yy})(f_x f_{xx})}{(f_x^2+f_y^2)^2} \\[2mm] \dfrac{f_{xx} f_{yy}}{f_x^2+f_y^2} - \dfrac{2(f_y f_{xx})(f_y f_{yy})}{(f_x^2+f_y^2)^2} & \dfrac{2(f_x f_{yy})(f_y f_{yy})}{(f_x^2+f_y^2)^2} \end{bmatrix}$$

$$= \begin{bmatrix} -\dfrac{32(x-x_c)(y-y_c)}{16r^4} & \dfrac{-4}{4r^2} + \dfrac{32(x-x_c)^2}{16r^4} \\[2mm] \dfrac{4}{4r^2} - \dfrac{32(y-y_c)^2}{16r^4} & \dfrac{32(x-x_c)(y-y_c)}{16r^4} \end{bmatrix}$$

$$=\frac{1}{r^4}\begin{bmatrix}-2(x-x_c)(y-y_c) & 2(x-x_c)^2-r^2\\ r^2-2(y-y_c)^2 & 2(x-x_c)(y-y_c)\end{bmatrix}$$

$$\boldsymbol{f}_4^{\mathrm{T}}=\left[\frac{-f_x}{\sqrt{f_x^2+f_y^2}},\frac{-f_y}{\sqrt{f_x^2+f_y^2}}\right]=\left[\frac{-(x-x_c)}{r},\frac{-(y-y_c)}{r}\right]$$

$$\boldsymbol{F}_5=\begin{bmatrix}f_x & f_y & 0\\ \dfrac{f_yf_{xx}-f_xf_{xy}}{f_x^2+f_y^2} & \dfrac{f_yf_{xy}-f_xf_{yy}}{f_x^2+f_y^2} & 1\\ \dfrac{f_y}{\sqrt{f_x^2+f_y^2}} & \dfrac{-f_x}{\sqrt{f_x^2+f_y^2}} & 0\end{bmatrix}=\begin{bmatrix}2(x-x_c) & 2(y-y_c) & 0\\ \dfrac{y-y_c}{r^2} & \dfrac{-x-x_c}{r^2} & 1\\ \dfrac{y-y_c}{r} & \dfrac{-(x-x_c)}{r} & 0\end{bmatrix}$$

$$\boldsymbol{F}_6=\begin{bmatrix}[\dot{x}\quad\dot{y}]\boldsymbol{F}_2+k_{1d}\boldsymbol{f}_1^{\mathrm{T}} & 0\\ [\dot{x}\quad\dot{y}]\boldsymbol{F}_3+k_{2d}\boldsymbol{f}_0^{\mathrm{T}} & k_{2d}\\ [\dot{x}\quad\dot{y}]\boldsymbol{f}_0\boldsymbol{f}_4^{\mathrm{T}}+k_{3p}\boldsymbol{\tau}_f^{\mathrm{T}} & 0\end{bmatrix}$$

$$=\begin{bmatrix}2[\dot{x}\quad\dot{y}]+2k_{1d}[(x-x_c)\quad(y-y_c)] & 0\\ \dfrac{1}{r^4}[\dot{x}\quad\dot{y}]\begin{bmatrix}-2(x-x_c)(y-y_c) & 2(x-x_c)^2-r^2\\ r^2-2(y-y_c)^2 & 2(x-x_c)(y-y_c)\end{bmatrix}+k_{2d}\left[\dfrac{y-y_c}{r^2}\quad\dfrac{-(x-x_c)}{r^2}\right] & k_{2d}\\ [\dot{x}\quad\dot{y}]\begin{bmatrix}\dfrac{y-y_c}{r^2}\\ \dfrac{-(x-x_c)}{r^2}\end{bmatrix}\left[\dfrac{-(x-x_c)}{r},\dfrac{-(y-y_c)}{r}\right]+k_{3p}\left[\dfrac{y-y_c}{r},\dfrac{-(x-x_c)}{r}\right] & 0\end{bmatrix}$$

$$\boldsymbol{r}_2(\bar{\boldsymbol{q}},\dot{\bar{\boldsymbol{q}}},t)=\begin{bmatrix}k_{1p}f(x,y)\\ k_{2p}(\psi-\psi_f)\\ (k_t-k_{3p})(v_{r0}-v_d)\mathrm{e}^{-k_tt}-k_{3p}v_d\end{bmatrix}=\begin{bmatrix}k_{1p}\{(x-x_c)^2+(y-y_c)^2-r^2\}\\ k_{2p}(\psi-\psi_f)\\ (k_t-k_{3p})(v_{r0}-v_d)\mathrm{e}^{-k_tt}-k_{3p}v_d\end{bmatrix}$$

$$\boldsymbol{r}_1(\bar{\boldsymbol{q}},\dot{\bar{\boldsymbol{q}}},t)=\boldsymbol{F}_6[\dot{x}\quad\dot{y}\quad\dot{\psi}]^{\mathrm{T}}+\boldsymbol{r}_2(\bar{\boldsymbol{q}},\dot{\bar{\boldsymbol{q}}},t)$$

以期望平面区域驻留路径 $f(x_r,y_r)=x_r^2+(y_r+5100)^2-5000^2=0$、期望速度 $v_r(t)=3\mathrm{e}^{-0.01t}+3$ 为例，将 $x_c=0$，$y_c=-5100\mathrm{m}$，$r=5000\mathrm{m}$，$k_t=0.01$，$v_d=3\mathrm{m/s}$ 代入以上表达式，仍取控制律参数 $k_{1d}=0.044$，$k_{1p}=0.001$，$k_{2d}=0.044$，$k_{2p}=0.001$，$k_{3p}=0.001$，观测器参数 $\boldsymbol{\lambda}_1=1000$，$\boldsymbol{\lambda}_2=1$，观测器初始条件为 $[\hat{\boldsymbol{\Delta}}(0),\boldsymbol{\xi}(0)]=[0,0,0,0,0,0]$。

将已知的飞艇模型不确定参数标称值和上述控制器与观测器参数代入式

(3-36)和式(3-37)后即可计算出所需的鲁棒自适应路径跟踪控制律。仿真结果如下。

1. 常值风场

从图 3-5 可以看出,抗压体制临近空间飞艇在 3m/s、6m/s 常值东风环境下,所设计的鲁棒自适应控制律式(3-37)能够克服参数不确定性及环境风场的影响,有效实现期望区域驻留路径、飞行速度、偏航姿态的直接跟踪控制,平衡高度波动自稳定性较好、桁架姿态与囊体姿态均逐步收敛至稳定状态。所需控制力幅值随环境风速的增加而增大,已超出了螺旋桨实际输出能力限制,在实际应用中可以通过增大盘旋飞行半径、降低巡航速度、增加过渡路径使控制误差干扰小,进而降低飞行对控制力需求,匹配螺旋桨输出能力。

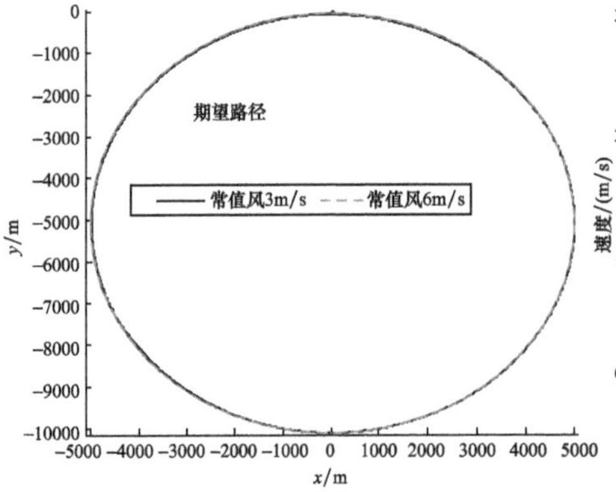

(a)

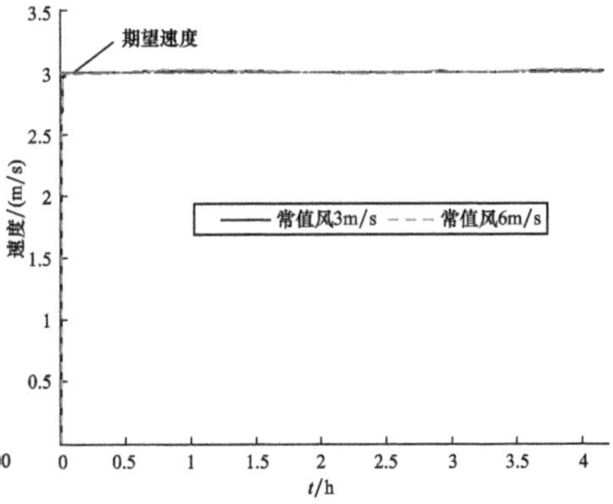

(b)

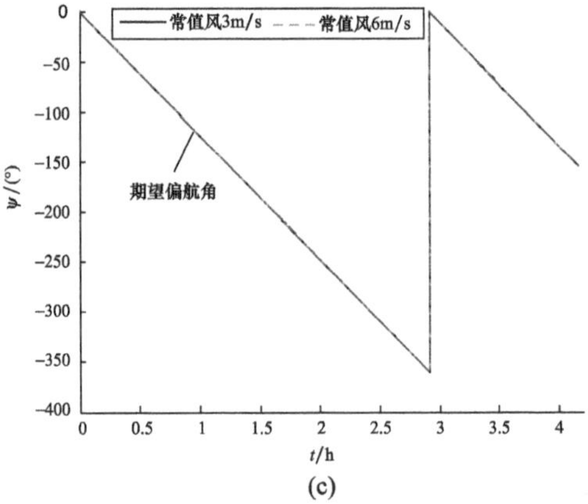

(c)

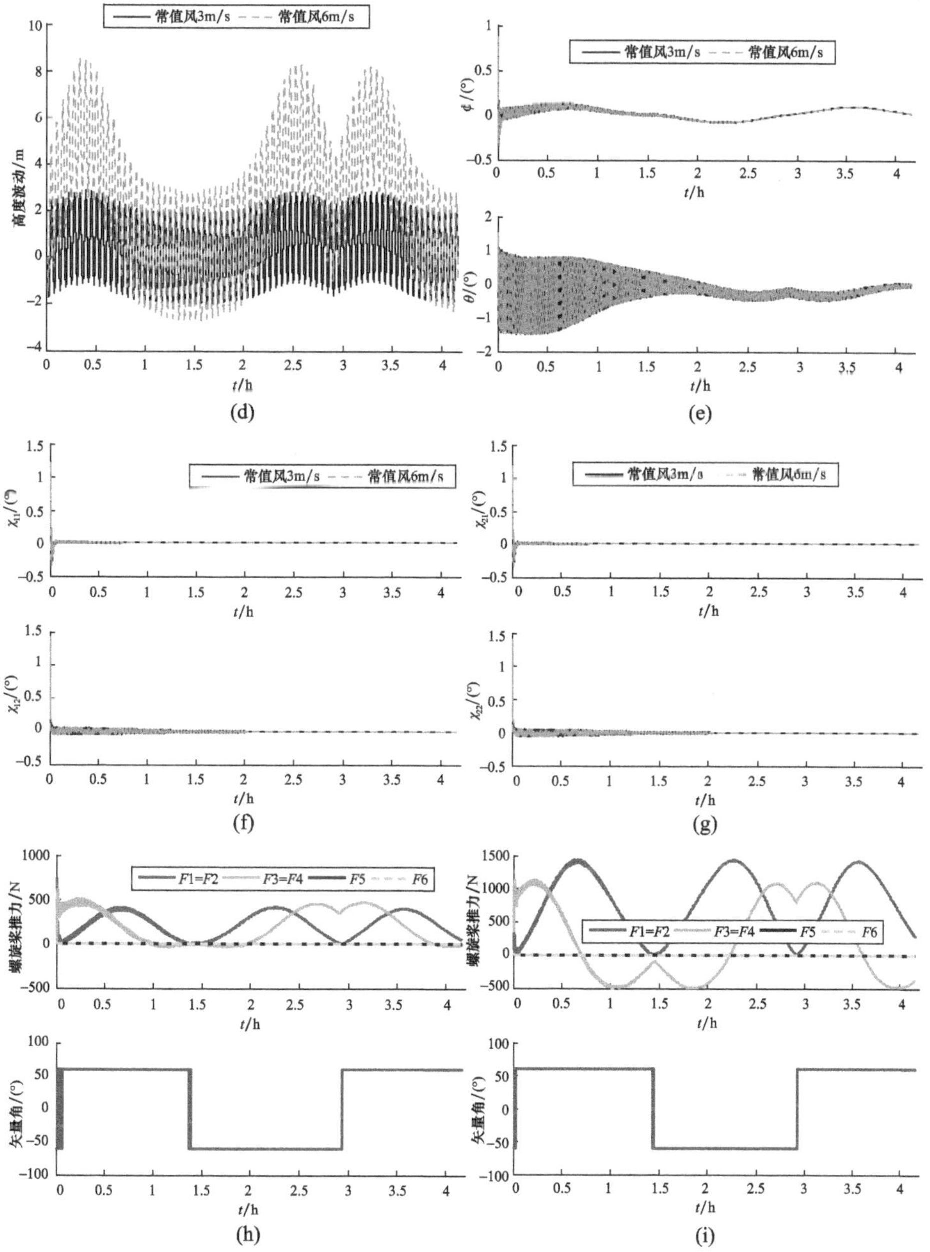

图 3-5　抗压体制临近空间飞艇常值风场下平面区域驻留路径跟踪控制仿真

(a)平面期望区域驻留路径跟踪;(b)平面期望速度跟踪;(c)平面期望偏航角跟踪;

(d)平衡高度动态波动(见彩插);(e)桁架俯仰角与滚转角(见彩插);(f)囊体 1 姿态;(g)囊体 2 姿态;

(h)常值风 3m/s 下动力输出(见彩插);(i)常值风 6m/s 下动力输出(见彩插)。

2. 时变风场

从图 3-6 可以看出,抗压体制临近空间飞艇在 3m/s、6m/s 东北风时变风场

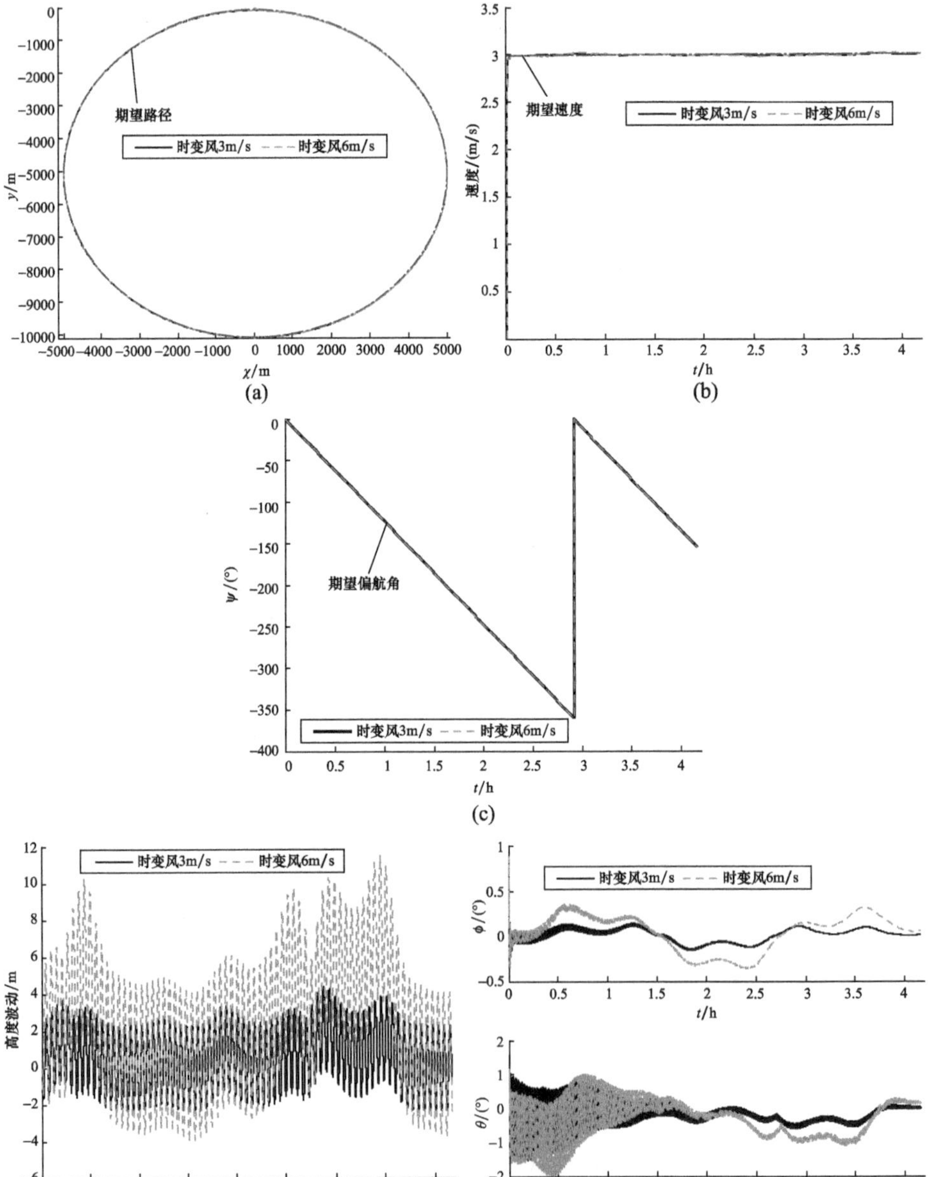

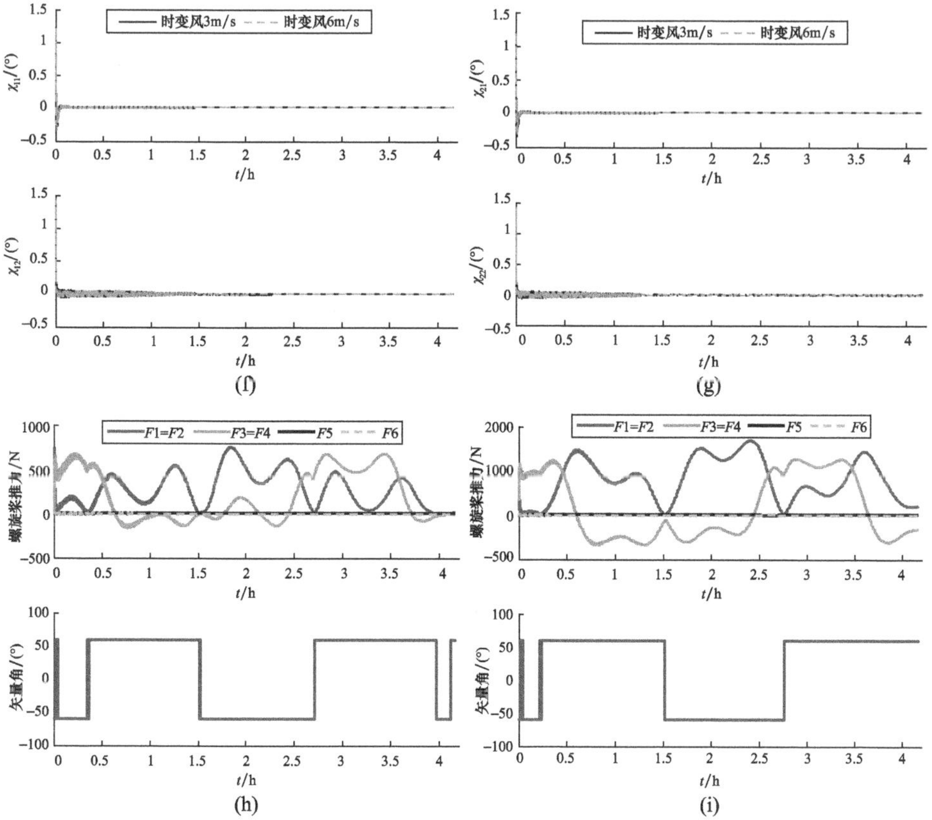

图 3-6　抗压体制临近空间飞艇时变风场下平面区域驻留路径跟踪控制仿真

(a)平面期望区域驻留路径跟踪；(b)平面期望速度跟踪；(c)平面期望偏航角跟踪；(d)平衡高度动态波动(见彩插)；(e)桁架俯仰角与滚转角(见彩插)；(f)囊体 1 姿态；(g)囊体 2 姿态；(h)时变风 3m/s 下动力输出(见彩插)；(i)时变风 6m/s 下动力输出(见彩插)。

的环境下，所设计的鲁棒自适应控制律式(3-37)能够克服参数不确定性及环境风场的影响，有效实现期望区域驻留路径、飞行速度、偏航姿态的直接跟踪控制，平衡高度波动自稳定性较好、桁架姿态与囊体姿态均逐步收敛至稳定状态。所需控制力幅值随环境风速的增加而增大，已超出了螺旋桨实际输出能力限制，在实际应用中可以通过增大盘旋飞行半径、降低巡航速度、增加过渡路径使控制误差干扰小，进而降低飞行对控制力需求，匹配螺旋桨输出能力。

3.5　小结

本章节首先分析了路径、偏航角及切向速度三个被控参数的误差描述，明确了路径跟踪控制问题;其次基于建立的抗压体制临近空间飞艇 10 自由度多体动力学确定性模型,采用解出加速度的非线性补偿方法设计了一种可跟踪任意平面路径的非线性控制律,包括选取前向推力、侧向推力和偏航力矩主动控制量,计算跟踪误差导数,设计路径跟踪控制律并进行稳定性分析,分解出螺旋桨推力实际控制输出;再次分析桁架、囊体与气动力存在的参数摄动,形成含模型不确定性的多体动力学方程,设计动态非线性观测器实时估计飞艇不确定性参数值,及鲁棒控制律实时补偿其影响,通过控制参数选择证明跟踪控制误差能够收敛至事先任意给定的原点小邻域内;最后完成常值风、时变风影响下航线巡航、区域驻留应用飞行模式下的系统闭环跟踪控制仿真,验证了所设计的观测器及鲁棒控制律在应对系统参数不确定性时的有效性。

第 4 章 调压体制临近空间飞艇力热耦合建模

本章依据典型调压体制临近空间飞艇结构特征(图 1-9),在合理假设下确定了描述其运动的六自由度,推导出飞艇运动学、动力学模型,地气红外辐射、太阳辐射等环境热力学模型,蒙皮热力学模型,氦气热力学模型及其泄漏模型,构建了完整的动力学与热力学耦合模型,开展了随风飘力热耦合运动仿真及最大恒定前向推力下力热耦合运动仿真并分析了平面运动特性、抗风能力,为第 5 章该类飞艇控制律的设计及动力学受控闭环系统稳定性分析、控制律驱动下的飞艇平台动力学与热力学耦合特性仿真研究奠定了理论基础[86]。

4.1 基本假设

为在能反映调压体制临近空间飞艇动力学与热力学耦合特性的前提下,尽可能简化建模的复杂性,突出主要因素、忽略次要因素,作以下合理假设。

(1)临近空间飞艇飞行速度较低,几百千米短距离飞行可忽略地球曲率和自转,视地面坐标系为惯性坐标系。当飞艇长距离长时间飞行时,只要建立地心大地坐标系,就可由它与地面坐标系的关系导出飞艇相对地心大地坐标系的运动情况。

(2)临近空间飞艇主囊体始终承压保形,忽略气弹效应,且其浮心与体心重合。

(3)各气囊内气体均为理想气体,满足理想气体状态方程。

(4)将蒙皮和气体在热分析时视为质点,它们之间传热瞬态热平衡。

4.2 动力学建模

4.2.1 坐标系建立

为描述调压体制临近空间飞艇的运动,分别定义三个坐标系,如图 4-1 所示。

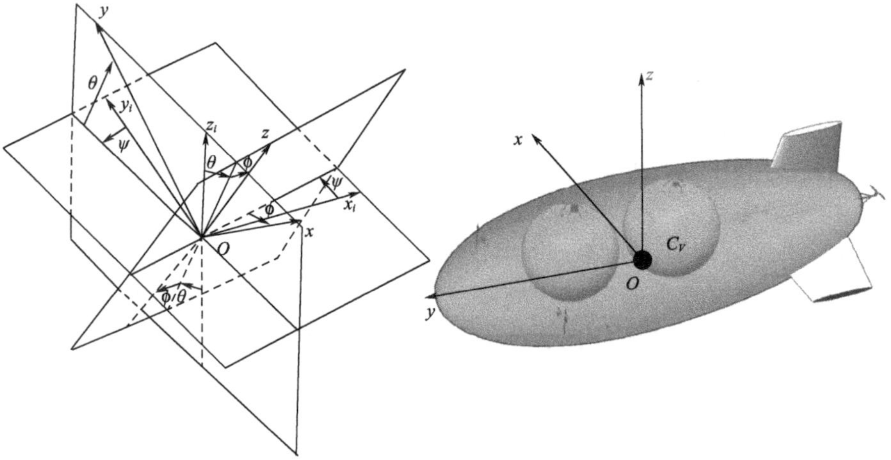

图 4-1 欧拉角的定义

(1) 惯性坐标系:$I=\{O_ix_iy_iz_i\}$ 与地球固连,其原点 O_i 固定在地面一点,O_ix_i 轴处于地平面内指向正东方,O_iy_i 轴在地平面内指向正北方,O_iz_i 轴垂直于地面背向地心,三轴构成右手坐标系——"东北天坐标系";

(2) 艇体坐标系:$B=\{Oxyz\}$ 与艇身固连,其原点 O 位于飞艇体心,Oy 轴在飞艇纵向对称面内沿其纵轴指向艇首,Ox 轴垂直于飞艇纵向对称面指向艇体右侧,Oz 轴过体心垂直于 Oxy 平面指向艇体上方,与 Ox 轴和 Oy 轴构成右手坐标系;

(3) 气流坐标系:$A=\{Ox_ay_az_a\}$ 的原点 O 即艇体坐标系原点(体心),Oy_a 轴与原点 O 相对惯性系 I 的飞行速度(地速)矢量方向一致,Oz_a 轴位于飞艇纵向对称面内且垂直于 Oy_a 轴指向艇身上方,Ox_a 轴垂直于 Oy_az_a 平面指向艇身右侧,与另外两个轴构成右手坐标系。

为刻画飞艇姿态,定义艇体坐标系 B 相对惯性坐标系 I 的欧拉角 $\gamma=[\phi,\theta,$

$\psi]^{\mathrm{T}}$ 如图 4-1 所示，各角度定义如下。

（1）偏航角 ψ：飞艇纵轴（Oy 轴）在地平面（$O_ix_iy_i$ 平面）上的投影与正北向（O_iy_i 轴）之间的夹角，向西（向左）偏航为正。

（2）俯仰角 θ：飞艇纵轴（Oy 轴）与地平面（$O_ix_iy_i$ 平面）之间的夹角，抬头（向上）为正。

（3）滚转角 ϕ：飞艇立轴（Oz 轴）与过飞艇纵轴（Oy 轴）铅垂面间的夹角，向右滚转（顺时针转动）为正。

气流角 $\{\alpha,\beta\}$ 由体心 O（艇体坐标系 B 原点）的飞行速度（地速）矢量与艇体坐标系 B 确定：

（1）迎角 α：体心 O 飞行速度矢量（气流坐标系 Oy_a 轴）在艇体纵向对称面 Oyz 上的投影与艇体纵轴 Oy 之间的夹角，投影线在纵轴 Oy 上方为正。

（2）侧滑角 β：体心 O 飞行速度矢量（气流坐标系 Oy_a 轴）与艇体纵向对称面 Oyz 间的夹角，在对称面右侧为正。

若记体心 O 飞行速度矢量在艇体坐标系 B 中的坐标表达式为 $\boldsymbol{v}=[u,v,w]^{\mathrm{T}}$，则由速度矢量间的几何关系可以得到气流角与飞艇体心速度的关系式为

$$\alpha=\operatorname{atan2}(w,v)$$
$$\beta=\operatorname{atan2}(u,\sqrt{v^2+w^2})$$

4.2.2　运动学模型

调压临近空间飞艇的位置和姿态用其体心位置在惯性坐标系 I 中的坐标 $\boldsymbol{\zeta}=[x,y,z]^{\mathrm{T}}$ 和欧拉角 $\boldsymbol{\gamma}=[\theta,\phi,\psi]^{\mathrm{T}}$ 表示，其速度与角速度用其体心速度在艇体坐标系 B 中的坐标表达式 $\boldsymbol{v}=[u,v,w]^{\mathrm{T}}$ 和 $\boldsymbol{\omega}=[p,q,r]^{\mathrm{T}}$ 描述。由惯性坐标系 I 和艇体坐标系 B 的定义可知，艇体坐标系 B 相对惯性坐标系 I 的方向余弦矩阵为

$$
{}^IR_B=\begin{bmatrix}\cos\psi & -\sin\psi & 0\\ \sin\psi & \cos\psi & 0\\ 0 & 0 & 1\end{bmatrix}\begin{bmatrix}1 & 0 & 0\\ 0 & \cos\theta & -\sin\theta\\ 0 & \sin\theta & \cos\theta\end{bmatrix}\begin{bmatrix}\cos\phi & 0 & \sin\phi\\ 0 & 1 & 0\\ -\sin\phi & 0 & \cos\phi\end{bmatrix}
$$
$$
=\begin{bmatrix}\mathrm{c}\psi\mathrm{c}\phi-\mathrm{s}\psi\mathrm{s}\theta\mathrm{s}\phi & -\mathrm{s}\psi\mathrm{c}\theta & \mathrm{c}\psi\mathrm{s}\phi+\mathrm{s}\psi\mathrm{s}\theta\mathrm{c}\phi\\ \mathrm{s}\psi\mathrm{c}\phi+\mathrm{c}\psi\mathrm{s}\theta\mathrm{s}\phi & \mathrm{c}\psi\mathrm{c}\theta & \mathrm{s}\psi\mathrm{s}\phi-\mathrm{c}\psi\mathrm{s}\theta\mathrm{c}\phi\\ -\mathrm{c}\theta\mathrm{s}\phi & \mathrm{s}\theta & \mathrm{c}\theta\mathrm{c}\phi\end{bmatrix}\triangleq R_\zeta
$$

由此可得到飞艇位置运动学方程为

$$\dot{\boldsymbol{\zeta}} \triangleq \begin{bmatrix} \dot{x} \\ \dot{y} \\ \dot{z} \end{bmatrix} = R_{\zeta}\boldsymbol{v} = \begin{bmatrix} \mathrm{c}\psi\mathrm{c}\phi - \mathrm{s}\psi\mathrm{s}\theta\mathrm{s}\phi & -\mathrm{s}\psi\mathrm{c}\theta & \mathrm{c}\psi\mathrm{s}\phi + \mathrm{s}\psi\mathrm{s}\theta\mathrm{c}\phi \\ \mathrm{s}\psi\mathrm{c}\phi + \mathrm{c}\psi\mathrm{s}\theta\mathrm{s}\phi & \mathrm{c}\psi\mathrm{c}\theta & \mathrm{s}\psi\mathrm{s}\phi - \mathrm{c}\psi\mathrm{s}\theta\mathrm{c}\phi \\ -\mathrm{c}\theta\mathrm{s}\phi & \mathrm{s}\theta & \mathrm{c}\theta\mathrm{c}\phi \end{bmatrix} \begin{bmatrix} u \\ v \\ w \end{bmatrix} \tag{4-1}$$

由图 4-1 中欧拉角的定义知飞艇角速度在惯性坐标系 I 中的坐标为

$$\begin{aligned} \bar{\boldsymbol{\omega}} &= \dot{\psi}\bar{\boldsymbol{k}}_i + \dot{\theta}(\mathrm{c}\psi\bar{\boldsymbol{i}}_i + \mathrm{s}\psi\bar{\boldsymbol{j}}_i) + \dot{\phi}\bar{\boldsymbol{j}} \\ &= \dot{\psi}\begin{bmatrix} 0 \\ 0 \\ 1 \end{bmatrix} + \dot{\theta}\left(\mathrm{c}\psi\begin{bmatrix} 1 \\ 0 \\ 0 \end{bmatrix} + \mathrm{s}\psi\begin{bmatrix} 0 \\ 1 \\ 0 \end{bmatrix}\right) + \dot{\phi}\boldsymbol{R}_{\zeta}\begin{bmatrix} 0 \\ 1 \\ 0 \end{bmatrix} \end{aligned}$$

式中：$\bar{\boldsymbol{i}}_i$、$\bar{\boldsymbol{j}}_i$、$\bar{\boldsymbol{k}}_i$ 分别为惯性坐标系 x_i 轴、y_i 轴、z_i 轴上的单位向量 $\boldsymbol{i}_i$、$\boldsymbol{j}_i$、$\boldsymbol{k}_i$ 在惯性坐标系 I 中的坐标表达式；$\bar{\boldsymbol{j}}$ 为艇体坐标系 y 轴上单位向量 $\boldsymbol{j}$ 在惯性坐标系 I 中的坐标表达式。将上式变换到艇体坐标系 B 中，得到飞艇角速度在艇体坐标系中的表达式为

$$\begin{aligned} \boldsymbol{\omega} &= \begin{bmatrix} p \\ q \\ r \end{bmatrix} = \dot{\theta}\boldsymbol{R}_{\zeta}^{\mathrm{T}}\begin{bmatrix} \mathrm{c}\psi \\ \mathrm{s}\psi \\ 0 \end{bmatrix} + \dot{\phi}\begin{bmatrix} 0 \\ 1 \\ 0 \end{bmatrix} + \dot{\psi}\boldsymbol{R}_{\zeta}^{\mathrm{T}}\begin{bmatrix} 0 \\ 0 \\ 1 \end{bmatrix} \\ &= \dot{\theta}\begin{bmatrix} \mathrm{c}\psi - \mathrm{s}\psi\mathrm{s}\theta\mathrm{s}\phi & \mathrm{s}\psi\mathrm{c}\phi + \mathrm{c}\psi\mathrm{s}\theta\mathrm{s}\phi & -\mathrm{c}\theta\mathrm{s}\phi \\ -\mathrm{s}\psi\mathrm{c}\theta & \mathrm{c}\psi\mathrm{c}\theta & \mathrm{s}\theta \\ \mathrm{c}\psi\mathrm{s}\phi + \mathrm{s}\psi\mathrm{s}\theta\mathrm{c}\phi & \mathrm{s}\psi\mathrm{s}\phi - \mathrm{c}\psi\mathrm{s}\theta\mathrm{c}\phi & \mathrm{c}\theta\mathrm{c}\phi \end{bmatrix}\begin{bmatrix} \mathrm{c}\psi \\ \mathrm{s}\psi \\ 0 \end{bmatrix} + \dot{\phi}\begin{bmatrix} 0 \\ 1 \\ 0 \end{bmatrix} + \\ &\quad \dot{\psi}\begin{bmatrix} \mathrm{c}\psi - \mathrm{s}\psi\mathrm{s}\theta\mathrm{s}\phi & \mathrm{s}\psi\mathrm{c}\phi + \mathrm{c}\psi\mathrm{s}\theta\mathrm{s}\phi & -\mathrm{c}\theta\mathrm{s}\phi \\ -\mathrm{s}\psi\mathrm{c}\theta & \mathrm{c}\psi\mathrm{c}\theta & \mathrm{s}\theta \\ \mathrm{c}\psi\mathrm{s}\phi + \mathrm{s}\psi\mathrm{s}\theta\mathrm{c}\phi & \mathrm{s}\psi\mathrm{s}\phi - \mathrm{c}\psi\mathrm{s}\theta\mathrm{c}\phi & \mathrm{c}\theta\mathrm{c}\phi \end{bmatrix}\begin{bmatrix} 0 \\ 0 \\ 1 \end{bmatrix} \\ &= \dot{\theta}\begin{bmatrix} \mathrm{c}\phi \\ 0 \\ \mathrm{s}\phi \end{bmatrix} + \dot{\phi}\begin{bmatrix} 0 \\ 1 \\ 0 \end{bmatrix} + \dot{\psi}\begin{bmatrix} -\mathrm{c}\theta\mathrm{s}\phi \\ \mathrm{s}\theta \\ \mathrm{c}\theta\mathrm{c}\phi \end{bmatrix} = \begin{bmatrix} \mathrm{c}\phi & 0 & -\mathrm{c}\theta\mathrm{s}\phi \\ 0 & 1 & \mathrm{s}\theta \\ \mathrm{s}\phi & 0 & \mathrm{c}\theta\mathrm{c}\phi \end{bmatrix}\begin{bmatrix} \dot{\theta} \\ \dot{\phi} \\ \dot{\psi} \end{bmatrix} \end{aligned}$$

当 $\cos\theta \neq 0$ 时，由上式可得飞艇姿态运动学方程为

$$\begin{aligned} \dot{\boldsymbol{\gamma}} \triangleq \begin{bmatrix} \dot{\theta} \\ \dot{\phi} \\ \dot{\psi} \end{bmatrix} &= \begin{bmatrix} \cos\phi & 0 & -\cos\theta\sin\phi \\ 0 & 1 & \sin\theta \\ \sin\phi & 0 & \cos\theta\cos\phi \end{bmatrix}^{-1}\begin{bmatrix} p \\ q \\ r \end{bmatrix} \\ &= \begin{bmatrix} \cos\phi & 0 & \sin\phi \\ \sin\phi\tan\theta & 1 & -\cos\phi\tan\theta \\ -\sin\phi/\cos\theta & 0 & \cos\phi/\cos\theta \end{bmatrix}\begin{bmatrix} p \\ q \\ r \end{bmatrix} \triangleq R_{\gamma}\boldsymbol{\omega} \end{aligned} \tag{4-2}$$

根据刚性假设飞艇的运动可分解为随其质心的平动和相对质心的转动，结

合质心运动定理和欧拉方程，容易推导出以飞艇体心（艇体坐标系 B 原点 O）为基点的动力学方程。

按质心运动定理，飞艇质心 C_G 的动力学方程为

$$m\ddot{\bar{\boldsymbol{r}}}_c=\bar{\boldsymbol{F}} \tag{4-3}$$

式中：$\bar{\boldsymbol{r}}_c$ 为质心 C_G 在惯性坐标系 I 中的坐标；$\bar{\boldsymbol{F}}$ 为飞艇所受外力系的主矢在惯性坐标系 I 中的坐标。记 $\bar{r}_o$ 为飞艇体心 O 在惯性坐标系 I 中的坐标，$\bar{\boldsymbol{r}}_g$ 为飞艇体心 O 到飞艇质心 C_G 的矢量在惯性坐标系 I 中的坐标，则有

$$\bar{\boldsymbol{r}}_c=\bar{\boldsymbol{r}}_o+\bar{\boldsymbol{r}}_g=\bar{\boldsymbol{r}}_o+\boldsymbol{R}_\zeta\boldsymbol{r}_g \tag{4-4}$$

式中：$\boldsymbol{r}_g$ 为飞艇体心 O 到飞艇质心 C_G 的矢量在艇体坐标系 B 中的坐标，它是一个常值向量。对其求两阶导数可得

$$\begin{aligned}\ddot{\bar{\boldsymbol{r}}}_o&=\ddot{\bar{\boldsymbol{r}}}_o+\ddot{\bar{\boldsymbol{r}}}_g=\dot{\bar{\boldsymbol{v}}}+\frac{\mathrm{d}^2}{\mathrm{d}t}(R_\zeta r_g)=\dot{\bar{\boldsymbol{v}}}+\frac{\mathrm{d}}{\mathrm{d}t}(\dot{\boldsymbol{R}}_\zeta\boldsymbol{r}_g)=\dot{\bar{\boldsymbol{v}}}+\frac{\mathrm{d}}{\mathrm{d}t}[\boldsymbol{S}(\bar{\boldsymbol{\omega}})\boldsymbol{R}_\zeta\boldsymbol{r}_g]\\&=\dot{\bar{\boldsymbol{v}}}+\boldsymbol{S}(\dot{\bar{\boldsymbol{\omega}}})\boldsymbol{R}_\zeta\boldsymbol{r}_g+\boldsymbol{S}(\bar{\boldsymbol{\omega}})\dot{\boldsymbol{R}}_\zeta\boldsymbol{r}_g=\dot{\bar{\boldsymbol{v}}}+\boldsymbol{S}(\dot{\bar{\boldsymbol{\omega}}})\boldsymbol{R}_\zeta\boldsymbol{r}_g+\boldsymbol{S}(\bar{\boldsymbol{\omega}})\boldsymbol{S}(\bar{\boldsymbol{\omega}})\boldsymbol{R}_\zeta\boldsymbol{r}_g\end{aligned} \tag{4-5}$$

式中：$\bar{\boldsymbol{v}}=\dot{\bar{\boldsymbol{r}}}_o$、$\bar{\boldsymbol{\omega}}$ 分别为飞艇体心 O 的速度和角速度在惯性坐标系 I 中的坐标。

将式(4-5)转换到艇体坐标系 B 中，有

$$\begin{aligned}\boldsymbol{R}_\zeta^{\mathrm{T}}\ddot{\bar{\boldsymbol{r}}}_c&=\boldsymbol{R}_\zeta^{\mathrm{T}}\dot{\bar{\boldsymbol{v}}}+\boldsymbol{R}_\zeta^{\mathrm{T}}\boldsymbol{S}(\dot{\bar{\boldsymbol{\omega}}})\boldsymbol{R}_\zeta\boldsymbol{r}_g+\boldsymbol{R}_\zeta^{\mathrm{T}}\boldsymbol{S}(\bar{\omega})\boldsymbol{S}(\bar{\boldsymbol{\omega}})\boldsymbol{R}_\zeta\boldsymbol{r}_g\\&=\boldsymbol{R}_\zeta^{\mathrm{T}}\frac{\mathrm{d}}{\mathrm{d}t}(\boldsymbol{R}_\zeta\boldsymbol{v})+\boldsymbol{S}(\boldsymbol{R}_\zeta^{\mathrm{T}}\dot{\bar{\boldsymbol{\omega}}})\boldsymbol{r}_g+\boldsymbol{R}_\zeta^{\mathrm{T}}\boldsymbol{S}(\bar{\boldsymbol{\omega}})\boldsymbol{R}_\zeta\boldsymbol{R}_\zeta^{\mathrm{T}}\boldsymbol{S}(\bar{\boldsymbol{\omega}})\boldsymbol{R}_\zeta\boldsymbol{r}_g\\&=\boldsymbol{R}_\zeta^{\mathrm{T}}(\dot{R}_\zeta\boldsymbol{v}+\boldsymbol{R}_\zeta\dot{\boldsymbol{v}})+\boldsymbol{S}(\boldsymbol{R}_\zeta^{\mathrm{T}}\dot{\bar{\boldsymbol{\omega}}})\boldsymbol{r}_g+\boldsymbol{S}(\boldsymbol{R}_\zeta^{\mathrm{T}}\bar{\boldsymbol{\omega}})\boldsymbol{S}(\boldsymbol{R}_\zeta^{\mathrm{T}}\bar{\boldsymbol{\omega}})\boldsymbol{r}_g\\&=\boldsymbol{R}_\zeta^{\mathrm{T}}\boldsymbol{S}(\bar{\boldsymbol{\omega}})\boldsymbol{R}_\zeta\boldsymbol{v}+\dot{\boldsymbol{v}}+\boldsymbol{S}(\dot{\boldsymbol{\omega}})\boldsymbol{r}_g+\boldsymbol{S}(\boldsymbol{\omega})\boldsymbol{S}(\boldsymbol{\omega})\boldsymbol{r}_g\\&=\boldsymbol{S}(\boldsymbol{R}_\zeta^{\mathrm{T}}\bar{\boldsymbol{\omega}})\boldsymbol{v}+\dot{\boldsymbol{v}}+\boldsymbol{S}(\dot{\boldsymbol{\omega}})\boldsymbol{r}_g+\boldsymbol{S}(\boldsymbol{\omega})\boldsymbol{S}(\boldsymbol{\omega})\boldsymbol{r}_g\\&=\boldsymbol{\omega}\times\boldsymbol{v}+\dot{\boldsymbol{v}}+\dot{\boldsymbol{\omega}}\times\boldsymbol{r}_g+\boldsymbol{\omega}\times(\boldsymbol{\omega}\times\boldsymbol{r}_g)\end{aligned} \tag{4-6}$$

将式(4-3)转换到艇体坐标系 B 中得到

$$m\boldsymbol{R}_\zeta^{\mathrm{T}}\ddot{\bar{\boldsymbol{r}}}_c=\boldsymbol{R}_\zeta^{\mathrm{T}}\bar{\boldsymbol{F}}=\boldsymbol{F} \tag{4-7}$$

再将式(4-6)代入式(4-7)得到飞艇在艇体坐标系 B 中的位置动力学方程：

$$m(\dot{\boldsymbol{v}}-\boldsymbol{r}_g\times\dot{\boldsymbol{\omega}}+\boldsymbol{\omega}\times\boldsymbol{v}+\boldsymbol{\omega}\times(\boldsymbol{\omega}\times\boldsymbol{r}_g))=\bar{\boldsymbol{F}} \tag{4-8}$$

飞艇绕其质心转动的姿态动力学方程由以下欧拉方程描述：

$$\boldsymbol{I}_c\dot{\boldsymbol{\omega}}+\boldsymbol{\omega}\times(\boldsymbol{I}_c\boldsymbol{\omega})=\boldsymbol{M}_c \tag{4-9}$$

式中：$\boldsymbol{I}_c$ 为飞艇对其质心 C_G 的惯性张量阵在艇体坐标系 B 中的表示，它是一常值矩阵；$\boldsymbol{M}_c$ 为飞艇所受外力系对其质心 C_G 的主矩在艇体坐标系 B 中的坐标。由平行轴定理知：

$$\boldsymbol{I}_c+m(\boldsymbol{r}_g^{\mathrm{T}}\boldsymbol{r}_g\boldsymbol{I}-\boldsymbol{r}_g\boldsymbol{r}_g^{\mathrm{T}})=\boldsymbol{I}_o \tag{4-10}$$

式中：$\boldsymbol{I}_o$ 为飞艇对其体心 O 的惯性张量阵在艇体坐标系 B 中的表示。利用矢量恒等式 $\boldsymbol{a}\times(\boldsymbol{b}\times\boldsymbol{c})=(\boldsymbol{a}\cdot\boldsymbol{c})\boldsymbol{b}-(\boldsymbol{a}\cdot\boldsymbol{b})\boldsymbol{c}$ 与式(4-10)得到

$$\begin{aligned}\boldsymbol{I}_c\boldsymbol{\omega}&=[\boldsymbol{I}_o-m(\boldsymbol{r}_g^{\mathrm{T}}\boldsymbol{r}_g\boldsymbol{I}-\boldsymbol{r}_g\boldsymbol{r}_g^{\mathrm{T}})]\boldsymbol{\omega}=\boldsymbol{I}_o\boldsymbol{\omega}-m(\boldsymbol{r}_g^{\mathrm{T}}\boldsymbol{r}_g\boldsymbol{\omega}-\boldsymbol{r}_g\boldsymbol{r}_g^{\mathrm{T}}\boldsymbol{\omega})\\&=\boldsymbol{I}_o\boldsymbol{\omega}-m[(\boldsymbol{r}_g\cdot\boldsymbol{r}_g)\boldsymbol{\omega}-(\boldsymbol{r}_g\cdot\boldsymbol{\omega})\boldsymbol{r}_g]=\boldsymbol{I}_o\boldsymbol{\omega}-m\,\boldsymbol{r}_g\times(\boldsymbol{\omega}\times\boldsymbol{r}_g)\end{aligned}\tag{4-11}$$

用同样方法可得到

$$\boldsymbol{I}_c\dot{\boldsymbol{\omega}}=\boldsymbol{I}_o\dot{\boldsymbol{\omega}}-m\boldsymbol{r}_g\times(\dot{\boldsymbol{\omega}}\times\boldsymbol{r}_g)\tag{4-12}$$

将式(4-11)和式(4-12)代入欧拉方程式(4-9)，并利用飞艇位置动力学方程式(4-8)和矢量恒等式 $\boldsymbol{a}\times(\boldsymbol{b}\times\boldsymbol{c})+\boldsymbol{b}\times(\boldsymbol{c}\times\boldsymbol{a})+\boldsymbol{c}\times(\boldsymbol{a}\times\boldsymbol{b})=\boldsymbol{0}$ 可得

$$\begin{aligned}&\boldsymbol{I}_o\dot{\boldsymbol{\omega}}-m\,\boldsymbol{r}_g\times(\dot{\boldsymbol{\omega}}\times\boldsymbol{r}_g)+\boldsymbol{\omega}\times[\boldsymbol{I}_o\omega-m\,\boldsymbol{r}_g\times(\boldsymbol{\omega}\times\boldsymbol{r}_g)]\\&=\boldsymbol{I}_o\dot{\boldsymbol{\omega}}+\boldsymbol{\omega}\times(\boldsymbol{I}_o\boldsymbol{\omega})-\boldsymbol{r}_g\times m(\dot{\boldsymbol{\omega}}\times\boldsymbol{r}_g)-m\boldsymbol{\omega}\times[\boldsymbol{r}_g\times(\boldsymbol{\omega}\times\boldsymbol{r}_g)]\\&=\boldsymbol{I}_o\dot{\boldsymbol{\omega}}+\boldsymbol{\omega}\times(\boldsymbol{I}_o\boldsymbol{\omega})-\boldsymbol{r}_g\times m(\dot{\boldsymbol{\omega}}\times\boldsymbol{r}_g)+m\,\boldsymbol{r}_g\times[(\boldsymbol{\omega}\times\boldsymbol{r}_g)\times\boldsymbol{\omega}]+m(\boldsymbol{\omega}\times\boldsymbol{r}_g)\times(\boldsymbol{\omega}\times\boldsymbol{r}_g)\\&=\boldsymbol{I}_o\dot{\boldsymbol{\omega}}+\boldsymbol{\omega}\times(\boldsymbol{I}_o\boldsymbol{\omega})-\boldsymbol{r}_g\times m[\dot{\boldsymbol{\omega}}\times\boldsymbol{r}_g+\boldsymbol{\omega}\times(\boldsymbol{\omega}\times\boldsymbol{r}_g)]\\&=\boldsymbol{I}_o\dot{\boldsymbol{\omega}}+\boldsymbol{\omega}\times(\boldsymbol{I}_o\boldsymbol{\omega})-\boldsymbol{r}_g\times F+\boldsymbol{r}_g\times m(\dot{\boldsymbol{v}}+\boldsymbol{\omega}\times v)=\boldsymbol{M}_c\end{aligned}\tag{4-13}$$

考虑到

$$\boldsymbol{M}_c+\boldsymbol{r}_g\times\boldsymbol{F}=\boldsymbol{M}_o$$

式中：$\boldsymbol{M}_o$ 为飞艇所受外力系对体心 O 的主矩在艇体坐标系 B 中的表示。由式(4-13)可得飞艇在艇体系 B 中的姿态动力学方程：

$$\boldsymbol{I}_o\dot{\boldsymbol{\omega}}+m\boldsymbol{r}_g\times\dot{\boldsymbol{v}}+\boldsymbol{\omega}\times(\boldsymbol{I}_o\boldsymbol{\omega})+m\boldsymbol{r}_g\times(\boldsymbol{\omega}\times\boldsymbol{v})=\boldsymbol{M}_o\tag{4-14}$$

以上推导的调压体制临近空间飞艇位置和姿态动力学方程可统一矩阵形式为

$$\begin{bmatrix}m\boldsymbol{I}_2 & -mS(\boldsymbol{r}_g)\\ mS(\boldsymbol{r}_g) & \boldsymbol{I}_o\end{bmatrix}\begin{bmatrix}\dot{\boldsymbol{v}}\\ \dot{\boldsymbol{\omega}}\end{bmatrix}+\begin{bmatrix}m(\boldsymbol{\omega}\times\boldsymbol{v}+\boldsymbol{\omega}\times(\boldsymbol{\omega}\times\boldsymbol{r}_g))\\ \boldsymbol{\omega}\times(\boldsymbol{I}_o\omega)+m\boldsymbol{r}_g\times(\boldsymbol{\omega}\times v)\end{bmatrix}=\begin{bmatrix}\boldsymbol{F}\\ \boldsymbol{M}_o\end{bmatrix}\tag{4-15}$$

4.2.3 飞艇受力分析

飞艇所受的外力包括重力、浮力、相对大气运动产生的气动力，以及流体黏性产生的附加惯性力、螺旋桨产生的推力和反扭矩。

1. 重力与浮力

重力作用于飞艇质心，它的方向始终垂直于地面向下，在惯性坐标系 I 中重力的坐标为

$$\overline{\boldsymbol{G}}=[0,0,-G]^{\mathrm{T}}=[0,0,-mg]^{\mathrm{T}}$$

式中：G、m 和 g 分别为飞艇重力、质量和重力加速度。通过坐标变换可得重力在艇体坐标系 B 中的坐标为

$$\boldsymbol{F}_G=\boldsymbol{R}_\zeta^{\mathrm{T}}\boldsymbol{G}=\begin{bmatrix} c\psi c\phi-s\psi s\theta s\phi & s\psi c\phi+c\psi s\theta s\phi & -c\theta s\phi \\ -s\psi c\theta & c\psi c\theta & s\theta \\ c\psi s\phi+s\psi s\theta c\phi & s\psi s\phi-c\psi s\theta c\phi & c\theta c\phi \end{bmatrix}\begin{bmatrix} 0 \\ 0 \\ -mg \end{bmatrix}$$

$$=\begin{bmatrix} mg\cos\theta\sin\phi \\ -mg\sin\theta \\ -mg\cos\theta\cos\phi \end{bmatrix} \tag{4-16}$$

因飞艇的质心 C_G 和体心 O 不重合，则飞艇重力对艇体坐标系原点 O 将产生力矩。由力矩公式可得，对其体心 O 的重力矩表示在艇体坐标系 B 中为

$$\boldsymbol{M}_{oG}=\boldsymbol{r}_g\times\boldsymbol{F}_G=\boldsymbol{S}(r_g)\boldsymbol{F}_G$$

$$=\begin{bmatrix} 0 & -z_g & y_g \\ z_g & 0 & -x_g \\ -y_g & x_g & 0 \end{bmatrix}\begin{bmatrix} mg\cos\theta\sin\phi \\ -mg\sin\theta \\ -mg\cos\theta\cos\phi \end{bmatrix}=\begin{bmatrix} z_g mg\sin\theta \\ z_g mg\cos\theta\sin\phi \\ 0 \end{bmatrix} \tag{4-17}$$

式中：$\boldsymbol{r}_g=[0,0,z_g]^{\mathrm{T}}$ 为飞艇质心 C_G 在艇体坐标系 B 中的坐标。

浮力作用于飞艇体心 O，其方向始终向上，故浮力在惯性坐标系 I 中的坐标为

$$\boldsymbol{B}_V=[0,0,B_V]^{\mathrm{T}}=[0,0,g\rho V]^{\mathrm{T}}$$

式中：$\boldsymbol{B}_V$ 为飞艇浮力大小；ρ 为飞艇所在高度的空气密度；V 为飞艇体积。浮力在艇体坐标系 B 中的坐标为

$$\boldsymbol{F}_B=\boldsymbol{R}_\zeta^{\mathrm{T}}\boldsymbol{B}_V=\begin{bmatrix} -B_V\cos\theta\sin\phi \\ B_V\sin\theta \\ B_V\cos\theta\cos\phi \end{bmatrix} \tag{4-18}$$

由于飞艇的体心为艇体坐标系原点 O，故飞艇浮力对艇体坐标系原点 O 的浮力矩为零，即在艇体坐标系 B 中对体心的浮力矩为

$$\boldsymbol{M}_{oB}=0 \tag{4-19}$$

2. 空气动力

飞艇在飞行过程中会受到气动压力的作用，一般可将其等效为作用于某点的合力与合力矩。选取飞艇体心当作空气动力合力的作用点，通过对调压体制临近空间飞艇进行缩比模型风洞试验[87]，获取空气动力测量数据，如图 4-2 所示。

(a) (b)

图 4-2 缩比模型气动特性风洞试验测试

(a)尾撑测力;(b)头撑超大侧滑(β>90°)测力。

将空气动力的合力$\boldsymbol{F}_A$和对体心O的合力矩$\boldsymbol{M}_{oA}$表示在艇体坐标系B中为

$$\boldsymbol{F}_A=\begin{bmatrix}F_{Ax}\\F_{Ay}\\F_{Az}\end{bmatrix}=\begin{bmatrix}q_0V^{2/3}C_x\\q_0V^{2/3}C_y\\q_0V^{2/3}C_z\end{bmatrix}\tag{4-20}$$

$$\boldsymbol{M}_{oA}=\begin{bmatrix}M_{Ax}\\M_{Ay}\\M_{Az}\end{bmatrix}=\begin{bmatrix}q_0VC_{mx}\\q_0VC_{my}\\q_0VC_{mz}\end{bmatrix}\tag{4-21}$$

式中:$q_0=\dfrac{1}{2}\rho\|\boldsymbol{v}_a\|_2^2$为动压;$\boldsymbol{v}_a$为空速,$\|\boldsymbol{v}_a\|_2^2=\boldsymbol{v}_a^{\mathrm{T}}\boldsymbol{v}_a=(\boldsymbol{v}-\boldsymbol{R}_\zeta^{\mathrm{T}}\bar{\boldsymbol{v}}_w)^{\mathrm{T}}(\boldsymbol{v}-\boldsymbol{R}_\zeta^{\mathrm{T}}\bar{\boldsymbol{v}}_w)$,$\bar{\boldsymbol{v}}_w$为风速在惯性坐标系$I$中的坐标表达式;$C_x$、$C_y$、$C_z$分别为侧向力、轴向力和法向力系数;$C_{mx}$、$C_{my}$、$C_{mz}$分别为俯仰力矩系数、滚转力矩系数与偏航力矩系数。

气动系数C_x、C_y、C_z、C_{mx}、C_{my}、C_{mz}数值是在不同的迎角α和侧滑角β条件下风洞试验对测量数据进行无量纲化处理所得,因此,本书采用分段双线性插值法对有限的实测数据进行拟合处理,以便将其扩展用于在任意迎角α和侧滑角β条件下的仿真以及后续控制律设计。

双线性插值拟合是双变量插值函数的线性插值扩展,其核心思想是对两个变量分别进行线性插值。对于双变量未知函数$f(\alpha,\beta)$,已知其在(α_1,β_1)、(α_1,β_2)、(α_2,β_1)、(α_2,β_1)四点的值$f(\alpha_1,\beta_1)$、$f(\alpha_1,\beta_2)$、$f(\alpha_2,\beta_1)$、$f(\alpha_2,\beta_1)$,为求在区间$[\alpha_1,\alpha_2]\times[\beta_1,\beta_2]$内任意一点$(\alpha,\beta)$的值,首先在$\alpha$方向进行插值,根据$(\alpha_1,\beta_1)$、$(\alpha_2,\beta_1)$两点间的线性关系有

$$\frac{f(\alpha,\beta_1)-f(\alpha_1,\beta_1)}{\alpha-\alpha_1}=\frac{f(\alpha_2,\beta_1)-f(\alpha_1,\beta_1)}{\alpha_2-\alpha_1},\alpha\in[\alpha_1,\alpha_2] \tag{4-22}$$

从而可导出：

$$f(\alpha,\beta_1)=\frac{\alpha-\alpha_1}{\alpha_2-\alpha_1}f(\alpha_2,\beta_1)+\frac{\alpha_2-\alpha}{\alpha_2-\alpha_1}f(\alpha_1,\beta_1),\alpha\in[\alpha_1,\alpha_2] \tag{4-23}$$

同理，根据(α_1,β_2)、(α_2,β_2)两点间的线性关系可得

$$f(\alpha,\beta_2)=\frac{\alpha-\alpha_1}{\alpha_2-\alpha_1}f(\alpha_2,\beta_2)+\frac{\alpha_2-\alpha}{\alpha_2-\alpha_1}f(\alpha_1,\beta_2),\alpha\in[\alpha_1,\alpha_2] \tag{4-24}$$

再根据式(4-23)、式(4-24)对β方向进行插值有

$$\begin{aligned}
f(\alpha,\beta)&=\frac{\beta-\beta_1}{\beta_2-\beta_1}f(\alpha,\beta_2)+\frac{\beta_2-\beta}{\beta_2-\beta_1}f(\alpha,\beta_1)\\
&=\frac{\beta-\beta_1}{\beta_2-\beta_1}\frac{\alpha-\alpha_1}{\alpha_2-\alpha_1}f(\alpha_2,\beta_2)+\frac{\beta-\beta_1}{\beta_2-\beta_1}\frac{\alpha_2-\alpha}{\alpha_2-\alpha_1}f(\alpha_1,\beta_2)+\\
&\quad\frac{\beta_2-\beta}{\beta_2-\beta_1}\frac{\alpha-\alpha_1}{\alpha_2-\alpha_1}f(\alpha_2,\beta_1)+\frac{\beta_2-\beta}{\beta_2-\beta_1}\frac{\alpha_2-\alpha}{\alpha_2-\alpha_1}f(\alpha_1,\beta_1)\\
&=\frac{\alpha\beta-\beta_1\alpha-\alpha_1\beta+\alpha_1\beta_1}{(\beta_2-\beta_1)(\alpha_2-\alpha_1)}f(\alpha_2,\beta_2)+\frac{-\alpha\beta+\beta_1\alpha+\alpha_2\beta-\alpha_2\beta_1}{(\beta_2-\beta_1)(\alpha_2-\alpha_1)}f(\alpha_1,\beta_2)+\\
&\quad\frac{-\alpha\beta+\beta_2\alpha+\alpha_1\beta-\alpha_1\beta_2}{(\beta_2-\beta_1)(\alpha_2-\alpha_1)}f(\alpha_2,\beta_1)+\frac{\alpha\beta-\beta_2\alpha-\alpha_2\beta+\alpha_2\beta_2}{(\beta_2-\beta_1)(\alpha_2-\alpha_1)}f(\alpha_1,\beta_1)\\
&=\frac{f(\alpha_1,\beta_1)-f(\alpha_1,\beta_2)-f(\alpha_2,\beta_1)+f(\alpha_2,\beta_2)}{(\beta_2-\beta_1)(\alpha_2-\alpha_1)}\alpha\beta+\\
&\quad\frac{\beta_1[f(\alpha_1,\beta_2)-f(\alpha_2,\beta_2)]+\beta_2[f(\alpha_2,\beta_1)-f(\alpha_1,\beta_1)]}{(\beta_2-\beta_1)(\alpha_2-\alpha_1)}\alpha+\\
&\quad\frac{\alpha_1[f(\alpha_2,\beta_1)-f(\alpha_2,\beta_2)]+\alpha_2[f(\alpha_1,\beta_2)-f(\alpha_1,\beta_1)]}{(\beta_2-\beta_1)(\alpha_2-\alpha_1)}\beta+\\
&\quad\frac{\alpha_1\beta_1f(\alpha_2,\beta_2)-\alpha_2\beta_1f(\alpha_1,\beta_2)-\alpha_1\beta_2f(\alpha_2,\beta_1)+\alpha_2\beta_2f(\alpha_1,\beta_1)}{(\beta_2-\beta_1)(\alpha_2-\alpha_1)}\\
&\triangleq c_{\alpha\beta}\alpha\beta+c_\alpha\alpha+c_\beta\beta+c_0,(\alpha,\beta)\in[\alpha_1,\alpha_2]\times[\beta_1,\beta_2]
\end{aligned} \tag{4-25}$$

基于对气动系数C_x、C_y、C_z、C_{mx}、C_{my}、C_{mz}的实际测试结果，利用上述方法在每个已知数据点的小区间内，分别对 6 个气动参数进行双线性插值，拟合的结果就可以应用于飞艇的建模中，其拟合效果如图 4-3 所示。

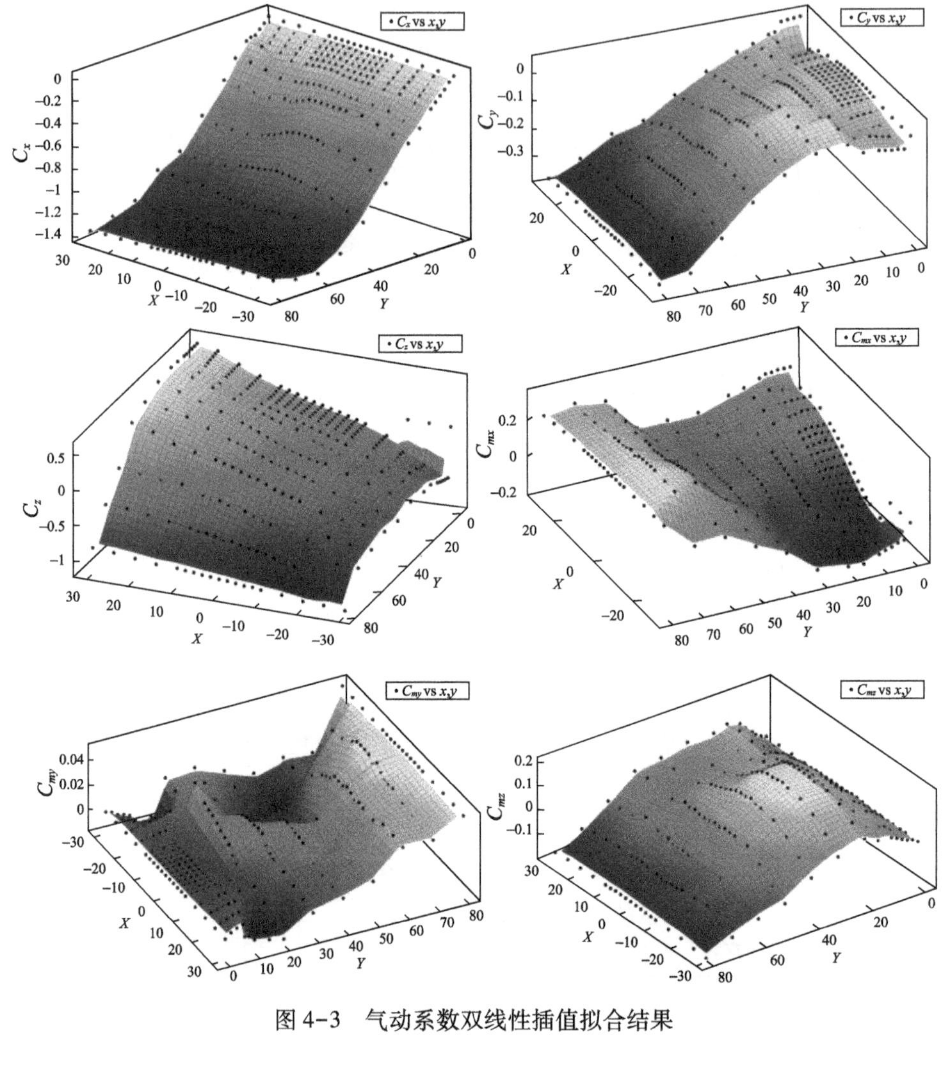

图 4-3 气动系数双线性插值拟合结果

3. 附加惯性力

由于飞艇的体积与质量之比较大、惯性效应较强并且飞行速度较低，因此根据流体力学的原理，必须考虑附加惯性力的作用。附加惯性力是指飞艇在空气中做加速运动时，带动周围的空气也做加速运动，根据作用与反作用原理，周围空气对飞艇产生的反作用力为飞艇受到的附加惯性力，它的方向与飞行方向相反。附加惯性力通常采用附加质量 m_{ij} 来表示，它表示在 i 方向以单位加速度或角加速度运动时，在 j 方向的附加质量或附加转动惯量，并以此计算附加的惯性力。

根据势流理论，对于旋转双椭球体结构的艇身，相对其体心 C_V 的附加质量矩阵 $\boldsymbol{M}$ 为对角阵[69,117]，即

$$\boldsymbol{M}=\begin{bmatrix} m_{11} & 0 & 0 & 0 & 0 & 0 \\ 0 & m_{22} & 0 & 0 & 0 & 0 \\ 0 & 0 & m_{33} & 0 & 0 & 0 \\ 0 & 0 & 0 & m_{44} & 0 & 0 \\ 0 & 0 & 0 & 0 & m_{55} & 0 \\ 0 & 0 & 0 & 0 & 0 & m_{66} \end{bmatrix} \tag{4-26}$$

其中，绕艇身纵轴 y 的附加转动惯量 m_{55} 很小，通常取 $m_{55}=0$。其余附加质量的计算公式为[118-119]

$$\boldsymbol{M}=\begin{bmatrix} k_2 m_{\text{air}} & 0 & 0 & 0 & 0 & 0 \\ 0 & k_1 m_{\text{air}} & 0 & 0 & 0 & 0 \\ 0 & 0 & k_2 m_{\text{air}} & 0 & 0 & 0 \\ 0 & 0 & 0 & k_3 I_{\text{air}} & 0 & 0 \\ 0 & 0 & 0 & 0 & 0 & 0 \\ 0 & 0 & 0 & 0 & 0 & k_3 I_{\text{air}} \end{bmatrix} \tag{4-27}$$

式中：k_1、k_2、k_3 为椭球体的惯性因子；m_{air} 为飞艇艇体排开气体的质量；I_{air} 为艇体排开的气体对艇体坐标系 x 轴（z 轴）的转动惯量。

对于两个半长轴分别为 a_1 和 a_2、半短轴为 b 的旋转双椭球体，可用式（4-28）~式（4-31）计算出此双椭球体的惯性因子[117-121]：

$$\bar{a}=\frac{a_1+a_2}{2}, e=\sqrt{1-\left(\frac{b}{\bar{a}}\right)^2}, f=\ln\left(\frac{1+e}{1-e}\right), g=\frac{1-e^2}{e^3} \tag{4-28}$$

$$c=2g\left(\frac{f}{2}-e\right), d=\frac{1}{e^2}-\frac{gf}{2} \tag{4-29}$$

$$k_1=\frac{c}{2-c}, k_2=\frac{\mathrm{d}}{2-d}, k_3=\frac{e^4(d-c)}{(2-e^2)[2e^2-(2-e^2)(d-c)]} \tag{4-30}$$

$$m_{\text{air}}=\rho V, I_{\text{air}}=\frac{4\pi}{15}\rho\bar{a}b^2(\bar{a}^2+b^2)=\frac{\bar{a}^2+b^2}{5}\rho V \tag{4-31}$$

式中：ρ 为飞艇所在高度大气密度；$V=\dfrac{4\pi}{3}\bar{a}b^2$ 为旋转双椭球体体积。

根据流体力学理论，在无边界流体中运动的物体所造成的流体动能为[119-121]

$$T=\frac{1}{2}\begin{bmatrix}\boldsymbol{v}_a\\\boldsymbol{\omega}\end{bmatrix}^{\mathrm{T}}\begin{bmatrix}\boldsymbol{M}_1 & \boldsymbol{0}\\\boldsymbol{0} & \boldsymbol{M}_2\end{bmatrix}\begin{bmatrix}\boldsymbol{v}_a\\\boldsymbol{\omega}\end{bmatrix}$$

式中：$\boldsymbol{M}_1=\mathrm{diag}(m_{11},m_{22},m_{33})$；$\boldsymbol{M}_2=\mathrm{diag}(m_{44},m_{55},m_{66})$。由动量与动能的关系可得流体的附加动量与对体心的附加动量矩分别为

$$\boldsymbol{P}=\frac{\partial T}{\partial \boldsymbol{v}_a}=\begin{bmatrix}\frac{\partial T}{\partial u} & \frac{\partial T}{\partial v} & \frac{\partial T}{\partial w}\end{bmatrix}^{\mathrm{T}}=\boldsymbol{M}_1\boldsymbol{v}_a,\boldsymbol{L}_o=\frac{\partial T}{\partial \boldsymbol{\omega}}=\begin{bmatrix}\frac{\partial T}{\partial p} & \frac{\partial T}{\partial q} & \frac{\partial T}{\partial r}\end{bmatrix}^{\mathrm{T}}=\boldsymbol{M}_2\boldsymbol{\omega}$$

由动量定理与动量矩定理以及矢量相对求导法可得作用在飞艇体心上的惯性力和惯性力矩分别为

$$\boldsymbol{F}_I=-\frac{\mathrm{d}\boldsymbol{P}}{\mathrm{d}t}=-\left(\frac{\tilde{\mathrm{d}}\boldsymbol{P}}{\mathrm{d}t}+\boldsymbol{\omega}\times\boldsymbol{P}\right)=-\boldsymbol{M}_1\dot{\boldsymbol{v}}_a-\boldsymbol{\omega}\times\boldsymbol{M}_1\boldsymbol{v}_a \tag{4-32}$$

$$\boldsymbol{M}_{Io}=-\frac{\mathrm{d}\boldsymbol{L}_o}{\mathrm{d}t}=-\left(\frac{\tilde{\mathrm{d}}\boldsymbol{L}_o}{\mathrm{d}t}+\boldsymbol{\omega}\times L_o+\boldsymbol{v}_a\times\boldsymbol{P}\right)=-\boldsymbol{M}_2\dot{\boldsymbol{\omega}}-\boldsymbol{\omega}\times\boldsymbol{M}_2\boldsymbol{\omega}-\boldsymbol{v}_a\times\boldsymbol{M}_1\boldsymbol{v}_a \tag{4-33}$$

由空速的定义知：

$$\begin{aligned}\boldsymbol{v}_a&=\boldsymbol{v}-\boldsymbol{R}_\zeta^{\mathrm{T}}\bar{\boldsymbol{v}}_w=\boldsymbol{v}-\boldsymbol{v}_w\\ \dot{\boldsymbol{v}}_a&=\dot{\boldsymbol{v}}-\dot{\boldsymbol{R}}_\zeta^{\mathrm{T}}\bar{\boldsymbol{v}}_w-\boldsymbol{R}_\zeta^{\mathrm{T}}\dot{\bar{\boldsymbol{v}}}_w=\dot{\boldsymbol{v}}-[\boldsymbol{R}_\zeta\boldsymbol{S}(\boldsymbol{\omega})]^{\mathrm{T}}\bar{\boldsymbol{v}}_w-\boldsymbol{R}_\zeta^{\mathrm{T}}\dot{\bar{\boldsymbol{v}}}_w\\ &=\dot{\boldsymbol{v}}+\boldsymbol{\omega}\times\boldsymbol{v}_w-\boldsymbol{R}_\zeta^{\mathrm{T}}\ \dot{\bar{\boldsymbol{v}}}_w\end{aligned}$$

式中：$\boldsymbol{v}_w=\boldsymbol{R}_\zeta^{\mathrm{T}}\ \bar{\boldsymbol{v}}_w\triangleq[u_w,v_w,w_w]^{\mathrm{T}}$ 为风速在艇体坐标系 B 中的坐标表达式。将以上两式代入式(4-32)得到作用在体心的附加惯性力为

$$\boldsymbol{F}_I=-\boldsymbol{M}_1\dot{\boldsymbol{v}}-\boldsymbol{\omega}\times\boldsymbol{M}_1(\boldsymbol{v}-\boldsymbol{v}_w)-\boldsymbol{M}_1(\boldsymbol{\omega}\times\boldsymbol{v}_w) \tag{4-34}$$

考虑到在实验测定飞艇所受的气动力时已经包含了式(4-33)中流体附加惯性力项[68] $-\boldsymbol{v}_a\times\boldsymbol{M}_1\boldsymbol{v}_a$，故在计算附加惯性力矩时可在式(4-35)中将其去掉，以免重复计算，即作用在体心的附加惯性力矩为

$$\boldsymbol{M}_{Io}=-\boldsymbol{M}_2\dot{\boldsymbol{\omega}}-\boldsymbol{\omega}\times\boldsymbol{M}_2\boldsymbol{\omega} \tag{4-35}$$

4. 螺旋桨推力

典型调压体制临近空间飞艇螺旋桨推力分布如图 4-4 所示，可知各桨产生的推力和反扭矩在艇体坐标系中的坐标。

(1) 右侧螺旋桨为正转螺旋桨，在艇体坐标系 B 中位置坐标为 $[x_T,y_{T1},0]^{\mathrm{T}}$，产生的推力在艇体坐标系 B 中表示为 $\boldsymbol{F}_1=[0,F_1,0]^{\mathrm{T}}$，其反扭矩为 c_MF_1，方向与推力方向相反，在艇体坐标系 B 中表示为 $\boldsymbol{M}_1=[0,-c_MF_1,0]^{\mathrm{T}}$。

(2) 左侧螺旋桨为正转螺旋桨，在艇体坐标系 B 中位置坐标为 $[-x_T,y_{T1},$

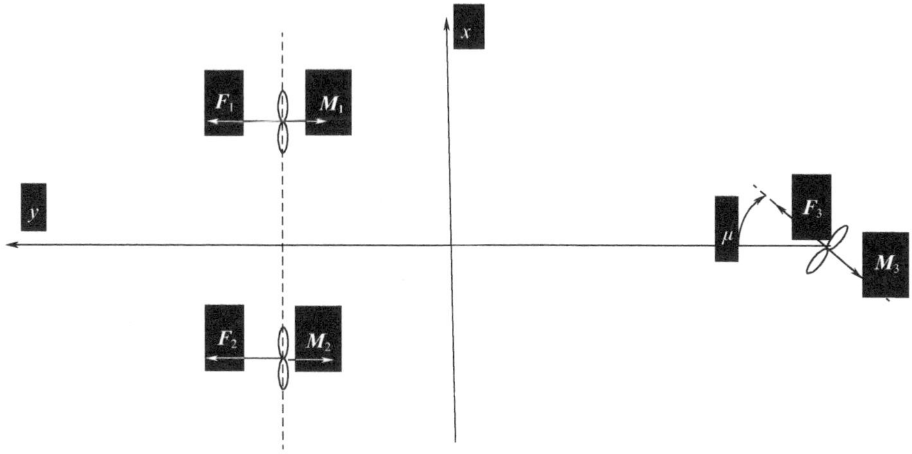

图 4-4　调压体制临近空间飞艇螺旋桨推力分布

$0]^{\mathrm{T}}$，产生的推力在艇体坐标系 B 中表示为$\boldsymbol{F}_2=[0,F_2,0]^{\mathrm{T}}$，其反扭矩为 $c_M F_2$，方向与推力相反，在艇体坐标系 B 中表示为$\boldsymbol{M}_2=[0,-c_M F_2,0]^{\mathrm{T}}$。

(3)尾桨为正转矢量螺旋桨，在艇体坐标系 B 中位置坐标为$[0,y_{T2},0]^{\mathrm{T}}$，矢量机构转角 μ 逆时针转动为正，尾桨推力在艇体坐标系 B 中表示为$\boldsymbol{F}_3=[F_3\sin\mu,F_3\cos\mu,0]^{\mathrm{T}}$，其反扭矩大小为 $c_M F_3$，方向与尾桨推力相反，在艇体坐标系 B 中表示为$\boldsymbol{M}_3=[-c_M F_3\sin\mu,-c_M F_3\cos\mu,0]^{\mathrm{T}}$。

由此，可计算出 3 个螺旋桨推力的合力及它们对飞艇体心的合力矩在艇体坐标系 B 中的表达式为

$$\boldsymbol{F}_T=\sum_{i=1}^{3}\boldsymbol{F}_i=\begin{bmatrix}0\\F_1\\0\end{bmatrix}+\begin{bmatrix}0\\F_2\\0\end{bmatrix}+\begin{bmatrix}F_3\sin\mu\\F_3\cos\mu\\0\end{bmatrix}$$

$$=\begin{bmatrix}0&0&0&1\\1&1&1&0\\0&0&0&0\end{bmatrix}\begin{bmatrix}F_1\\F_2\\F_3\cos\mu\\F_3\sin\mu\end{bmatrix}\triangleq\boldsymbol{B}_{T1}\begin{bmatrix}u_1\\u_2\\u_3\\u_4\end{bmatrix}\triangleq\boldsymbol{B}_{T1}\boldsymbol{u}\tag{4-36}$$

$$\boldsymbol{M}_{oT}=\sum_{i=1}^{3}\boldsymbol{M}_o(\boldsymbol{F}_i)+\sum_{i=1}^{3}\boldsymbol{M}_i$$

$$=\begin{bmatrix}x_T\\y_{T1}\\0\end{bmatrix}\times\begin{bmatrix}0\\F_1\\0\end{bmatrix}+\begin{bmatrix}-x_T\\y_{T3}\\0\end{bmatrix}\times\begin{bmatrix}0\\F_2\\0\end{bmatrix}+\begin{bmatrix}0\\y_{T2}\\0\end{bmatrix}\times\begin{bmatrix}F_3\sin\mu\\F_3\cos\mu\\0\end{bmatrix}+$$

$$
\begin{bmatrix} 0 \\ -c_M F_1 \\ 0 \end{bmatrix} + \begin{bmatrix} 0 \\ -c_M F_2 \\ 0 \end{bmatrix} + \begin{bmatrix} -c_M F_3 \sin\mu \\ -c_M F_3 \cos\mu \\ 0 \end{bmatrix}
$$

$$
= \begin{bmatrix} 0 \\ 0 \\ x_T \times F_1 \end{bmatrix} + \begin{bmatrix} 0 \\ 0 \\ -x_T \times F_2 \end{bmatrix} + \begin{bmatrix} 0 \\ 0 \\ y_{T2} \times F_3 \sin\mu \end{bmatrix} +
\begin{bmatrix} -c_M F_3 \sin\mu \\ -c_M F_1 - c_M F_2 - c_M F_3 \cos\mu \\ 0 \end{bmatrix}
$$

$$
= \begin{bmatrix} 0 & 0 & 0 & -c_M \\ -c_M & -c_M & -c_M & 0 \\ x_T & -x_T & 0 & -y_{T2} \end{bmatrix} \begin{bmatrix} F_1 \\ F_2 \\ F_3 \cos\mu \\ F_3 \sin\mu \end{bmatrix} \triangleq \boldsymbol{B}_{T2} \boldsymbol{u} \tag{4-37}
$$

4.2.4 动力学模型

由 4.2.3 节可知,作用在飞艇体心的作用力和力矩在艇体坐标系中为

$$
\begin{bmatrix} \boldsymbol{F} \\ \boldsymbol{M}_o \end{bmatrix} = \begin{bmatrix} \boldsymbol{F}_G \\ \boldsymbol{M}_{oG} \end{bmatrix} + \begin{bmatrix} \boldsymbol{F}_B \\ \boldsymbol{0} \end{bmatrix} + \begin{bmatrix} \boldsymbol{F}_A \\ \boldsymbol{M}_{oA} \end{bmatrix} + \begin{bmatrix} \boldsymbol{F}_I \\ \boldsymbol{M}_{oI} \end{bmatrix} + \begin{bmatrix} \boldsymbol{F}_T \\ \boldsymbol{M}_{oT} \end{bmatrix}
$$

$$
= \begin{bmatrix} \boldsymbol{F}_G + \boldsymbol{F}_B + \boldsymbol{F}_A \\ \boldsymbol{M}_{oG} + \boldsymbol{M}_{oA} \end{bmatrix} - \begin{bmatrix} \boldsymbol{M}_1 \dot{\boldsymbol{v}} + \boldsymbol{\omega} \times \boldsymbol{M}_1 (\boldsymbol{v} - \boldsymbol{v}_w) + \boldsymbol{M}_1 (\boldsymbol{\omega} \times \boldsymbol{v}_w) \\ \boldsymbol{M}_2 \dot{\boldsymbol{\omega}} + \boldsymbol{\omega} \times \boldsymbol{M}_2 \boldsymbol{\omega} \end{bmatrix} + \begin{bmatrix} \boldsymbol{B}_{T1} \\ \boldsymbol{B}_{T2} \end{bmatrix} \boldsymbol{u} \tag{4-38}
$$

将式(4-38)代入飞艇动力学方程式(4-15)整理后可得

$$
\begin{bmatrix} \boldsymbol{B}_{T1} \\ \boldsymbol{B}_{T2} \end{bmatrix} \boldsymbol{u} = \begin{bmatrix} m\boldsymbol{I}_3 + \boldsymbol{M}_1 & -m\boldsymbol{S}(\boldsymbol{r}_g) \\ m\boldsymbol{S}(r_g) & (\boldsymbol{I}_o + \boldsymbol{M}_2) \end{bmatrix} \begin{bmatrix} \dot{v} \\ \dot{\omega} \end{bmatrix} +
\begin{bmatrix} m\boldsymbol{\omega} \times (\boldsymbol{v} + \boldsymbol{\omega} \times \boldsymbol{r}_g) + \boldsymbol{\omega} \times \boldsymbol{M}_1 (\boldsymbol{v} - \boldsymbol{v}_w) + \boldsymbol{M}_1 (\boldsymbol{\omega} \times \boldsymbol{v}_w) - \boldsymbol{F}_G - \boldsymbol{F}_B - \boldsymbol{F}_A \\ \boldsymbol{\omega} \times \boldsymbol{I}_o \boldsymbol{\omega} + m\boldsymbol{r}_g \times (\boldsymbol{\omega} \times \boldsymbol{v}) + \boldsymbol{\omega} \times \boldsymbol{M}_2 \omega - \boldsymbol{M}_{oG} - \boldsymbol{M}_{oA} \end{bmatrix} \tag{4-39}
$$

将重力、浮力、空气动力、附加惯性力和螺旋桨推力的表达式(4-16)、式(4-17)、式(4-18)、式(4-20)、式(4-21)、式(4-34)、式(4-35)、式(4-36)、式(4-37)代入式(4-39),由于飞艇关于艇体坐标系 Oyz 平面对称,故惯性张量阵中的惯性积 $I_{xy}=I_{xz}=0$,$z_g=-1$,将式(4-39)展开后可得飞艇六自由度动力学方程的具体表达式为

$$
\begin{bmatrix}
-(m+m_{22})vr+(m+m_{33})wq-mpr+(m_{22}-m_{11})rv_w+ \\
(m_{11}-m_{33})qw_w-q_0V^{2/3}C_x+(\rho V-m)g\cos\theta\sin\phi \\
(m+m_{11})ur-(m+m_{33})wp-mqr+(m_{22}-m_{11})ru_w+ \\
(m_{33}-m_{22})pw_w-q_0V^{2/3}C_y-(\rho V-m)g\sin\theta \\
-(m+m_{11})uq+(m+m_{22})vp+m(p^2+q^2)+(m_{11}-m_{33})qu_w+ \\
(m_{33}-m_{22})pv_w-q_0V^{2/3}C_z-(\rho V-m)g\cos\theta\cos\phi \\
-I_{yz}(q^2-r^2)-(I_y-I_z-m_{66})qr+m(ur-wp)-q_0VC_{mx}+mg\sin\theta \\
I_{yz}pq+(I_x-I_z+m_{44}-m_{66})pr+m(vr-wq)-q_0VC_{my}+mg\cos\theta\sin\phi \\
(I_y-I_x-m_{44})pq-I_{yz}pr-q_0VC_{mz}
\end{bmatrix}+
$$

$$
\begin{bmatrix}
m+m_{11} & 0 & 0 & 0 & -m & 0 \\
0 & m+m_{22} & 0 & m & 0 & 0 \\
0 & 0 & m+m_{33} & 0 & 0 & 0 \\
0 & m & 0 & I_x+m_{44} & 0 & 0 \\
-m & 0 & 0 & 0 & I_y & -I_{yz} \\
0 & 0 & 0 & 0 & -I_{yz} & I_z+m_{66}
\end{bmatrix}
\begin{bmatrix} \dot{u} \\ \dot{v} \\ \dot{w} \\ \dot{p} \\ \dot{q} \\ \dot{r} \end{bmatrix}
$$

$$
=\begin{bmatrix}
0 & 0 & 0 & 1 \\
1 & 1 & 1 & 0 \\
0 & 0 & 0 & 0 \\
0 & 0 & 0 & -c_M \\
-c_M & -c_M & -c_M & 0 \\
x_T & -x_T & 0 & -y_{T2}
\end{bmatrix}
\begin{bmatrix} F_1 \\ F_2 \\ F_3\cos\mu \\ F_3\sin\mu \end{bmatrix}
\tag{4-40}
$$

动力学方程式(4-40)可写为更简洁的形式如下：

$$
\boldsymbol{M}\begin{bmatrix} \dot{\boldsymbol{v}} \\ \dot{\boldsymbol{\omega}} \end{bmatrix}+\boldsymbol{n}(\zeta,\boldsymbol{v},\boldsymbol{\omega})=\boldsymbol{Bu} \tag{4-41}
$$

再结合飞艇的运动学方程式(4-1)和式(4-2)，定义飞艇的状态向量为

$$
\boldsymbol{x}=[\boldsymbol{\zeta}^{\mathrm{T}},\boldsymbol{\gamma}^{\mathrm{T}},\boldsymbol{v}^{\mathrm{T}},\boldsymbol{\omega}^{\mathrm{T}}]^{\mathrm{T}}=[x,y,z,\theta,\phi,\psi,u,v,w,p,q,r]^{\mathrm{T}} \tag{4-42}
$$

可写出飞艇的状态方程如下：

$$\dot{x}=\begin{bmatrix}\dot{\zeta}\\\dot{\gamma}\\\dot{v}\\\dot{\omega}\end{bmatrix}=\begin{bmatrix}R_{\zeta}v\\R_{\gamma}\omega\\-M^{-1}n(x)\end{bmatrix}+\begin{bmatrix}0\\0\\M^{-1}B\end{bmatrix}u \tag{4-43}$$

4.3 热力学建模

临近空间飞艇在长期驻空飞行过程中受外界热辐射环境变化的影响，自身热特性随之发生变化，直接影响浮力囊体超压水平，准确获知平台飞行过程的超热超压变化特性对囊体结构安全至关重要。临近空间飞艇在驻空飞行过程中的热力学环境如图4-5所示，包括太阳直接辐射、云层/地面反射、红外辐射，外囊体与大气对流换热、红外辐射，内部各囊体与浮升气体的对流换热等。下面结合调压体制临近空间飞艇结构特征，给出环境、蒙皮及浮升气体热力学建模过程，为动力学与热力学耦合建模提供支撑[122]。

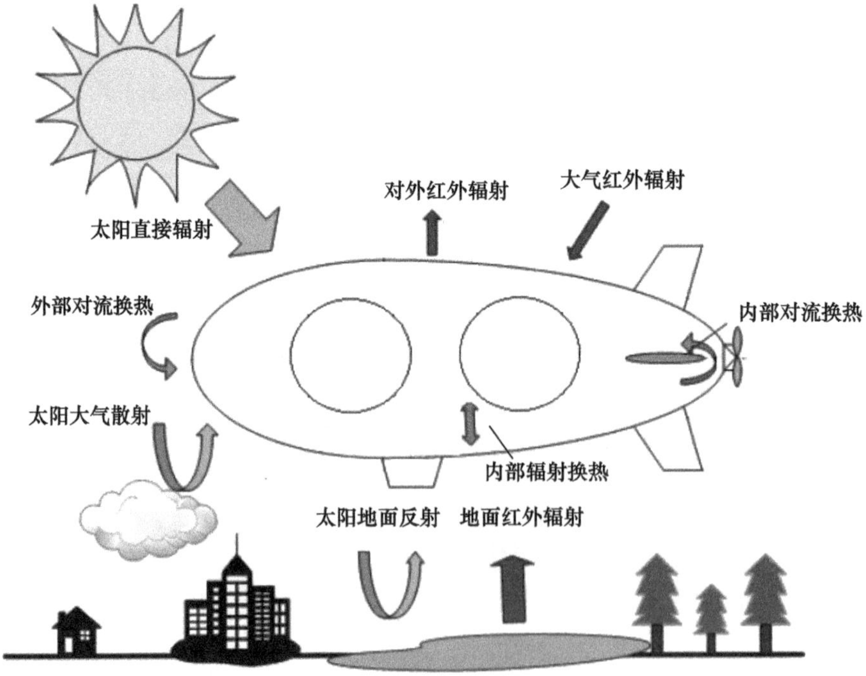

图 4-5　临近空间飞艇热力学环境

4.3.1 地气红外辐射模型

任何物体只要温度不为 0K,就会以对外辐射电磁波的形式对外辐射能量,一般温度在 500K 以下的物体以辐射红外光为主,所以物体间的辐射换热都以红外辐射的形式进行。根据斯蒂芬-玻耳兹曼定律,黑体在单位时间内从单位表面上向外辐射的能量为

$$E_{bb}=\sigma T_{bb}^{4} \tag{4-44}$$

式中:σ 为斯蒂芬-玻耳兹曼常量;T_{bb} 为黑体的温度。将整个大地和天空看作一个等效黑体,便可计算由地面和大气发射的红外辐射。

1. 地面红外辐射

地表参考温度为 T_0,地表温度可近似为[123]

$$T_{gnd}=273.15+T_0-0.09752(\text{hour}-16)^2 \tag{4-45}$$

地面与蒙皮单元表面之间的角系数为

$$\chi_{gnd\to f}=0.5\left[1-\cos\left(\arcsin\left(\frac{R_{earth}}{R_{earth}+h}\right)\right)\right] \tag{4-46}$$

地面等效红外发射率为 $\varepsilon_{IR,gnd}$,大地红外辐射强度为

$$I_{IR,gnd}=\varepsilon_{IR,gnd}\sigma T_{gnd}{}^{4} \tag{4-47}$$

大气对太阳辐射的透射率为

$$\tau_{atm,g}=1.716-0.5\times\left[\exp\left(-0.65\times\frac{P_h}{P_0}\right)+\exp\left(-0.095\times\frac{P_h}{P_0}\right)\right] \tag{4-48}$$

则大地红外辐射对平面的投射强度为

$$P_{IR,gnd\to f}=I_{IR,gnd}\tau_{atm,g}\chi_{gnd\to f} \tag{4-49}$$

2. 大气红外辐射

大气等效红外发射率为

$$\varepsilon_{IR,atm}=(0.48+0.17P_h{}^{0.22})(P_h/P_0)^{0.45} \tag{4-50}$$

大气等效黑体温度为

$$T_{bb}=0.052\times T_h^{1.5} \tag{4-51}$$

天空与蒙皮单元表面的有效角系数为

$$\chi_{atm\to f}=1-\chi_{gnd\to f} \tag{4-52}$$

大气红外辐射强度为

$$I_{\mathrm{IR,atm}}=\varepsilon_{\mathrm{IR,atm}}\sigma T_{\mathrm{bb}}^{4} \tag{4-53}$$

则大气红外辐射对平面的投射强度为

$$P_{\mathrm{IR,atm}\to f}=I_{\mathrm{IR,atm}}\chi_{\mathrm{atm}\to f} \tag{4-54}$$

4.3.2 太阳辐射模型

太阳辐射以平行光的形式到达地球,直接照射到飞艇单元面上的部分称为太阳直接辐射部分,到达地球表面又被地面反射的部分称为太阳地面反射部分,被大气中各种分子折射的部分称为太阳大气散射部分。由于太阳辐射模型的计算需要用到部分太阳角度相关参数及大气相关参数,故先行给出计算方式。

1. 日角(轨道时角)*D*

$$D=2\pi\frac{\mathrm{day}-1}{365}\mathrm{rad} \tag{4-55}$$

式中:day 为起飞日期序号,如起飞日期为 1 月 1 日,则 day=1。

2. 太阳赤纬角 SD

赤纬角是由地球绕太阳运行造成的现象,它随时间而变,因为地轴方向不变,所以赤纬角因地球在运行轨道上的不同点具有不同的数值。

$$\mathrm{SD}=23.45\times\frac{\pi}{180}\times\sin\left(2\pi\frac{284+\mathrm{day}}{365}\right)\mathrm{rad} \tag{4-56}$$

3. 太阳时角 SH

太阳时角是指日面中心的时角,即从观测点天球子午圈沿天赤道量至太阳所在时圈的角距离。

$$\mathrm{SH}=(\mathrm{ts}-12)\times15\times\frac{\pi}{180}=\frac{(\mathrm{ts}-12)\pi}{12}\mathrm{rad} \tag{4-57}$$

式中:当 ts=tl+td/60 为真太阳时,tl 为当地时间(h),td 为时差(min)。

$$\mathrm{tl}=\mathrm{hour}-Z+\mathrm{lon}/15$$

$$\mathrm{td}=0.0028-1.986\sin D+9.906\sin(2D)-7.092\cos D-0.688\cos(2D) \tag{4-58}$$

4. 太阳高度角 SE

对于地球上的某个地点,太阳高度角是指太阳光的入射方向和地平面之间的夹角,专业上讲太阳高度角是指某地太阳光线与通过该地与地心相连的地表切面的夹角。

$$\sin SE = \sin SD \sin Lat + \cos SD \cos Lat \cos SH \tag{4-59}$$

式中:Lat 为所处纬度。

5. 地平俯角 Dip

地平俯角满足如下表达式:

$$\cos Dip = \frac{R_e}{R_e + h} \tag{4-60}$$

式中:R_e 为地球半径;h 为当前所处高度。

6. 太阳方位角 SA

太阳方位角是以目标物的正北方向为起始方向,以太阳光的入射方向为终止方向,按顺时针方向测量的角度。其取值范围在-180°~180°。

$$\begin{gathered} \sin SA = -\frac{\sin SH \cos SD}{\cos SE} \\ \cos SA = \frac{\sin SD - \sin SE \sin Lat}{\cos SE \cos Lat} \end{gathered} \tag{4-61}$$

为保持与动力学建模东北天坐标系统一,对于太阳方位角而言,定义北向为 0,向西为正。因此,修改其计算公式为

$$\begin{gathered} \sin SA = \frac{\sin SH \cos SD}{\cos SE} \\ \cos SA = \frac{\sin SD - \sin SE \sin Lat}{\cos SE \cos Lat} \end{gathered} \tag{4-62}$$

7. 太阳位置 solPos

太阳高度角和太阳方位角在东北天坐标系下的定义如图 4-6 所示。

$$solPos = [\,-\cos SE \cdot \sin SA \quad \cos SE \cdot \cos SA \quad \sin SE\,] \tag{4-63}$$

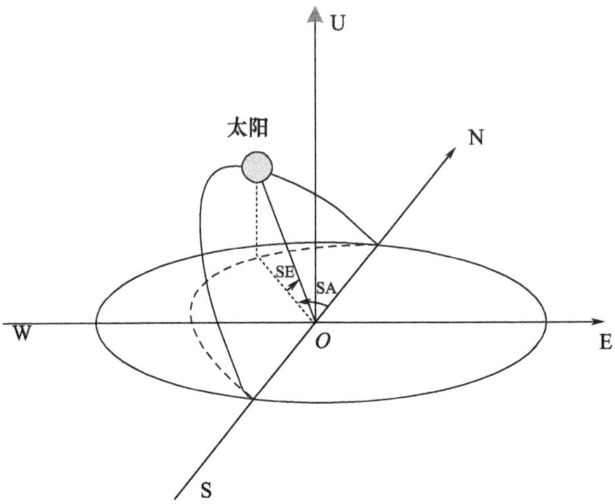

图 4-6 太阳高度角和太阳方位角在东北坐标系下的定义

8. 太阳入射角 SI

太阳入射角是太阳直射光线与壁面法线之间的夹角。太阳入射角随太阳高度角、方位、壁面方位、壁面倾斜度的不同而不同。因此对于飞艇的任意单元面而言，设单元面法向量为 $\boldsymbol{n}=[x_n \quad y_n \quad z_n]$，则对于该单元面，太阳入射角为

$$\cos\mathrm{SI}=\mathrm{solPos}\cdot\boldsymbol{n}=x_n\cos\mathrm{SE}\sin\mathrm{SA}+y_n\cos\mathrm{SE}\cos\mathrm{SA}+z_n\sin\mathrm{SE} \tag{4-64}$$

9. 大气质量

$$m_{\mathrm{atm}}=\begin{cases}\dfrac{P(h)}{P_0}\left(\sqrt{1229+(614\sin\mathrm{SE})^2}-614\sin\mathrm{SE}\right) & (\mathrm{SE}\geqslant 0)\\ 2\dfrac{P(h_1)}{P0}\sqrt{1229} & \\ -\dfrac{P(h)}{P_0}\left(\sqrt{1229+(614\sin|\mathrm{SE}|)^2}-614\sin|\mathrm{SE}|\right) & (-Dip<\mathrm{SE}<0)\end{cases} \tag{4-65}$$

式中：h_1 为太阳高度角小于 0 时的修正高度：

$$h_1=(R_e+h)\cos|\mathrm{SE}|-R_e \tag{4-66}$$

10. 单元面的相关参数

将外囊体分为若干个单元面,如图 4-7 所示。

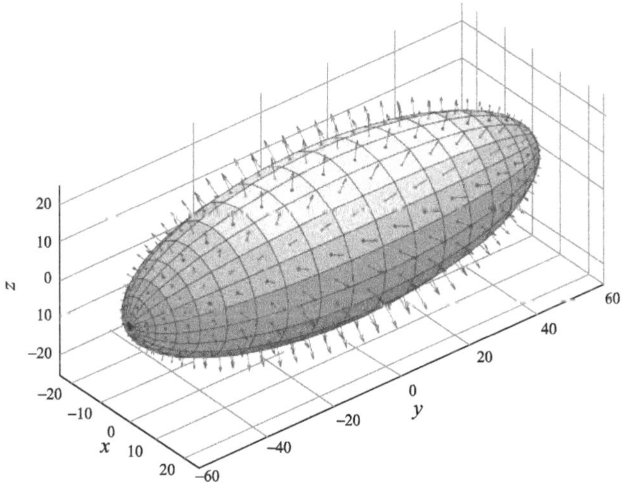

图 4-7　外囊体单元面分割示意图

由于飞艇收到的太阳辐射强度与飞艇的姿态有关,需要计算每个单元面相关量。对于任意椭球面而言,设其三半轴分别为 a_0、b_0、c_0,则其上任意单元面相关量计算公式见表 4-1。

表 4-1　外囊体单元面空间几何量

名称	计算公式	说明
单元面中心点	$P_c(x_c, y_c, z_c)$	—
单元面中心外法向量	$(x_n, y_n, z_n)=\left(\frac{x_c}{a_0^2}, \frac{y_c}{b_0^2}, \frac{z_c}{c_0^2}\right)$	—
单元面梯度线方向向量	$(x_g, y_g, z_g)=(x_n z_n, y_n z_n, -x_n{}^2-y_n{}^2)$	—
单元面倾斜角	$Slop=\frac{\pi}{2}-\arctan\left(\frac{z_n}{\sqrt{x_n^2+y_n^2}}\right)$	范围为 0°～180°,单元面正面朝上为 0°,正面朝下为 180°
单元面方位角	$Asp=\operatorname{atan2}(-x_n, y_n)$	范围为-180°～180°,单元面正面朝北为 0°,向西偏转为正

11. 太阳直接辐射

太阳直接辐射强度定义为在垂直于太阳光射线的表面上，单位时间内投射到单位面积上的直接辐射量。地球大气层上边界的太阳直射强度为

$$S_0 = 1367E_0 \tag{4-67}$$

式中：E_0 为地球轨道偏心的修正系数：

$$E_0 = 1.00011+0.034221\cos D+0.00128\sin D+0.000719\cos(2D)+0.000077\sin(2D) \tag{4-68}$$

通过大气的透射，法向太阳直射强度为

$$I_{\mathrm{SR},d\to N} = S_0\tau_{\mathrm{atm},d} \tag{4-69}$$

式中：$\tau_{\mathrm{atm},d}$ 为大气对太阳直射的透射率：

$$\tau_{\mathrm{atm},d} = C_{jz}0.5[\exp(-0.65m_{\mathrm{atm}})+\exp(-0.095m_{\mathrm{atm}})] \tag{4-70}$$

其中，C_{jz} 为空气透射修正系数：

$$C_{jz} = 1+0.4[P(h)/P_0]^{2.5} \tag{4-71}$$

则单元面上的太阳直接辐射强度为

$$P_{\mathrm{SR},d\to f} = \delta_{\mathrm{SR},d}I_{\mathrm{SR},d\to N}\cos\mathrm{SI} \tag{4-72}$$

式中：$\delta_{\mathrm{SR},d}$ 为太阳直射计算因子。

12. 大气散射辐射

大气散射辐射时太阳射线经过大气层，由于大气中包含水蒸气及尘埃等物质，光线经反射和折射后的方向没有规律，因此形成了一个散射光。单元面上的大气散射辐射强度表达式为

$$P_{\mathrm{SR},s\to f} = \delta_{\mathrm{SR},s}I_{\mathrm{SR},s\to H}(1+\cos Slop)/2 \tag{4-73}$$

式中：$\delta_{\mathrm{SR},s}$ 为大气散射计算因子；$I_{\mathrm{SR},s\to H}$ 为水平面接收的太阳散射强度：

$$I_{\mathrm{SR},s\to H} = \begin{cases} S_0\tau_{\mathrm{atm},s}\sin\mathrm{SE} & (\sin\mathrm{SE}>0) \\ 0 & (\sin\mathrm{SE}\leqslant 0) \end{cases} \tag{4-74}$$

其中，$\tau_{\mathrm{atm},s}$ 为大气对太阳散射的透射率：

$$\tau_{\mathrm{atn},s} = 0.5\frac{m_{\mathrm{atm}}(1-\tau_{\mathrm{atm},d})}{m_{\mathrm{atm}}-1.4\ln(\tau_{\mathrm{atm},d})} \tag{4-75}$$

13. 地面反射辐射

太阳光照射到地面以后，其中的一部分阳光要被地面反射回大气层中，同

时由于地表面形状不规则且存在建筑物，地面反射回大气层的光线没有一定的规律，因此，向大气层中反射的太阳光形成了散射辐射。单元面上的地面反射辐射强度表达式为

$$P_{SR,g\to f}=\delta_{SR,g}\cdot I_{SR,g\to H}\cdot(1-\cos Slop)/2 \tag{4-76}$$

式中：$\delta_{SR,g}$ 为地面辐射计算因子；$I_{SR,g\to H}$ 为水平面（朝下）接收的地面反照强度，其计算公式分别为

$$\delta_{SR,g}=\begin{cases}0 & (-z_n\leqslant 0 \text{ 或 } SE\leqslant -Dip)\\ 1 & (\text{其他})\end{cases}$$

$$I_{SR,g\to H}=\rho_{SR,gnd}(I_{SR,d\to H}+I_{SR,s\to H})\tau_{atm,g} \tag{4-77}$$

其中，$\rho_{SR,gnd}$ 为一个与天气相关的系数；$I_{SR,d\to H}$ 为水平面接收的太阳直射强度；$I_{SR,s\to H}$ 为水平面接收的太阳散射强度；$\tau_{atm,g}$ 为大气对地面辐射的透射率。

$$I_{SR,d\to H}=\begin{cases}I_{SR,d\to N}\sin SE & (\sin SE>0)\\ 0 & (\sin SE\leqslant 0)\end{cases}$$

$$\tau_{atm,g}=1.716-0.5\left[\exp\left(-0.65\frac{P_h}{P_0}\right)+\exp\left(-0.095\frac{P_h}{P_0}\right)\right] \tag{4-78}$$

4.3.3 蒙皮热力学模型

由于囊体厚度约为 0.2mm，忽略蒙皮内外层传热过程，认为蒙皮内外表面温度一致，则有

$$T_f^{(out)}=T_f^{(in)}=T_f \tag{4-79}$$

囊体蒙皮收到的热源为与内外面接触气体的对流换热和内外表面的辐射换热，其瞬态热平衡方程为

$$\rho_{f_i}c_{f_i}\dot{T}_{f_i}=I_{HC,f_i}-I_{RA,f_i}(i=he,He) \tag{4-80}$$

式中：I_{HC} 为对流换热强度；I_{RA} 为蒙皮对外净辐射强度；ρ_f 为蒙皮面密度；c_f 为蒙皮比热容；$g_f^{(out)}$、$g_f^{(in)}$ 分别为蒙皮外表面和蒙皮内表面接触的气体；下标 i 为蒙皮类别；He 为外囊体；he 为超压内囊。

1. 对流换热

每个蒙皮都有内、外两面，根据蒙皮接触气体不同进行分类，蒙皮对流换热系数计算如表 4-2 所列。

表 4-2 蒙皮对流换热系数计算

气体	飞艇气囊示意图	对流换热系数计算
大气	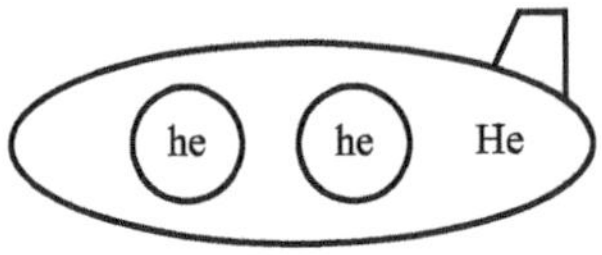 (外表面)	自然对流：$Nu_N=2+0.6Ra_{atm}^{0.25}$，$Ra_{atm}<10^9$ 强迫对流：$Nu_F=0.0296Re^{0.8}Pr^{0.6}$ $h_{F-atm}=(Nu_N^3+Nu_F^3)^{1/3}\lambda_{atm}/l_F$
He	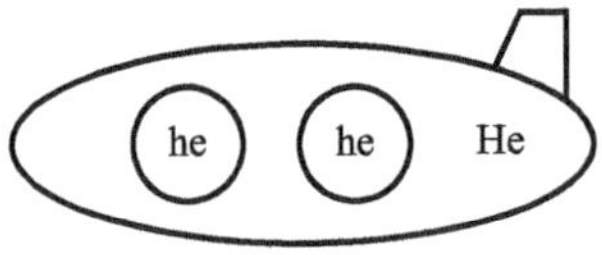 (内表面)	$h_{i-He}=\begin{cases}2.5\dfrac{\lambda_{He}}{l_i}(2+0.6Ra_{He}^{0.25}) & (Ra_{He}\leqslant 1.5\times10^8)\\ 0.325\dfrac{\lambda_{He}}{l_i}Ra_{He}^{1/3} & (Ra_{He}>1.5\times10^8)\end{cases}$ $i=F,f$，F 为外囊体蒙皮，f 为超压内囊蒙皮
he	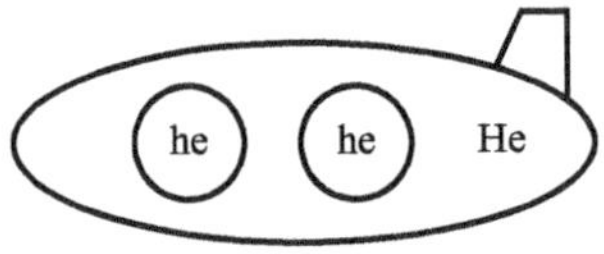 (内表面)	$h_{f-he}=\begin{cases}2.5\dfrac{\lambda_{he}}{l_f}(2+0.6Ra_{he}^{0.25}) & (Ra_{he}\leqslant 1.5\times10^8)\\ 0.325\dfrac{\lambda_{he}}{l_f}Ra_{he}^{1/3} & (Ra_{he}>1.5\times10^8)\end{cases}$

为计算囊体蒙皮与气体直接的对流换热，需计算出气体的热物性和特征数，如表 4-3 所列。

表 4-3 气体热物性和特征数计算

气体热物性		
氦气	动力黏度	$\mu_{he}=1.895\times10^{-5}\times(T_{he}/273.15)^{0.674}$
	热传导率	$\lambda_{he}=0.144\times(T_{he}/273.15)^{0.7}$
	普朗特数	$Pr_{he}=0.729-1.6\times10^{-4}\times T_{he}$
空气，计算大气时 T_{air} 替换为 T_{atm}	动力黏度	$\mu_{air}=\dfrac{1.458\times10^{-6}\times T_{air}^{1.5}}{T_{air}+110.4}$
	热传导率	$\lambda_{air}=0.0241\times(T_{air}/273.15)^{0.9}$
	普朗特数	$Pr_{air}=0.804-3.25\times10^{-4}\times T_{air}$
气体特征数定义		
雷诺数 $Re=\dfrac{V\times l}{\mu/\rho}$，努塞尔数 $Nu=\dfrac{h\times l}{\lambda}$，格拉晓夫数 $Gr=\dfrac{g_n\beta\Delta Tl^3}{(\mu/\rho)^2}$，瑞利数 $Ra=GrPr$	V—流体速度(m/s)；l—特征尺寸(m)；实际取值为 $V^{1/3}$；h—对流换热系数[W/(m$^2\times$K)]；g_n—重力加速度；β—流体热膨胀系数，$\beta=1/T$；ΔT—壁面与流体的温度差绝对值(K)	

囊体蒙皮与气体之间的对流换热强度为

$$I_{HC,f_i}=h_{g_{f_i}^{(out)}-f_i}(T_{g_{f_i}^{(out)}}-T_{f_i})+h_{g_{f_i}^{(in)}-f_i}(T_{g_{f_i}^{(in)}}-T_{f_i}) \tag{4-81}$$

2. 辐射换热

每个蒙皮单元分内外两个表面，蒙皮单元的向外净辐射强度为

$$I_{RA}=J_{f^{(out)}}+J_{f^{(in)}}-H_{f^{(out)}}-H_{f^{(in)}} \tag{4-82}$$

式中：J 为离开该表面的辐射强度；H 为抵达该表面的辐射强度；in、out 分别为内表面和外表面。

采用改进的净热量法对每个表面进行辐射换热分析，如图 4-8 所示。

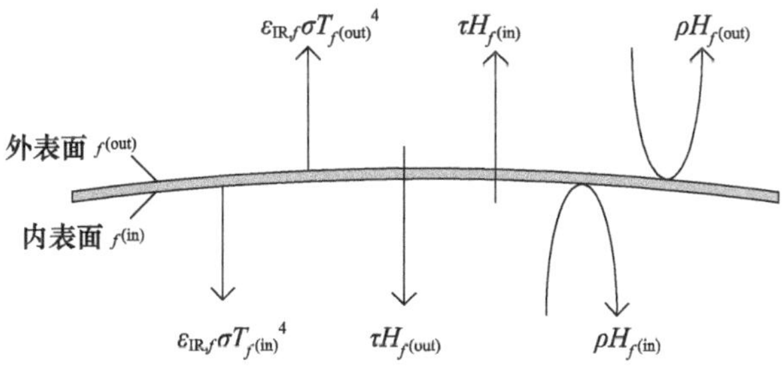

图 4-8　蒙皮内外表面辐射换热示意图

蒙皮每时每刻都会向外发射红外辐射，功率大小为 $\varepsilon_{IR,f}\sigma T_f^4$，此外还会透射 τH_f 和反射 ρH_f 功率大小的辐射量，因此离开蒙皮内外表面的辐射强度为

$$\begin{cases}J_{f^{(in)}}=\varepsilon_{IR,f}\sigma T_{f^{(in)}}^4+\tau H_{f^{(out)}}+\rho H_{f^{(in)}}\\ J_{f^{(out)}}=\varepsilon_{IR,f}\sigma T_{f^{(out)}}^4+\tau H_{f^{(in)}}+\rho H_{f^{(out)}}\end{cases} \tag{4-83}$$

计算抵达蒙皮表面的投射辐射强度 H 分两种情况：接触外界和不接触外界，如表 4-4 所列。

表 4-4　计算抵达蒙皮表面的投射强度 H

分类	飞艇气囊示意图（加粗部分为蒙皮）	辐射换热计算
接触外界	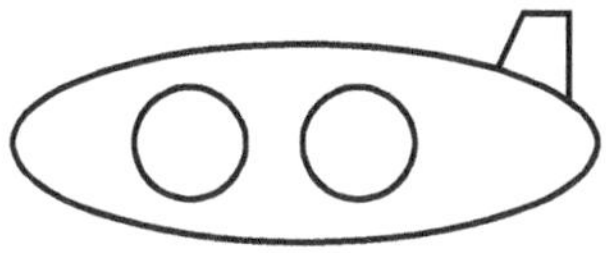	$H_F=SR+IR_{gnd}+IR_{atm}$（太阳辐射和地气红外辐射）
不接触外界	除上面蒙皮外的其他飞艇蒙皮	$H_{f^k}=\sum_f J_f X_{f-f^k}$（具体计算公式见表 4-5）

表 4-5　各蒙皮具体辐射强度计算

序号	辐射	内侧		外侧	
1	离开辐射	He	$J_{f_1^k}=\varepsilon_{\mathrm{IR},f}\sigma T^4_{f_1^k}+\tau H_{F_1^k}+\rho H_{f_1^k}$	atm	$J_{F_1^k}=\varepsilon_{\mathrm{IR},f}\sigma T^4_{F_1^k}+\tau H_{f_1^k}+\rho H_{F_1^k}$
	抵达投射		$H_{f_1^k}=\sum_{f_1}J_{f_1}\chi_{f_1-f_1^k}+\sum_{F_3}J_{F_3}\chi_{F_3-f_1^k}+\sum_{F_4}J_{F_4}\chi_{f_4-f_1^k}$		$H_{F_1^k}=P_{\mathrm{SR},F_1^k}+P_{\mathrm{IRgnd},F_1^k}+P_{\mathrm{IRatm},F_1^k}$
2	离开辐射	he	$J_{f_3^k}=\varepsilon_{\mathrm{IR},f}\sigma T^4_{f_3^k}+\tau H_{F_3^k}+\rho H_{f_3^k}$	He	$J_{F_3^k}=\varepsilon_{\mathrm{IR},f}\sigma T^4_{F_3^k}+\tau H_{f_3^k}+\rho H_{F_3^k}$
	抵达投射		$H_{f_3^k}=\sum_{\text{自身}f_3}J_{f_3}\chi_{f_3-f_3^k}$		$H_{F_3^k}=\sum_{f_1}J_{f_1}\chi_{f_1-F_3^k}+\sum_{F_3}J_{F_3}\chi_{F_3-F_3^k}+\sum_{F_4}J_{F_4}\chi_{F_4-F_3^k}$

注：f 表示内表面，F 表示外表面，下标数字表示蒙皮类型编号，k 表示第 k 个单元面。

4.3.4　氦气热力学模型

假定在同一个密闭囊体中的气体是一个整体，即认为该囊体中各处的氦气的温度、压强相同，包括刚进入该囊体的氦气，也认为其温度和压强立刻与该囊体的温度、压强一致。超压气囊中的氦气 he、外囊体中的氦气 He 均满足以下热力学方程：

$$m_{g_i}C_p^{g_i}\dot{T}_{g_i}=Q_{g_i}+\dot{m}_{g_i}R_{g_i}T_{g_i}+V_{g_i}\dot{p}_{g_i},(i=\mathrm{He},\mathrm{he}) \tag{4-84}$$

式中：Q_{g_i} 为与接触蒙皮之间的对流换热；$\dot{m}_{g_i}R_{g_i}T_{g_i}$ 为流质引起的内能变化；$V_{g_i}\dot{p}_{g_i}$ 为对外做功引起的内能编号。

4.3.5　氦气泄漏模型

囊体蒙皮材料的氦气泄漏包括材料本体的扩散渗透泄漏及加工成型过程中造成的微孔损伤泄漏，且随着囊体内外压差及温度的变化而动态变化。为了定量描述临近空间飞艇长航时飞行过程中氦气动态损失，进而综合评估囊体材料的气密性与航时的定量关系，利用伯努利原理，将囊体蒙皮材料氦气泄漏等效为一个综合圆形微孔，其泄漏质量流量与微孔当量直径之间的关系为[124]

$$\dot{m}_{\mathrm{He\_loss}}=0.25\pi k_{\mathrm{valve}}D^2_{\mathrm{He\_loss}}\sqrt{2\rho_{\mathrm{he}}\Delta P_{\mathrm{He}}} \tag{4-85}$$

式中：m_{He_loss} 为氦气泄漏质量；k_{valve} 为微孔流量系数（一般取值为 0.5～0.8）；D_{He_loss} 为等效微孔当量直径；ρ_{he} 为氦气密度；ΔP_{He} 为主气囊内外压差。

4.4　动力学与热力学耦合模型

综合前文理论推导过程可知，调压体制临近空间飞艇动力学与热力学耦合特性可以通过式(4-43)、式(4-80)、式(4-84)、式(4-85)完整描述。其中，动力学特性式(4-43)输出的位置、时间、姿态、空速等信息耦合参与热力学特性太阳辐射、蒙皮热力学等计算，热力学特性式(4-80)、式(4-84)、式(4-85)输出的压力成形体积、氦气质量等信息耦合参与动力学浮力、重力计算，从而完成临近空间飞艇动力学与热力学耦合计算，为后续定量动态仿真分析平台受控特性奠定模型基础。

4.5　力热耦合运动特性仿真

根据调压体制临近空间飞艇多体动力学模型式，在 MATLAB/Simulink 数值仿真环境中搭建系统开环控制模型，进行系统特性仿真，为后续控制律设计提供基础支撑。系统仿真参数如表 4-6 所列。

表 4-6　系统仿真参数

序号	类型	参数名称	取值	单位
1	环境参数	平衡高度大气密度 ρ	0.088	kg/m^3
2		平衡高度重力加速度 g	9.81	m/s^2
3	飞行窗口	外囊体微孔当量直径	4	mm
4		飞行日期	夏至日 0 时	h
5	运动学/动力学参数	飞艇质量 m	9068	kg
6		飞艇对 x 轴转动惯量 I_x	9.4×10^6	$kg\cdot m^2$
7		飞艇对 y 轴转动惯量 I_y	2.1×10^6	$kg\cdot m^2$
8		飞艇对 z 轴转动惯量 I_z	8.8×10^6	$kg\cdot m^2$
9		飞艇对 yz 轴转动惯性积 I_{yz}	-5.7×10^4	$kg\cdot m^2$
10		重心坐标 $[x_g, y_g, z_g]^T$	$[0,0,-1]^T$	m
11		1#螺旋桨坐标 $[x_T, y_{T1}, 0]^T$	$[23,33,0]^T$	m

续表

序号	类型	参数名称	取值	单位
12	运动学/动力学参数	2#螺旋桨坐标$[-x_T, y_{T1}, 0]^T$	$[-23, 33, 0]^T$	m
13		3#螺旋桨坐标$[0, y_{T2}, 0]^T$	$[0, -74, 0]^T$	m
14	热力学参数	蒙皮材料太阳光吸收率	0.13	kg
15		蒙皮材料红外发射率	0.65	$kg \cdot m^2$
16		蒙皮材料厚度	0.2	mm
17		蒙皮材料密度	628	kg/m^3
18		蒙皮材料比热容	1060	$J/(kg \cdot K)$
19		蒙皮材料导热系数	0.108	$W/(m \cdot K)$
20		外囊体安全压差上限	400	Pa
21		调压内囊体安全压差上限	2100	Pa

考虑调压体制临近空间飞艇设计性能指标及平衡高度环境风场特征，设定初始平衡高度为 20km、航向正东、静止状态，弱风层环境风场为常值东风（3m/s、6m/s），即

$$\begin{cases}[\boldsymbol{\zeta}(0), \boldsymbol{\gamma}(0)] = [0, 0, 20000, 0, 0, -90]^T \\ [\boldsymbol{v}(0), \boldsymbol{\omega}(0)] = [0, 0, 0, 0, 0, 0]^T\end{cases},$$

$$\boldsymbol{V}_w = [-3/-6, 0, 0]^T \text{m/s}$$

4.5.1 随风飘力热耦合运动仿真

随风工况下各螺旋桨最大推力及矢量偏转角设定为 $F_i = 0\text{N}(i = 1, 2, 3)$，$\mu = 0°$。由图 4-9、图 4-10 可以看出，调压体制临近空间飞艇在 3m/s、6m/s 常值东风推动下无动力随风飘流，飞行地速逐渐收敛于风速，飞行空速逐渐收敛于 0 附近，偏航姿态基本迎风向、俯仰与滚转姿态均处于小角度范围内；受太阳辐照影响，囊体内氦气最大超热达到 55℃，通过释放氦气实现外囊体压差在 400Pa 安全范围内、调节内囊体压差在 2100Pa 安全范围内；另外，由于随风飘过程中氦气主动释放及囊体氦气泄漏（此部分为小量，4mm 等效微孔当量直径下日均泄漏约 1.9kg），飞艇自重减小，飞行高度上升约 100m，所构建的热力耦合模型能够很好地反映出调压体制临近空间飞艇的动力学特性及热力学特性。

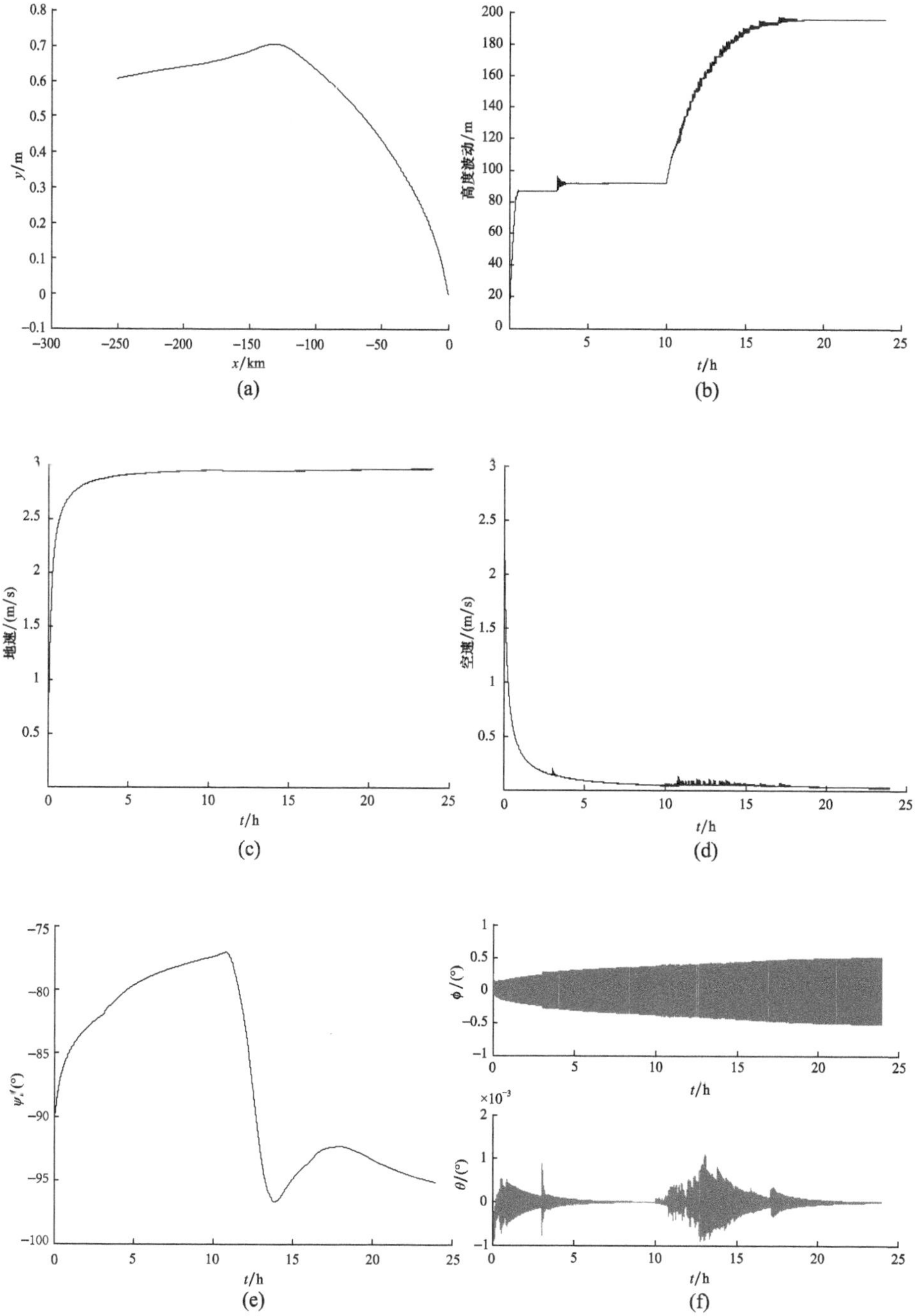
y/m
x/km
(a)
高度波动/m
t/h
(b)
地速/(m/s)
t/h
(c)
空速/(m/s)
t/h
(d)
ψ/(°)
t/h
(e)
φ/(°)
t/h
×10⁻³
θ/(°)
t/h
(f)

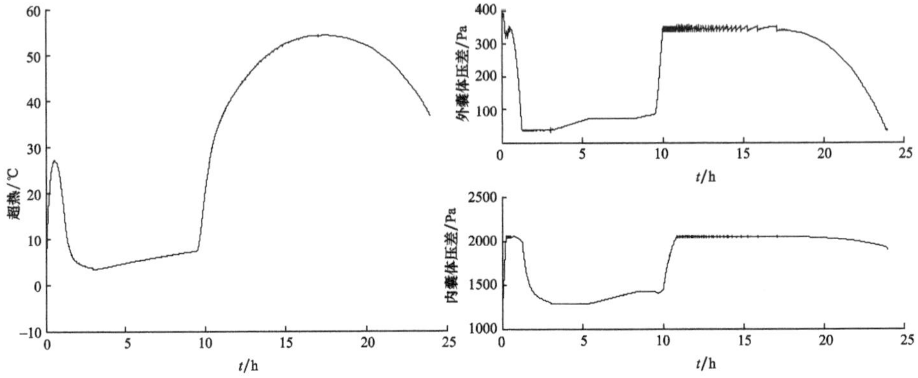

(g) (h)

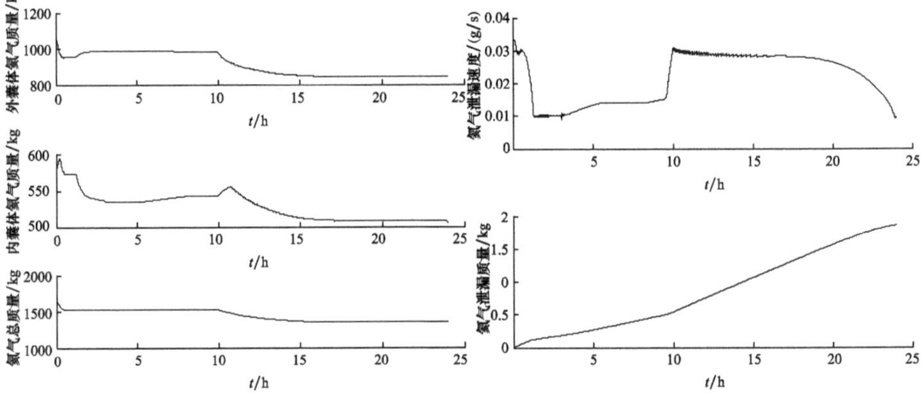

(i) (j)

图 4-9 调压体制临近空间飞艇常值风场下随风飘力热耦合运动仿真(3m/s 常值风)

(a)平面运动轨迹;(b)平衡高度动态波动;(c)飞行地速;(d)飞行空速;(e)偏航姿态;(f)俯仰姿态与滚转姿态;(g)超热特性;(h)超压特性;(i)内外囊体氦气质量;(j)囊体氦气泄漏质量。

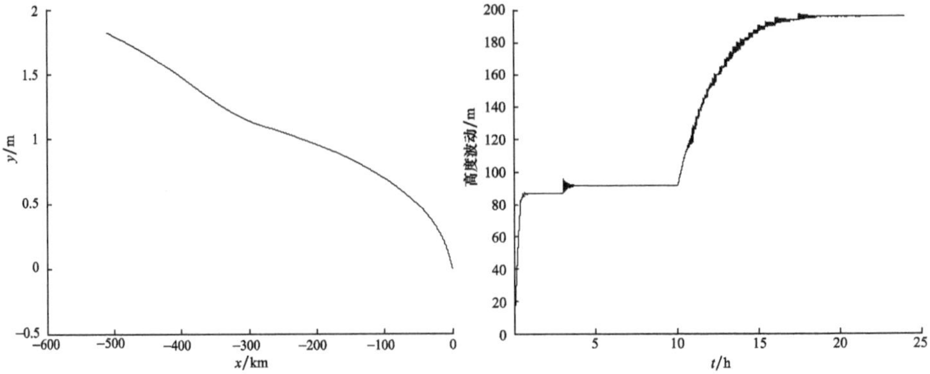

(a) (b)

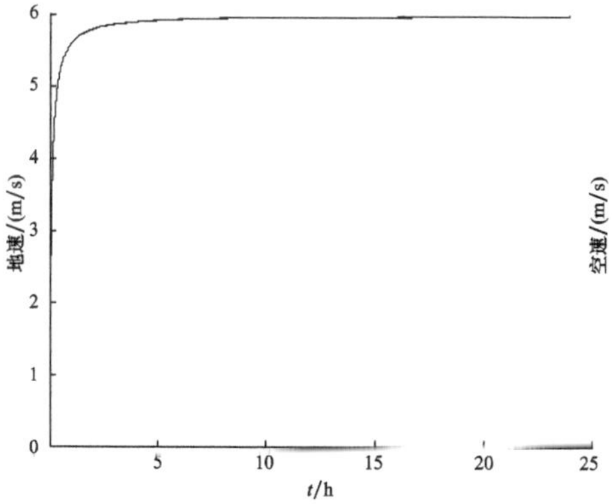

(c)

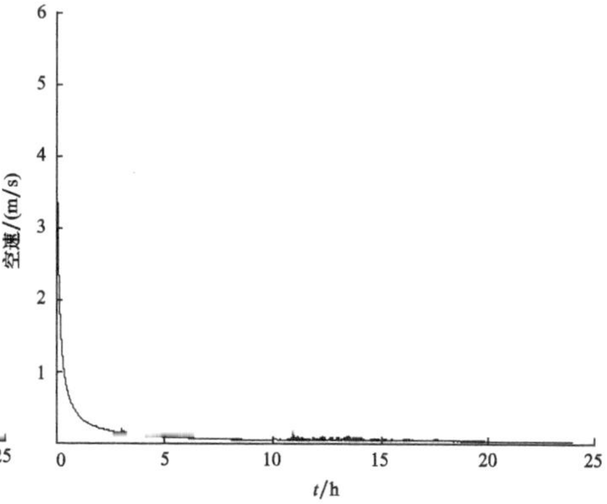

(d)

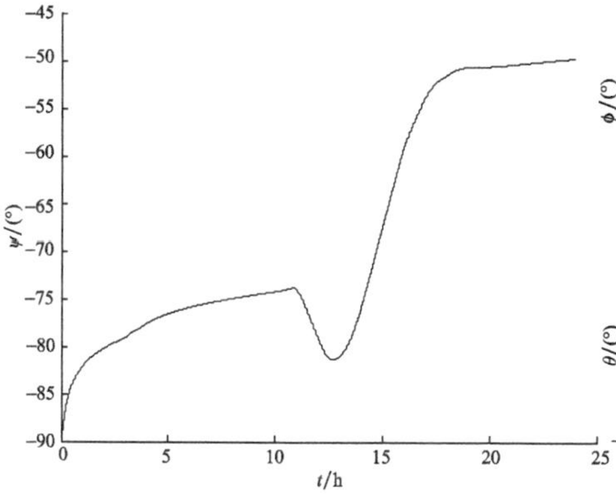

(e)

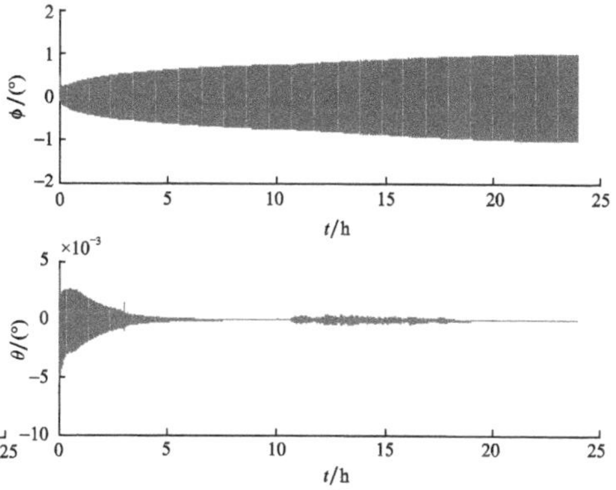

(f)

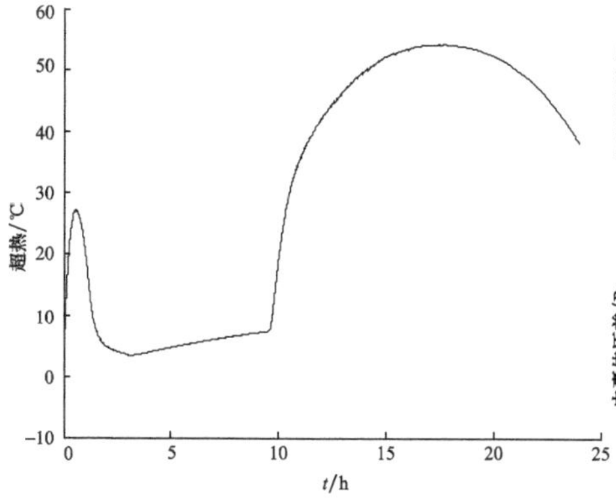

(g)

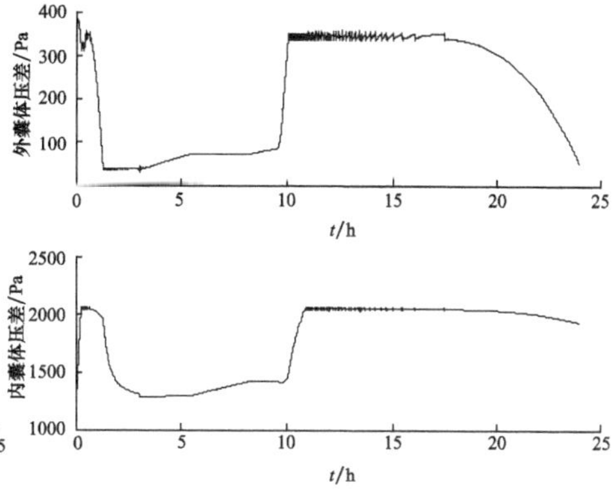

(h)

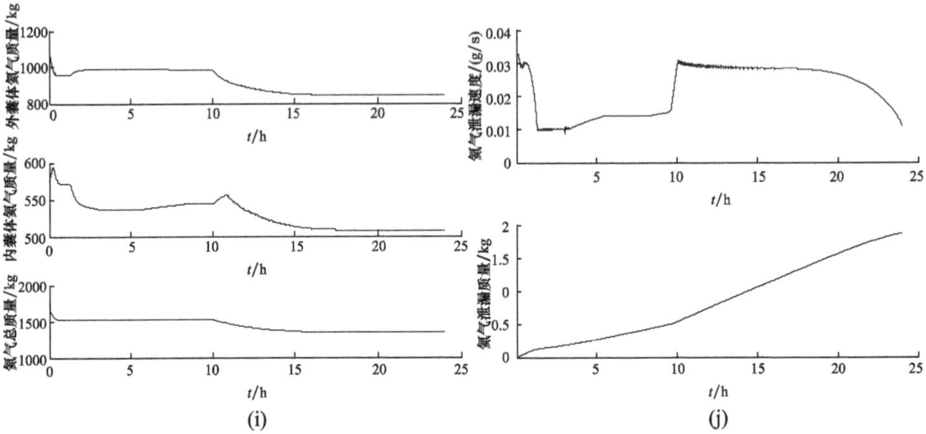

图 4-10　调压体制临近空间飞艇常值风场下随风飘力热耦合运动仿真(6m/s 常值风)

(a)平面运动轨迹;(b)平衡高度动态波动;(c)飞行地速;(d)飞行空速;
(e)偏航姿态;(f)俯仰姿态与滚转姿态;(g)超热特性;(h)超压特性;
(i)内外囊体氦气质量;(j)囊体氦气泄漏质量。

4.5.2　最大恒定前向推力下力热耦合运动仿真

该工况下各螺旋桨最大推力及矢量偏角设定为 $F_i=600$N($i=1,2,3$),$\mu=0°$。从图 4-11、图 4-12 可以看出,调压体制临近空间飞艇在 3m/s、6m/s 常值东风及 1800N 前向推力综合作用下呈大范围绕圈抗风直线飞行,飞行速度逐渐稳定到 16m/s(由于飞行航向姿态不受控,抗风能力并未完全发挥出来),偏航姿态持续缓慢旋转(主要由于风场环境影响及实施主动控制),俯仰与滚转姿态均处于小角度范围内;受太阳辐照影响及大空速来流降温,囊体内氦气最大超热仅达到 27℃,通过释放氦气实现外囊体压差在 400Pa 安全范围内、调节内囊体压差在 2100Pa 安全范围内;另外,由于随风飘过程中氦气主动释放及囊体氦气泄漏(此部分为小量,在 4mm 等效微孔当量直径下日均泄漏约 1.9kg),飞艇自重减小,飞行高度上升约 100m,所构建的热力耦合模型能够很好地反映出调压体制临近空间飞艇的动力学特性及热力学特性。

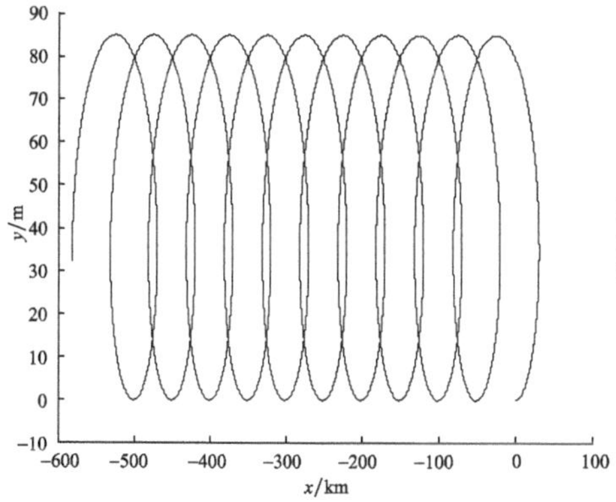
90
80
70
60
50
40
30
20
10
0
−10
−600 −500 −400 −300 −200 −100 0 100
y/m
x/km

(a)

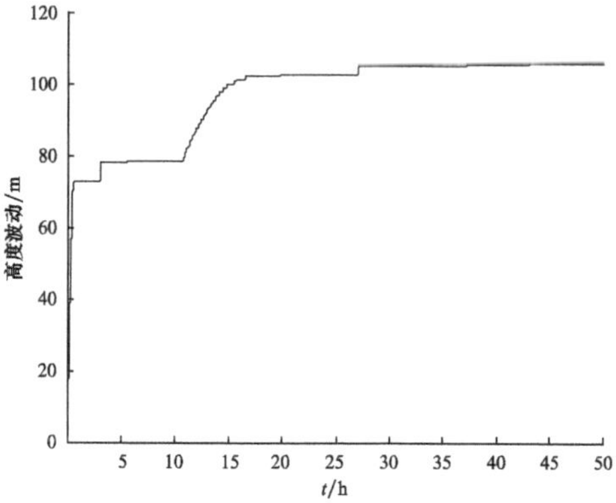
120
100
80
60
40
20
0
5 10 15 20 25 30 35 40 45 50
高度波动/m
t/h

(b)

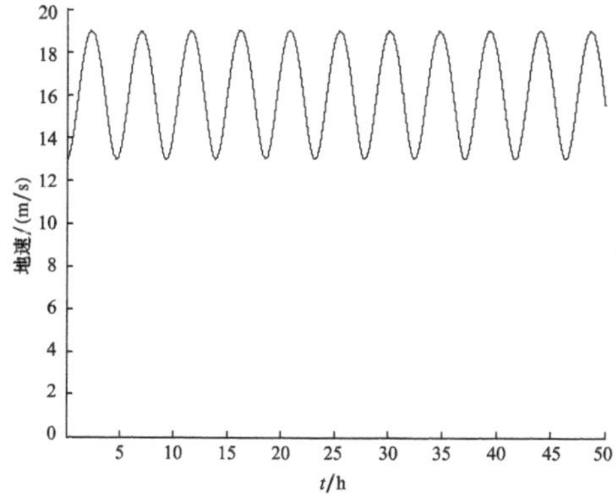
20
18
16
14
12
10
8
6
4
2
0
5 10 15 20 25 30 35 40 45 50
地速/(m/s)
t/h

(c)

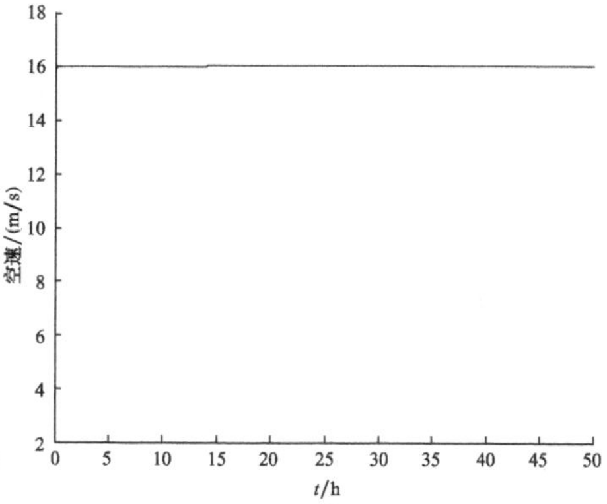
18
16
14
12
10
8
6
4
2
0 5 10 15 20 25 30 35 40 45 50
空速/(m/s)
t/h

(d)

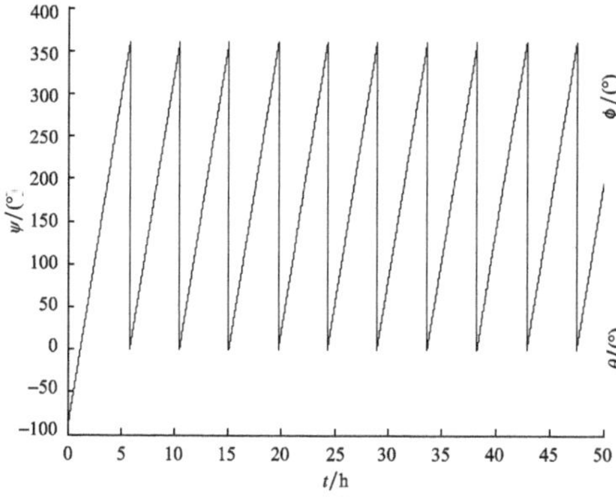
400
350
300
250
200
150
100
50
0
−50
−100
0 5 10 15 20 25 30 35 40 45 50
ψ/(°)
t/h

(e)

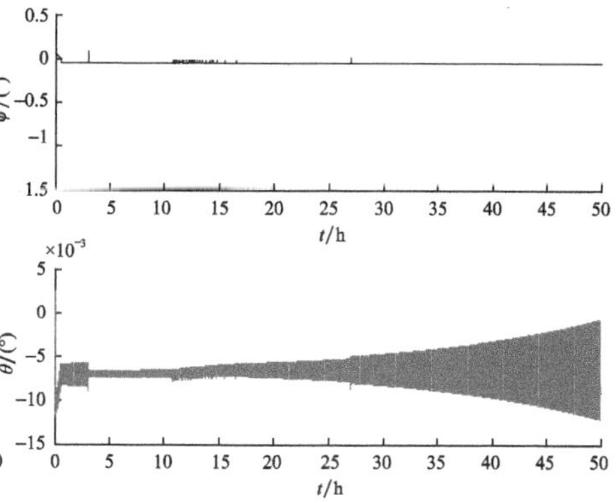
0.5
0
−0.5
−1
1.5
0 5 10 15 20 25 30 35 40 45 50
ϕ/(°)
t/h
×10⁻³
5
0
−5
−10
−15
0 5 10 15 20 25 30 35 40 45 50
θ/(°)
t/h

(f)

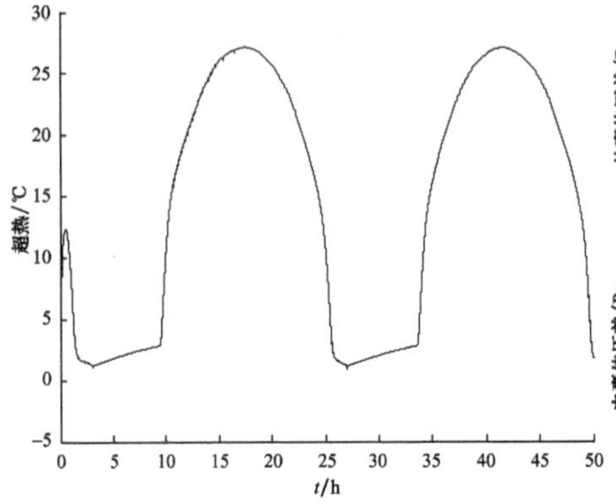

(g)

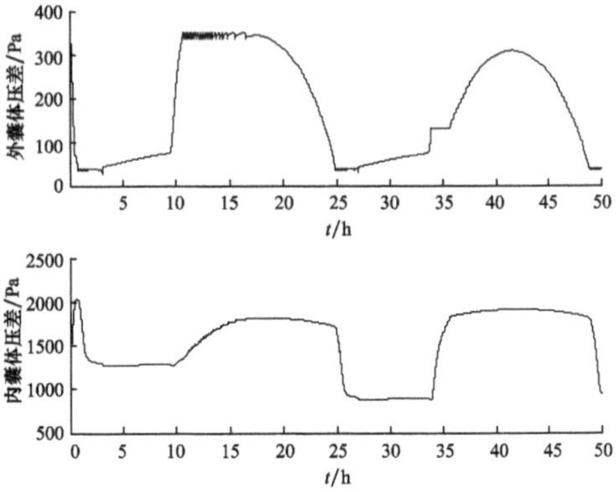

(h)

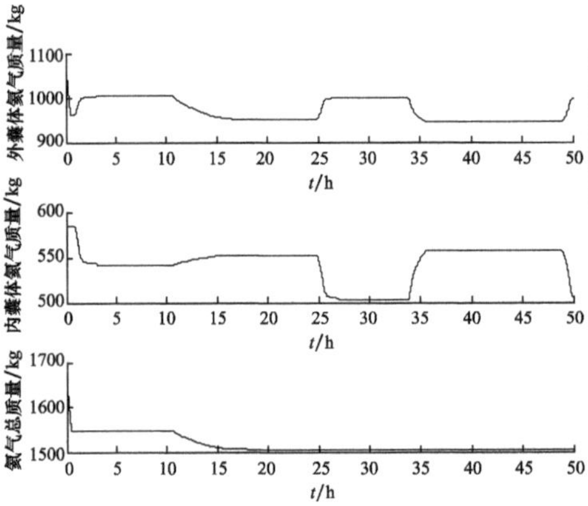

(i)

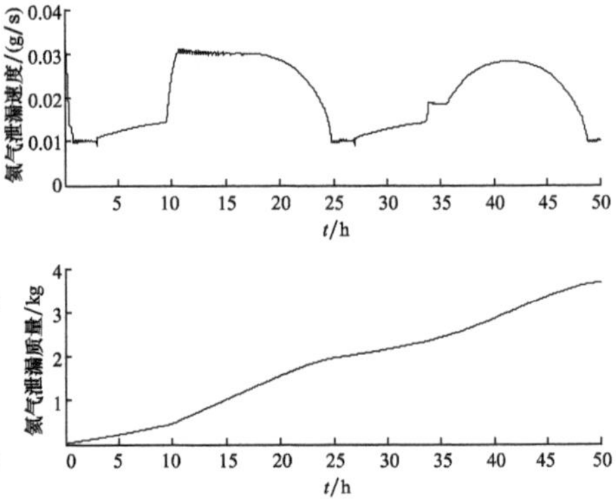

(j)

图 4-11　调压体制临近空间飞艇常值风场下最大恒定前向推力下力热耦合运动仿真(3m/s 常值风)

(a)平面运动轨迹;(b)平衡高度动态波动;(c)飞行地速;(d)飞行空速;(e)偏航姿态;(f)俯仰姿态与滚转姿态;(g)超热特性;(h)超压特性;(i)内外囊体氦气质量;(j)囊体氦气泄漏质量。

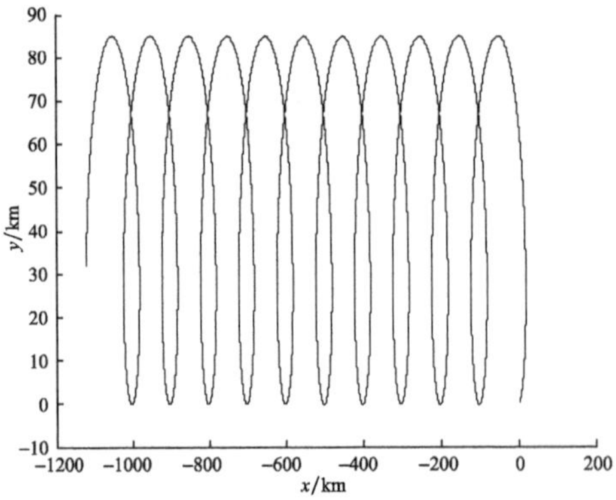

(a)

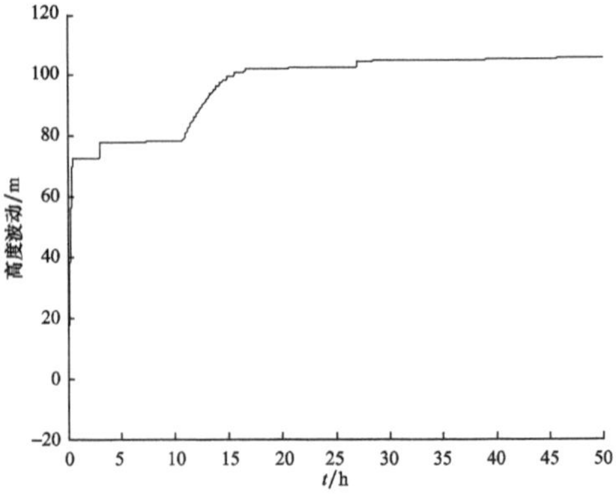

(b)

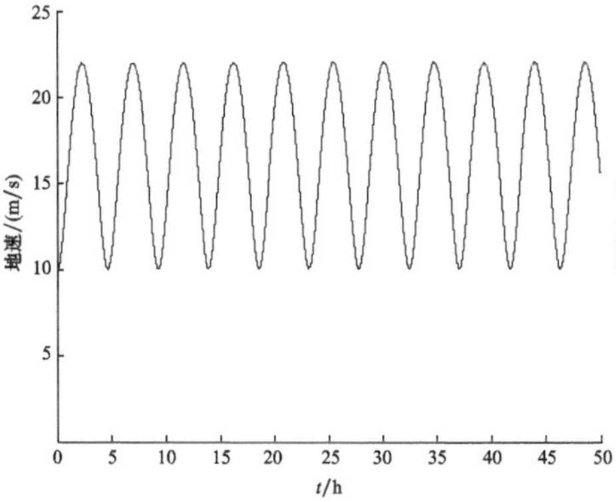
地速/(m/s)
t/h
25
20
15
10
5
0
5
10
15
20
25
30
35
40
45
50

(c)

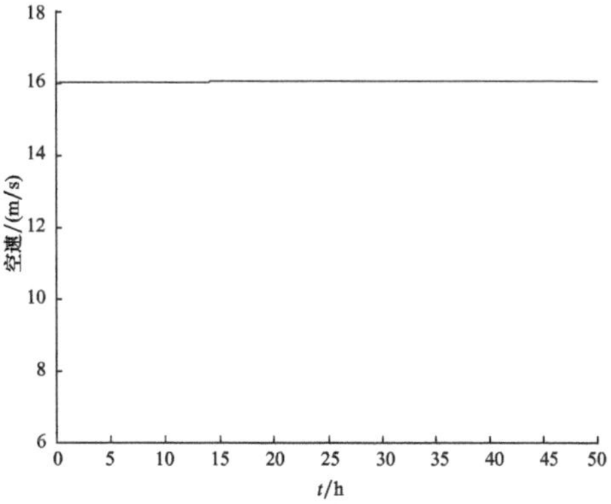
空速/(m/s)
t/h
18
16
14
12
10
8
6
0
5
10
15
20
25
30
35
40
45
50

(d)

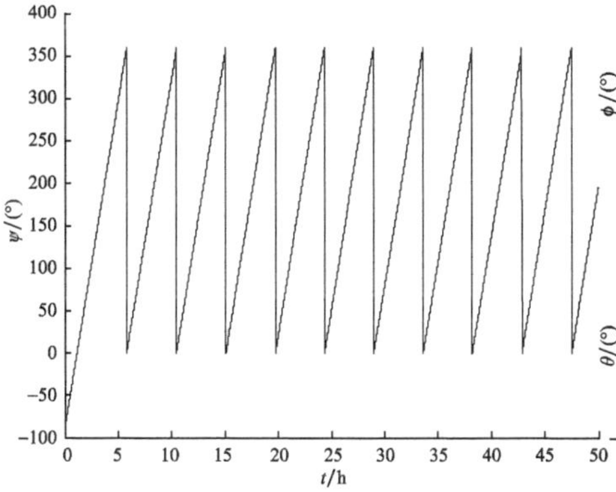
ψ/(°)
t/h
400
350
300
250
200
150
100
50
0
−50
−100
0
5
10
15
20
25
30
35
40
45
50

(e)

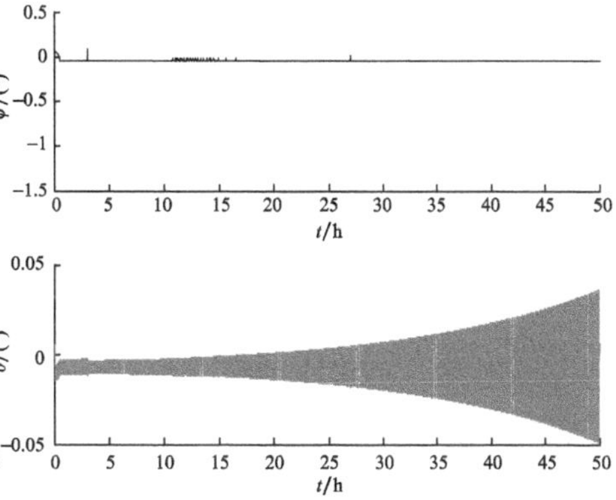
ϕ/(°)
0.5
0
−0.5
−1
−1.5
t/h
θ/(°)
0.05
0
−0.05
0
5
10
15
20
25
30
35
40
45
50

(f)

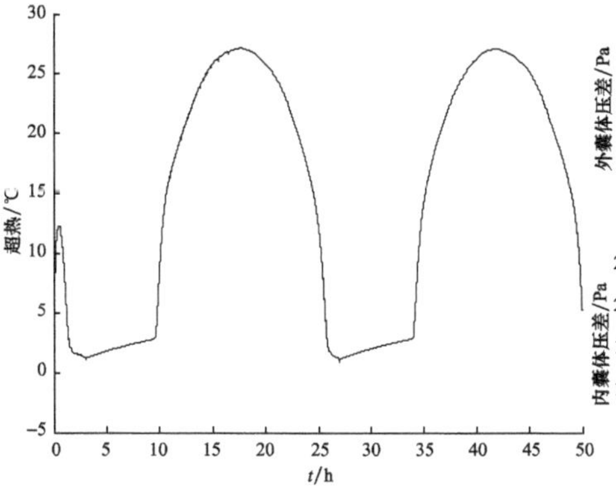
超热/℃
t/h
30
25
20
15
10
5
0
−5
0
5
10
15
20
25
30
35
40
45
50

(g)

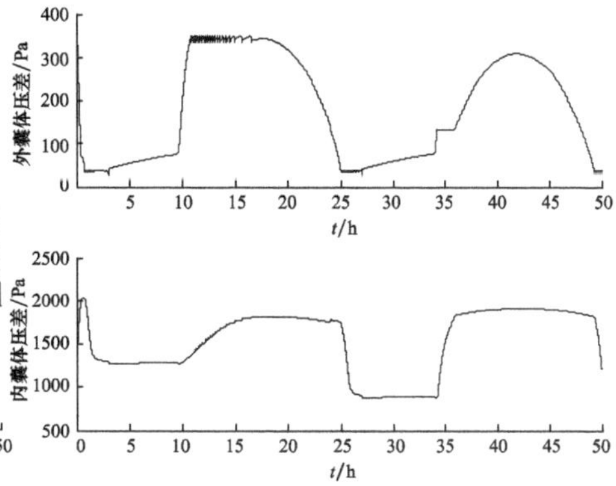
外囊体压差/Pa
400
300
200
100
0
t/h
内囊体压差/Pa
2500
2000
1500
1000
500
0
5
10
15
20
25
30
35
40
45
50

(h)

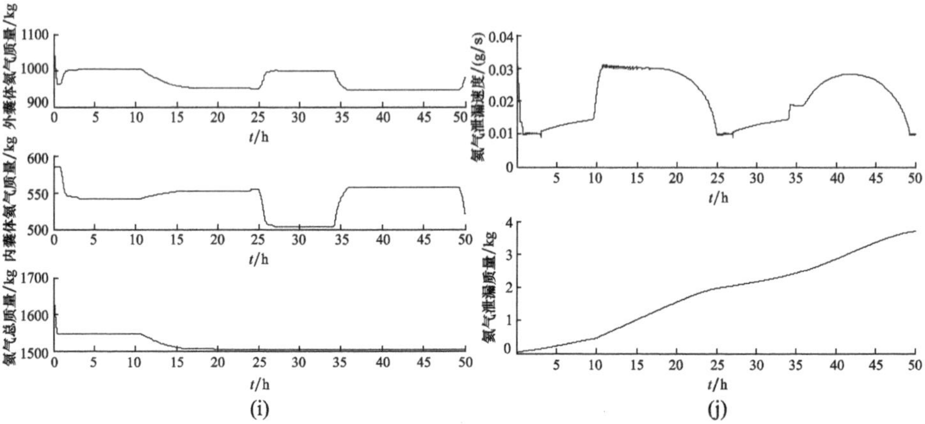

图 4-12　调压体制临近空间飞艇常值风场下最大恒定前向推力下力热耦合运动仿真(6m/s 常值风)

(a)平面运动轨迹;(b)平衡高度动态波动;(c)飞行地速;(d)飞行空速;(e)偏航姿态;(f)俯仰姿态与滚转姿态;(g)超热特性;(h)超压特性;(i)内外囊体氦气质量;(j)囊体氦气泄漏质量。

4.5.3　力热耦合运动特性分析

结合前文调压体制临近空间飞艇随风飘及最大恒定前向推力下运动仿真平衡高度动态变化结果可以看出,最大波动范围为 100m(占比 0.5%),驻空高度稳定性优良,这和调压体制小攻角弱升力气动布局总体设计相匹配,仅由于驻空过程氦气泄漏引发的高度波动。但由于临近空间环境大气密度随高度负向变化,高度上升浮力减小,高度下降浮力增大,实现驻空高度自平衡特性。

后续控制律设计可以简化为平面路径跟踪控制设计,也是低空缩比飞行控制试验需要模拟重要特性的前提。

4.5.4　长航时能力评估仿真

调压体制临近空间飞艇航时能力主要取决于昼夜循环驻空过程中外界热辐射环境变化下氦气“超热/超冷”引发的浮力囊体安全压力成形浮力保持,通过所构建的力热耦合模型在随风飘工况下,囊体实现安全压力调节,可以评估飞艇浮力保持能力(驻空高度在 18km 以上),进一步评估调压体制临近空间飞艇昼夜循环长航时滞空能力。由图 4-13、图 4-14 可以看出,调压体制临近空间飞艇白天在 3m/s、6m/s 常值东风推动下无动力随风飘流，飞行地速逐渐收敛于风速，飞行空速逐渐收敛于 0 附近，偏航姿态基本迎风向，俯仰姿态与滚转姿态均处于小角度范围内；受太阳辐照影响，囊体内氦气最大超热达到 55℃，通过释放氦气实现外囊体压差在 400Pa 安全范围内、调节内囊体压差在 2100Pa 安全范围内；另外，由于随风飘过程中氦气主动释放及囊体氦气泄漏（此部分为小量，2.2mm 等效微孔当量直径下日均泄漏约 1.9kg），飞艇自重减小，飞行高度上升约 100m。但驻空至夜晚时，由于白天囊体氦气超热过大，为保证囊体压力安全导致排出较多的氦气，使得夜晚超热量降低后，平衡氦气质量不足，囊体内压降至 0Pa 无法维形保持浮力，进而导致驻空高度快速降低，姿态振荡加剧，驻空总航时约为 26.5h（环境风场的变化对该随风飘性能影响不大）。因此，为实现调压体制临近空间飞艇长航时能力突破，需通过可控飞行实现稳定大空速来流降低囊体氦气超热量，这是第 5 章探讨的问题。

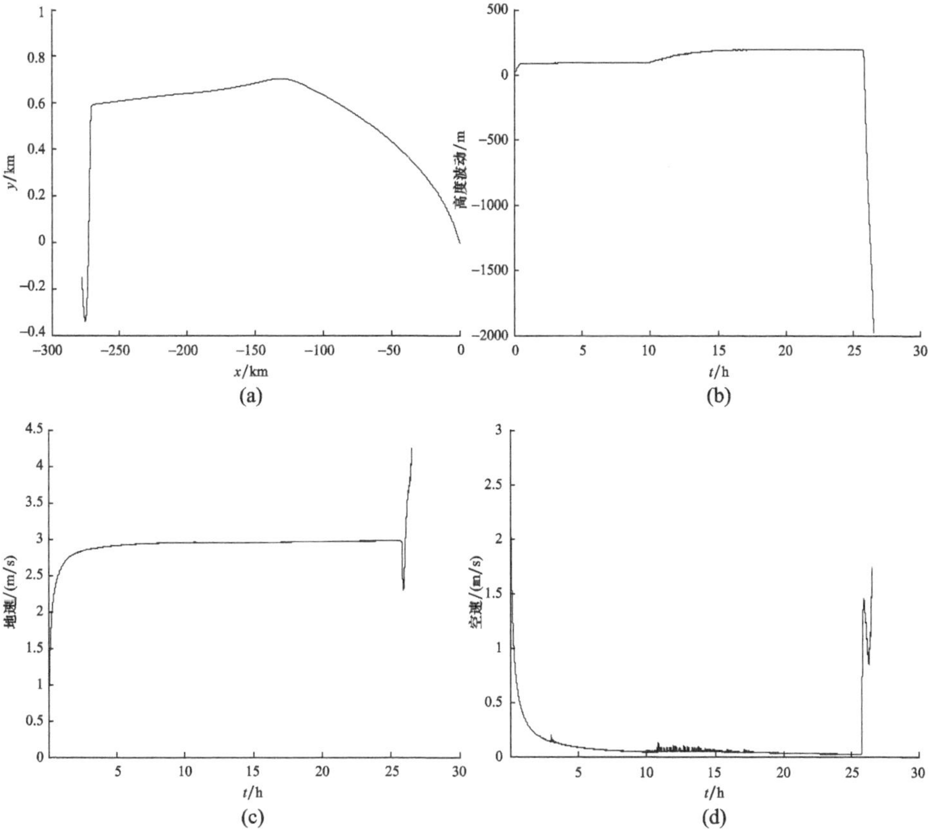

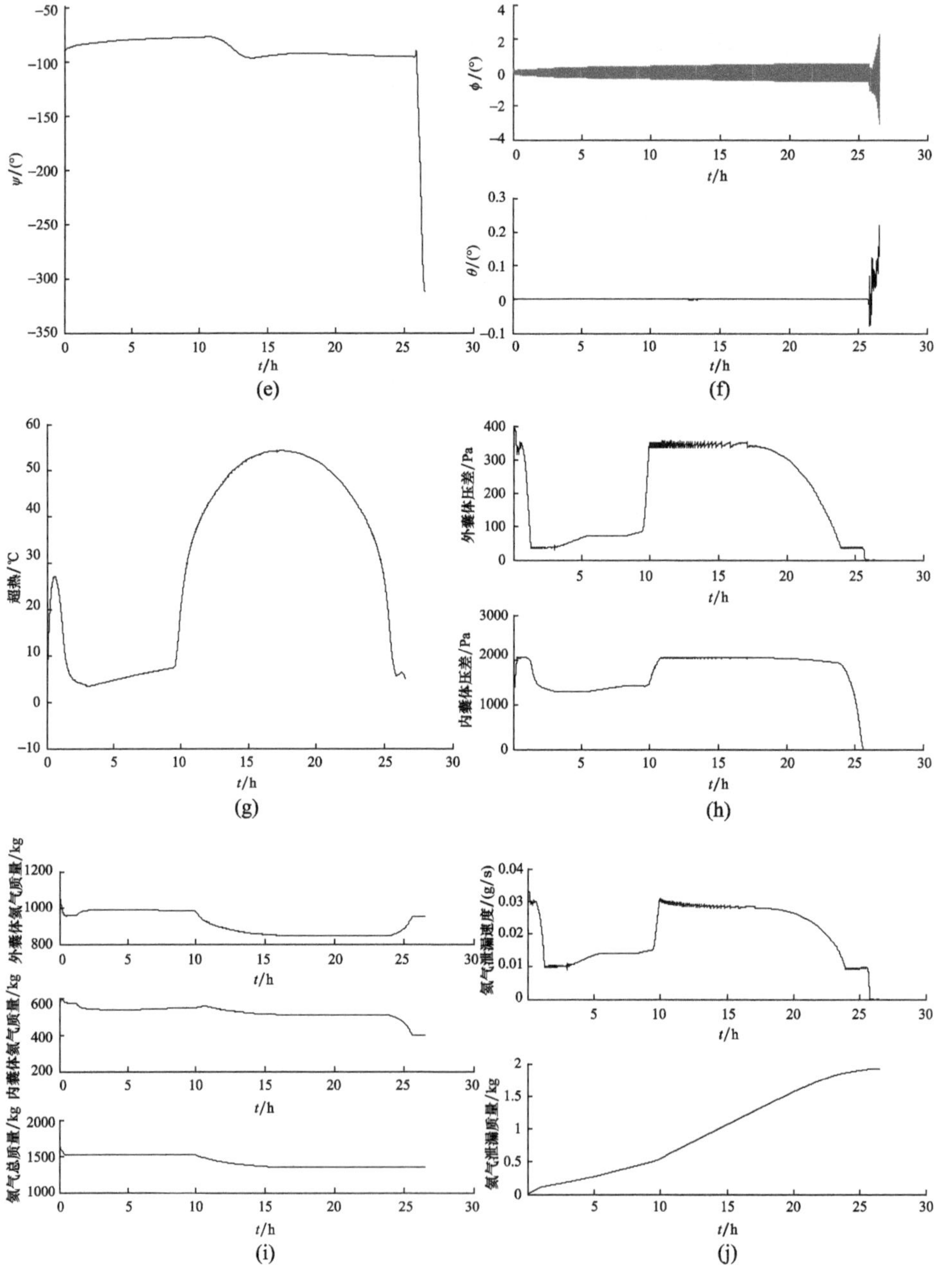

图 4-13 调压体制临近空间飞艇常值风场下随风飘航时能力仿真(3m/s 常值风)

(a)平面运动轨迹;(b)平衡高度动态波动;(c)飞行地速;(d)飞行空速;(e)偏航姿态;(f)俯仰姿态与滚转姿态;(g)超热特性;(h)超压特性;(i)内外囊体氦气质量;(j)囊体氦气泄漏质量。

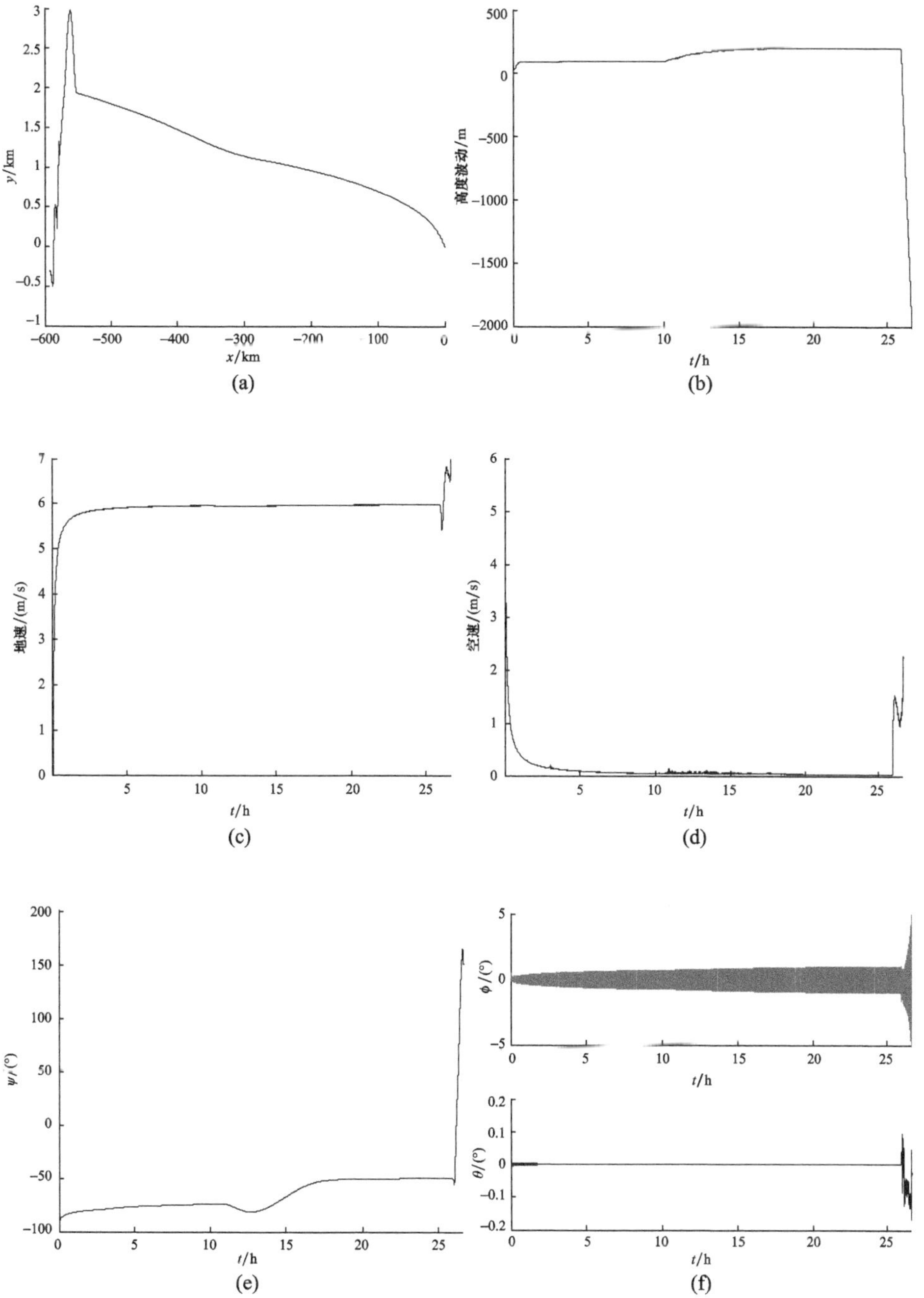

y/km
x/km
(a)
高度波动/m
t/h
(b)
地速/(m/s)
t/h
(c)
空速/(m/s)
t/h
(d)
ψ/(°)
t/h
(e)
φ/(°)
t/h
θ/(°)
t/h
(f)

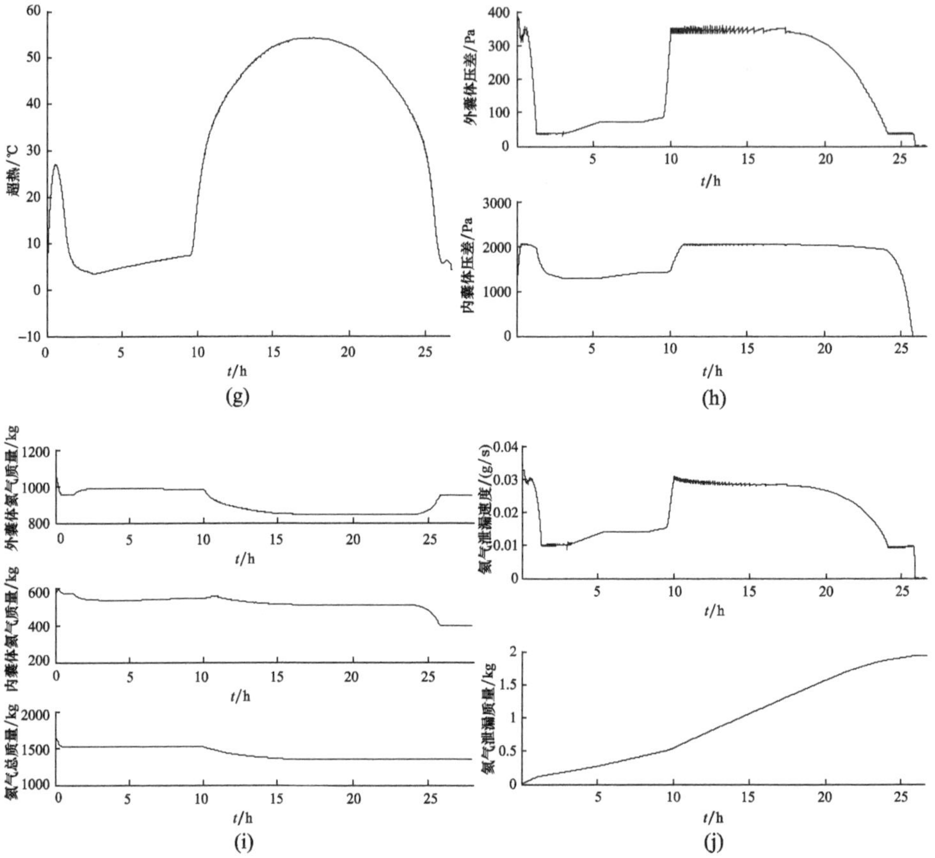

图 4-14 调压体制临近空间飞艇常值风场下随风飘航时能力仿真(6m/s 常值风)

(a)平面运动轨迹;(b)平衡高度动态波动;(c)飞行地速;(d)飞行空速;(e)偏航姿态;
(f)俯仰姿态与滚转姿态;(g)超热特性;(h)超压特性;(i)内外囊体氦气质量;(j)囊体氦气泄漏质量。

4.6 小结

本章根据典型调压体制临近空间飞艇的结构特征,在合理的基本假设下建立了 3 个坐标系,通过 6 个变量完整描述飞艇运动的位置与姿态。分别计算了重力、浮力、空气动力、附加惯性力及螺旋桨推力,特别是通过缩比风洞试验准确获取了平台气动特性,根据牛顿-欧拉方程详细推导了平台动力学方程;同时,建立了地气红外辐射、太阳辐射等环境热力学模型、蒙皮热力学模型、氦气热力学模型及氦气泄漏模型,实现了临近空间飞艇动力学与热力学耦合计算,完成了随风飘及最大恒定前向推力下力热耦合运动仿真并分析运动特性、抗风能力、随风飘长航时能力评估，为第 5 章控制律的设计及动力学受控闭环系统稳定性分析、控制律驱动下的飞艇平台热力学与动力学耦合特性仿真奠定了坚实的被控对象模型基础。

第 5 章

调压体制临近空间飞艇运动和压力耦合控制设计与仿真

在第 4 章所建立的力热耦合模型的基础上,开展飞艇平衡高度飞行平面内的路径跟踪控制律设计。根据飞艇路径跟踪时速度的调整方式定义了复合速度的概念,由实现路径跟踪的要求推导出飞艇体心的纵向速度和横向速度的期望值,结合飞艇动力学模型设计出使飞艇纵向速度和横向速度跟踪其期望值的控制律,达到路径跟踪的目的。同时,为尽量减少飞艇消耗的控制能量,采用改进的非线性预测控制方法进行控制器参数优化,并进行闭环稳定性分析。另外,设计了内外囊体压力安全循环调节策略,能够全面反映飞艇在大气环境及操纵力作用下力热耦合变化规律,通过仿真验证控制律设计的有效性、评估平台力热耦合动态可控飞行过程中航时能力[125]。

5.1 路径跟踪控制问题描述

临近空间飞艇平面路径跟踪控制问题是设计控制输入 $\boldsymbol{u}$ 使飞艇纵轴上指定点以给定的速度实现对任意期望平面路径的跟踪。

$$\boldsymbol{u} \triangleq \begin{bmatrix} u_1 \\ u_2 \\ u_3 \end{bmatrix} = \begin{bmatrix} F_3 \sin\mu \\ F_1 + F_2 + F_3 \cos\mu \\ x_T(F_1 - F_2) - y_{T2} F_3 \sin\mu \end{bmatrix} \tag{5-1}$$

设飞艇在地面惯性坐标系 $I=\{O_i x_i y_i z_i\}$ 中期望飞行高度 $z_i = z_d = 20000\text{m}$ 的平面内飞行,在此平面内规划一条飞艇要跟踪的平面参考路径 $f(x_i, y_i) = 0$。在飞艇纵轴(艇体坐标系 y 轴)上选取一个离体心(艇体坐标系原点)O 前方距离为 $l>0$ 的一点 P,它在地面惯性坐标系 I 中的坐标为 $[x_p, y_p, z_d]^{\mathrm{T}}$。由体心 O 在

艇体坐标系 B 中纵、横向速度分别为 v 和 u，飞艇偏航角速度为 r 易知：P 点在艇体坐标系 B 中的纵向速度 $v_p=v$，横向速度 $u_p=u-lr$。本书研究的基于复合速度控制的路径跟踪控制方法具体的描述是：对于事先给定指令速度 $I=\{O_ix_iy_iz_i\}$ 和地面惯性坐标系 $I=\{O_ix_iy_iz_i\}$ 中任意的期望平面几何路径 $f(x_i,y_i)=0$，提出一种合理的 P 点纵向速度 v_p 与横向速度 u_p 的时变加权和，称为 P 点的复合速度 $\tilde{v}_p$，设计控制 $\boldsymbol{u}$，使得 P 点以复合速度 $\tilde{v}_p=v_c$ 在期望路径 $f(x_i,y_i)=0$ 上运动，即满足：

$$\begin{cases} f(x_p,y_p)=0 \\ \tilde{v}_p=v_c \end{cases} \tag{5-2}$$

5.2　路径跟踪控制律设计

5.2.1　位置跟踪误差及其导数

在飞艇纵轴上选取一个距离体心（艇体坐标系原点）O 前方距离为 $l>0$ 的一点 P，它在艇体坐标系 B 中的坐标为 $\boldsymbol{p}=[0,l,0]^{\mathrm{T}}$。考虑到艇体坐标系原点 O 在惯性系 I 中坐标为 $\begin{bmatrix} x_p \\ y_p \\ z_p \end{bmatrix} \triangleq \bar{\boldsymbol{p}}=\boldsymbol{\zeta}+\boldsymbol{R}_\zeta\boldsymbol{p}=\begin{bmatrix} x \\ y \\ z \end{bmatrix}+\boldsymbol{R}_\zeta\begin{bmatrix} 0 \\ l \\ 0 \end{bmatrix}=\begin{bmatrix} x-l\mathrm{s}\psi\mathrm{c}\theta \\ y+l\mathrm{c}\psi\mathrm{c}\theta \\ z+l\mathrm{s}\theta \end{bmatrix}$，则点 P 在惯性系 I 中的坐标为

$$\begin{bmatrix} x_p \\ y_p \\ z_p \end{bmatrix} \triangleq \bar{\boldsymbol{p}}=\boldsymbol{\zeta}+\boldsymbol{R}_\zeta\boldsymbol{p}=\begin{bmatrix} x \\ y \\ z \end{bmatrix}+\boldsymbol{R}_\zeta\begin{bmatrix} 0 \\ l \\ 0 \end{bmatrix}=\begin{bmatrix} x-l\mathrm{s}\psi\mathrm{c}\theta \\ y+l\mathrm{c}\psi\mathrm{c}\theta \\ z+l\mathrm{s}\theta \end{bmatrix} \tag{5-3}$$

点 P 的速度在惯性坐标系 I 中的坐标为

$$\begin{aligned} \begin{bmatrix} \dot{x}_p \\ \dot{y}_p \\ \dot{z}_p \end{bmatrix} &= \dot{\bar{\boldsymbol{p}}}=\dot{\boldsymbol{\zeta}}+\dot{\boldsymbol{R}}_\zeta\boldsymbol{p}=\begin{bmatrix} \dot{x} \\ \dot{y} \\ \dot{z} \end{bmatrix}+\dot{R}_\zeta\begin{bmatrix} 0 \\ l \\ 0 \end{bmatrix}=\boldsymbol{R}_\zeta\begin{bmatrix} u \\ v \\ w \end{bmatrix}+\boldsymbol{S}(\boldsymbol{R}_\zeta\boldsymbol{\omega})\boldsymbol{R}_\zeta\begin{bmatrix} 0 \\ l \\ 0 \end{bmatrix} \\ &= \boldsymbol{R}_\zeta\begin{bmatrix} u \\ v \\ w \end{bmatrix}+\boldsymbol{R}_\zeta\boldsymbol{S}(\boldsymbol{\omega})\begin{bmatrix} 0 \\ l \\ 0 \end{bmatrix}=\boldsymbol{R}_\zeta\begin{bmatrix} u-lr \\ v \\ w+lp \end{bmatrix} \triangleq \boldsymbol{R}_\zeta\begin{bmatrix} u_p \\ v_p \\ w_p \end{bmatrix} \triangleq \boldsymbol{R}_\zeta\,\boldsymbol{v}_p \end{aligned} \tag{5-4}$$

从中可知，P 速度在艇体坐标系 B 中的表达式$\boldsymbol{v}_p$ 的三个分量$[u_p,v_p,w_p]^{\mathrm{T}}=[u-lr,v,w+lp]^{\mathrm{T}}$分别为点 P 在艇体坐标系中的横向速度、纵向速度和垂向速度。

点 P 对期望路径 $f(x_i,y_i)=0$ 的路径跟踪误差可取$\dfrac{\partial f(x,y)}{\partial x}\triangleq f_x(x,y)$，$\dfrac{\partial f(x,y)}{\partial y}\triangleq f_y(x,y)$，记

$$\frac{\partial f(x,y)}{\partial x}\triangleq f_x(x,y),\frac{\partial f(x,y)}{\partial y}\triangleq f_y(x,y)$$

则可求出路径跟踪误差的一阶导数为

$$\begin{aligned}
\dot{e}_p &= f_x(x_p,y_p)\dot{x}_p+f_y(x_p,y_p)\dot{y}_p\\
&=[f_x(x_p,y_p),f_y(x_p,y_p),0]\begin{bmatrix}\dot{x}_p\\ \dot{y}_p\\ \dot{z}_p\end{bmatrix}\\
&=[f_x(x_p,y_p),f_y(x_p,y_p),0]R_\zeta\begin{bmatrix}u_p\\ v_p\\ w_p\end{bmatrix}\\
&=[f_x(x_p,y_p),f_y(x_p,y_p)]\begin{bmatrix}\mathrm{c}\psi\mathrm{c}\phi-\mathrm{s}\psi\mathrm{s}\theta\mathrm{s}\phi & -\mathrm{s}\psi\mathrm{c}\theta & \mathrm{c}\psi\mathrm{s}\phi+\mathrm{s}\psi\mathrm{s}\theta\mathrm{c}\phi\\ \mathrm{s}\psi\mathrm{c}\phi+\mathrm{c}\psi\mathrm{s}\theta\mathrm{s}\phi & \mathrm{c}\psi\mathrm{c}\theta & \mathrm{s}\psi\mathrm{s}\phi-\mathrm{c}\psi\mathrm{s}\theta\mathrm{c}\phi\end{bmatrix}\begin{bmatrix}u_p\\ v_p\\ w_p\end{bmatrix}
\end{aligned} \tag{5-5}$$

当飞艇平稳飞行时，ϕ、θ 很小，有

$$\begin{aligned}
\dot{e}_p &\approx [f_x(x_p,y_p),f_y(x_p,y_p)]\begin{bmatrix}\mathrm{c}\psi & -\mathrm{s}\psi\\ \mathrm{s}\psi & \mathrm{c}\psi\end{bmatrix}\begin{bmatrix}u_p\\ v_p\end{bmatrix}\\
&=[f_x(x_p,y_p)\mathrm{c}\psi+f_y(x_p,y_p)\mathrm{s}\psi,-f_x(x_p,y_p)\mathrm{s}\psi+f_y(x_p,y_p)\mathrm{c}\psi]\begin{bmatrix}u_p\\ v_p\end{bmatrix}\\
&\triangleq f_1(x_p,y_p,\psi)v_p+f_2(x_p,y_p,\psi)u_p\\
&=f_1(x_p,y_p,\psi)v+f_2(x_p,y_p,\psi)(u-lr)
\end{aligned} \tag{5-6}$$

式中：$f_1(x_p,y_p,\psi)=-f_x(x_p,y_p)\mathrm{s}\psi+f_y(x_p,y_p)\mathrm{c}\psi$；$f_2(x_p,y_p,\psi)=f_x(x_p,y_p)\mathrm{c}\psi+f_y(x_p,y_p)\mathrm{s}\psi$。

5.2.2 复合速度的定义及其物理含义

定义艇体纵轴上点 P(惯性坐标系 I 中的坐标为 $\boldsymbol{p}=[x_p,y_p,z_d]^{\mathrm{T}}$)在平面期望路径 $f(x_i,y_i)=0$ 上的正交投影点 $\boldsymbol{P}_d$ 在惯性坐标系 I 中坐标为 $\boldsymbol{P}_d$,则由点 $\boldsymbol{P}_d$ 在期望路径 $f(x_i,y_i)=0$ 上,且点 P 和其正交投影点 $\boldsymbol{P}_d$ 的连线垂直于期望路径在点 $\boldsymbol{P}_d$ 处的切向可知:

$$\begin{cases}f(x_d,y_d)=0\\ f_y(x_d,y_d)(x_d-x_p)-f_x(x_d,y_d)(y_d-y_p)=0\end{cases}\tag{5-7}$$

由式(5-7)可解出 $\boldsymbol{P}_d$ 的平面坐标 $f(x_i,y_i)=0$。平面期望路径 $f(x_i,y_i)=0$ 上点 $\boldsymbol{P}_d$ 处的单位切向量在惯性坐标系 I 中的坐标为

$$\boldsymbol{d}_f=\bar{s}\left[\frac{f_y(x_d,y_d)}{\sqrt{f_x^2(x_d,y_d)+f_y^2(x_d,y_d)}},\frac{-f_x(x_d,y_d)}{\sqrt{f_x^2(x_d,y_d)+f_y^2(x_d,y_d)}},z_d\right]^{\mathrm{T}}\tag{5-8}$$

式中:$\bar{s}=\pm1$ 表示切向量$\boldsymbol{d}_f$ 的两个不同方向。飞艇前进方向(艇体坐标系 B 的 y 轴正向)的单位向量在惯性坐标系 I 中的坐标为

$$\boldsymbol{d}=\boldsymbol{R}_\zeta\begin{bmatrix}0\\1\\0\end{bmatrix}=\begin{bmatrix}-\mathrm{s}\psi\mathrm{c}\theta\\ \mathrm{c}\psi\mathrm{c}\theta\\ \mathrm{s}\theta\end{bmatrix}\approx\begin{bmatrix}-\mathrm{s}\psi\\ \mathrm{c}\psi\\ 0\end{bmatrix}\tag{5-9}$$

惯性坐标系 z 轴上单位向量在惯性坐标系 I 中的坐标为

$$\boldsymbol{k}=\begin{bmatrix}0\\0\\1\end{bmatrix}\tag{5-10}$$

三个向量$\{\boldsymbol{d}_f,\boldsymbol{d},\boldsymbol{k}\}$的定义对飞艇航向的判定和调整是至关重要的。当飞艇上点 P 被控制在期望路径上运动时,点积 $\boldsymbol{d}\cdot\boldsymbol{d}_f=1$ 为飞艇上 P 点的飞行方向与此时期望路径上点 P 处切向间夹角的余弦,当 $\boldsymbol{d}\cdot\boldsymbol{d}_f=1$ 时,两向量 $\boldsymbol{d}$ 和$\boldsymbol{d}_f$ 的方向一致,飞艇上点 P 沿期望路径的切向飞行,这是我们所期望的。当 $\boldsymbol{d}\cdot\boldsymbol{d}_f\neq1$ 时,向量 $\boldsymbol{d}$ 和$\boldsymbol{d}_f$ 的方向不一致,需要调整飞艇的飞行方向使向量 $\boldsymbol{d}$ 和$\boldsymbol{d}_f$ 的方向一致。这时若 $\boldsymbol{d}\times\boldsymbol{d}_f=0$,必有 $\boldsymbol{d}\cdot\boldsymbol{d}_f=-1$,这表示两向量 $\boldsymbol{d}$ 和$\boldsymbol{d}_f$ 的方向相反,飞艇沿期望路径背道而驰,这是要绝对避免的。这时若 $\boldsymbol{d}\times\boldsymbol{d}_f\neq0$,向量 $\boldsymbol{d}\times\boldsymbol{d}_f$ 由向量 $\boldsymbol{d}$ 在两向量所在平面(水平面)内以小于 180°角度转向$\boldsymbol{d}_f$ 得到。因向量 $\boldsymbol{d}\times\boldsymbol{d}_f$ 和 k 均垂直于惯性系的水平面,混合积 $\boldsymbol{d}$ 的符号可刻画向量 $\boldsymbol{d}$ 转到与$\boldsymbol{d}_f$ 方向一致时的转向(飞艇上 P 点的飞行方向旋转到期望路径上 P 点处切向的转动方向):

当 $\boldsymbol{d}$ 的符号为正时，表示向量 $\boldsymbol{d}$ 应绕 k 轴正向转向 $\boldsymbol{d}_f$；而当 $\boldsymbol{d}$ 的符号为负时，表示向量 $\boldsymbol{d}$ 应绕 k 轴负向转向 $\boldsymbol{d}_f$。

飞艇完成路径跟踪任务时，需要同时调整飞行速度和方向，即需要同时调整点 P 的纵向速度和横向速度。考虑到 r 为正时，飞艇的正向转动角速度 r 使 P 点产生 $-u_p$，为此定义飞艇上点 P 纵向速度与横向速度的加权和为点 P 的复合速度：

$$\begin{aligned}\tilde{v}_p &= a_1 v_p + (1-a_1)\operatorname{sgn}((\boldsymbol{d}\times\boldsymbol{d}_f)\cdot\boldsymbol{k})(-u_p)\\&= a_1 v_p + (1-a_1)\{-\operatorname{sgn}((\boldsymbol{d}\times\boldsymbol{d}_f)\cdot\boldsymbol{k})\}u_p\\&= a_1 v_p + (1-a_1)\{-\operatorname{sgn}((\boldsymbol{d}\times\boldsymbol{d}_f)\cdot\boldsymbol{k})\}(u-lr)\\&\triangleq a_1 v + (1-a_1)a_2(u-lr)\end{aligned} \tag{5-11}$$

其中

$$\begin{aligned}a_1 &= \frac{1}{2}(1+\boldsymbol{d}\cdot\boldsymbol{d}_f) = \frac{1}{2}\left(1-\bar{s}\frac{f_y(x_d,y_d)\mathrm{s}\psi+f_x(x_d,y_d)\mathrm{c}\psi}{\sqrt{f_x^2(x_d,y_d)+f_y^2(x_d,y_d)}}\right)\\&= \frac{1}{2}\left(1-\bar{s}\frac{f_2(x_d,y_d,\psi)}{\sqrt{f_x^2(x_d,y_d)+f_y^2(x_d,y_d)}}\right)\end{aligned} \tag{5-12}$$

$$\begin{aligned}a_2 &= -\operatorname{sgn}((\boldsymbol{d}\times\boldsymbol{d}_f)\cdot\boldsymbol{k})\\&= \operatorname{sgn}\left(-\bar{s}\frac{f_x(x_d,y_d)\mathrm{s}\psi-f_y(x_d,y_d)\mathrm{c}\psi}{\sqrt{f_x^2(x_d,y_d)+f_y^2(x_d,y_d)}}\right)\\&= \operatorname{sgn}(\bar{s}(-f_x(x_d,y_d)\mathrm{s}\psi+f_y(x_d,y_d)\mathrm{c}\psi))\\&= \operatorname{sgn}(\bar{s}f_1(x_d,y_d,\psi))\end{aligned} \tag{5-13}$$

其中，符号函数为

$$\operatorname{sgn}(x)\triangleq\begin{cases}1 & (x>0)\\0 & (x=0)\\-1 & (x<0)\end{cases}$$

复合速度 $\tilde{v}_p$ 的物理含义为，当飞艇上 P 点在期望路径上运动时，若点 P 的飞行方向与期望路径切向相同，$a_1=1$，$\tilde{v}_p=v_p$，飞艇不需要调整飞行方向，点 P 以纵向速度 $\tilde{v}_p$ 沿期望路径切向向前飞行；当飞艇上 P 点的飞行方向与期望路径切向不相同时，由复合速度 $\tilde{v}_p$ 的定义式(5-11)知：$\tilde{v}_p$ 中会减小点 P 的纵向速度 v_p，同时会按 $u_p=u-lr$ 确定的方向增加点 P 的横向速度 $u_p=u-lr$，使飞艇上 P 点的飞行方向转到与期望路径的切向一致。

为保证飞艇持续飞行而不会停在期望路径上，期望复合速度 $\tilde{v}_p$ 为事先给定的常值期望速度 $\tilde{v}_p=a_1v_p+(1-a_1)a_2u_p=a_1v+(1-a_1)a_2(u-lr)=v_c$，即满足：

$$\tilde{v}_p = a_1 v_p + (1-a_1) a_2 u_p = a_1 v + (1-a_1) a_2 (u - lr) = v_c \tag{5-14}$$

5.2.3 期望纵横向速度的确定

要使路径跟踪误差 $e_p = f(x_p, y_p) \to 0$,可使其满足:

$$\dot{e}_p = -k_e e_p \tag{5-15}$$

式中:$k_e > 0$。将式(5-15)代入式(5-6),得

$$f_1(x_p, y_p, \psi) v_p + f_2(x_p, y_p, \psi) u_p = -k_e f(x_p, y_p) \tag{5-16}$$

将其与路径跟踪的复合速度要求式(5-14)联立得到

$$\begin{bmatrix} f_1(x_p, y_p, \psi) & f_2(x_p, y_p, \psi) \\ a_1 & (1-a_1) a_2 \end{bmatrix} \begin{bmatrix} v_p \\ u_p \end{bmatrix} = \begin{bmatrix} -k_e f(x_p, y_p) \\ v_c \end{bmatrix} \tag{5-17}$$

当

$$\begin{vmatrix} f_1(x_p, y_p, \psi) & f_2(x_p, y_p, \psi) \\ a_1 & (1-a_1) a_2 \end{vmatrix} = (1-a_1) a_2 f_1(x_p, y_p, \psi) - a_1 f_2(x_p, y_p, \psi) \neq 0 \tag{5-18}$$

时,从式(5-17)可解出飞艇上点 P 实现路径跟踪控制要求的期望纵向速度 v_{pd} 和期望横向速度 u_{pd} 如下:

$$\begin{aligned} \begin{bmatrix} v_{pd} \\ u_{pd} \end{bmatrix} &= \begin{bmatrix} f_1(x_p, y_p, \psi) & f_2(x_p, y_p, \psi) \\ a_1 & (1-a_1) a_2 \end{bmatrix}^{-1} \begin{bmatrix} -k_e f(x_p, y_p) \\ v_c \end{bmatrix} \\ &= \begin{bmatrix} \dfrac{v_c f_2(x_p, y_p, \psi) + (1-a_1) a_2 k_e f(x_p, y_p)}{a_1 f_2(x_p, y_p, \psi) - (1-a_1) a_2 f_1(x_p, y_p, \psi)} \\ \dfrac{-v_c f_1(x_p, y_p, \psi) - a_1 k_e f(x_p, y_p)}{a_1 f_2(x_p, y_p, \psi) - (1-a_1) a_2 f_1(x_p, y_p, \psi)} \end{bmatrix} \\ &\triangleq \begin{bmatrix} \dfrac{v_c f_2(x_p, y_p, \psi) + (1-a_1) a_2 k_e f(x_p, y_p)}{f_3(x_p, y_p, \psi)} \\ \dfrac{-v_c f_1(x_p, y_p, \psi) - a_1 k_e f(x_p, y_p)}{f_3(x_p, y_p, \psi)} \end{bmatrix} \end{aligned} \tag{5-19}$$

再由点 P 期望纵向速度 v_{pd} 和期望横向速度 u_{pd} 与飞艇体心 O 纵横向速度 $\{v, u\}$ 和偏航角速度 r 的关系知,实现路径跟踪时,$\{v, u, r\}$ 的期望值 $\{v_d, u_d, r_d\}$ 满足:

$$\begin{bmatrix} v_d \\ u_d - lr_d \end{bmatrix} = \begin{bmatrix} \dfrac{v_a f_2(x_p, y_p, \psi) + (1-a_1) a_2 k_a f(x_p, y_p)}{f_3(x_p, y_p, \psi)} \\ \dfrac{-v_a f_1(x_p, y_p, \psi) - a_1 k_a f(x_p, y_p)}{f_3(x_p, y_p, \psi)} \end{bmatrix} \tag{5-20}$$

5.2.4 路径跟踪非线性预测控制律设计

结合飞艇动力学方程式(4-41)中定义 $\boldsymbol{x} = [\boldsymbol{v}^{\mathrm{T}} \quad \boldsymbol{\omega}^{\mathrm{T}}]^{\mathrm{T}}$，可将其写为

$$\dot{\boldsymbol{x}} = \boldsymbol{M}^{-1}[-\boldsymbol{n}(\boldsymbol{x}) + \boldsymbol{B}\boldsymbol{u}] = -\boldsymbol{M}^{-1}\boldsymbol{n}(\boldsymbol{x}) + \boldsymbol{M}^{-1}\boldsymbol{B}\boldsymbol{u} \tag{5-21}$$

其中

$$\boldsymbol{B} = \begin{bmatrix} 1 & 0 & 0 \\ 0 & 1 & 0 \\ 0 & 0 & 0 \\ 0 & 0 & 0 \\ 0 & 0 & 0 \\ 0 & 0 & 1 \end{bmatrix}, \boldsymbol{u} = \begin{bmatrix} F_3 \sin\mu \\ F_1 + F_2 + F_3 \cos\mu \\ x_T(F_1 - F_2) - y_{T2} F_3 \sin\mu \end{bmatrix} \tag{5-22}$$

取此系统的输出为

$$\boldsymbol{y} = \begin{bmatrix} v_p \\ u_p \end{bmatrix} = \begin{bmatrix} v \\ u - lr \end{bmatrix} = \begin{bmatrix} 0 & 1 & 0 & 0 & 0 & 0 \\ 1 & 0 & 0 & 0 & 0 & -l \end{bmatrix} \boldsymbol{x} \triangleq \boldsymbol{C}\boldsymbol{x} \tag{5-23}$$

对式(5-23)求导可得系统输入-输出方程：

$$\dot{\boldsymbol{y}} = \boldsymbol{C}\dot{\boldsymbol{x}} = -\boldsymbol{C}\boldsymbol{M}^{-1}\boldsymbol{n}(\boldsymbol{x}) + \boldsymbol{C}\boldsymbol{M}^{-1}\boldsymbol{B}\boldsymbol{u} \triangleq \bar{\boldsymbol{n}}(\boldsymbol{x}) + \tilde{\boldsymbol{B}}\boldsymbol{u} \tag{5-24}$$

为减少飞艇控制能量消耗，采用含有控制能量优化的非线性预测控制方法设计路径跟踪[9,126]。给定期望输出 $\boldsymbol{y}_d(t) = [v_{pd}(t) \quad u_{pd}(t)]^{\mathrm{T}}$，记 $t+\tau$ 时输出为 $\boldsymbol{y}(t+\tau) = [v_p(t+\tau) \quad u_p(t+\tau)]^{\mathrm{T}}$，输出误差 $\boldsymbol{e}(t+\tau) = \boldsymbol{y}(t+\tau) - \boldsymbol{y}_d(t+\tau)$，设计控制律 $\boldsymbol{u}$ 使以下滚动优化指标 J 取最小值：

$$J = \frac{1}{2}\int_0^{\mathrm{T}} [\boldsymbol{e}^{\mathrm{T}}(t+\tau)\boldsymbol{e}(t+\tau) + \dot{\boldsymbol{e}}^{\mathrm{T}}(t+\tau)\boldsymbol{\Lambda}\dot{\boldsymbol{e}}(t+\tau)]\mathrm{d}\tau \tag{5-25}$$

式中：T 为预测时长；$\boldsymbol{\Lambda} = \mathrm{diag}[\lambda_1, \lambda_2] \geqslant 0$ 为设计者给定的常值半正定加权矩阵。性能指标 J 的第一项反映了对路径跟踪精度的优化要求，第二项由式(5-29)知，其中 $\dot{\boldsymbol{y}}(t+\tau)$ 含有控制 $\bar{\boldsymbol{u}}(t+\tau)$，故它间接反映了对控制量 $\boldsymbol{u}$ 的优化要求。

由泰勒公式知：

$$\begin{cases}\boldsymbol{y}(t+\tau)\approx\boldsymbol{y}(t)+\tau\dot{\boldsymbol{y}}(t)+\dfrac{\tau^2}{2}\ddot{\boldsymbol{y}}(t)=\begin{bmatrix}\boldsymbol{I}_2 & \tau\boldsymbol{I}_2 & \dfrac{\tau^2}{2}\boldsymbol{I}_2\end{bmatrix}\begin{bmatrix}\boldsymbol{y}(t)\\ \dot{\boldsymbol{y}}(t)\\ \ddot{\boldsymbol{y}}(t)\end{bmatrix}\triangleq\boldsymbol{H}_1(\tau)\bar{\boldsymbol{y}}(t)\\ \dot{\boldsymbol{y}}(t+\tau)\approx\dot{\boldsymbol{y}}(t)+\tau\ddot{\boldsymbol{y}}(t)=\begin{bmatrix}0_{2\times2} & \boldsymbol{I}_2 & \tau\boldsymbol{I}_2\end{bmatrix}\begin{bmatrix}\boldsymbol{y}(t)\\ \dot{\boldsymbol{y}}(t)\\ \ddot{\boldsymbol{y}}(t)\end{bmatrix}\triangleq\boldsymbol{H}_2(\tau)\bar{\boldsymbol{y}}(t)\\ \boldsymbol{y}_d(t+\tau)\approx\boldsymbol{y}_d(t)+\tau\dot{\boldsymbol{y}}_d(t)+\dfrac{\tau^2}{2}\ddot{\boldsymbol{y}}_d(t)=\begin{bmatrix}\boldsymbol{I}_2 & \tau\boldsymbol{I}_2 & \dfrac{\tau^2}{2}\boldsymbol{I}_2\end{bmatrix}\begin{bmatrix}\boldsymbol{y}_d(t)\\ \dot{\boldsymbol{y}}_d(t)\\ \ddot{\boldsymbol{y}}_d(t)\end{bmatrix}\triangleq\boldsymbol{H}_1(\tau)\bar{\boldsymbol{y}}_d(t)\\ \dot{\boldsymbol{y}}_d(t+\tau)\approx\dot{\boldsymbol{y}}_d(t)+\tau\ddot{\boldsymbol{y}}_d(t)=\begin{bmatrix}0_{2\times2} & \boldsymbol{I}_2 & \tau\boldsymbol{I}_2\end{bmatrix}\begin{bmatrix}\boldsymbol{y}_d(t)\\ \dot{\boldsymbol{y}}_d(t)\\ \ddot{\boldsymbol{y}}_d(t)\end{bmatrix}\triangleq\boldsymbol{H}_2(\tau)\bar{\boldsymbol{y}}_d(t)\end{cases}\tag{5-26}$$

利用式(5-26)可将性能指标 J 近似为

$$\begin{aligned}J&=\frac{1}{2}\int_0^{\mathrm{T}}[(\bar{\boldsymbol{y}}(t)-\bar{\boldsymbol{y}}_d(t))^{\mathrm{T}}\boldsymbol{H}_1^{\mathrm{T}}(\tau)\boldsymbol{H}_1(\tau)(\bar{\boldsymbol{y}}(t)-\bar{\boldsymbol{y}}_d(t))+\\&\quad(\bar{\boldsymbol{y}}(t)-\bar{\boldsymbol{y}}_d(t))^{\mathrm{T}}\boldsymbol{H}_2^{\mathrm{T}}(\tau)\boldsymbol{\Lambda}\boldsymbol{H}_2(\tau)(\bar{\boldsymbol{y}}(t)-\bar{\boldsymbol{y}}_d(t))]\,\mathrm{d}\tau\\&=\frac{1}{2}[\bar{\boldsymbol{y}}(t)-\bar{\boldsymbol{y}}_d(t)]^{\mathrm{T}}\int_0^{\mathrm{T}}[\boldsymbol{H}_1^{\mathrm{T}}(\tau)\boldsymbol{H}_1(\tau)+\boldsymbol{H}_2^{\mathrm{T}}(\tau)\boldsymbol{\Lambda}\boldsymbol{H}_2(\tau)]\,(\bar{\boldsymbol{y}}(t)-\bar{\boldsymbol{y}}_d(t))\,\mathrm{d}\tau\\&\triangleq\frac{1}{2}[\bar{\boldsymbol{y}}(t)-\bar{\boldsymbol{y}}_d(t)]^{\mathrm{T}}\boldsymbol{R}(T)(\bar{\boldsymbol{y}}(t)-\bar{\boldsymbol{y}}_d(t))\end{aligned}\tag{5-27}$$

其中

$$\begin{aligned}\boldsymbol{R}(T)&=\int_0^{\mathrm{T}}\left(\begin{bmatrix}\boldsymbol{I}_2 & \tau\boldsymbol{I}_2 & \dfrac{\tau^2}{2}\boldsymbol{I}_2\\ \tau\boldsymbol{I}_2 & \tau^2\boldsymbol{I}_2 & \dfrac{\tau^3}{2}\boldsymbol{I}_2\\ \dfrac{\tau^2}{2}\boldsymbol{I}_2 & \dfrac{\tau^3}{2}\boldsymbol{I}_2 & \dfrac{\tau^4}{4}\boldsymbol{I}_2\end{bmatrix}+\begin{bmatrix}0_{2\times2} & 0_{2\times2} & 0_{2\times2}\\ 0_{2\times2} & \boldsymbol{\Lambda} & \tau\boldsymbol{\Lambda}\\ 0_{2\times2} & \tau\boldsymbol{\Lambda} & \tau^2\boldsymbol{\Lambda}\end{bmatrix}\right)\mathrm{d}\tau\\&=\begin{bmatrix}T\boldsymbol{I}_2 & \dfrac{T^2}{2}\boldsymbol{I}_2 & \dfrac{T^3}{6}\boldsymbol{I}_2\\ \dfrac{T^2}{2}\boldsymbol{I}_2 & \dfrac{T^3}{3}\boldsymbol{I}_2 & \dfrac{T^4}{8}\boldsymbol{I}_2\\ \dfrac{T^3}{6}\boldsymbol{I}_2 & \dfrac{T^4}{8}\boldsymbol{I}_2 & \dfrac{T^5}{20}\boldsymbol{I}_2\end{bmatrix}+\begin{bmatrix}0_{2\times2} & 0_{2\times2} & 0_{2\times2}\\ 0_{2\times2} & T\boldsymbol{\Lambda} & \dfrac{T^2}{2}\boldsymbol{\Lambda}\\ 0_{2\times2} & \dfrac{T^2}{2}\boldsymbol{\Lambda} & \dfrac{T^3}{3}\boldsymbol{\Lambda}\end{bmatrix}\triangleq\begin{bmatrix}\boldsymbol{R}_{11} & \boldsymbol{R}_{12}\\ \boldsymbol{R}_{12}^{\mathrm{T}} & \boldsymbol{R}_{22}\end{bmatrix}\end{aligned}\tag{5-28}$$

$$\boldsymbol{R}_{11}=T\boldsymbol{I}_2,\boldsymbol{R}_{12}=\begin{bmatrix}\frac{T^2}{2}\boldsymbol{I}_2 & \frac{T^3}{6}\boldsymbol{I}_2\end{bmatrix},\boldsymbol{R}_{22}=\begin{bmatrix}\frac{T^3}{3}\boldsymbol{I}_2+T\boldsymbol{\Lambda} & \frac{T^4}{8}\boldsymbol{I}_2+\frac{T^2}{2}\boldsymbol{\Lambda}\\ \frac{T^4}{8}\boldsymbol{I}_2+\frac{T^2}{2}\boldsymbol{\Lambda} & \frac{T^4}{20}\boldsymbol{I}_2+\frac{T^3}{3}\boldsymbol{\Lambda}\end{bmatrix} \tag{5-29}$$

由式(5-29)知：

$$\ddot{\boldsymbol{y}}=\dot{\bar{\boldsymbol{n}}}(\boldsymbol{x},\dot{\boldsymbol{x}})+\widetilde{\boldsymbol{B}}\dot{\boldsymbol{u}} \tag{5-30}$$

再定义 $\bar{\boldsymbol{u}}=[\boldsymbol{u}^{\mathrm{T}}\quad \dot{\boldsymbol{u}}^{\mathrm{T}}]^{\mathrm{T}}$，并考虑到期望输出$\bar{\boldsymbol{y}}_d(t)$中不含 $\bar{\boldsymbol{u}}$，由式(5-32)～式(5-34)可计算出：

$$\frac{\partial J}{\partial\bar{\boldsymbol{u}}}=\frac{\partial(\bar{\boldsymbol{y}}(t)-\bar{\boldsymbol{y}}_d(t))^{\mathrm{T}}}{\partial\bar{\boldsymbol{u}}}\boldsymbol{R}(T)(\bar{\boldsymbol{y}}(t)-\bar{\boldsymbol{y}}_d(t))=\frac{\partial\bar{\boldsymbol{y}}^{\mathrm{T}}(t)}{\partial\bar{\boldsymbol{u}}}\boldsymbol{R}(T)(\bar{\boldsymbol{y}}(t)-\bar{\boldsymbol{y}}_d(t))$$

$$=\begin{bmatrix}\frac{\partial\boldsymbol{y}^{\mathrm{T}}(t)}{\partial\boldsymbol{u}} & \frac{\partial\dot{\boldsymbol{y}}^{\mathrm{T}}(t)}{\partial\boldsymbol{u}} & \frac{\partial\ddot{\boldsymbol{y}}^{\mathrm{T}}(t)}{\partial\boldsymbol{u}}\\ \frac{\partial\boldsymbol{y}^{\mathrm{T}}(t)}{\partial\dot{\boldsymbol{u}}} & \frac{\partial\dot{\boldsymbol{y}}^{\mathrm{T}}(t)}{\partial\dot{\boldsymbol{u}}} & \frac{\partial\ddot{\boldsymbol{y}}^{\mathrm{T}}(t)}{\partial\dot{\boldsymbol{u}}}\end{bmatrix}\begin{bmatrix}\boldsymbol{R}_{11} & \boldsymbol{R}_{12}\\ \boldsymbol{R}_{12}^{\mathrm{T}} & \boldsymbol{R}_{22}\end{bmatrix}\begin{bmatrix}\boldsymbol{y}(t)-\boldsymbol{y}_d(t)\\ \dot{\boldsymbol{y}}(t)-\dot{\boldsymbol{y}}_d(t)\\ \ddot{\boldsymbol{y}}(t)-\ddot{\boldsymbol{y}}_d(t)\end{bmatrix}$$

$$=\begin{bmatrix}\boldsymbol{0}_{2\times2} & \widetilde{\boldsymbol{B}}^{\mathrm{T}} & \boldsymbol{0}_{3\times2}\\ \boldsymbol{0}_{2\times2} & \boldsymbol{0}_{3\times2} & \widetilde{\boldsymbol{B}}^{\mathrm{T}}\end{bmatrix}\begin{bmatrix}\boldsymbol{R}_{11} & \boldsymbol{R}_{12}\\ \boldsymbol{R}_{12}^{\mathrm{T}} & \boldsymbol{R}_{22}\end{bmatrix}\begin{bmatrix}\boldsymbol{y}(t)-\boldsymbol{y}_d(t)\\ \bar{\boldsymbol{n}}(\boldsymbol{x})+\widetilde{\boldsymbol{B}}\boldsymbol{u}-\dot{\boldsymbol{y}}_d(t)\\ \dot{\bar{\boldsymbol{n}}}(\boldsymbol{x},\dot{\boldsymbol{x}})+\widetilde{\boldsymbol{B}}\dot{\boldsymbol{u}}-\ddot{\boldsymbol{y}}_d(t)\end{bmatrix}$$

$$=\begin{bmatrix}\widetilde{\boldsymbol{B}}^{\mathrm{T}} & \boldsymbol{0}_{3\times2}\\ \boldsymbol{0}_{3\times2} & \widetilde{\boldsymbol{B}}^{\mathrm{T}}\end{bmatrix}[\boldsymbol{R}_{12}^{\mathrm{T}}\quad \boldsymbol{R}_{22}]\left(\begin{bmatrix}\boldsymbol{y}(t)\\ \bar{\boldsymbol{n}}(\boldsymbol{x})\\ \dot{\bar{\boldsymbol{n}}}(\boldsymbol{x},\dot{\boldsymbol{x}})\end{bmatrix}-\begin{bmatrix}\boldsymbol{y}_d(t)\\ \dot{\boldsymbol{y}}_d(t)\\ \ddot{\boldsymbol{y}}_d(t)\end{bmatrix}\right)+$$

$$\begin{bmatrix}\widetilde{\boldsymbol{B}} & \boldsymbol{0}_{2\times3}\\ \boldsymbol{0}_{2\times3} & \widetilde{\boldsymbol{B}}\end{bmatrix}^{\mathrm{T}}\boldsymbol{R}_{22}\begin{bmatrix}\widetilde{\boldsymbol{B}} & \boldsymbol{0}_{2\times3}\\ \boldsymbol{0}_{2\times3} & \widetilde{\boldsymbol{B}}\end{bmatrix}\begin{bmatrix}\boldsymbol{u}\\ \dot{\boldsymbol{u}}\end{bmatrix} \tag{5-31}$$

容易证明 $\widetilde{\boldsymbol{B}}$ 行满秩且 $\boldsymbol{R}_{22}$ 是可逆矩阵，由式(5-31)及性能指标 J 最小的必要条件$\partial J/\partial\bar{\boldsymbol{u}}=0$ 可解出：

$$\begin{bmatrix}\boldsymbol{u}\\ \dot{\boldsymbol{u}}\end{bmatrix}=-\begin{bmatrix}\widetilde{\boldsymbol{B}}^{\mathrm{T}}(\widetilde{\boldsymbol{B}}\widetilde{\boldsymbol{B}}^{\mathrm{T}})^{-1} & \boldsymbol{0}_{3\times2}\\ \boldsymbol{0}_{3\times2} & \widetilde{\boldsymbol{B}}^{\mathrm{T}}(\widetilde{\boldsymbol{B}}\widetilde{\boldsymbol{B}}^{\mathrm{T}})^{-1}\end{bmatrix}\boldsymbol{R}_{22}^{-1}[\boldsymbol{R}_{12}^{\mathrm{T}}\quad \boldsymbol{R}_{22}]\left(\begin{bmatrix}\boldsymbol{y}(t)\\ \bar{\boldsymbol{n}}(\boldsymbol{x})\\ \dot{\bar{\boldsymbol{n}}}(\boldsymbol{x},\dot{\boldsymbol{x}})\end{bmatrix}-\begin{bmatrix}\boldsymbol{y}_d(t)\\ \dot{\boldsymbol{y}}_d(t)\\ \ddot{\boldsymbol{y}}_d(t)\end{bmatrix}\right)$$

$$=-\begin{bmatrix}\widetilde{\boldsymbol{B}}^{\mathrm{T}}(\widetilde{\boldsymbol{B}}\widetilde{\boldsymbol{B}}^{\mathrm{T}})^{-1} & \boldsymbol{0}_{3\times2}\\ \boldsymbol{0}_{3\times2} & \widetilde{\boldsymbol{B}}^{\mathrm{T}}(\widetilde{\boldsymbol{B}}\widetilde{\boldsymbol{B}}^{\mathrm{T}})^{-1}\end{bmatrix}[\boldsymbol{R}_{22}^{-1}\boldsymbol{R}_{12}^{\mathrm{T}}\quad \boldsymbol{I}_4]\left(\begin{bmatrix}\boldsymbol{y}(t)\\ \bar{\boldsymbol{n}}(\boldsymbol{x})\\ \dot{\bar{\boldsymbol{n}}}(\boldsymbol{x},\dot{\boldsymbol{x}})\end{bmatrix}-\begin{bmatrix}\boldsymbol{y}_d(t)\\ \dot{\boldsymbol{y}}_d(t)\\ \ddot{\boldsymbol{y}}_d(t)\end{bmatrix}\right)$$

$$
=-\begin{bmatrix} \tilde{\boldsymbol{B}}^{\mathrm{T}}(\tilde{\boldsymbol{B}}\tilde{\boldsymbol{B}}^{\mathrm{T}})^{-1} & \boldsymbol{0}_{3\times 2} \\ \boldsymbol{0}_{3\times 2} & \tilde{\boldsymbol{B}}^{\mathrm{T}}(\tilde{\boldsymbol{B}}\tilde{\boldsymbol{B}}^{\mathrm{T}})^{-1} \end{bmatrix}\left(\boldsymbol{R}_{22}^{-1}\boldsymbol{R}_{12}^{\mathrm{T}}(\boldsymbol{y}(t)-\boldsymbol{y}_d(t))+\begin{bmatrix} \bar{\boldsymbol{n}}(\boldsymbol{x}) \\ \dot{\bar{\boldsymbol{n}}}(\boldsymbol{x},\dot{\boldsymbol{x}}) \end{bmatrix}-\begin{bmatrix} \dot{\boldsymbol{y}}_d(t) \\ \ddot{\boldsymbol{y}}_d(t) \end{bmatrix}\right)
$$

因而,由上式前两行知所求的控制为

$$
\boldsymbol{u}=-[\tilde{\boldsymbol{B}}^{\mathrm{T}}(\tilde{\boldsymbol{B}}\tilde{\boldsymbol{B}}^{\mathrm{T}})^{-1} \quad \boldsymbol{0}_{3\times 2}]\left(\boldsymbol{R}_{22}^{-1}\boldsymbol{R}_{12}^{\mathrm{T}}(\boldsymbol{y}(t)-\boldsymbol{y}_d(t))+\begin{bmatrix} \bar{\boldsymbol{n}}(\boldsymbol{x}) \\ \dot{\bar{\boldsymbol{n}}}(\boldsymbol{x},\dot{\boldsymbol{x}}) \end{bmatrix}-\begin{bmatrix} \dot{\boldsymbol{y}}_d(t) \\ \ddot{\boldsymbol{y}}_d(t) \end{bmatrix}\right)
$$

$$
=-\tilde{\boldsymbol{B}}^{\mathrm{T}}(\tilde{\boldsymbol{B}}\tilde{\boldsymbol{B}}^{\mathrm{T}})^{-1}\left([\boldsymbol{I}_2 \quad \boldsymbol{0}_{3\times 2}]\begin{bmatrix} \frac{T^3}{3}\boldsymbol{I}_2+T\boldsymbol{\Lambda} & \frac{T^4}{8}\boldsymbol{I}_2+\frac{T^2}{2}\boldsymbol{\Lambda} \\ \frac{T^4}{8}\boldsymbol{I}_2+\frac{T^2}{2}\boldsymbol{\Lambda} & \frac{T^5}{20}\boldsymbol{I}_2+\frac{T^3}{3}\boldsymbol{\Lambda} \end{bmatrix}^{-1}\right.
$$

$$
\left.\begin{bmatrix} \frac{T^2}{2}\boldsymbol{I}_2 \\ \frac{T^3}{6}\boldsymbol{I}_2 \end{bmatrix}(\boldsymbol{y}(t)-\boldsymbol{y}_d(t))+\bar{\boldsymbol{n}}(\boldsymbol{x})-\dot{\boldsymbol{y}}_d(t)\right)
$$

$$
=-\tilde{\boldsymbol{B}}^{\mathrm{T}}(\tilde{\boldsymbol{B}}\tilde{\boldsymbol{B}}^{\mathrm{T}})^{-1}\left(\left[\frac{48}{T^2}\bar{\boldsymbol{\Lambda}}(3T^3\boldsymbol{I}_2+20T\boldsymbol{\Lambda}) \quad \frac{-360}{T^2}\bar{\boldsymbol{\Lambda}}(T^2\boldsymbol{I}_2+4\boldsymbol{\Lambda})\right]\right.
$$

$$
\left.\begin{bmatrix} \frac{T^2}{2}\boldsymbol{I}_2 \\ \frac{T^3}{6}\boldsymbol{I}_2 \end{bmatrix}(\boldsymbol{y}(t)-\boldsymbol{y}_d(t))+\bar{\boldsymbol{n}}(\boldsymbol{x})-\dot{\boldsymbol{y}}_d(t)\right)
$$

$$
=-\tilde{\boldsymbol{B}}^{\mathrm{T}}(\tilde{\boldsymbol{B}}\tilde{\boldsymbol{B}}^{\mathrm{T}})^{-1}(\bar{\boldsymbol{n}}(\boldsymbol{x})+\bar{\boldsymbol{\Lambda}}(12T^3\boldsymbol{I}_2+240T\boldsymbol{\Lambda})(\boldsymbol{y}(t)-\boldsymbol{y}_d(t))-\dot{\boldsymbol{y}}_d(t))
$$

$$
\triangleq-\tilde{\boldsymbol{B}}^{\mathrm{T}}(\tilde{\boldsymbol{B}}\tilde{\boldsymbol{B}}^{\mathrm{T}})^{-1}(\bar{\boldsymbol{n}}(\boldsymbol{x})+\boldsymbol{K}(\boldsymbol{y}(t)-\boldsymbol{y}_d(t))-\dot{\boldsymbol{y}}_d(t)) \tag{5-32}
$$

其中

$$
\bar{\boldsymbol{\Lambda}}=\mathrm{diag}\left(\frac{1}{3T^4+104\lambda_1T^2+240\lambda_1^2},\frac{1}{3T^4+104\lambda_2T^2+240\lambda_2^2}\right)
$$

$$
K=\mathrm{diag}\left(\frac{12T^3+240T\lambda_1}{3T^4+104T^2\lambda_1+240\lambda_1^2},\frac{12T^3+240T\lambda_2}{3T^4+104T^2\lambda_2+240\lambda_2^2}\right)\triangleq\mathrm{diag}(k_v,k_u)
$$

期望值$\boldsymbol{y}_d$ 的导数 $\dot{\boldsymbol{y}}_d$ 可根据式(5-26)由式(5-33)算出:

$$
\dot{\boldsymbol{y}}_d=\begin{bmatrix} \dot{v}_{pd} \\ \dot{u}_{pd} \end{bmatrix}=\frac{1}{f_3}\begin{bmatrix} v_a\dot{f}_2+(1-a_1)a_2k_a\dot{f}-\dot{a}_1a_2k_af \\ -(v_a\dot{f}_1+a_1k_a\dot{f}+\dot{a}_1k_af) \end{bmatrix}-\frac{\dot{f}_3}{f_3^2}\begin{bmatrix} v_af_2+(1-a_1)a_2k_af \\ -(v_af_1+a_1k_af) \end{bmatrix}
$$

$$=\frac{1}{f_3}\left(\begin{bmatrix} v_a\dot{f}_2+(1-a_1)a_2k_a\dot{f}-\dot{a}_1a_2k_af \\ -(v_a\dot{f}_1+a_1k_a\dot{f}+\dot{a}_1k_af) \end{bmatrix}-\dot{f}_3\begin{bmatrix} v_{pd} \\ u_{pd} \end{bmatrix}\right) \tag{5-33}$$

其中

$$\dot{f}=[f_x(x_p,y_p)\quad f_y(x_p,y_p)]\begin{bmatrix}\dot{x}_p\\ \dot{y}_p\end{bmatrix}\approx[f_x(x_p,y_p)\quad f_y(x_p,y_p)]\begin{bmatrix}c\psi & -s\psi\\ s\psi & c\psi\end{bmatrix}\begin{bmatrix}u-lr\\ v\end{bmatrix}$$

$$=[f_x(x_p,y_p)c\psi+f_y(x_p,y_p)s\psi\ \ -f_x(x_p,y_p)s\psi+f_y(x_p,y_p)c\psi]\begin{bmatrix}u-lr\\ v\end{bmatrix}$$

$$=[f_2(x_p,y_p,\psi)\quad f_1(x_p,y_p,\psi)]\begin{bmatrix}u-lr\\ v\end{bmatrix} \tag{5-34}$$

$$\dot{f}_1=[-\dot{f}_x(x_p,y_p)\quad \dot{f}_y(x_p,y_p)]\begin{bmatrix}s\psi\\ c\psi\end{bmatrix}+[-f_x(x_p,y_p)\quad f_y(x_p,y_p)]\begin{bmatrix}c\psi\\ -s\psi\end{bmatrix}\dot{\psi}$$

$$=\left[-[f_{xx}(x_p,y_p)\quad f_{xy}(x_p,y_p)]\begin{bmatrix}\dot{x}_p\\ \dot{y}_p\end{bmatrix}\quad [f_{xy}(x_p,y_p)\quad f_{yy}(x_p,y_p)]\begin{bmatrix}\dot{x}_p\\ \dot{y}_p\end{bmatrix}\right]\begin{bmatrix}s\psi\\ c\psi\end{bmatrix}-$$

$$(f_x(x_p,y_p)c\psi+f_y(x_p,y_p)s\psi)\dot{\psi}$$

$$=[-f_{xx}(x_p,y_p)s\psi+f_{xy}(x_p,y_p)c\psi\ \ -f_{xy}(x_p,y_p)s\psi+f_{yy}(x_p,y_p)c\psi]\begin{bmatrix}\dot{x}_p\\ \dot{y}_p\end{bmatrix}-f_2\dot{\psi}$$

$$=[-s\psi\quad c\psi]\begin{bmatrix}f_{xx}(x_p,y_p) & f_{xy}(x_p,y_p)\\ f_{xy}(x_p,y_p) & f_{yy}(x_p,y_p)\end{bmatrix}\begin{bmatrix}\dot{x}_p\\ \dot{y}_p\end{bmatrix}-f_2\dot{\psi}$$

$$\approx[-s\psi\quad c\psi]\begin{bmatrix}f_{xx}(x_p,y_p) & f_{xy}(x_p,y_p)\\ f_{xy}(x_p,y_p) & f_{yy}(x_p,y_p)\end{bmatrix}\begin{bmatrix}c\psi & -s\psi\\ s\psi & c\psi\end{bmatrix}\begin{bmatrix}u-lr\\ v\end{bmatrix}-f_2r \tag{5-35}$$

$$\dot{f}_2=[\dot{f}_x(x_p,y_p)\quad \dot{f}_y(x_p,y_p)]\begin{bmatrix}c\psi\\ s\psi\end{bmatrix}+[f_x(x_p,y_p)\quad f_y(x_p,y_p)]\begin{bmatrix}-s\psi\\ c\psi\end{bmatrix}\dot{\psi}$$

$$=\left[[f_{xx}(x_p,y_p)\quad f_{xy}(x_p,y_p)]\begin{bmatrix}\dot{x}_p\\ \dot{y}_p\end{bmatrix}\quad [f_{xy}(x_p,y_p)\quad f_{yy}(x_p,y_p)]\begin{bmatrix}\dot{x}_p\\ \dot{y}_p\end{bmatrix}\right]\begin{bmatrix}c\psi\\ s\psi\end{bmatrix}+$$

$$(-f_x(x_p,y_p)s\psi+f_y(x_p,y_p)c\psi)\dot{\psi}$$

$$=[f_{xx}(x_p,y_p)c\psi+f_{xy}(x_p,y_p)s\psi\quad f_{xy}(x_p,y_p)c\psi+f_{yy}(x_p,y_p)s\psi]\begin{bmatrix}\dot{x}_p\\ \dot{y}_p\end{bmatrix}+f_1\dot{\psi}$$

$$=[c\psi\quad s\psi]\begin{bmatrix}f_{xx}(x_p,y_p) & f_{xy}(x_p,y_p)\\ f_{xy}(x_p,y_p) & f_{yy}(x_p,y_p)\end{bmatrix}\begin{bmatrix}\dot{x}_p\\ \dot{y}_p\end{bmatrix}+f_1\dot{\psi}$$

$$\approx[\mathrm{c}\psi \quad \mathrm{s}\psi]\begin{bmatrix} f_{xx}(x_p,y_p) & f_{xy}(x_p,y_p) \\ f_{xy}(x_p,y_p) & f_{yy}(x_p,y_p) \end{bmatrix}\begin{bmatrix} \mathrm{c}\psi & -\mathrm{s}\psi \\ \mathrm{s}\psi & \mathrm{c}\psi \end{bmatrix}\begin{bmatrix} u-lr \\ v \end{bmatrix}+f_1 r \tag{5-36}$$

$$\begin{aligned}\dot{a}_1 &= -\frac{\bar{s}}{2}\left(\frac{\dot{f}_2(x_d,y_d,\psi)}{\sqrt{f_x^2(x_d,y_d)+f_y^2(x_d,y_d)}}\right)- \\ &\quad \frac{\bar{s}}{2}\left(\frac{-f_2(x_d,y_d,\psi)}{\sqrt{f_x^2(x_d,y_d)+f_y^2(x_d,y_d)}}\frac{f_x(x_d,y_d)\dot{f}_x(x_d,y_d)+f_y(x_d,y_d)\dot{f}_y(x_d,y_d)}{f_x^2(x_d,y_d)+f_y^2(x_d,y_d)}\right) \\ &= -\frac{\bar{s}}{2}\left(\frac{[\mathrm{c}\psi \quad \mathrm{s}\psi]\begin{bmatrix} f_{xx}(x_d,y_d) & f_{xy}(x_d,y_d) \\ f_{xy}(x_d,y_d) & f_{yy}(x_d,y_d) \end{bmatrix}\begin{bmatrix} \dot{x}_d \\ \dot{y}_d \end{bmatrix}+f_1(x_d,y_d,\psi)\dot{\psi}}{\sqrt{f_x^2(x_d,y_d)+f_y^2(x_d,y_d)}}\right)- \\ &\quad \frac{2a_1-1}{2}\frac{[f_x(x_d,y_d) \quad f_y(x_d,y_d)]\begin{bmatrix} f_{xx}(x_d,y_d) & f_{xy}(x_d,y_d) \\ f_{xy}(x_d,y_d) & f_{yy}(x_d,y_d) \end{bmatrix}\begin{bmatrix} \dot{x}_d \\ \dot{y}_d \end{bmatrix}}{f_x^2(x_d,y_d)+f_y^2(x_d,y_d)} \\ &\approx -\frac{1}{2}\left[\left(\frac{\bar{s}}{\sqrt{f_x^2(x_d,y_d)+f_y^2(x_d,y_d)}}[\mathrm{c}\psi \quad \mathrm{s}\psi]+\right.\right. \\ &\quad \left.\frac{2a_1-1}{f_x^2(x_d,y_d)+f_y^2(x_d,y_d)}[f_x(x_d,y_d) \quad f_y(x_d,y_d)]\right)\begin{bmatrix} f_{xx}(x_d,y_d) & f_{xy}(x_d,y_d) \\ f_{xy}(x_d,y_d) & f_{yy}(x_d,y_d) \end{bmatrix}\begin{bmatrix} \dot{x}_d \\ \dot{y}_d \end{bmatrix}+ \\ &\quad \left.\frac{\bar{s}f_1(x_d,y_d,\psi)}{\sqrt{f_x^2(x_d,y_d)+f_y^2(x_d,y_d)}}r\right]\end{aligned} \tag{5-37}$$

$$\dot{f}_3=a_1\dot{f}_2+\dot{a}_1 f_2-(1-a_1)a_2\dot{f}_1+\dot{a}_1 a_2 f_1=a_1\dot{f}_2-(1-a_1)a_2\dot{f}_1+\dot{a}_1(f_2+a_2 f_1) \tag{5-38}$$

将控制律式(5-32)代入式(5-24)可知闭环输出方程满足：

$$\dot{\boldsymbol{y}}=\bar{\boldsymbol{n}}(\boldsymbol{x})-\widetilde{\boldsymbol{B}}\widetilde{\boldsymbol{B}}^{\mathrm{T}}(\widetilde{\boldsymbol{B}}\widetilde{\boldsymbol{B}}^{\mathrm{T}})^{-1}[\bar{\boldsymbol{n}}(\boldsymbol{x})+\boldsymbol{K}(\boldsymbol{y}-\boldsymbol{y}_d)-\dot{\boldsymbol{y}}_d]=\dot{\boldsymbol{y}}_d-\boldsymbol{K}(\boldsymbol{y}-\boldsymbol{y}_d) \tag{5-39}$$

记跟踪误差 $\boldsymbol{e}=\boldsymbol{y}-\boldsymbol{y}_d$，则式(5-39)可写为

$$\dot{\boldsymbol{e}}+\boldsymbol{K}\boldsymbol{e}=0$$

因 $\boldsymbol{K}=\mathrm{diag}\left(\dfrac{12T^3+240T\lambda_1}{3T^4+104T^2\lambda_1+240\lambda_1^2},\dfrac{12T^3+240T\lambda_2}{3T^4+104T^2\lambda_2+240\lambda_2^2}\right)$ 是对角正定矩阵，故由式(5-39)知 $y\to y_d$，这表明飞纵轴上 P 点的纵横向速度 $\{v_p,u_p\}$ 可达到其实现路径跟踪的期望值式(5-26)，从而可以实现路径跟踪目标式(5-2)。

值得说明的是尽量控制律式(5-32)是基于有限时间区间上滚动优化得到的，但它可保证实现无限时间的路径跟踪任务。

5.2.5 螺旋桨推力确定

当利用式(5-32)算出控制量 $\boldsymbol{u}=[u_1 \quad u_2 \quad u_3]^{\mathrm{T}}$ 时,还必须利用式(5-1)确定螺旋桨控制量 $\{F_1,F_2,F_3,\mu\}$,进而确定全部螺旋桨控制量。

因为 $0\leqslant F_1\leqslant F_{\max}$、$0\leqslant F_2\leqslant F_{\max}$、$0\leqslant F_3\leqslant F_{\max}$、$|\mu|\leqslant\mu_{\max}$,故只有在

$$|u_1|\leqslant F_{max}\sin(\mu_{\max}),0\leqslant u_2\leqslant 3F_{\max} \tag{5-40}$$

时的力分配才是有意义的,即式(5-40)是可进行力分配的一个必要条件。当满足这一必要条件时,可根据式(5-40)用以下方法进行力分配:

用左右螺旋桨差动提供偏航力矩 u_3 中除尾桨力矩外的部分,则有

$$\begin{cases} F_1=\dfrac{u_3+y_{T2}u_1}{x_T},F_2=0 & \left(\dfrac{u_3+y_{T2}u_1}{x_T}\geqslant 0\right) \\ F_1=0,F_2=-\dfrac{u_3+y_{T2}u_1}{x_T} & \left(\dfrac{u_3+y_{T2}u_1}{x_T}<0\right) \end{cases} \Leftrightarrow \begin{cases} F_1=\left[1+\mathrm{sgn}\left(\dfrac{u_3+y_{T2}u_1}{x_T}\right)\right]\dfrac{u_3+y_{T2}u_1}{2x_T} \\ F_2=-\left[1-\mathrm{sgn}\left(\dfrac{u_3+y_{T2}u_1}{x_T}\right)\right]\dfrac{u_3+y_{T2}u_1}{2x_T} \end{cases}$$

$$F_3=\sqrt{u_1^2+(u_2-F_1-F_2)^2}$$

$$\mu=\mathrm{atan2}(u_1,u_2-F_1-F_2)$$

5.3 内外囊体压力安全循环调节

调压体制临近空间飞艇长航时昼夜循环驻空飞行中,白天囊体内氦气超热超压严重,配合驻空巡航飞行模式产生的空速进行强制对流换热,使其超热水平控制在一定的范围内,同时将外囊体的盈余氦气转移至内部超压内囊,确保内外囊体的压力安全;夜晚囊体内氦气超热水平降低导致外囊体维形压力不足,此时将超压内囊的盈余氦气转移至外囊体,确保内外囊体压力水平不低于维持形状的最低要求[127]。故其压力安全调节逻辑:白天,外囊体超压水平临近承压上限时,将其盈余氦气转移至超压内囊,同时保证超压内囊压力水平不超限,实现内外囊体压力安全;夜晚,外囊体超压水平临近维形压差下限时,将超压内囊的盈余氦气转移至外囊体内,同时保障超压内囊压力水平不低于维形压力下限,实现内外囊体的浮力保持及驻空高度不降低。

为保证飞艇长航时驻空飞行过程氦气量充足,在平衡氦气配置时一般考虑任务飞行时间内的氦气预计泄漏量、最低的压力边界需求,飞艇所充平衡氦气及内外囊体内的氦气质量分配为

$$Mhe_{all}=mHe_0+mhe_0, mHe=\frac{(P_{en}+P_{out\_min})V_{He}}{RT_{en}}$$

$$mhe=\frac{(P_{en}+P_{out\_min}+P_{inner\_min})(V-V_{he})}{RT_{en}}+mhe_{loss} \tag{5-41}$$

式中：Mhe_{all} 为平衡氦气总质量；mHe、mhe 分别为外囊体、超压内囊的平衡氦气；mhe_{loss} 为驻空飞行期间氦气泄漏预计总量；V、V_{he} 分别为浮力囊体总体积、超压内囊体积；P_{en}、T_{en} 分别为平衡高度对应的环境大气压强和温度；P_{out_min}、P_{inner_min} 分别为平衡高度对应的外囊体及超压内囊体的夜晚基础压差；R 为氦气气体常数。

调压体制临近空间飞艇昼夜循环驻空飞行过程的压力要结合平台超热水平进行动态调节，其调节过程如下：

白天，如果下述条件成立：

$$\frac{(mhe+\Delta mHe)R(T_{en}+\Delta T_{day})}{V-V_{he}}-P_{en}-P_{out\_max}\leqslant P_{inner\_max}$$

则外囊体转移至超压内囊的氦气量 ΔmHe 为

$$\Delta mHe=mHe-\frac{(P_{en}+P_{out\_max})V_{He}}{R(T_{en}+\Delta T_{day})} \tag{5-42}$$

式中：P_{out_max}、P_{inner_max} 分别为外囊体和超压内囊的最大承压能力。

否则，多余的氦气量则需要释放至大气环境中。

夜晚，如果下述条件成立：

$$\frac{(mhe-\Delta mhe)R(T_{en}+\Delta T_{night})}{V-V_{he}}-P_{en}-P_{out\_min}\geqslant P_{inner\_min}$$

则超压内囊转移至外囊体的氦气量 Δmhe 为

$$\Delta mhe=\frac{(P_{en}+P_{out\_min})V_{He}}{R(T_{en}+\Delta T_{night})}-mHe \tag{5-43}$$

否则，需要终止任务飞行，进行降落回收。

5.4　运动与压力耦合闭环控制数值仿真

在实际应用时由于艇载飞控计算机能力有限，为进一步提高实时控制计算的效率和准确性，控制计算中用到重要变量 $\{a_1, a_2, \dot{a}_1\}$ 都与 P 点在期望路径 $f(x_i, y_i)=0$ 上正交投影点 $\boldsymbol{P}_d$ 有关，一般任意路径情况下需要基于路径方程实时解算出点 $\boldsymbol{P}_d$ 平面坐标 $\{x_d, y_d\}$ 后，再计算 $\{a_1, a_2, \dot{a}_1\}$，这增加了实时计算负担。但对于通常要跟踪的直线和圆路径,因路径方程已知,可事先将正交投影点平面位置坐标$\{x_d,y_d\}$解算为P点平面位置坐标$\{x_p,y_p\}$函数,进而将$\{a_1,a_2,\dot{a}_1\}$表示为系统状态变量的显函数,可减少控制实时计算量。

考虑调压体制临近空间飞艇设计性能指标及平衡高度环境风场特征,设定初始平衡高度为20km、航向正北(初始航向与风场垂直,最严格的工况)、静止状态,弱风层环境风场为常值东风(3m/s、6m/s),叠加南北风交变周期10min及幅值3m/s的时变风,即

$$\begin{cases}[\boldsymbol{\zeta}(0),\boldsymbol{\gamma}(0)]=[0,0,20000,0,0,0]^{\mathrm{T}}\\ [\boldsymbol{v}(0),\boldsymbol{\omega}(0)]=[0,0,0,0,0,0]^{\mathrm{T}}\end{cases},\boldsymbol{V}_w=\begin{cases}[-3/-6,0,0]^{\mathrm{T}}\mathrm{m/s}\\ [-3/-6,3\sin(\pi t/300),0]^{\mathrm{T}}\mathrm{m/s}\end{cases}$$

5.4.1 航线巡航力热耦合路径跟踪控制仿真

对于要跟踪的平面航线巡航路径$f(x_i,y_i)=ax_i+by_i+c=0$,可以算出:

$$f_1(x_d,y_d,\psi)=f_1(x_p,y_p,\psi)=-f_x\sin\psi+f_y\cos\psi=-a\sin\psi+b\cos\psi$$
$$f_2(x_d,y_d,\psi)=f_2(x_p,y_p,\psi)=f_y\sin\psi+f_x\cos\psi=b\sin\psi+a\cos\psi$$
$$f_x^2(x_d,y_d)=f_x^2(x_p,y_p)=f_x^2=a^2$$
$$f_y^2(x_d,y_d)=f_y^2(x_p,y_p)=f_y^2=b^2$$
$$\dot{f}_1(x_p,y_p,\psi)=(-f_x\cos\psi-f_y\sin\psi)\dot{\psi}\approx-f_2(x_p,y_p,\psi)r$$
$$\dot{f}_2(x_p,y_p,\psi)=(f_y\cos\psi-f_x\sin\psi)\dot{\psi}=f_1(x_p,y_p,\psi)r$$

都是常值,故

$$f_1(x_d,y_d,\psi)=f_1(x_p,y_p,\psi)=-f_x\sin\psi+f_y\cos\psi=-a\sin\psi+b\cos\psi$$
$$f_2(x_d,y_d,\psi)=f_2(x_p,y_p,\psi)=f_y\sin\psi+f_x\cos\psi=b\sin\psi+a\cos\psi$$
$$f_x^2(x_d,y_d)=f_x^2(x_p,y_p)=f_x^2=a^2$$
$$f_y^2(x_d,y_d)=f_y^2(x_p,y_p)=f_y^2=b^2$$
$$\dot{f}_1(x_p,y_p,\psi)=(-f_x\cos\psi-f_y\sin\psi)\dot{\psi}\approx-f_2(x_p,y_p,\psi)r$$
$$\dot{f}_2(x_p,y_p,\psi)=(f_y\cos\psi-f_x\sin\psi)\dot{\psi}=f_1(x_p,y_p,\psi)r$$

将上式代入式(5-12)和式(5-13)知:

$$a_1=\frac{1}{2}\left(1-\bar{s}\frac{f_2(x_p,y_p,\psi)}{\sqrt{f_x^2+f_y^2}}\right)$$
$$\dot{a}_1=-\frac{\bar{s}f_1(x_p,y_p,\psi)}{2\sqrt{f_x^2+f_y^2}}r \tag{5-44}$$

$$a_2 = \mathrm{sgn}(\bar{s}f_1(x_p, y_p, \psi))$$

通过分析航线巡航路径的方向不难判定当规定路径方程中 $a>0$ 时，可以按以下方法确定跟踪直线路径时的方向参数 $\bar{s}$：

$$\bar{s}=\begin{cases}1 & (a\neq 0,\text{向上方跟踪航线；或 } a=0,\text{向右方跟踪航线})\\ -1 & (a\neq 0,\text{向下方跟踪航线；或 } a=0,\text{向左方跟踪航线})\end{cases}$$

以期望平面当前航向航线巡航路径、期望复合速度 $v_c=6\text{m/s}$（白天提高飞行速度，满足超热不大于 30℃）、P 点距飞艇体心的距离 $l=50\text{m}$ 为例，将控制器参数 $k_e=0.1$、$k_v=0.01$、$k_u=0.003$ 代入式(5-32)复合速度非线性预测路径跟踪控制律。仿真结果如下。

1. 常值风场

从图 5-1、图 5-2 可以看出，调压体制临近空间飞艇在 3m/s、6m/s 常值东风环境下，所设计的复合速度非线性预测控制律式(5-32)能够克服环境风场的影响，有效跟踪期望航线巡航路径、偏航姿态受控持续稳定偏转、复合速度受控，飞行空速最大稳定在 13.5m/s，满足超热超压安全需求；平衡高度波动自稳定性较好，俯仰姿态始终处于低阻飞行姿态，所需控制力幅值满足螺旋桨实际输出能力限制；通过主动巡航提供来流散热，使得囊体最大超热为 30℃，外囊体与超压内囊体氦气昼夜循环调节，囊体氦气泄漏随内压动态变化，每天泄漏量约为 1.9kg（4mm 等效微孔当量直径），所构建的热力耦合模型在复合速度动态控制下能够很好地反映出调压体制临近空间飞艇的控制特性、动力学特性及热力学特性。

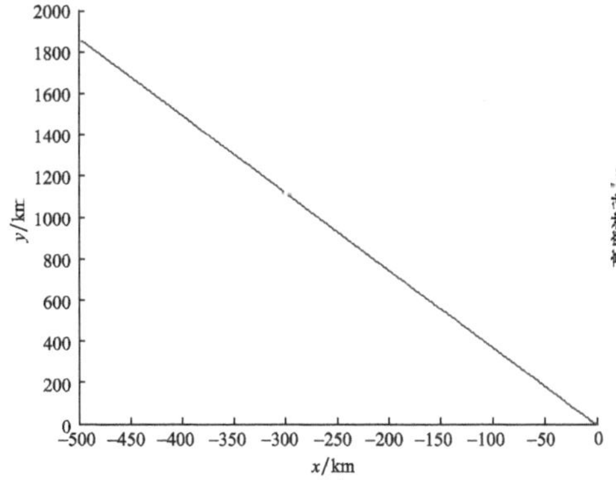

(a)

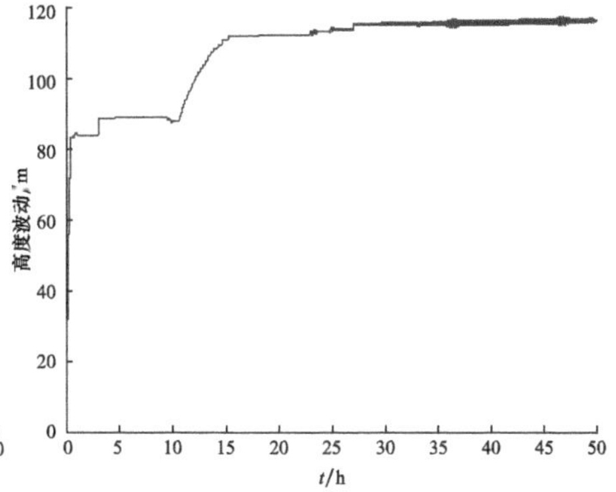

(b)

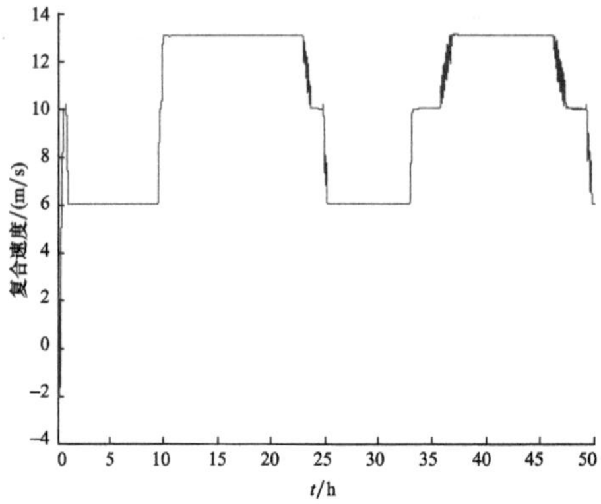

(c)

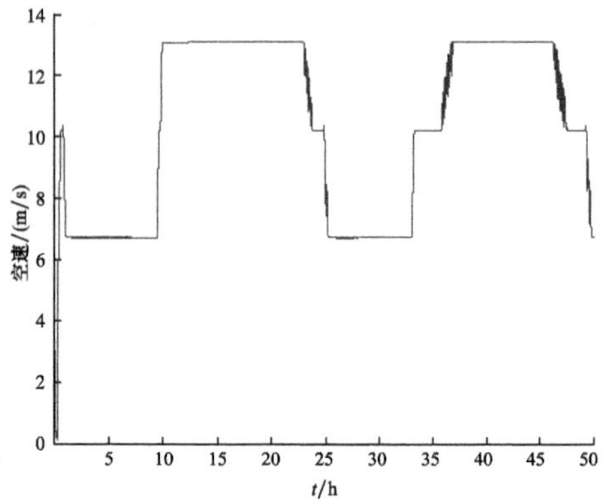

(d)

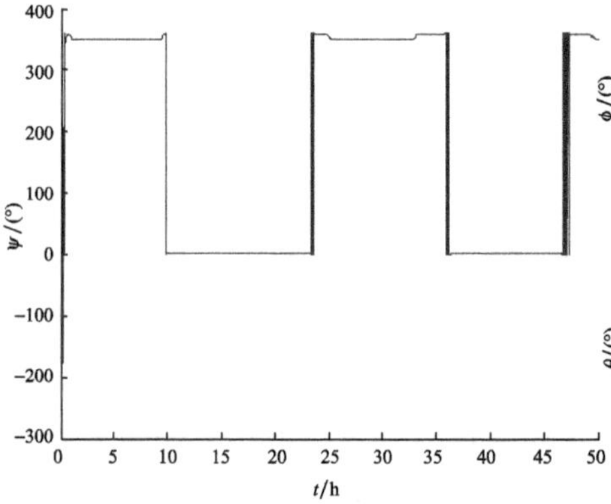

(e)

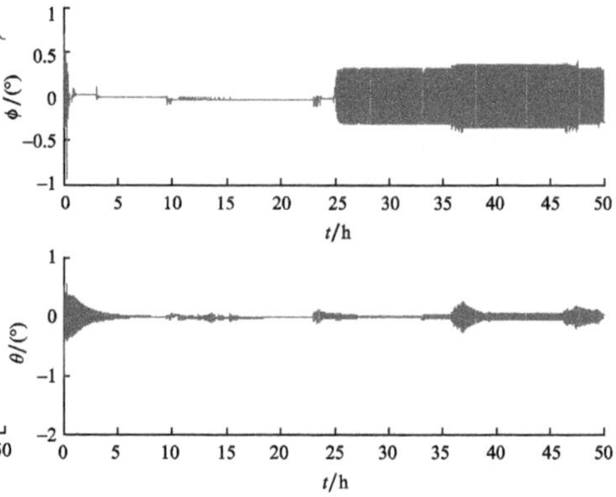

(f)

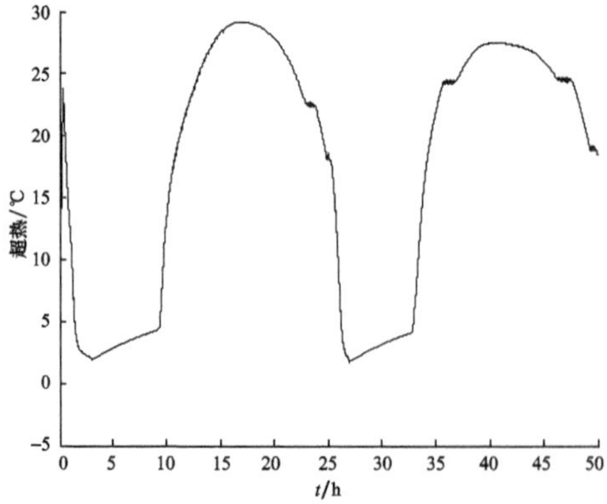

(g)

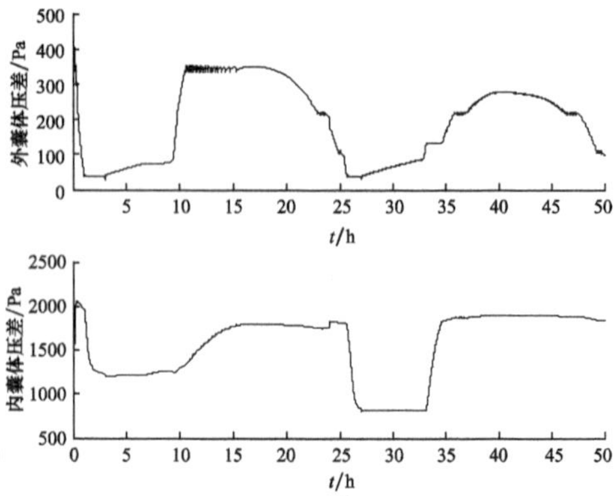

(h)

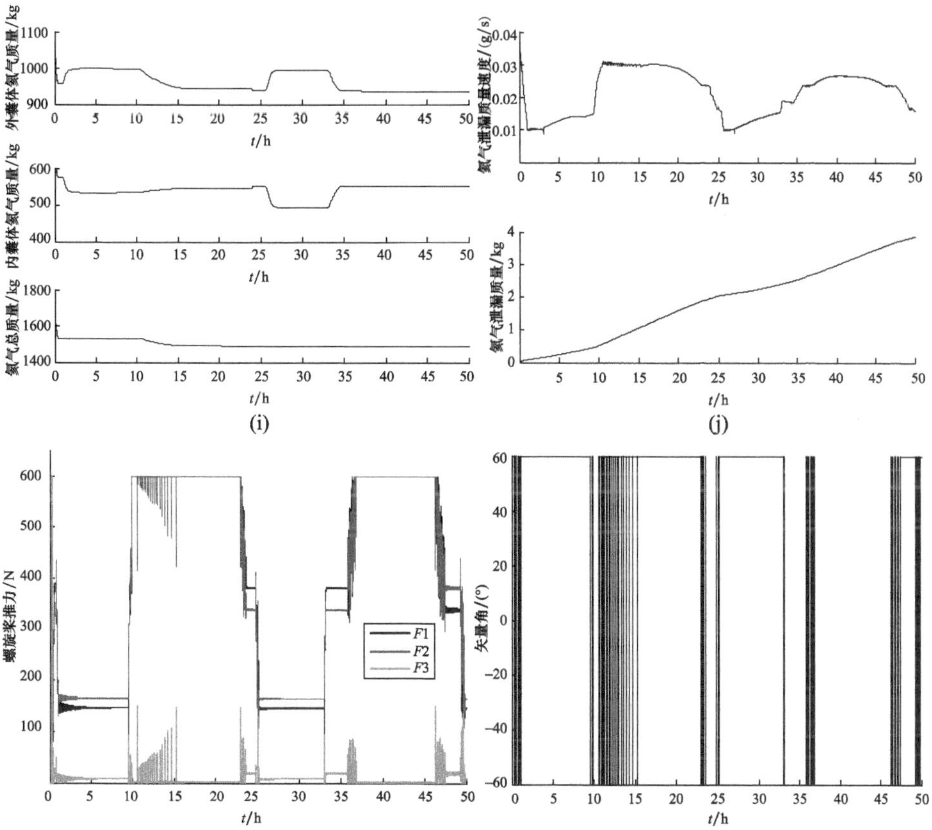

图 5-1　调压体制临近空间飞艇常值风场下平面航线巡航力热耦合路径跟踪控制仿真(3m/s 常值风)

(a)平面航线巡航路径跟踪;(b)平衡高度动态波动;(c)飞行复合速度;(d)飞行空速;(e)偏航姿态;(f)俯仰姿态与滚转姿态;(g)超热特性;(h)超压特性;(i)内外囊体氦气质量;(j)囊体氦气泄漏质量;(k)各螺旋桨所需推力(见彩插);(l)矢量偏转角。

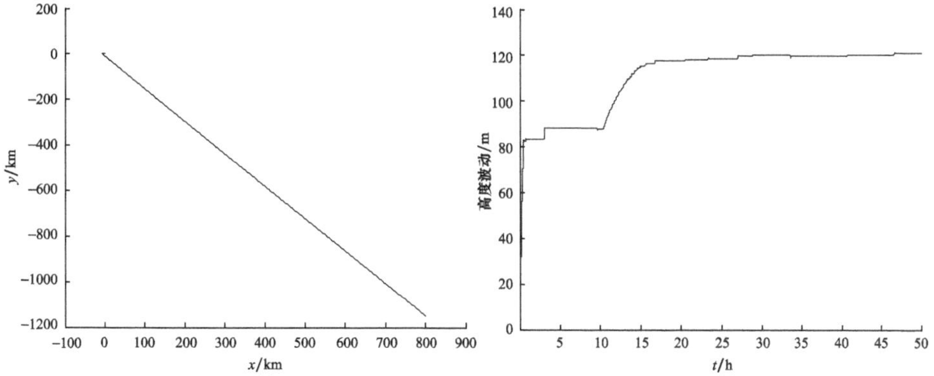

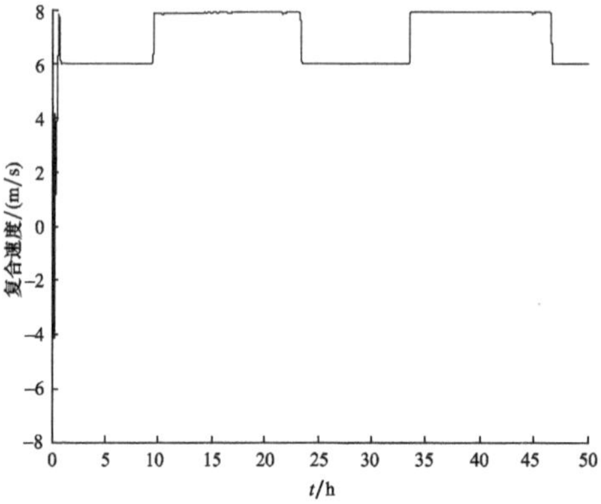

(c)

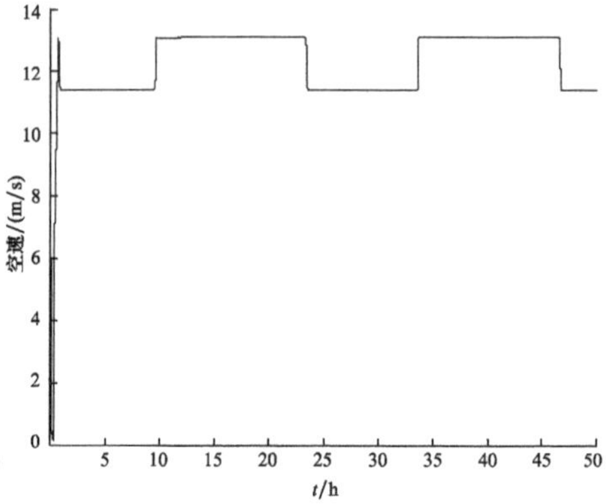

(d)

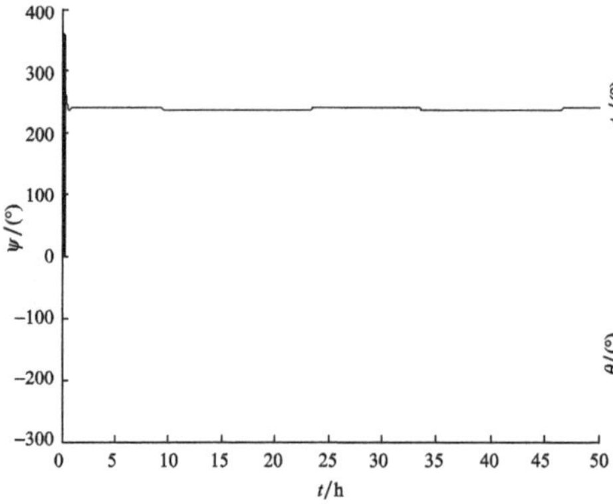

(e)

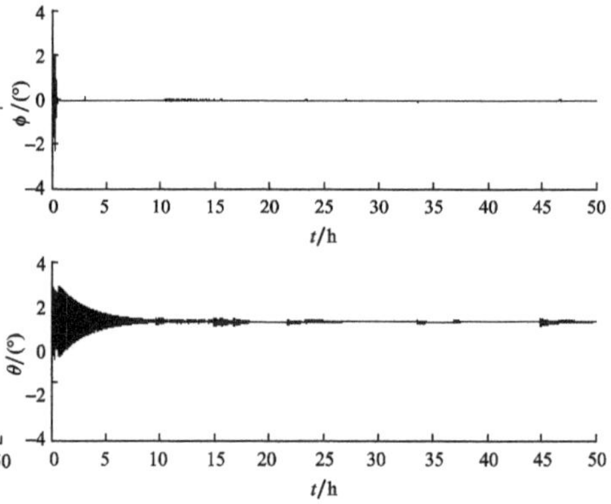

(f)

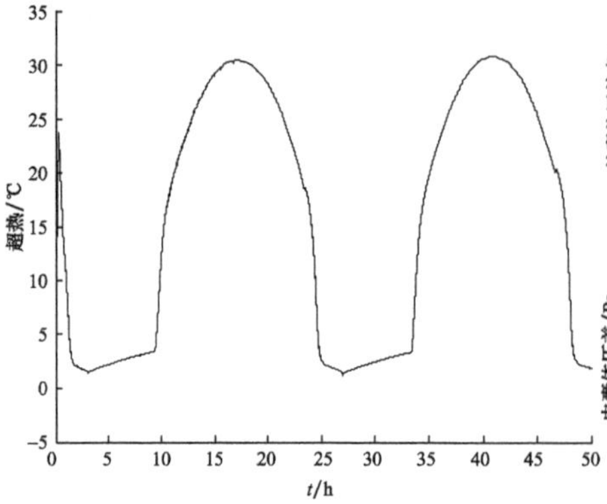

(g)

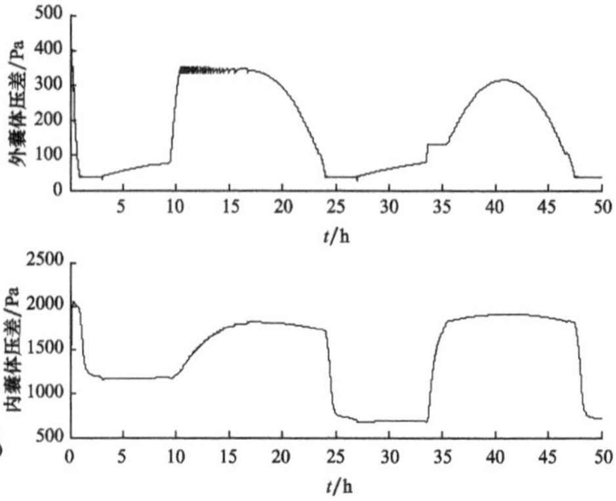

(h)

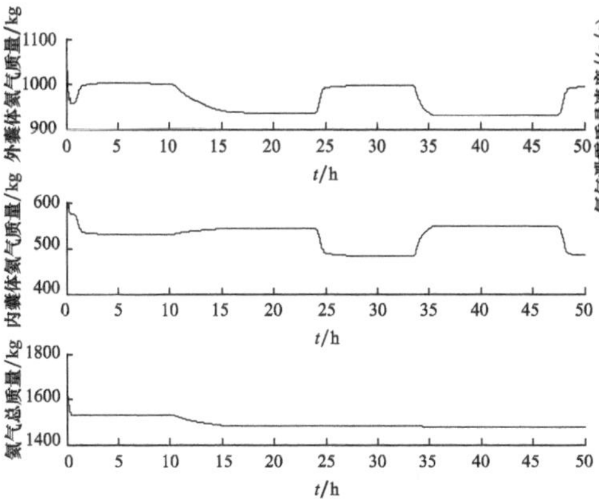

(i)

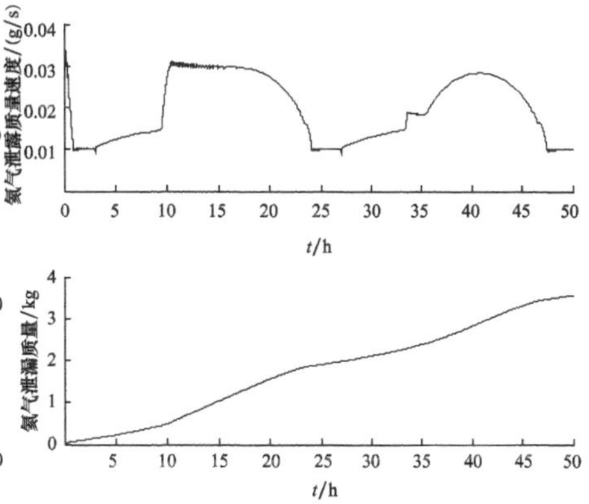

(j)

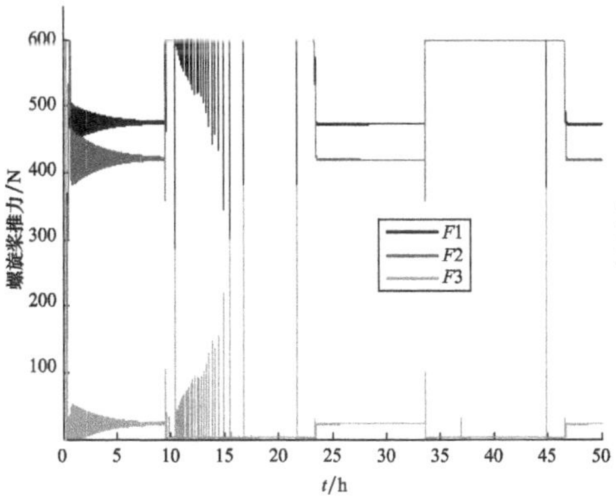

(k)

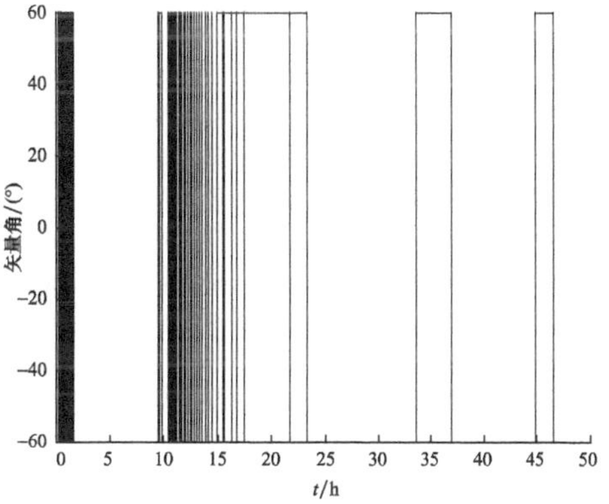

(l)

图 5-2　调体制临近空间飞艇常值风场下平面航线巡航力热耦合路径跟踪控制仿真(6m/s 常值风)

(a)平面航线巡航路径跟踪;(b)平衡高度动态波动;(c)飞行复合速度;(d)飞行空速;(e)偏航姿态;(f)俯仰姿态与滚转姿态;(g)超热特性;(h)超压特性;(i)内外囊体氦气质量;(j)囊体氦气泄漏质量;(k)各螺旋桨所需推力(见彩插);(l)矢量偏转角。

2. 时变风场

从图 5-3、图 5-4 可以看出,调压体制临近空间飞艇在 3m/s、6m/s 东北风时变风场的环境下,所设计的复合速度非线性预测控制律式(5-32)能够克服环境风场的影响,有效跟踪期望航线巡航路径、偏航姿态受控持续稳定偏转、复合速度受控,飞行空速最大稳定在 13.5m/s 附近,满足超热超压安全需求;平衡高度波动自稳定性较好,俯仰姿态始终处于低阻飞行姿态,所需控制力幅值满足螺旋桨实际输出能力限制;通过主动巡航提供来流散热,使得囊体最大超热为

30℃，外囊体与超压内囊体氦气昼夜循环调节，囊体氦气泄漏随内压动态变化，每天泄漏量约为 1.9kg（4mm 等效微孔当量直径），所构建的热力耦合模型在复合速度动态控制下能够很好地反映出调压体制临近空间飞艇的控制特性、动力学特性及热力学特性。

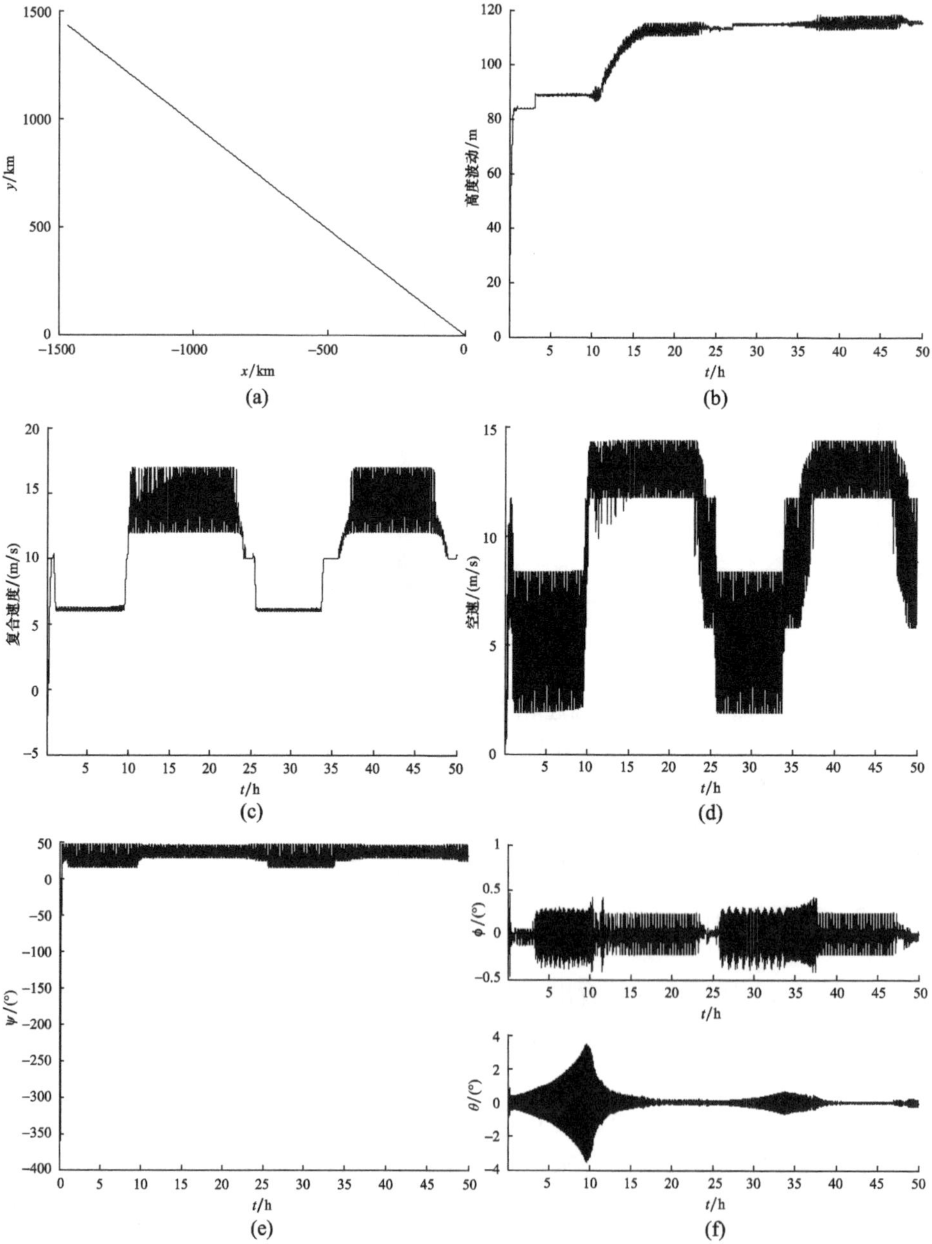

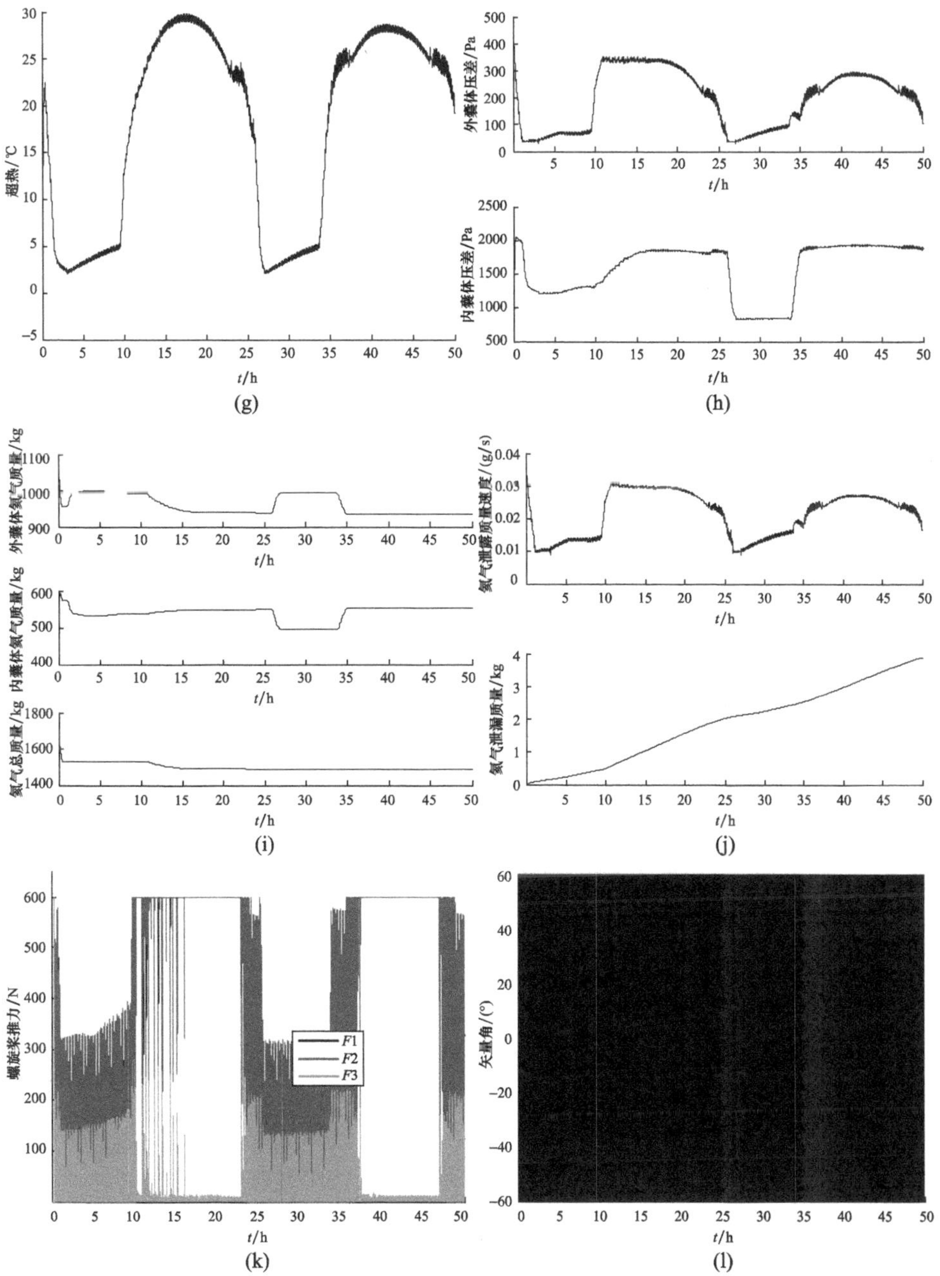

图 5-3　调压体制临近空间飞艇时变风场下平面航线巡航力热耦合路径跟踪控制仿真(3m/s 时变风)

(a)平面航线巡航路径跟踪;(b)平衡高度动态波动;(c)飞行复合速度;(d)飞行空速;(e)偏航姿态;(f)俯仰姿态与滚转姿态;(g)超热特性;(h)超压特性;(i)内外囊体氦气质量;(j)囊体氦气泄漏质量;(k)各螺旋桨所需推力(见彩插);(l)矢量偏转角。

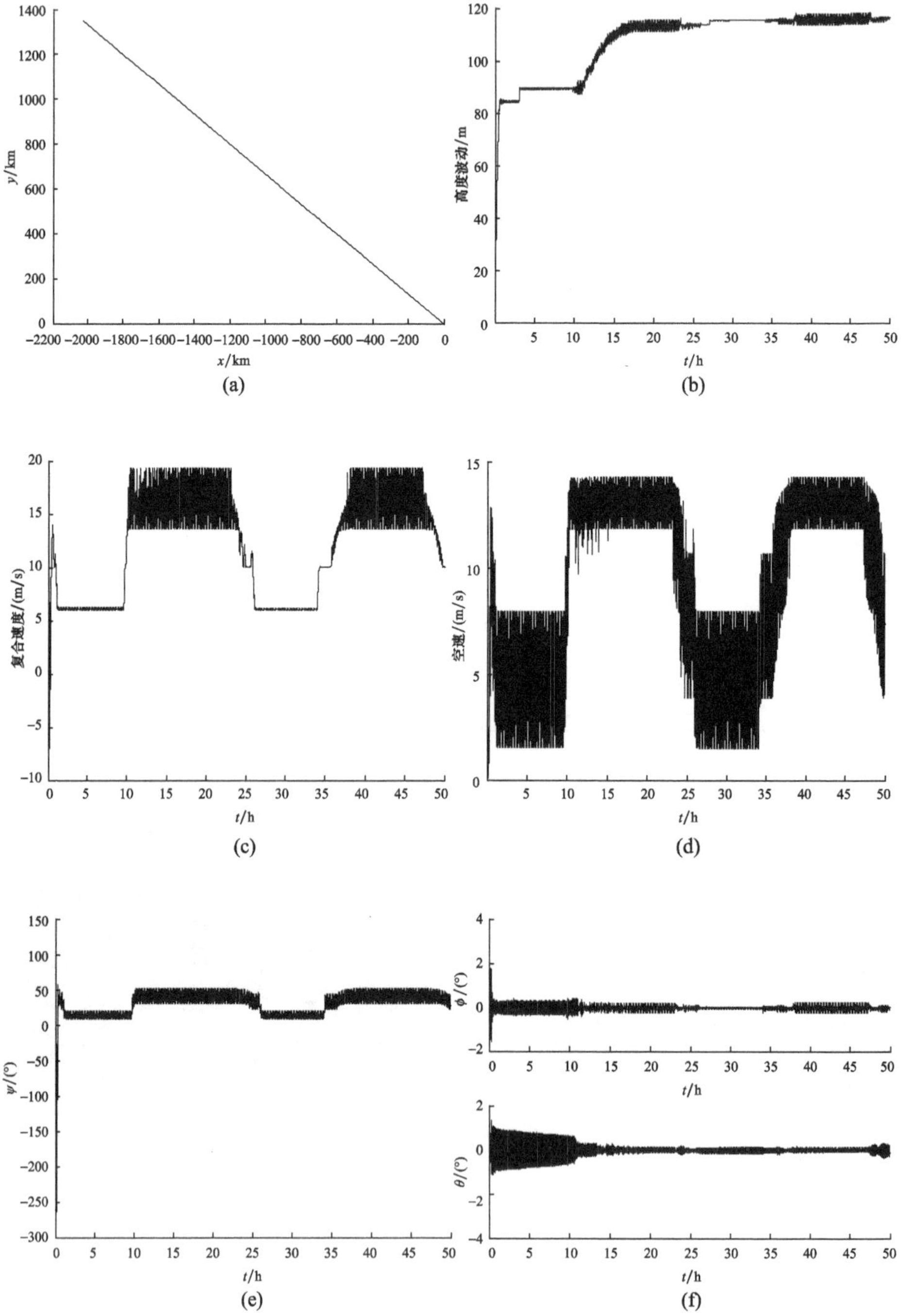
y/km
x/km
(a)
高度波动/m
t/h
(b)
复合速度/(m/s)
t/h
(c)
空速/(m/s)
t/h
(d)
ψ/(°)
t/h
(e)
φ/(°)
t/h
θ/(°)
t/h
(f)

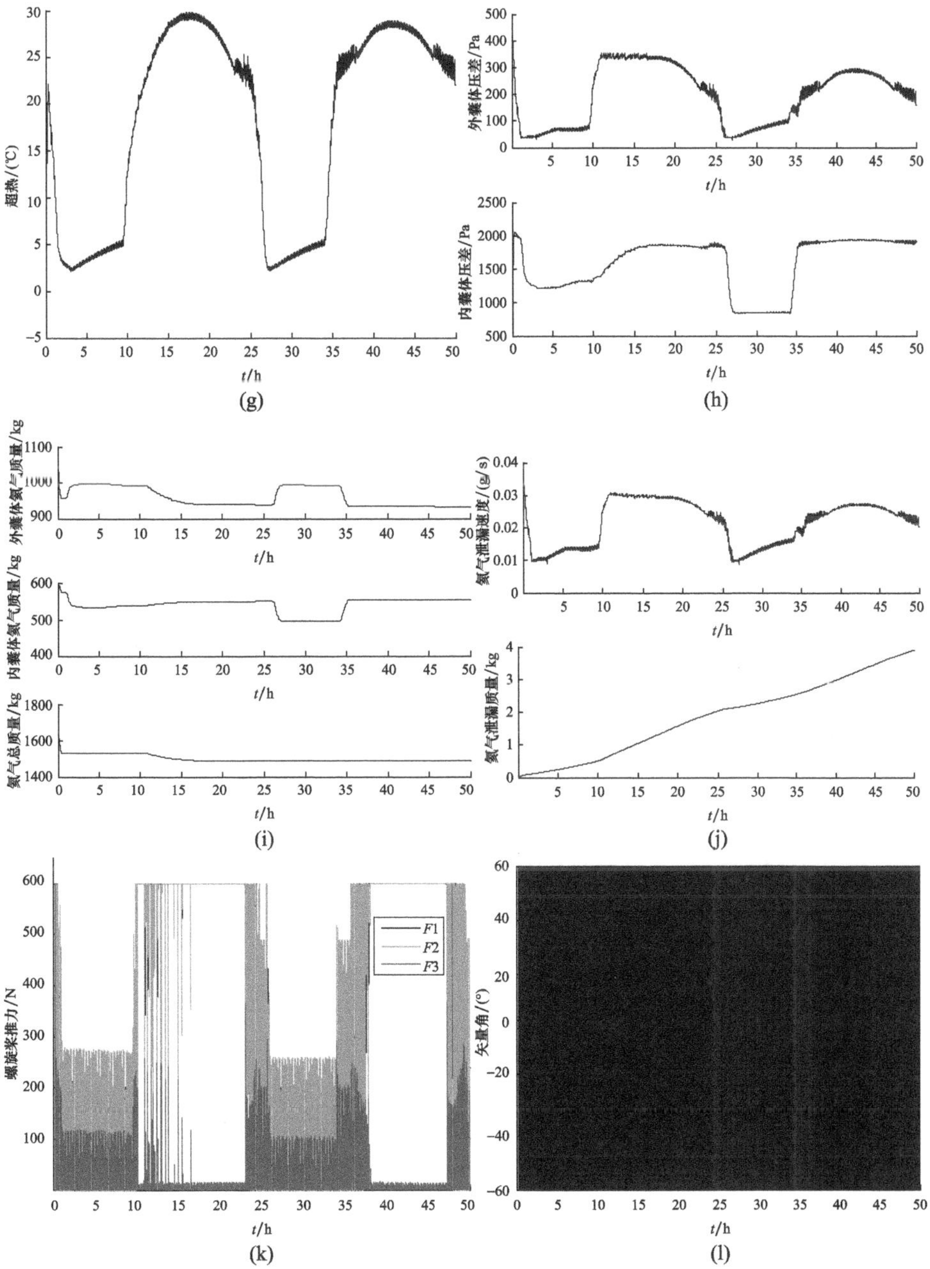

图 5-4　调压体制临近空间飞艇时变风场下平面航线巡航力热耦合路径跟踪控制仿真(6m/s 时变风)

(a)平面航线巡航路径跟踪;(b)平衡高度动态波动;(c)飞行复合速度;(d)飞行空速;(e)偏航姿态;(f)俯仰姿态与滚转姿态;(g)超热特性;(h)超压特性;(i)内外囊体氦气质量;(j)囊体氦气泄漏质量;(k)各螺旋桨所需推力(见彩插);(l)矢量偏转角。

5.4.2 区域驻留力热耦合路径跟踪控制仿真

对于要跟踪的平面区域驻留路径$f(x_i, y_i)=(x_i-a)^2+(y_i-b)^2-c^2=0$ ($c>0$),可以利用P点的平面坐标$\{x_p, y_p\}$和式(5-7)计算出当$(x_p-a)^2+(y_p-b)^2\neq 0$时,点$P$在路径上的正交投影点的平面坐标:

$$x_d=a+\frac{c(x_p-a)}{\sqrt{(x_p-a)^2+(y_p-b)^2}}, y_d=b+\frac{c(y_p-b)}{\sqrt{(x_p-a)^2+(y_p-b)^2}}$$

式中的正负号由两个投影点距P点距离小者确定。据此很容易证明点P在路径上的正交投影点平面坐标为

$$x_d=a+\frac{c(x_p-a)}{\sqrt{(x_p-a)^2+(y_p-b)^2}}, y_d=b+\frac{c(y_p-b)}{\sqrt{(x_p-a)^2+(y_p-b)^2}} \tag{5-45}$$

$$f_x(x_p)=2(x_p-a), f_y(y_p)=2(y_p-b), f_{xx}=2, f_{xy}=0, f_{yy}=2$$

$$f_1(x_p, y_p, \psi)=-f_x(x_p)\sin\psi+f_y(y_p)\cos\psi=2[(y_p-b)\cos\psi-(x_p-a)\sin\psi]$$

$$f_2(x_p, y_p, \psi)=f_y(y_p)\sin\psi+f_x(x_p)\cos\psi=2[(y_p-b)\sin\psi+(x_p-a)\cos\psi]$$

$$f_x(x_d)=2(x_d-a)=\frac{2c(x_p-a)}{\sqrt{(x_p-a)^2+(y_p-b)^2}}=\frac{cf_x(x_p)}{\sqrt{\left(\frac{f_x(x_p)}{2}\right)^2+\left(\frac{f_x(y_p)}{2}\right)^2}}=\frac{2cf_x(x_p)}{\sqrt{f_x^2(x_p)+f_y^2(y_p)}}$$

$$f_y(y_d)=2(y_d-b)=\frac{2c(y_p-b)}{\sqrt{(x_p-a)^2+(y_p-b)^2}}=\frac{cf_y(y_p)}{\sqrt{\left(\frac{f_x(x_p)}{2}\right)^2+\left(\frac{f_x(y_p)}{2}\right)^2}}=\frac{2cf_y(y_p)}{\sqrt{f_x^2(x_p)+f_y^2(y_p)}}$$

$$f_x^2(x_d)+f_y^2(x_d)=\frac{4c^2f_x^2(x_p)}{f_x^2(x_p)+f_y^2(y_p)}+\frac{4c^2f_y^2(y_p)}{f_x^2(x_p)+f_y^2(y_p)}=4c^2$$

$$\begin{aligned}f_1(x_d, y_d, \psi)&=-f_x(x_d)\sin\psi+f_y(y_d)\cos\psi\\&=\frac{2c[-f_x(x_p)\sin\psi+f_y(y_p)\cos\psi]}{\sqrt{f_x^2(x_p)+f_y^2(y_p)}}=\frac{2cf_1(x_p, y_p, \psi)}{\sqrt{f_x^2(x_p)+f_y^2(y_p)}}\end{aligned}$$

$$\begin{aligned}f_2(x_d, y_d, \psi)&=f_y(y_d)\sin\psi+f_x(x_d)\cos\psi\\&=\frac{2c[f_y(y_p)\sin\psi+f_x(x_p)\cos\psi]}{\sqrt{f_x^2(x_p)+f_y^2(y_p)}}=\frac{2cf_2(x_p, y_p, \psi)}{\sqrt{f_x^2(x_p)+f_y^2(y_p)}}\end{aligned}$$

$$\dot{f}_1=[-s\psi \quad c\psi]\begin{bmatrix}2 & 0\\0 & 2\end{bmatrix}\begin{bmatrix}c\psi & -s\psi\\s\psi & c\psi\end{bmatrix}\begin{bmatrix}u-lr\\v\end{bmatrix}-f_2(x_p, y_p, \psi)r$$

$$=2[0\quad 1]\begin{bmatrix}u-lr\\ v\end{bmatrix}-f_2(x_p,y_p,\psi)r=2v-f_2(x_p,y_p,\psi)r$$

$$\dot{f}_2=[c\psi\quad s\psi]\begin{bmatrix}2&0\\0&2\end{bmatrix}\begin{bmatrix}c\psi&-s\psi\\s\psi&c\psi\end{bmatrix}\begin{bmatrix}u-lr\\ v\end{bmatrix}+f_1(x_p,y_p,\psi)r$$

$$=2[1\quad 0]\begin{bmatrix}u-lr\\ v\end{bmatrix}+f_1(x_p,y_p,\psi)r=2(u-lr)+f_1(x_p,y_p,\psi)r \quad (5-46)$$

确定了式(5-46)后,可算出

$$f_x(x_p)=2(x_p-a),f_y(y_p)=2(y_p-b),f_{xx}=2,f_{xy}=0,f_{yy}=2$$

$$f_1(x_p,y_p,\psi)=-f_x(x_p)\sin\psi+f_y(y_p)\cos\psi=2[(y_p-b)\cos\psi-(x_p-a)\sin\psi]$$

$$f_2(x_p,y_p,\psi)=f_y(y_p)\sin\psi+f_x(x_p)\cos\psi=2[(y_p-b)\sin\psi+(x_p-a)\cos\psi]$$

$$f_x(x_d)=2(x_d-a)=\frac{2c(x_p-a)}{\sqrt{(x_p-a)^2+(y_p-b)^2}}=\frac{cf_x(x_p)}{\sqrt{\left(\frac{f_x(x_p)}{2}\right)^2+\left(\frac{f_x(y_p)}{2}\right)^2}}=\frac{2cf_x(x_p)}{\sqrt{f_x^2(x_p)+f_y^2(y_p)}}$$

$$f_y(y_d)=2(y_d-b)=\frac{2c(y_p-b)}{\sqrt{(x_p-a)^2+(y_p-b)^2}}=\frac{cf_y(y_p)}{\sqrt{\left(\frac{f_x(x_p)}{2}\right)^2+\left(\frac{f_x(y_p)}{2}\right)^2}}=\frac{2cf_y(y_p)}{\sqrt{f_x^2(x_p)+f_y^2(y_p)}}$$

$$f_x^2(x_d)+f_y^2(x_d)=\frac{4c^2f_x^2(x_p)}{f_x^2(x_p)+f_y^2(y_p)}+\frac{4c^2f_y^2(y_p)}{f_x^2(x_p)+f_y^2(y_p)}=4c^2$$

$$f_1(x_d,y_d,\psi)=-f_x(x_d)\sin\psi+f_y(y_d)\cos\psi$$

$$=\frac{2c[-f_x(x_p)\sin\psi+f_y(y_p)\cos\psi]}{\sqrt{f_x^2(x_p)+f_y^2(y_p)}}=\frac{2cf_1(x_p,y_p,\psi)}{\sqrt{f_x^2(x_p)+f_y^2(y_p)}}$$

$$f_2(x_d,y_d,\psi)=f_y(y_d)\sin\psi+f_x(x_d)\cos\psi$$

$$=\frac{2c[f_y(y_p)\sin\psi+f_x(x_p)\cos\psi]}{\sqrt{f_x^2(x_p)+f_y^2(y_p)}}=\frac{2cf_2(x_p,y_p,\psi)}{\sqrt{f_x^2(x_p)+f_y^2(y_p)}}$$

$$\dot{f}_1=[-s\psi\quad c\psi]\begin{bmatrix}2&0\\0&2\end{bmatrix}\begin{bmatrix}c\psi&-s\psi\\s\psi&c\psi\end{bmatrix}\begin{bmatrix}u-lr\\ v\end{bmatrix}-f_2(x_p,y_p,\psi)r$$

$$=2[0\quad 1]\begin{bmatrix}u-lr\\ v\end{bmatrix}-f_2(x_p,y_p,\psi)r=2v-f_2(x_p,y_p,\psi)r$$

$$\dot{f}_2=[c\psi\quad s\psi]\begin{bmatrix}2&0\\0&2\end{bmatrix}\begin{bmatrix}c\psi&-s\psi\\s\psi&c\psi\end{bmatrix}\begin{bmatrix}u-lr\\ v\end{bmatrix}+f_1(x_p,y_p,\psi)r$$

$$=2[1\quad 0]\begin{bmatrix}u-lr\\ v\end{bmatrix}+f_1(x_p,y_p,\psi)r=2(u-lr)+f_1(x_p,y_p,\psi)r$$

(5-47)

代入式(5-12)知：

$$a_1=\frac{1}{2}\left(\frac{2cf_2(x_p,y_p,\psi)}{1-\bar{s}\frac{\sqrt{f_x^2(x_p)+f_y^2(y_p)}}{2c}}\right)=\frac{1}{2}\left(1-\bar{s}\frac{f_2(x_p,y_p,\psi)}{\sqrt{f_x^2(x_p)+f_y^2(y_p)}}\right) \tag{5-48}$$

由式(5-48)知：

$$\begin{aligned}\dot{a}_1&=-\frac{1}{2}\left(\frac{\bar{s}\dot{f}_2(x_p,y_p,\psi)}{\sqrt{f_x^2(x_p)+f_y^2(y_p)}}-\frac{\bar{s}f_2(x_p,y_p,\psi)}{\sqrt{f_x^2(x_p)+f_y^2(y_p)}}\frac{f_x(x_p)\dot{f}_x(x_p)+f_y(y_p)\dot{f}_y(y_p)}{f_x^2(x_p)+f_y^2(y_p)}\right)\\&=-\frac{1}{2}\left(\frac{\bar{s}\dot{f}_2(x_p,y_p,\psi)}{\sqrt{f_x^2(x_p)+f_y^2(y_p)}}+(2a_1-1)\frac{f_x(x_p)f_{xx}(x_p)\dot{x}_p+f_y(y_p)f_{yy}(y_p)\dot{y}_p}{f_x^2(x_p)+f_y^2(y_p)}\right)\\&=-\frac{1}{2}\left(\frac{\bar{s}\dot{f}_2(x_p,y_p,\psi)}{\sqrt{f_x^2(x_p)+f_y^2(y_p)}}+\frac{2(2a_1-1)}{f_x^2(x_p)+f_y^2(y_p)}[f_x(x_p)\quad f_y(y_p)]\begin{bmatrix}c\psi & -s\psi\\ s\psi & c\psi\end{bmatrix}\begin{bmatrix}u-lr\\ v\end{bmatrix}\right)\\&=\frac{-\bar{s}\dot{f}_2(x_p,y_p,\psi)}{2\sqrt{f_x^2(x_p)+f_y^2(y_p)}}-\frac{(2a_1-1)[f_2(x_p,y_p,\psi)(u-lr)+f_1(x_p,y_p,\psi)v]}{f_x^2(x_p)+f_y^2(y_p)}\end{aligned} \tag{5-49}$$

再由式(5-13)可算出：

$$a_2=\operatorname{sgn}\left(\bar{s}\frac{2cf_1(x_p,y_p,\psi)}{\sqrt{f_x^2(x_p)+f_y^2(y_p)}}\right)=\operatorname{sgn}(\bar{s}f_1(x_p,y_p,\psi)) \tag{5-50}$$

通过分析区域驻留路径的方向不难判定可按以下方法确定跟踪圆路径方向参数 $\bar{s}$：

$$\bar{s}=\begin{cases}1 & (\text{逆时针方向跟踪区域驻留路径})\\ -1 & (\text{顺时针方向跟踪区域驻留路径})\end{cases}$$

以期望平面区域驻留半径 50km 的圆路径、期望复合速度夜晚 $v_c=6\text{m/s}$(白天提高飞行速度，满足超热不大于 30℃)为例，将控制器参数 $l=50\text{m}$、$k_e=0.1$、$k_v=0.01$、$k_u=0.003$ 代入复合速度非线性预测路径跟踪控制律式(5-32)。仿真结果如下。

1. 常值风场

从图 5-5、图 5-6 可以看出，调压体制临近空间飞艇在 3m/s、6m/s 常值东风环境下，所设计的复合速度非线性预测控制律式(5-32)能够克服环境风场的影响，有效跟踪期望区域驻留路径、偏航姿态受控持续稳定偏转、复合速度受控，飞行空速最大为 13.5m/s，满足超热超压安全需求；平衡高度波动自稳定性较好，俯仰姿态始终处于低阻飞行姿态，所需控制力幅值满足螺旋桨实际输出能力限制;通过主动巡航提供来流散热,使得囊体最大超热为 30℃,外囊体与超压内囊体氦气昼夜循环调节,囊体氦气泄漏随内压动态变化,每天泄漏量约为 1.9kg(4mm 等效微孔当量直径),所构建的热力耦合模型在复合速度动态控制下能够很好地反映出调压体制临近空间飞艇的控制特性、动力学特性及热力学特性。

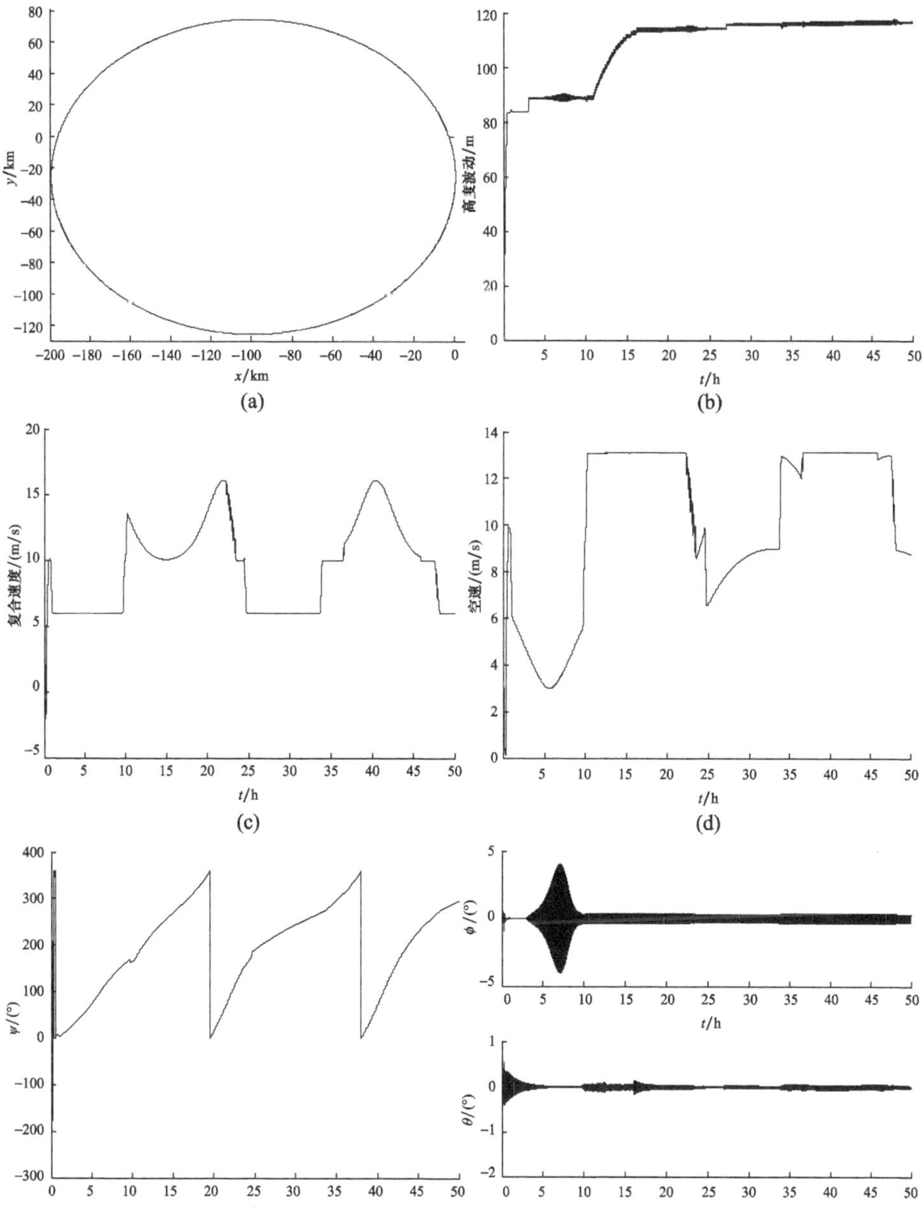

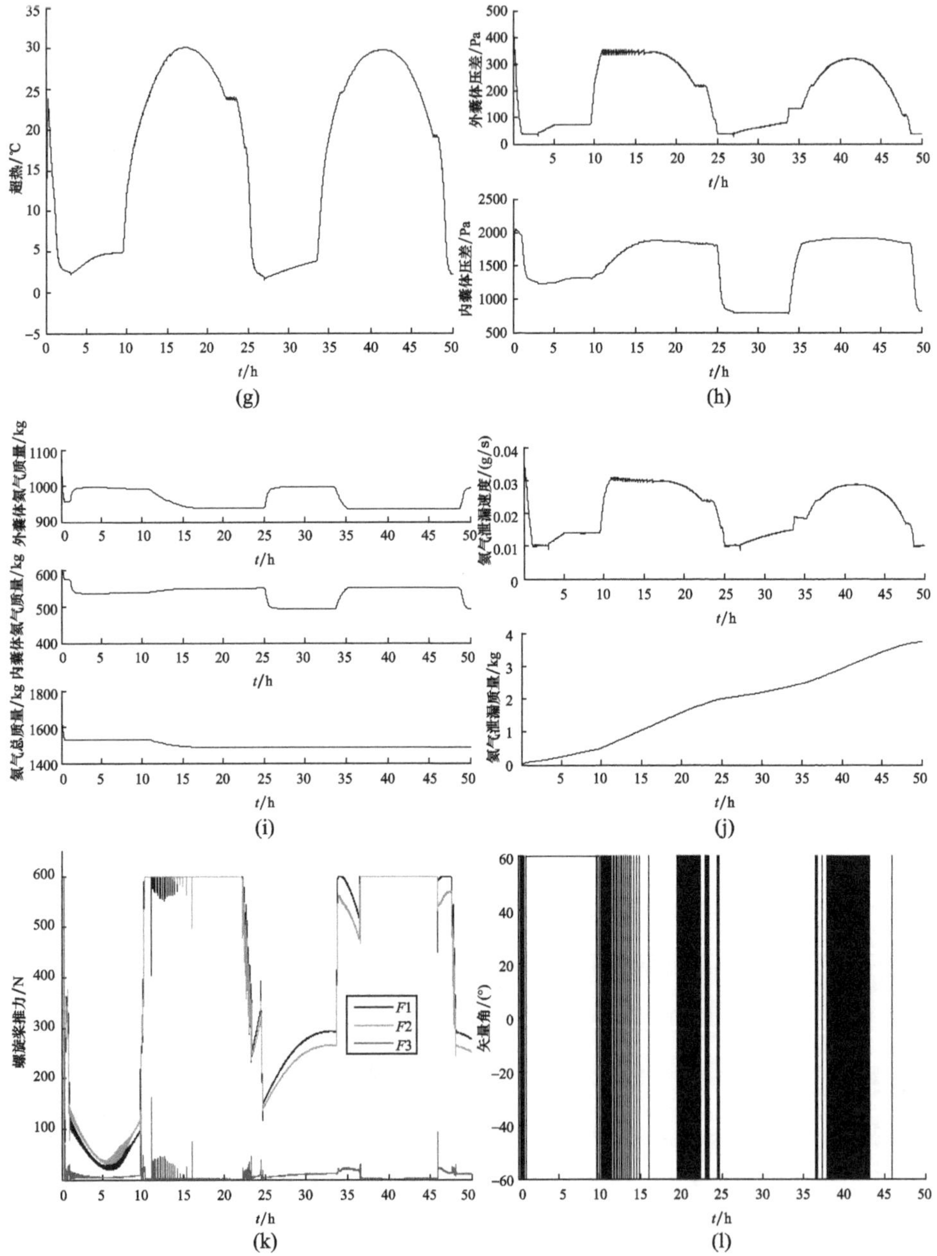

图 5-5 调压体制临近空间飞艇常值风场下平面区域驻留力热耦合路径跟踪控制仿真(3m/s 常值风)

(a)平面区域驻留路径跟踪;(b)平衡高度动态波动;(c)飞行复合速度;(d)飞行空速;(e)偏航姿态;(f)俯仰姿态与滚转姿态;(g)超热特性;(h)超压特性;(i)内外囊体氦气质量;(j)囊体氦气泄漏质量;(k)各螺旋桨所需推力(见彩插);(l)矢量偏转角。

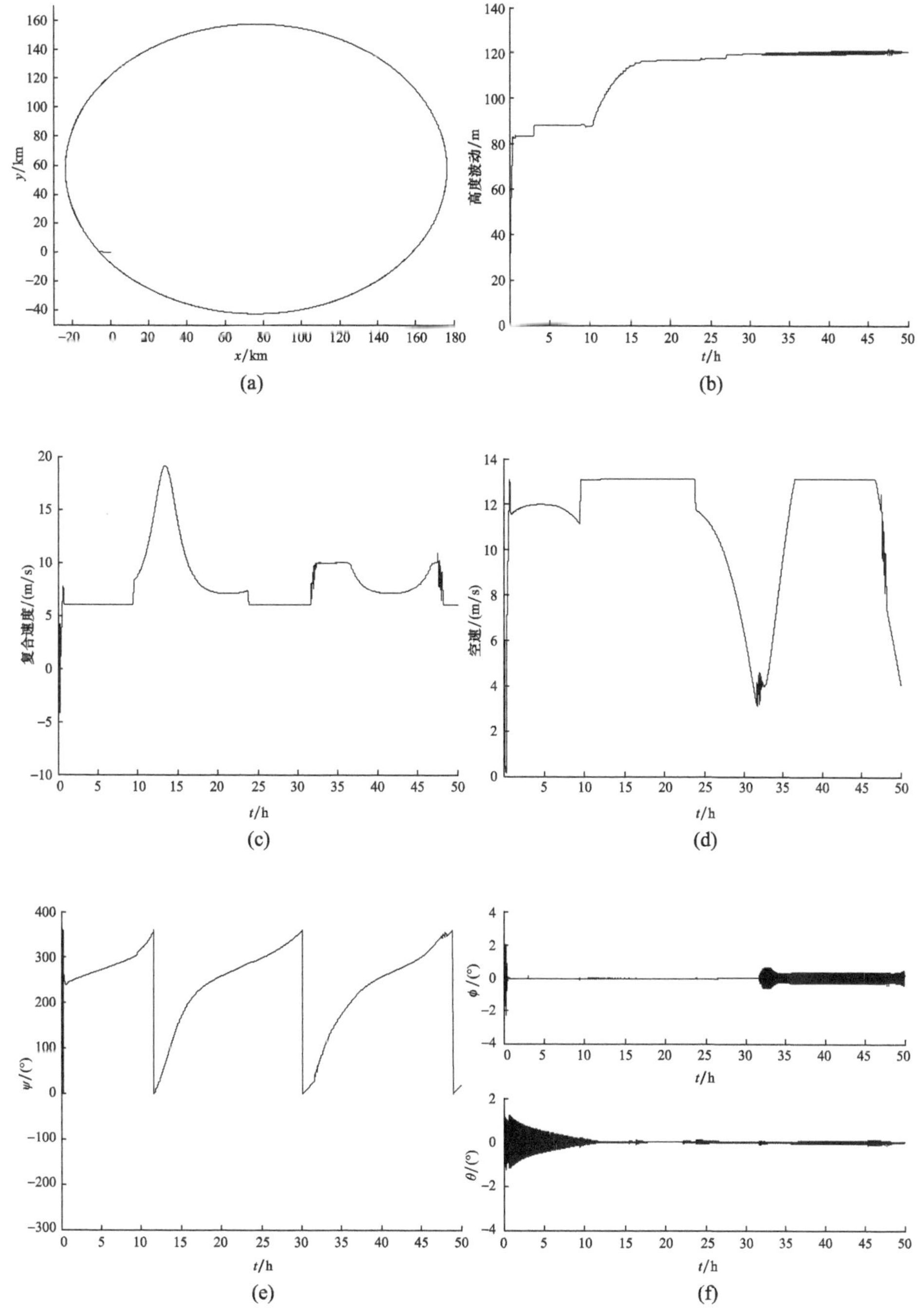
y/km
x/km
(a)
高度波动/m
t/h
(b)
复合速度/(m/s)
t/h
(c)
空速/(m/s)
t/h
(d)
ψ/(°)
t/h
(e)
φ/(°)
t/h
θ/(°)
t/h
(f)

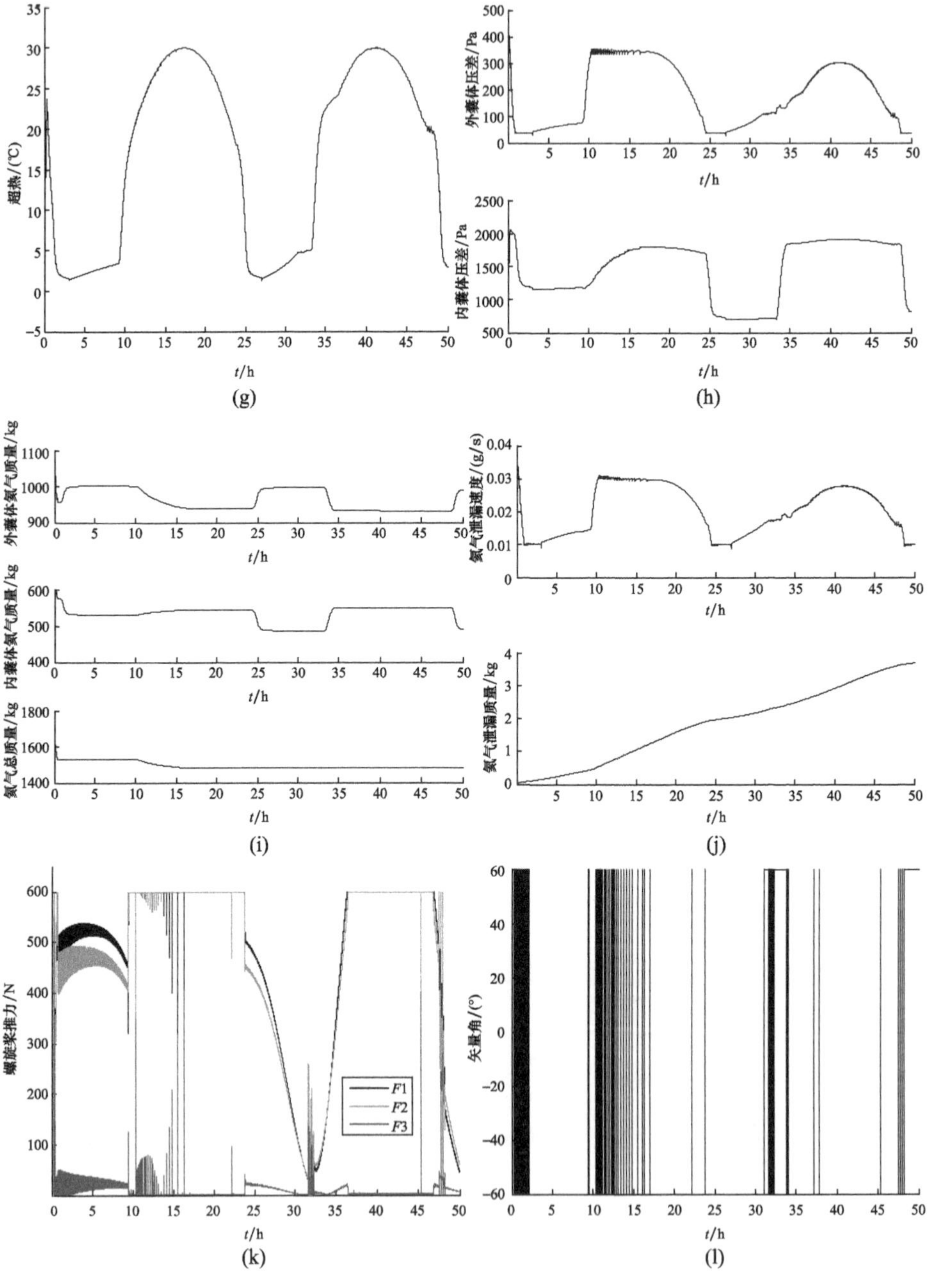

图 5-6　调压体制临近空间飞艇常值风场下平面区域驻留力热耦合路径跟踪控制仿真(6m/s 常值风)

(a)平面区域驻留路径跟踪;(b)平衡高度动态波动;(c)飞行复合速度;(d)飞行空速;(e)偏航姿态;(f)俯仰姿态与滚转姿态;(g)超热特性;(h)超压特性;(i)内外囊体氦气质量;(j)囊体氦气泄漏质量;(k)各螺旋桨所需推力(见彩插);(l)矢量偏转角。

2. 时变风场

从图 5-7、图 5-8 可以看出，调压体制临近空间飞艇在 3m/s、6m/s 东北风时变风场的环境下，所设计的复合速度非线性预测控制律式(5-32)能够克服环境风场的影响，有效跟踪期望区域驻留路径、偏航姿态受控持续稳定偏转、复合速度受控，飞行空速最大稳定在 15m/s，满足超热超压安全需求；平衡高度波动自稳定性较好，俯仰姿态始终处于低阻飞行姿态，所需控制力幅值满足螺旋桨实际输出能力限制；通过主动巡航提供来流散热，使得囊体最大超热为 30℃，外囊体与超压内囊体氦气昼夜循环调节，囊体氦气泄漏随内压动态变化，每天泄漏量约为 1.9kg(4mm 等效微孔当量直径)，所构建的热力耦合模型在复合速度动态控制下能够很好地反映出调压体制临近空间飞艇的控制特性、动力学特性及热力学特性。

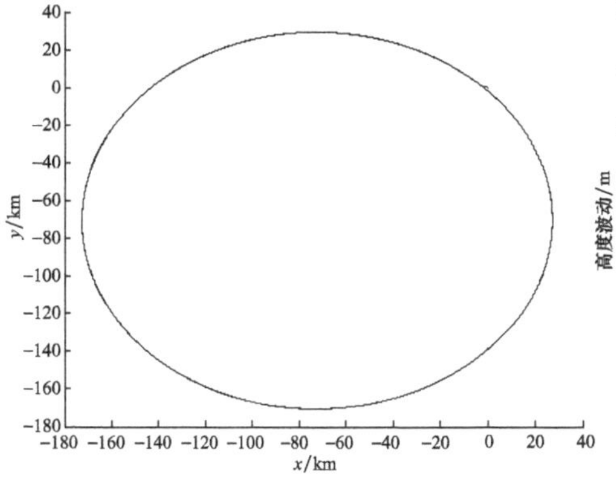

(a)

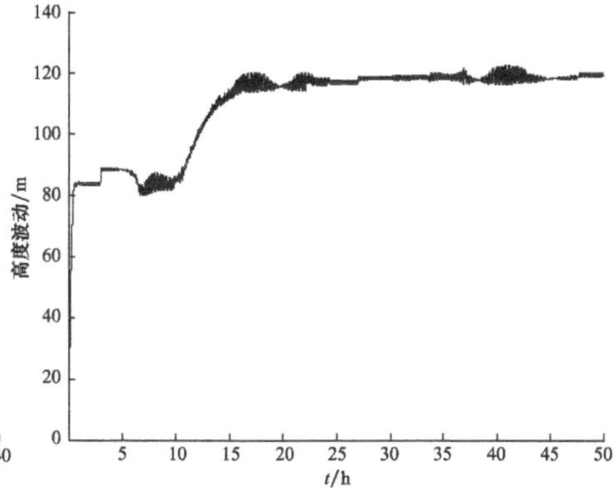

(b)

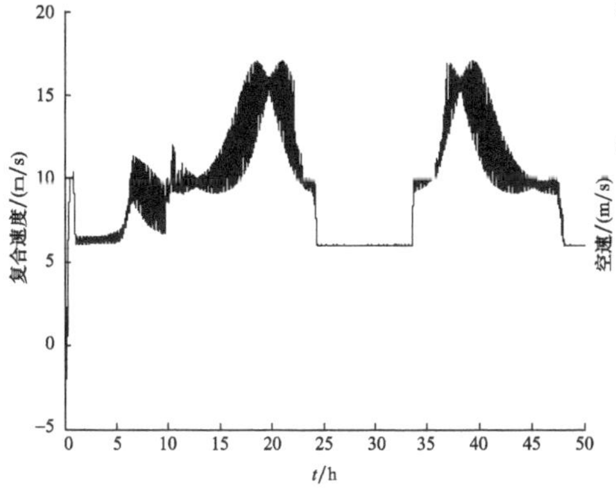

(c)

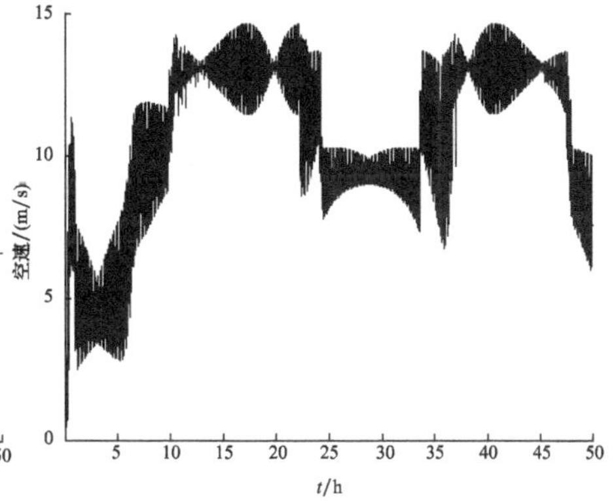

(d)

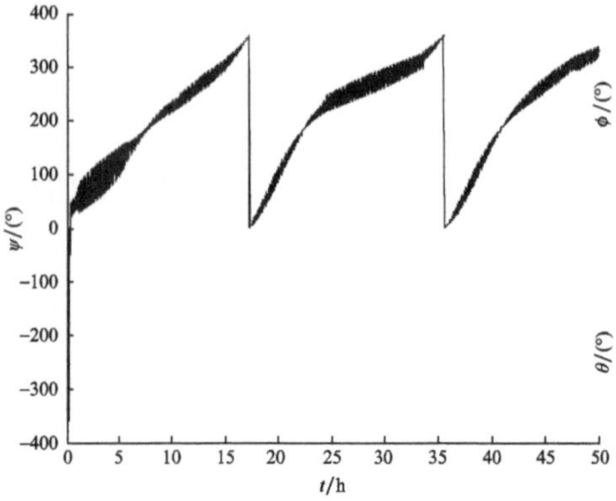
ψ/(°)
t/h

(e)

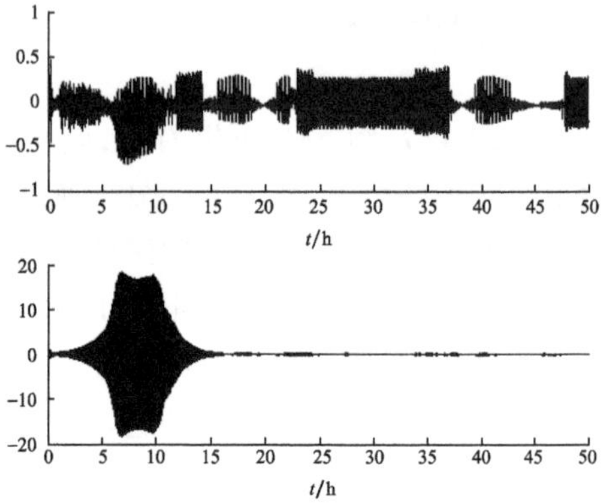
ϕ/(°)
θ/(°)
t/h

(f)

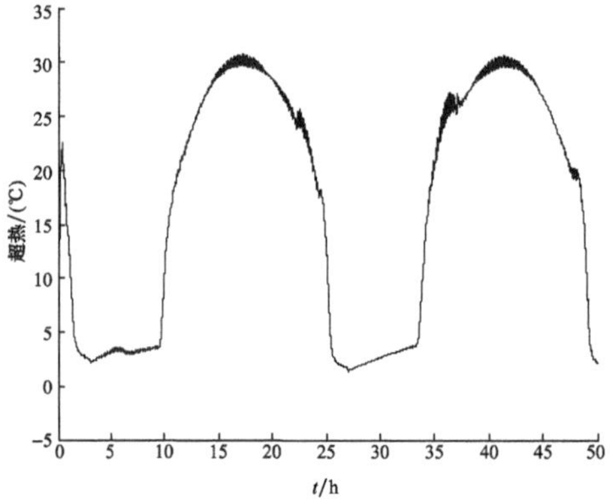
超热/(℃)
t/h

(g)

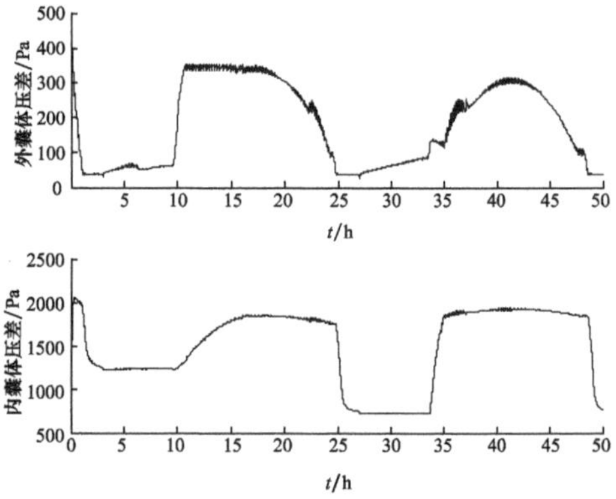
外囊体压差/Pa
内囊体压差/Pa
t/h

(h)

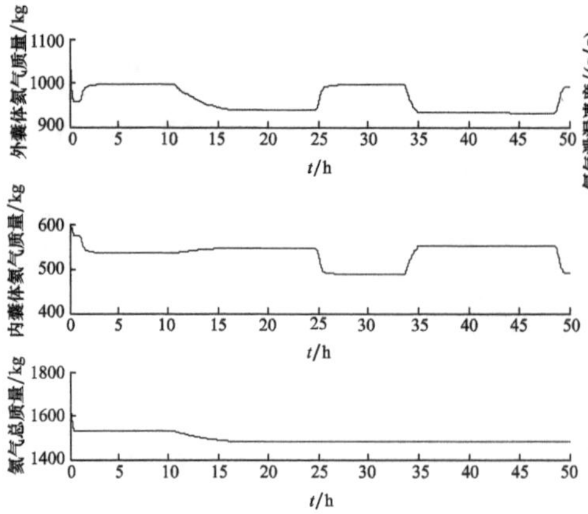
外囊体氦气质量/kg
内囊体氦气质量/kg
氦气总质量/kg
t/h

(i)

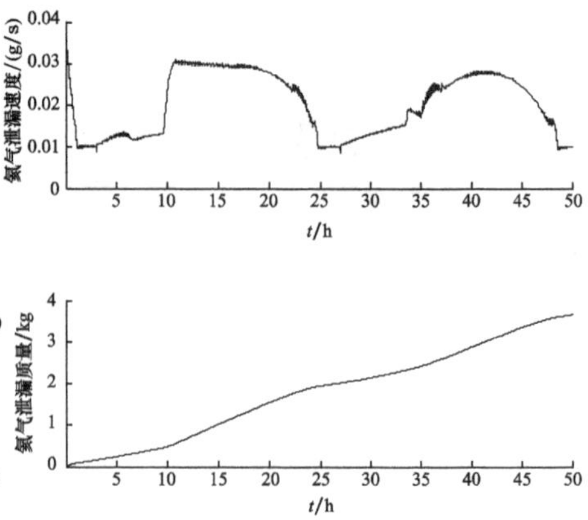
氦气泄漏速度/(g/s)
氦气泄漏质量/kg
t/h

(j)

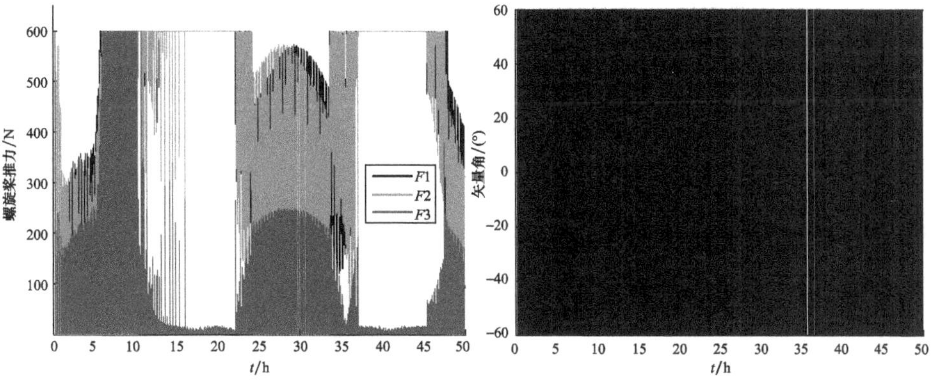

(k)　　(l)

图5-7　调压体制临近空间飞艇时变风场下平面区域驻留力热耦合路径跟踪控制仿真(3m/s 时变风)

(a)平面区域驻留路径跟踪;(b)平衡高度动态波动;(c)飞行复合速度;(d)飞行空速;(e)偏航姿态;(f)俯仰姿态与滚转姿态;(g)超热特性;(h)超压特性;(i)内外囊体氦气质量;(j)囊体氦气泄漏质量;(k)各螺旋桨所需推力(见彩插);(l)矢量偏转角。

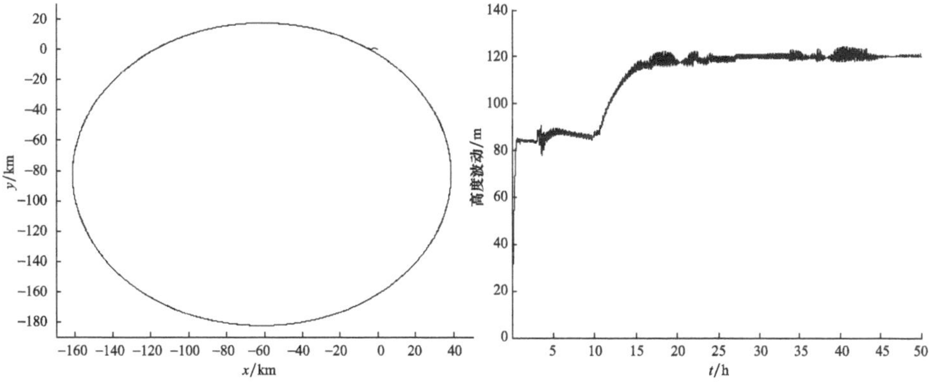

(a)　　(b)

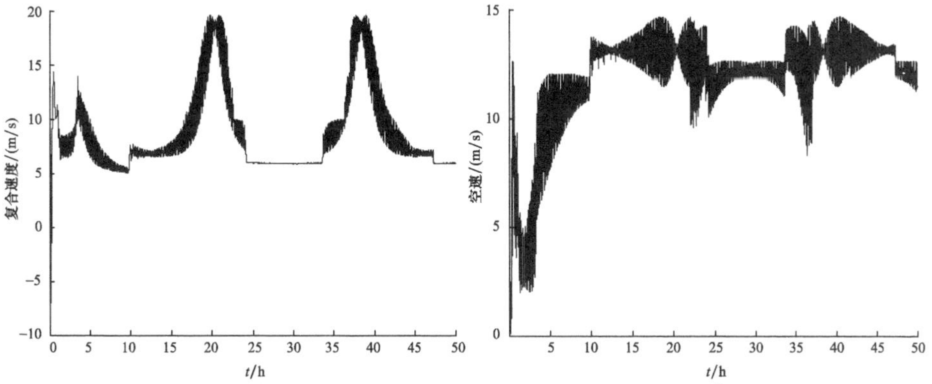

(c)　　(d)

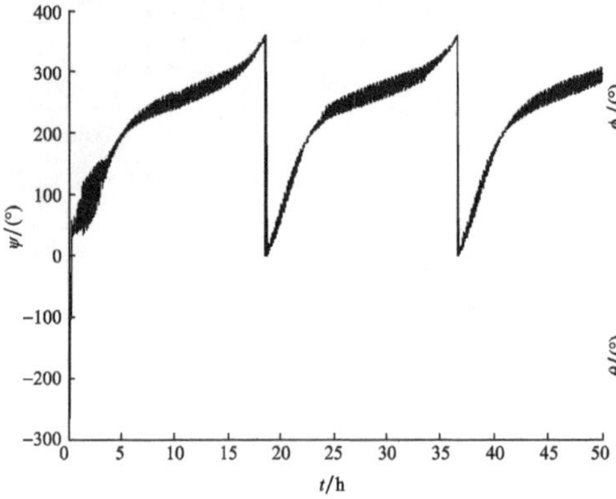
ψ/(°)
t/h
(e)

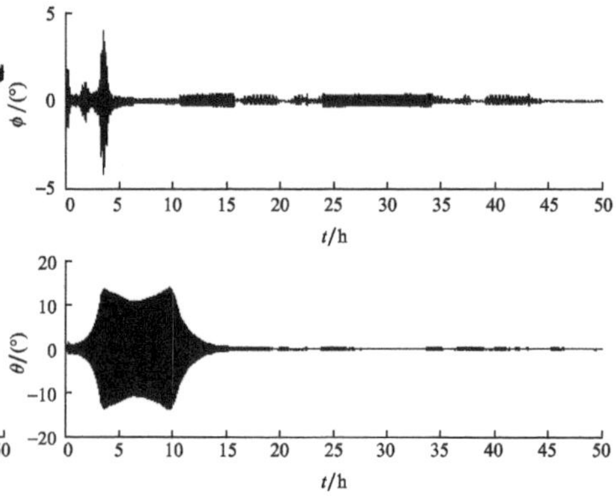
ϕ/(°)
t/h
θ/(°)
t/h
(f)

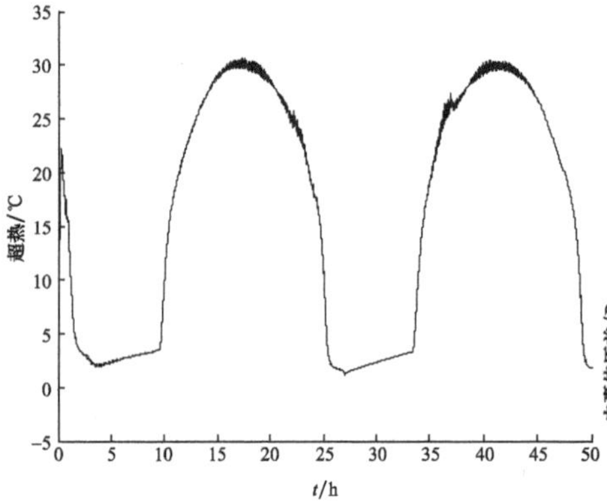
超热/℃
t/h
(g)

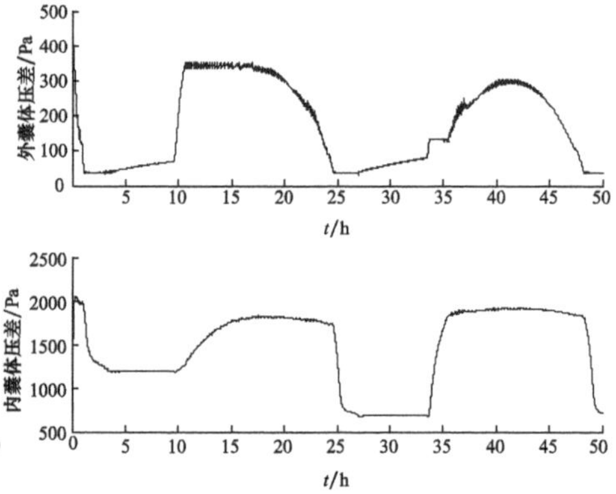
外囊体压差/Pa
t/h
内囊体压差/Pa
t/h
(h)

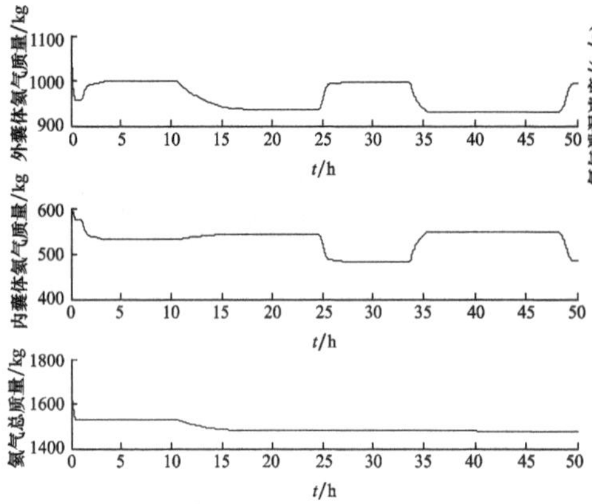
外囊体氦气质量/kg
t/h
内囊体氦气质量/kg
t/h
氦气总质量/kg
t/h
(i)

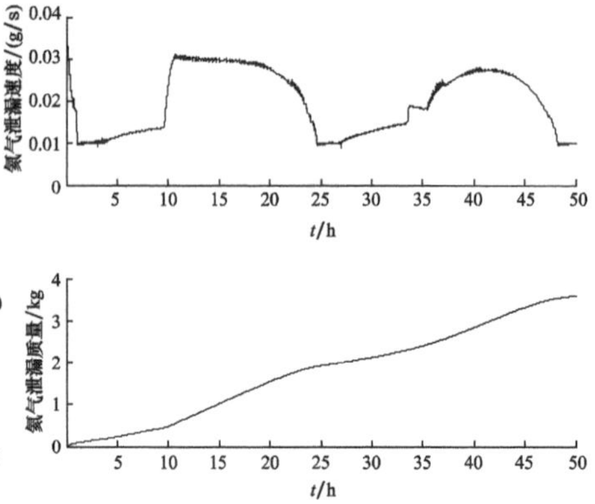
氦气泄漏速度/(g/s)
t/h
氦气泄漏质量/kg
t/h
(j)

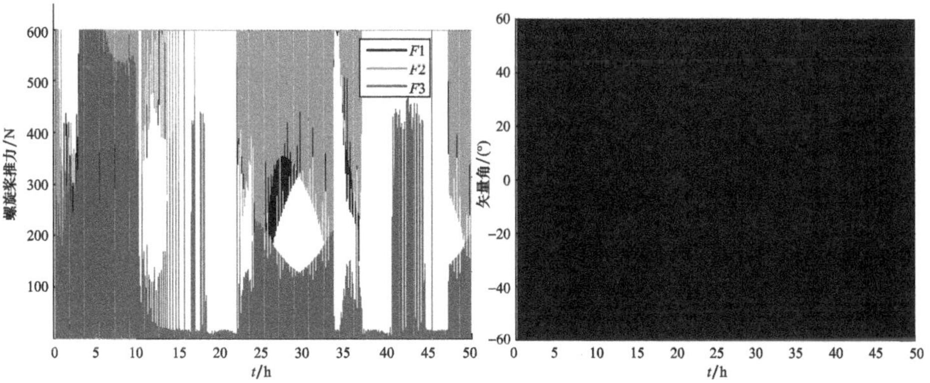

(k)　　　　　　　　　　(l)

图 5-8　调压体制临近空间飞艇时变风场下平面区域驻留力热耦合路径跟踪控制仿真(6m/s 时变风)

(a)平面区域驻留路径跟踪;(b)平衡高度动态波动;(c)飞行复合速度;(d)飞行空速;(e)偏航姿态;(f)俯仰姿态与滚转姿态;(g)超热特性;(h)超压特性;(i)内外囊体氦气质量;(j)囊体氦气泄漏质量;(k)各螺旋桨所需推力(见彩插);(l)矢量偏转角。

5.4.3　长航时能力评估仿真

调压体制临近空间飞艇航时能力主要取决于昼夜循环驻空过程中外界热辐射环境变化下氦气“超热/超冷”引发的浮力囊体安全压力成形浮力保持,通过前文受控状态下的闭环仿真可知,囊体内的氦气能够实现稳定的循环调节匹配昼夜超热超压保形需求,浮力的损失主要由长航时过程中外囊体氦气泄漏导致。通过所构建的力热耦合模型可以定量评估大型囊体地面加工成型后气密性能(可通过地面保压试验测算出等效泄漏微孔当量直径)对平台长航时能力的影响,进而满足平台未来长航时应用需求定量评估出囊体地面保压指标,为工程应用囊体气密性提升研究指明方向。选取不同囊体泄漏等效微孔当量直径 5mm、10mm、15mm、20mm 在典型常值风 6m/s 工况进行仿真分析,提炼囊体泄漏等效微孔当量直径与长航时能力的关系规律。

从图 5-9~图 5-13 可以看出,调压体制临近空间飞艇在典型 6m/s 常值东风弱风层环境影响下,能够有效跟踪期望区域驻留路径、偏航姿态受控持续稳定偏转、复合速度受控,飞行空速最大稳定在 13.5m/s,满足超热超压安全需求;平衡高度波动自稳定性较好,俯仰姿态始终处于低阻飞行姿态,所需控制力幅值满足螺旋桨实际输出能力限制；通过主动巡航提供来流散热，使得囊体前期最大超热控制在 30℃，驻空末期由于氦气泄漏积累，囊体内外基础压差较低导致超热量上升维持浮力，外囊体与超压内囊体氦气昼夜循环调节。长航时能力随囊体氦气泄漏等效微孔当量直径的增加，快速下降（如 5mm 微孔直径下可以达到近 55 天驻空时间，20mm 微孔直径下仅有 5 天驻空时间），所构建的热力耦合模型在复合速度动态控制下能够很好地反映出调压体制临近空间飞艇的控制特性、动力学特性及热力学特性，可以定量评估出囊体加工成型后的气密性能与航时能力的关系。

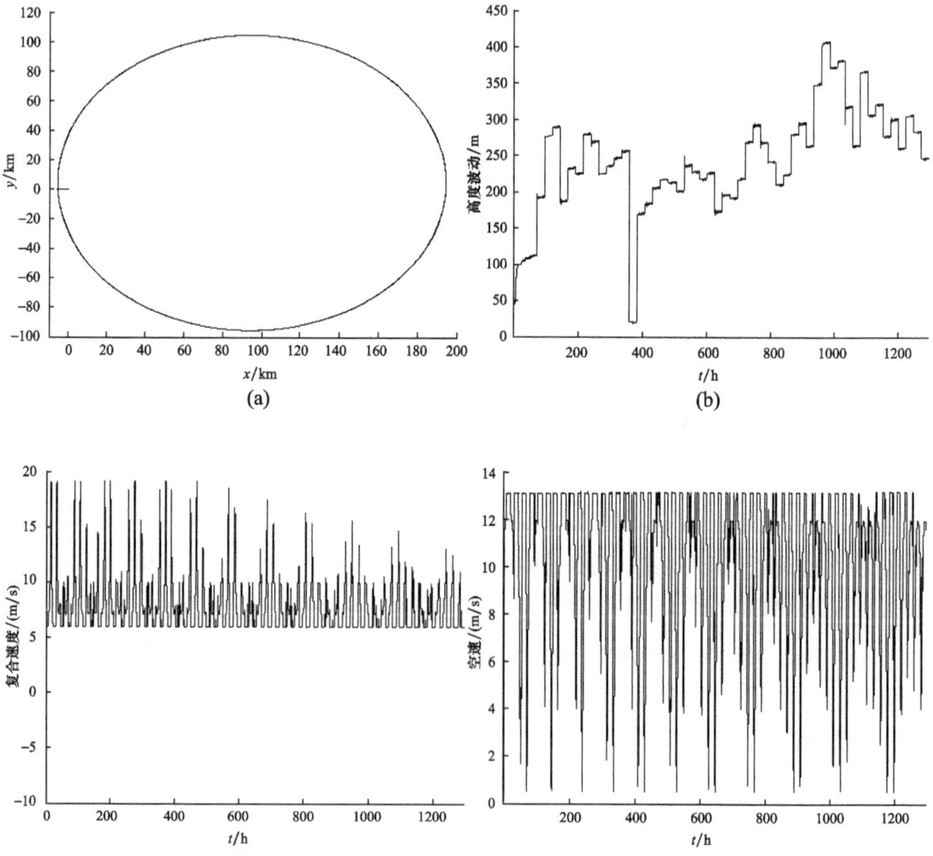

(a) (b) (c) (d)

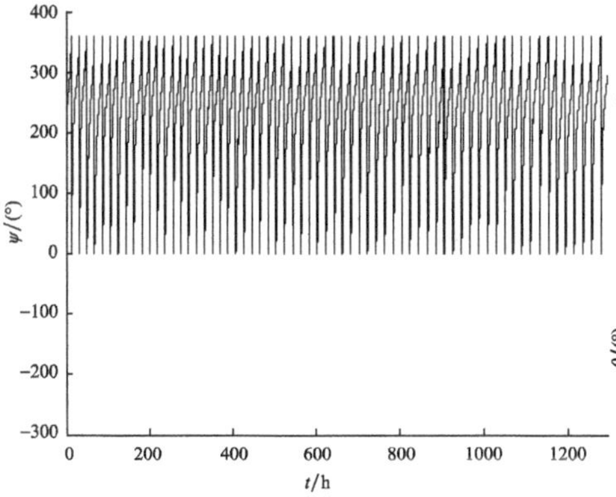
ψ/(°)
t/h

(e)

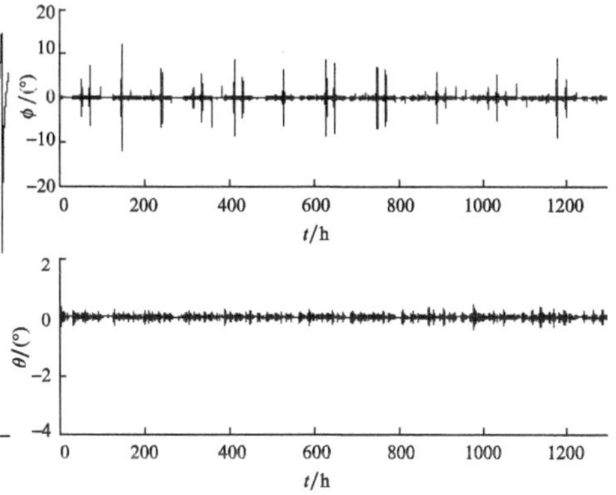
ϕ/(°)
θ/(°)
t/h

(f)

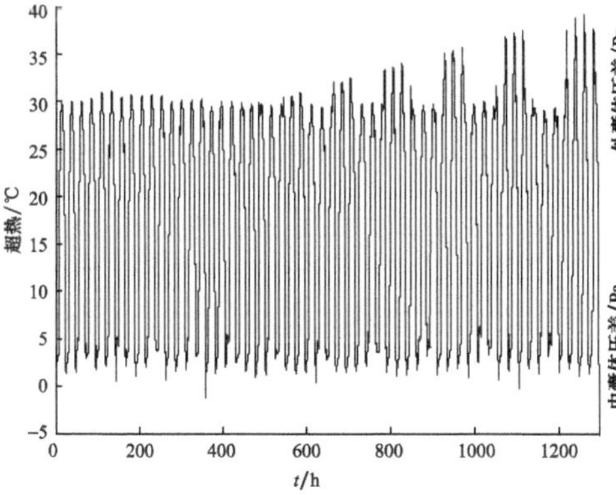
超热/℃
t/h

(g)

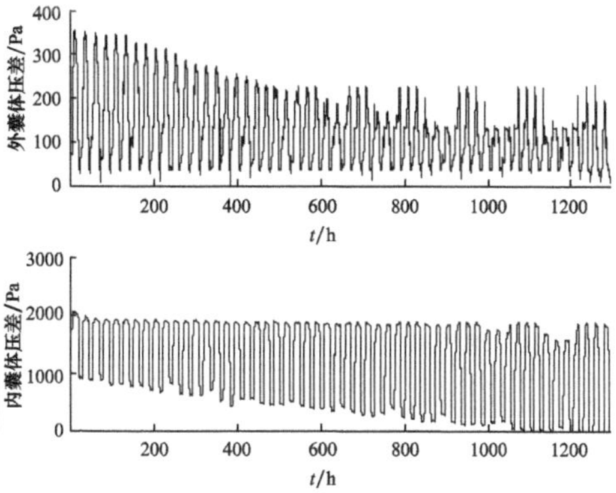
外囊体压差/Pa
内囊体压差/Pa
t/h

(h)

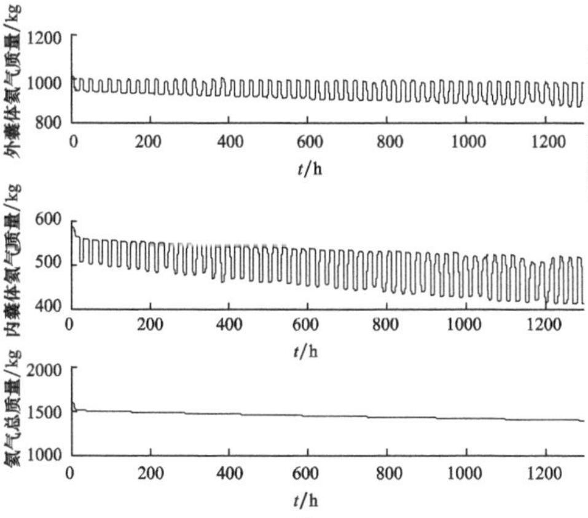
外囊体氦气质量/kg
内囊体氦气质量/kg
氦气总质量/kg
t/h

(i)

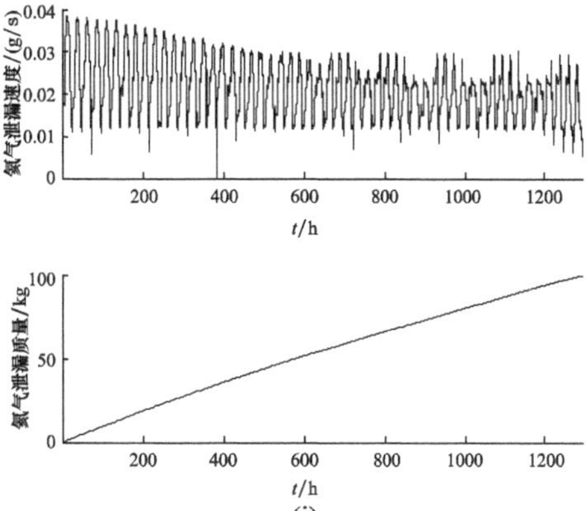
氦气泄漏速度/(g/s)
氦气泄漏质量/kg
t/h

(j)

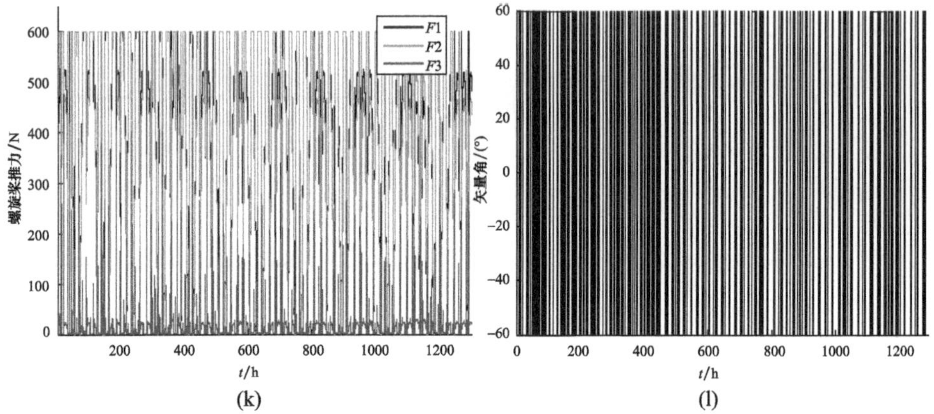

图 5-9　调压体制临近空间飞艇常值风场下区域驻留航时能力仿真(5mm 等效孔径)
(a)平面运动轨迹;(b)平衡高度动态波动;(c)飞行复合速度;(d)飞行空速;
(e)偏航姿态;(f)俯仰姿态与滚转姿态;(g)超热特性;(h)超压特性;(i)内外囊体氦气质量;
(j)囊体氦气泄漏质量;(k)各螺旋桨所需推力(见彩插);(l)矢量偏转角。

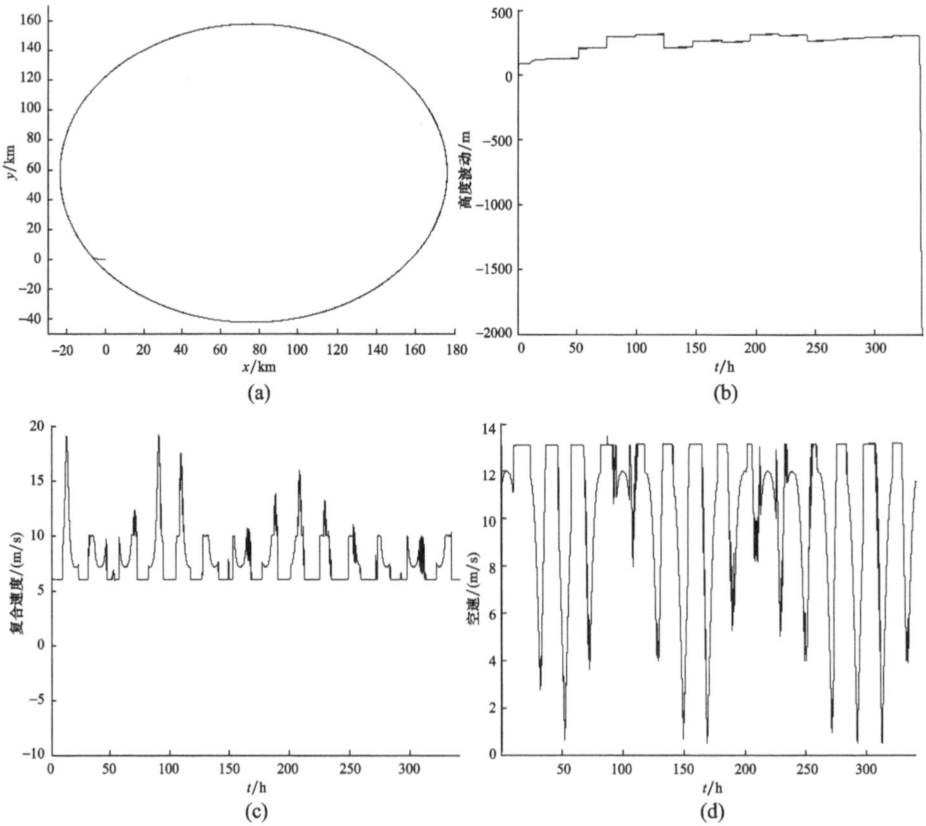

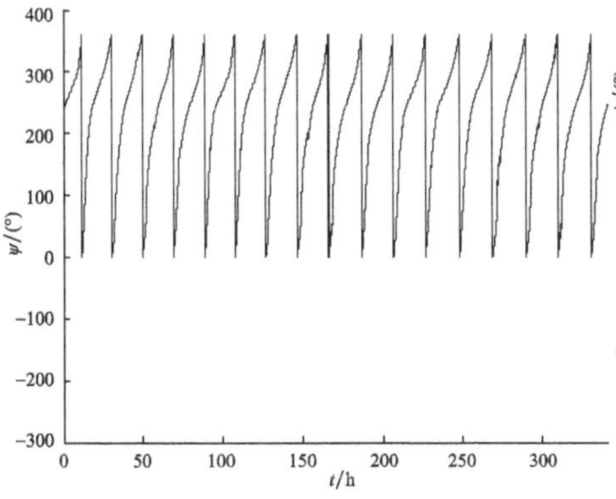
ψ/(°)
t/h
(e)

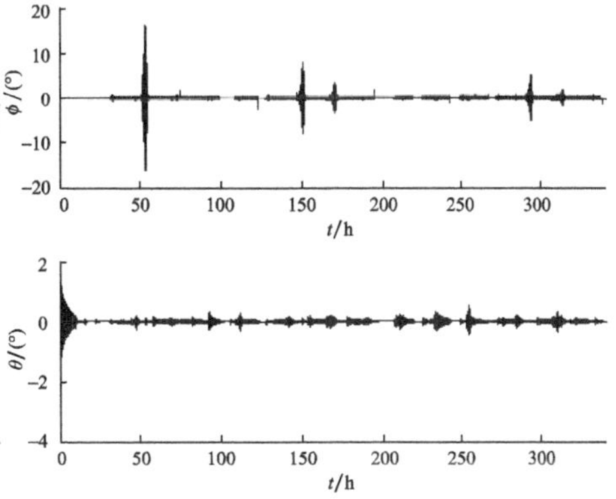
ϕ/(°)
θ/(°)
t/h
(f)

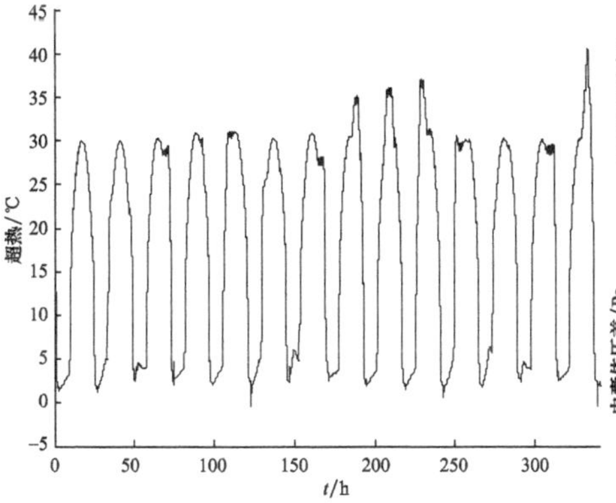
超热/℃
t/h
(g)

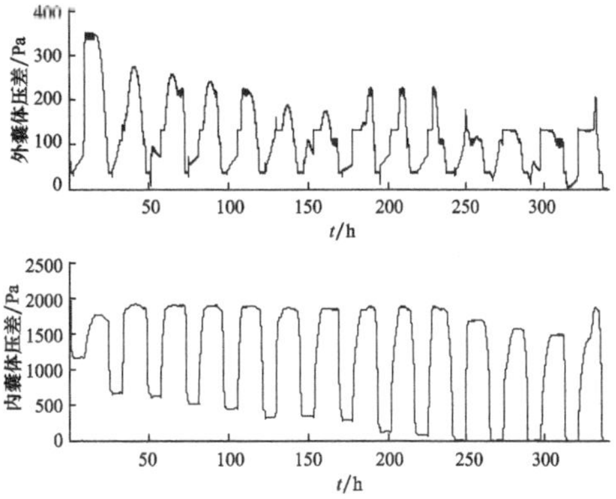
外囊体压差/Pa
内囊体压差/Pa
t/h
(h)

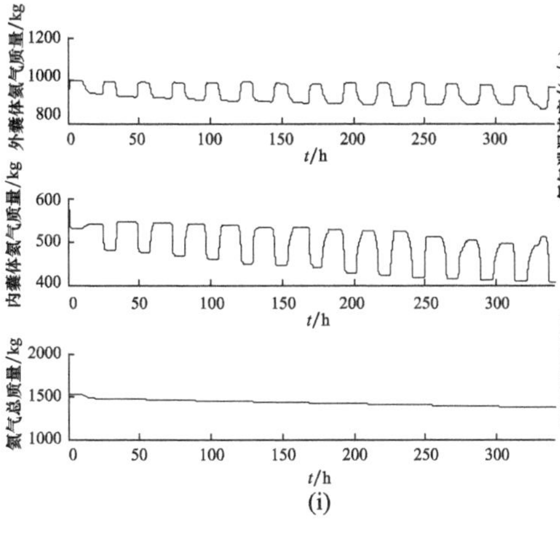
外囊体氦气质量/kg
内囊体氦气质量/kg
氦气总质量/kg
t/h
(i)

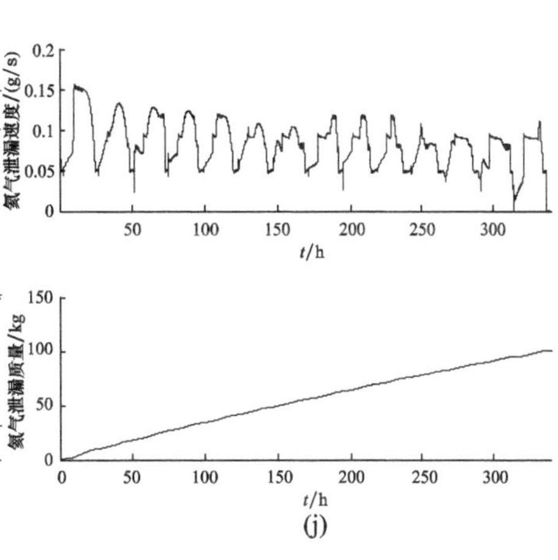
氦气泄漏速度/(g/s)
氦气泄漏质量/kg
t/h
(j)

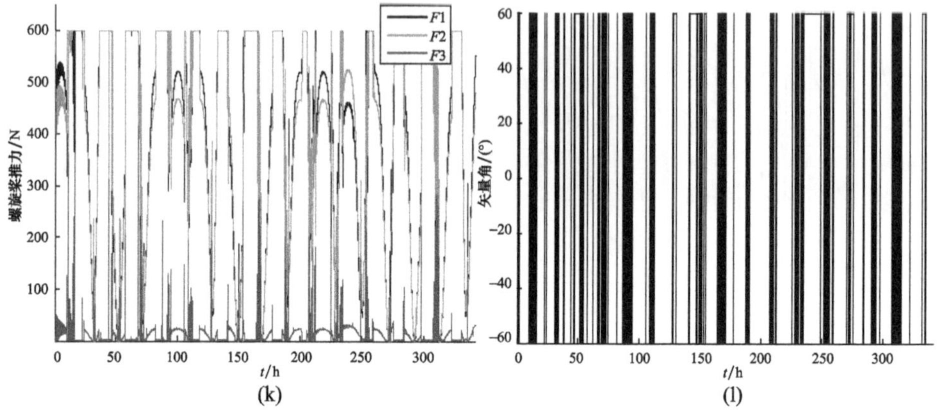

图 5-10 调压体制临近空间飞艇常值风场下区域驻留航时能力仿真(10mm 等效孔径)

(a)平面运动轨迹;(b)平衡高度动态波动;(c)飞行复合速度;(d)飞行空速;

(e)偏航姿态;(f)俯仰姿态与滚转姿态;(g)超热特性;(h)超压特性;(i)内外囊体氦气质量;

(j)囊体氦气泄漏质量;(k)各螺旋桨所需推力(见彩插);(l)矢量偏转角。

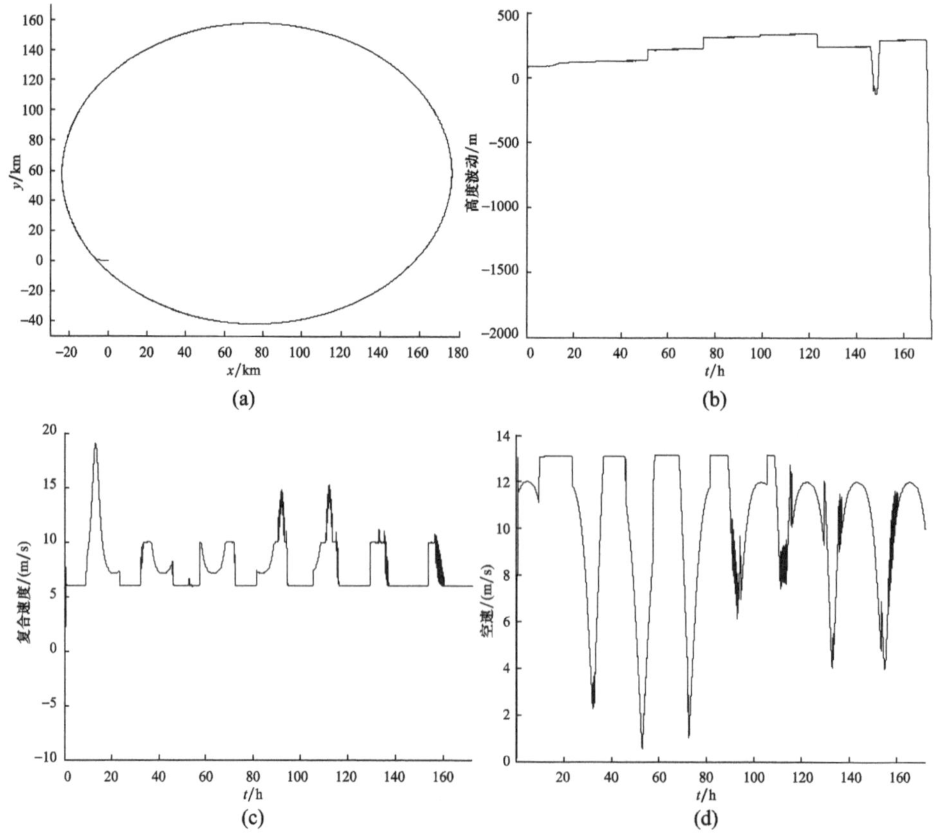

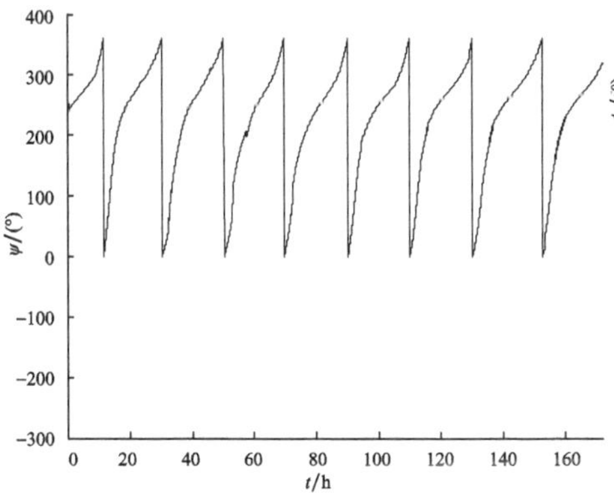
ψ/(°)
t/h

(e)

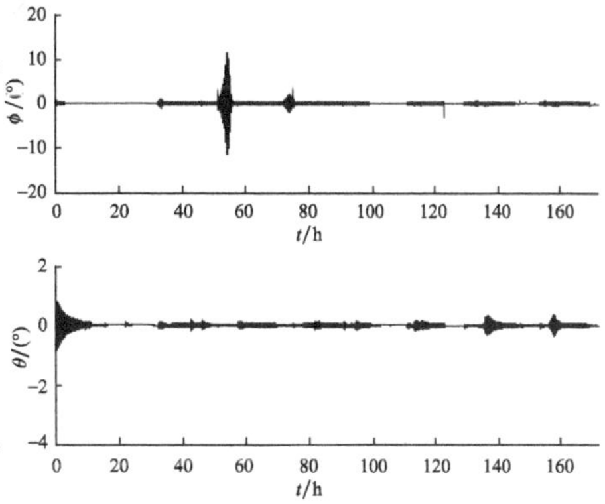
ϕ/(°)
t/h
θ/(°)
t/h

(f)

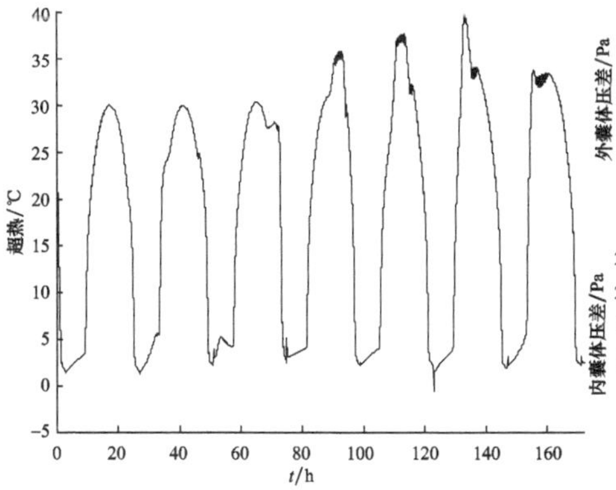
超热/℃
t/h

(g)

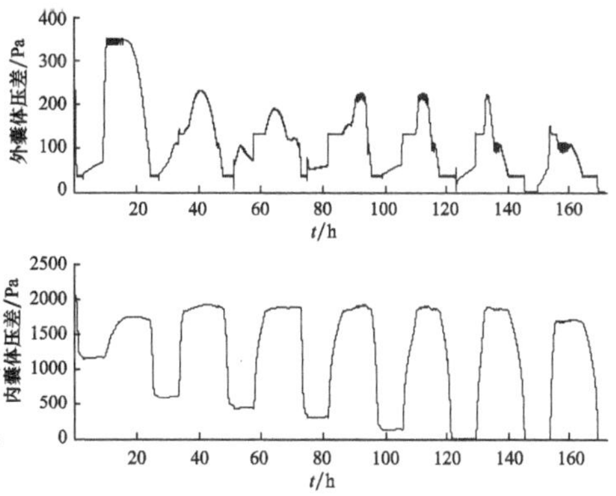
外囊体压差/Pa
t/h
内囊体压差/Pa
t/h

(h)

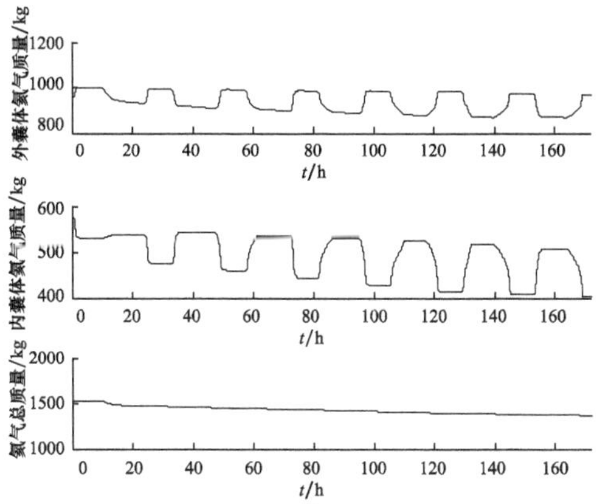
外囊体氦气质量/kg
t/h
内囊体氦气质量/kg
t/h
氦气总质量/kg
t/h

(i)

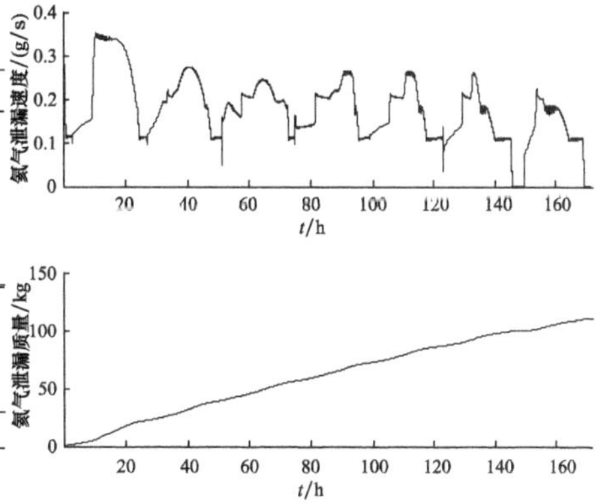
氦气泄漏速度/(g/s)
t/h
氦气泄漏质量/kg
t/h

(j)

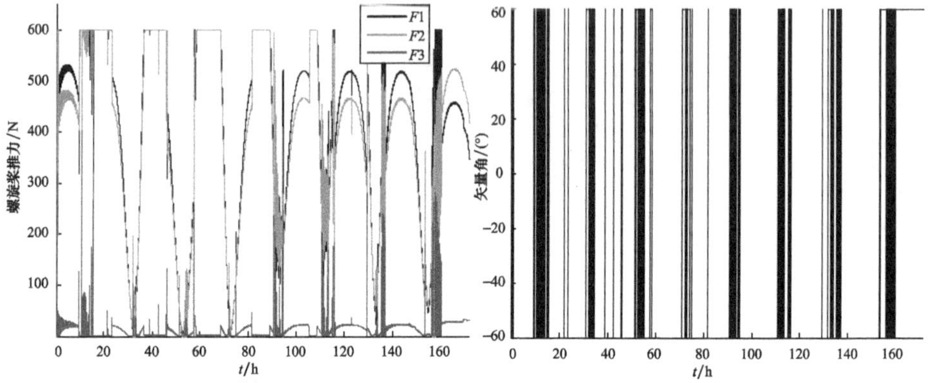

(k) (l)

图 5-11　调压体制临近空间飞艇常值风场下区域驻留航时能力仿真(15mm 等效孔径)

(a)平面运动轨迹;(b)平衡高度动态波动;(c)飞行复合速度;(d)飞行空速;

(e)偏航姿态;(f)俯仰姿态与滚转姿态;(g)超热特性;(h)超压特性;(i)内外囊体氦气质量;

(j)囊体氦气泄漏质量;(k)各螺旋桨所需推力(见彩插);(l)矢量偏转角。

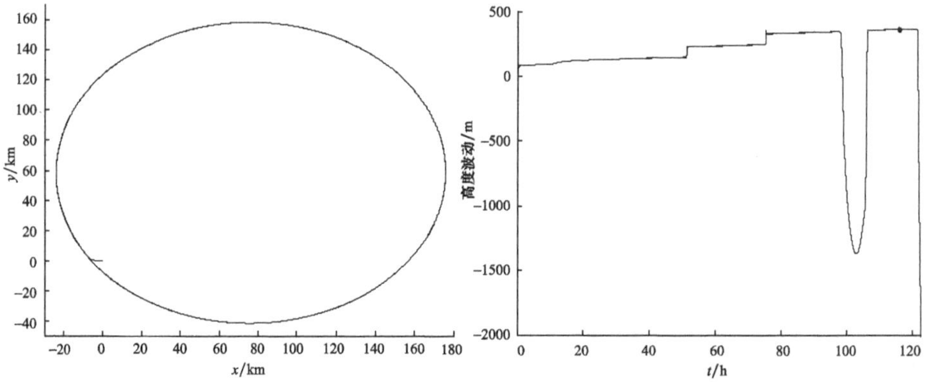

(a) (b)

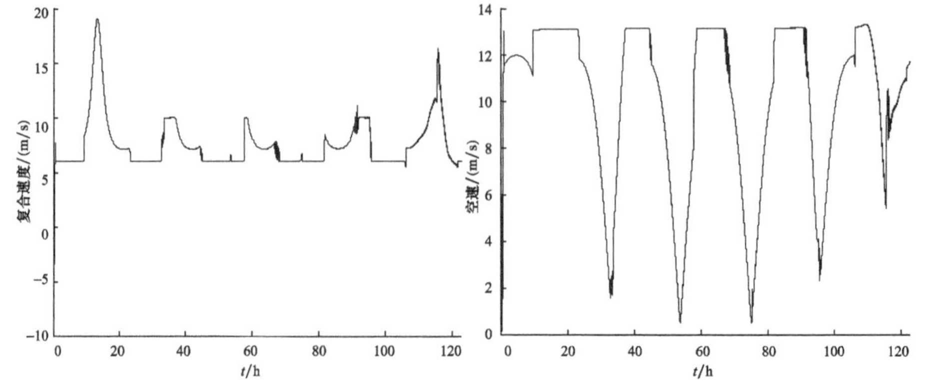

(c) (d)

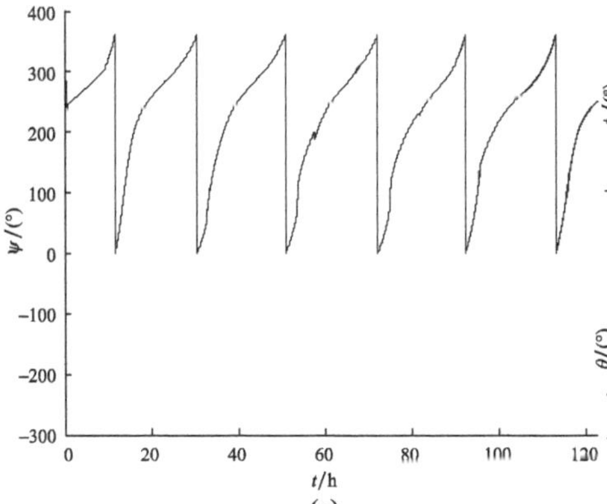
ψ/(°)
t/h

(e)

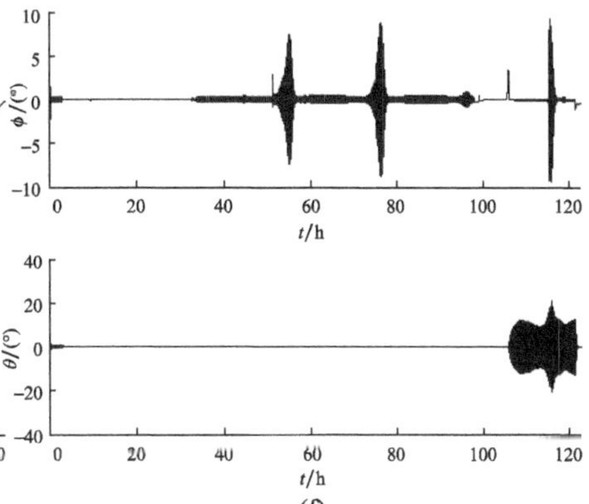
ϕ/(°)
t/h
θ/(°)
t/h

(f)

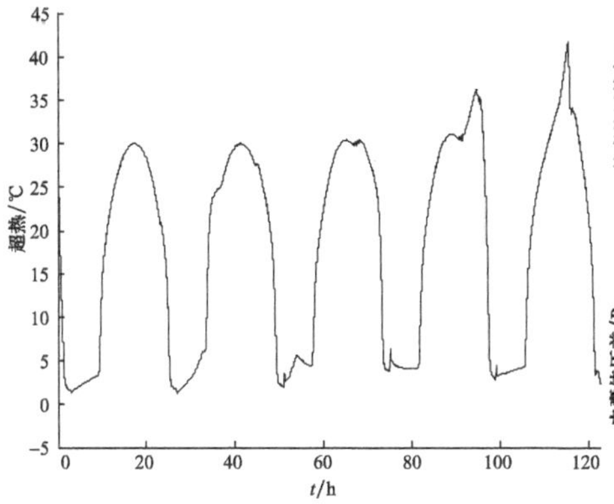
超热/℃
t/h

(g)

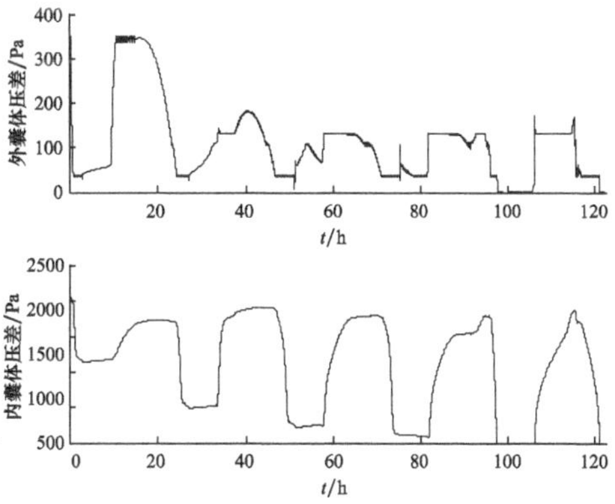
外囊体压差/Pa
t/h
内囊体压差/Pa
t/h

(h)

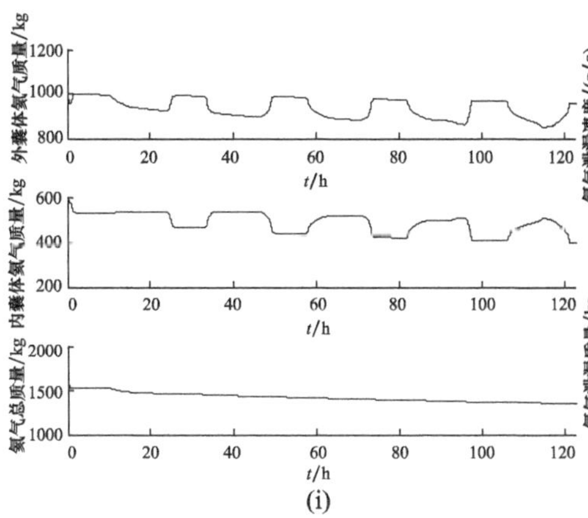
外囊体氦气质量/kg
t/h
内囊体氦气质量/kg
t/h
氦气总质量/kg
t/h

(i)

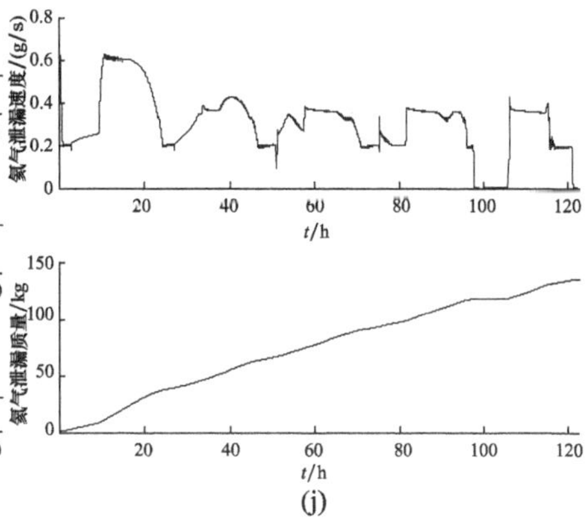
氦气泄漏速度/(g/s)
t/h
氦气泄漏质量/kg
t/h

(j)

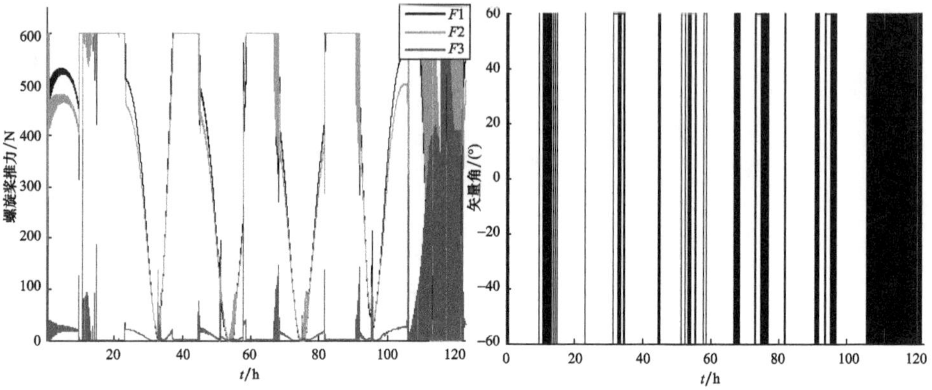

(k) (l)

图 5-12 调压体制临近空间飞艇常值风场下区域驻留航时能力仿真(20mm 等效孔径)

(a)平面运动轨迹;(b)平衡高度动态波动;(c)飞行复合速度;(d)飞行空速;
(e)偏航姿态;(f)俯仰姿态与滚转姿态;(g)超热特性;(h)超压特性;(i)内外囊体氦气质量;
(j)囊体氦气泄漏质量;(k)各螺旋桨所需推力(见彩插);(l)矢量偏转角。

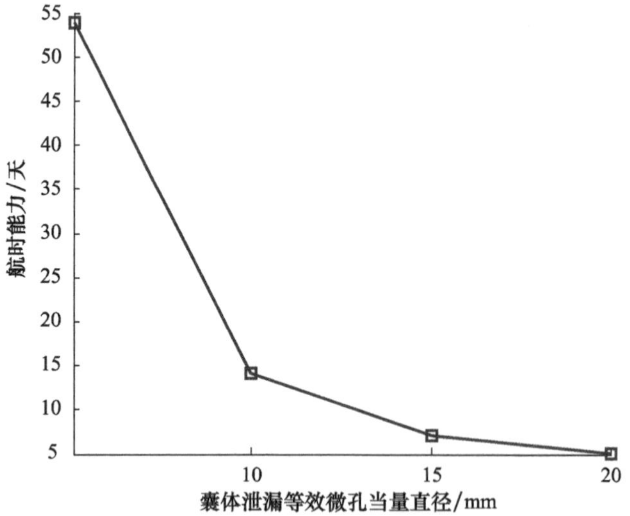

图 5-13 调压体制临近空间飞艇囊体泄漏等效微孔当量直径与航时能力对应关系

5.5 小结

本章首先分析了路径、复合速度两个被控参数控制问题描述;其次根据飞艇路径跟踪时速度的调整方式定义了复合速度,由实现路径跟踪的要求推导出飞艇体心的纵向速度和横向速度的期望值,结合飞艇动力学模型设计出使飞艇纵向速度和横向速度跟踪其期望值的控制律,达到路径跟踪的目的。再次为尽量减少飞艇消耗的控制能量,采用改进的非线性预测控制方法进行基于有限时间区间上滚动优化控制器参数,可保证实现无限时间的路径跟踪任务。另外,设计了内外囊体压力安全循环调节策略,能够全面反映飞艇在大气环境及操纵力作用下力热耦合变化规律。最后联合所构建的动力学、热力学耦合模型,在所设计的运动与压力耦合闭环控制驱动下完成了常值风场、时变风场下航线巡航、区域驻留应用飞行模式下的系统闭环跟踪控制仿真,验证了所设计的耦合控制律的有效性及昼夜循环热力学变化规律,同时定量仿真分析评估了飞艇长航时能力与囊体气密性微孔当量等效直径的关系,为工程应用奠定了良好的基础。

第 6 章

低空缩比飞行控制试验验证

临近空间飞艇低空缩比飞行试验验证系统的相似性设计是平台研制的依据，也是实现天地试验验证有效性的关键，下面以抗压体制临近空间飞艇为例进行相似性的一般性设计[128]，可同理推广至调压体制临近空间飞艇低空缩比飞行试验验证系统设计上。本章在第 3 章控制律设计与闭环仿真验证的基础上，开展低空缩比飞行试验验证平台相似性设计，确保飞行控制试验的天地等效性；研制实物样机，完成低空外场飞行控制闭环试验，获取飞行试验数据，通过实飞数据分析进一步验证前面所构建的对象模型的置信度与飞行控制的有效性、鲁棒性。

6.1 低空缩比飞行试验验证平台相似性设计

6.1.1 单值性条件

1. 几何相似[129-130]

几何相似是指模型流动的边界形状与原型相似，即在流场中，模型与原型流动边界的对应边要呈一定比例。原型平台依靠静浮力运行在临近空间，其绕流流动特性主要取决于浮力囊体，故取囊体 D 直径为几何相似的特征长度，用 L_p、L_m 分别表示原型与模型的相应的囊体直径特征长度，则有

$$\frac{L_p}{L_m}=C_l$$

式中：C_l 为长度比例尺，由于几何相似，原型与模型的对应面积与体积也呈一定比例。则有

面积比例尺：

$$\frac{A_{\mathrm{p}}}{A_{\mathrm{m}}}=\frac{L_{\mathrm{p}}^2}{L_{\mathrm{m}}^2}=C_l^2$$

体积比例尺：

$$\frac{V_{\mathrm{p}}}{V_{\mathrm{m}}}=\frac{L_{\mathrm{p}}^3}{L_{\mathrm{m}}^3}=C_l^3$$

2. 运动相似[129-130]

运动相似是指在几何相似的前提下，表达运动的物理量相似。运动相似意味着速度场相似，是指模型与原型的流场对应时刻、对应点上的流速方向相同、大小的比例相等。抗风能力是表征原型平台运动特性的能力，故选其为速度特征量，用 v_{p}、v_{m} 分别表示原型与模型的相应的特征速度，则有

$$\frac{v_{\mathrm{p}}}{v_{\mathrm{m}}}=C_v$$

式中：C_v 为速度比例尺，由于几何相似是运动相似的前提条件，只要确定了原型与模型的长度比例尺和速度比例尺，便可由它们确定所有运动学量的比例尺。

3. 动力相似[129-130]

动力相似是指两个几何相似、运动相似的流动系统中，对应点处作用的相同性质的力，其方向相同、大小呈一定比例，且比例常数对两个流场中任意对应点都不变，即它们的动力场相似。用 F_{p}、F_{m} 分别表示原型与模型的相应的同性质力，用 ρ_{p}、ρ_{m} 分别表示原型与模型环境密度场，则有

力比例尺：

$$\frac{F_{\mathrm{p}}}{F_{\mathrm{m}}}=C_f$$

密度比例尺：

$$\frac{\rho_{\mathrm{p}}}{\rho_{\mathrm{m}}}=C_\rho$$

根据牛顿第二定理，可求出：

$$C_f=C_\rho C_l^2 C_v^2$$

可见，C_ρ、C_l、C_v 是动力相似的基本比例尺，其他动力学比例尺均可由它们来确定，如质量比例尺：

$$C_M = C_\rho C_l^3$$

压力比例尺

$$C_P = C_\rho C_v^2$$

根据相似逆定理[129-130]可知，凡同一种现象（可用同一微分方程组描述的现象），并且由单值条件中的物理量所组成的相似准则在数值上相等，则这些现象一定相似。当进行模型试验时，应根据相似逆定理来安排试验，试验中测量各相似准则或相似准则中所包含的物理量，将试验数据按照相似准则进行整理，即可应用到原型对象上。

6.1.2 相似准则推导

1. 原型平台力学现象描述

由第 2 章知，抗压体制临近空间飞艇原型平台可以通过（$x,y,z,\phi,\theta,\psi,\chi_{11},\chi_{12},\chi_{21},\chi_{22}$）10 个变量来描述其飞行特性及控制特性。其中，（x,y,z）和（ϕ,θ,ψ）分别描述桁架相对地面的位置和姿态，（χ_{11},χ_{12}）、（χ_{21},χ_{22}）分别描述两个囊体相对桁架的位置和姿态。原型平台的力学现象取决于一组完整的方程组及单值性条件，即通过（$x,y,z,\phi,\theta,\psi,\chi_{11},\chi_{12},\chi_{21},\chi_{22}$）10 个变量的方程组来描述。影响原型平台力学现象的物理量有空气密度 ρ、质量 m、重力加速度 g、囊体直径 D、气动阻力 Q、气动阻力矩 M_q、螺旋桨推力 F、螺旋桨推力矩 M_f、飞行速度 v、姿态角速度 w、转动惯量 J、时间 t。为了更简洁地描述原型平台的力学现象，将（$x,y,z,\phi,\theta,\psi,\chi_{11},\chi_{12},\chi_{21},\chi_{22}$）按类型分为两类：桁架质心位置 $X=(x,y,z)$、姿态 $\xi=(\phi,\theta,\psi,\chi_{11},\chi_{12},\chi_{21},\chi_{22})$，则其方程组可以表述为

$$(X,\xi)=f_1(\rho,D,v,w,m,g,J,t,Q,M_q,F,M_f) \tag{6-1}$$

式中：影响气动阻力 Q、气动阻力矩 M_q 的物理量又包括空气密度 ρ、空气黏性 μ、气流角 β、囊体直径 D、飞行速度 v、声速 a，则其方程组可以表述为

$$(Q,M_q)=f_2(\rho,D,v,a,\mu,\beta) \tag{6-2}$$

另外，影响螺旋桨推力 F、螺旋桨推力矩 M_f 的物理量包括空气密度 ρ、空气黏性 μ、气流角 β、囊体直径 D、飞行速度 v、螺旋桨转速 n，则其方程组可以表述为

$$(F,M_f)=f_3(\rho,D,v,\mu,\beta,n) \tag{6-3}$$

综上所述,原型平台力学现象可以由式(6-1)~式(6-3)完整描述。

2. 量纲分析

由于原型平台的力学现象方程组十分复杂,不能明确地写出其数学关系式,不能采用方程分析法来推导其相似准则,但可以采用量纲分析方法来实现。首先,介绍量纲分析的 π 定理,它可以表述为:一个反映物理过程的量纲奇次的物理量方程可以转换成由这些物理量组成的各无量纲参数间的函数关系。

由于本次缩比试验不涉及热特性验证,故在选取基本物理量纲时可不考虑温度的影响,选取基本物理量纲:长度、质量及时间,相应的量纲符号:L、M、T。

1)气动阻力 Q、气动阻力矩 $\boldsymbol{M}_q$ 的量纲分析

根据各物理量的量纲定义,则有

$$\begin{cases}\dim\rho=\mathrm{L}^{-3}\mathrm{M}^1\mathrm{T}^0\\ \dim D=\mathrm{L}^1\mathrm{M}^0\mathrm{T}^0\\ \dim v=\mathrm{L}^1\mathrm{M}^0\mathrm{T}^{-1}\\ \dim a=\mathrm{L}^1\mathrm{M}^0\mathrm{T}^{-1}\\ \dim\mu=\mathrm{L}^{-1}\mathrm{M}^1\mathrm{T}^{-1}\\ \dim\beta=\mathrm{L}^0\mathrm{M}^0\mathrm{T}^0\\ \dim Q=\mathrm{L}^1\mathrm{M}^1\mathrm{T}^{-2}\\ \dim\boldsymbol{M}_q=\mathrm{L}^2\mathrm{M}^1\mathrm{T}^{-2}\end{cases} \tag{6-4}$$

根据式(6-4),可以写出式(6-2)的量纲矩阵,如表 6-1 所列。

表 6-1　量纲矩阵分布

基本量纲	导出量纲							
	[ρ]	[D]	[v]	[a]	[μ]	[β]	[Q]	[M_q]
L	−3	1	1	1	−1	0	1	2
M	1	0	0	0	1	0	1	1
T	0	0	−1	−1	−1	0	−2	−2

由表 6-1 可知,物理量 ρ、D、v 的行列式不为零,即

$$\begin{vmatrix}-3 & 1 & 1\\ 1 & 0 & 0\\ 0 & 0 & -1\end{vmatrix}\neq 0$$

则物理量 ρ、D、v 是相互独立的，可作为基本物理量，其他物理量均可由其导出。

设 $\mu=\pi_{\mu}\rho^{\lambda_1}D^{\lambda_2}v^{\lambda_3}$，根据量纲和谐原理，结合式(6-4)，则有

$$\mathrm{L}^{-1}\mathrm{M}^{1}\mathrm{T}^{-1}=(\mathrm{L}^{-3}\mathrm{M}^{1}\mathrm{T}^{0})^{\lambda_1}(\mathrm{L}^{1}\mathrm{M}^{0}\mathrm{T}^{0})^{\lambda_2}(\mathrm{L}^{1}\mathrm{M}^{0}\mathrm{T}^{-1})^{\lambda_3} \tag{6-5}$$

求解式(6-5)，可知 $\lambda_1=\lambda_2=\lambda_3=1$，进而可求出 μ 的无量纲参数 π_{μ} 的表达式为

$$\pi_{\mu}=\frac{\mu}{\rho D v} \tag{6-6}$$

同理，可求出其他物理量的无量纲参数分别为

$$\pi_{a}=\frac{a}{v},\quad \pi_{Q}=\frac{Q}{\rho D^2 v^2},\quad \pi_{M_q}=\frac{M_q}{\rho D^3 v^2} \tag{6-7}$$

根据量纲分析的 π 定理，则式(6-2)可转化为

$$(\pi_{Q},\pi_{M_q})=f_2(1,1,1,\pi_{a},\pi_{\mu},\beta) \tag{6-8}$$

2)螺旋桨推力 F、螺旋桨推力矩 M_f 的量纲分析

分析过程同上(重复描述省略)，根据各物理量的量纲定义，则有

$$\begin{cases}\dim n=\mathrm{L}^{0}\mathrm{M}^{0}\mathrm{T}^{-1}\\ \dim F=\mathrm{L}^{1}\mathrm{M}^{1}\mathrm{T}^{-2}\\ \dim M_f=\mathrm{L}^{2}\mathrm{M}^{1}\mathrm{T}^{-2}\end{cases} \tag{6-9}$$

根据基本物理量 ρ、D、v，可导出其他物理量的无量纲参数分别为

$$\pi_{n}=\frac{n}{D^{-1}v}=\frac{nD}{v},\quad \pi_{F}=\frac{F}{\rho D^2 v^2},\quad \pi_{M_f}=\frac{M_f}{\rho D^3 v^2} \tag{6-10}$$

根据量纲分析的 π 定理，则式(6-3)可转化为

$$(\pi_{F},\pi_{M_f})=f_3(1,1,1,\pi_{\mu},\beta,\pi_{n}) \tag{6-11}$$

3)原型平台的力学现象 X、姿态 ξ 的量纲分析

分析过程同上(重复描述省略)，根据各物理量的量纲定义，则有

$$\begin{cases}\dim w=\mathrm{L}^{0}\mathrm{M}^{0}\mathrm{T}^{-1}\\ \dim m=\mathrm{L}^{0}\mathrm{M}^{1}\mathrm{T}^{0}\\ \dim g=\mathrm{L}^{1}\mathrm{M}^{0}\mathrm{T}^{-2}\\ \dim J=\mathrm{L}^{2}\mathrm{M}^{1}\mathrm{T}^{0}\\ \dim t=\mathrm{L}^{0}\mathrm{M}^{0}\mathrm{T}^{1}\\ \dim X=\mathrm{L}^{1}\mathrm{M}^{0}\mathrm{T}^{0}\\ \dim \xi=\mathrm{L}^{0}\mathrm{M}^{0}\mathrm{T}^{0}\end{cases} \tag{6-12}$$

根据基本物理量ρ、D、v,可导出其他物理量的无量纲参数分别为

$$\pi_w=\frac{w}{v/D},\pi_m=\frac{m}{\rho D^3},\pi_g=\frac{gD}{v^2},\pi_J=\frac{J}{\rho D^5},\pi_t=\frac{t}{D/v},\pi_X=\frac{X}{D} \tag{6-13}$$

根据量纲分析的π定理,则式(6-1)可转化为

$$(\pi_X,\xi)=f_3(1,1,1,\pi_w,\pi_m,\pi_g,\pi_J,\pi_t,\pi_Q,\pi_{M_q},\pi_F,\pi_{M_f}) \tag{6-14}$$

至此,由式(6-8)、式(6-11)、式(6-14)组成了相似准则,根据相似逆定理,只要保证在原型和模型试验中组成相似准则的无量纲数(同名相似准则数)相同,就能使原型与模型试验现象相似,具有相同的相似准则及相似准数,即能将模型试验的结果按比例尺推广到原型平台上。

6.1.3 相似准则数选取

通过前文分析过程可知,无量纲参数共包含式(6-6)、式(6-7)、式(6-10)及式(6-13)。根据相似准则数的定义可知,上述推导的无量纲参数都对应着常用的相似准数,即

(1) $\pi_\mu=\frac{\mu}{\rho Dv}$对应着雷诺数$Re=\frac{\rho Dv}{\mu}$;

(2) $\pi_a=\frac{a}{v}$对应着马赫数$Ma=\frac{v}{a}$;

(3) $\pi_g=\frac{gD}{v^2}$对应着弗劳德数$Fr=\frac{v}{\sqrt{gD}}$;

(4) $\pi_t=\frac{t}{D/v}$对应着斯特劳哈尔数$Sr=\frac{D}{vt}$;

(5) $\pi_n=\frac{nD}{v}$对应着螺旋桨的前进比$J_{\text{proper}}=\frac{v}{nD}$;

(6) $\pi_F=\frac{F}{\rho D^2v^2}$对应着螺旋桨的推力系数$C_T=\frac{F}{\rho D^4n^2}$;

(7) $\pi_{M_f}=\frac{M_f}{\rho D^3v^2}$对应着螺旋桨的扭矩系数$C_M=\frac{M_f}{\rho D^5n^2}$;

(8) $\pi_Q=\frac{Q}{\rho D^2v^2}$对应着气动阻力系数$C_d=\frac{Q}{2\rho v^2S}$;

(9) $\pi_{M_q}=\dfrac{\boldsymbol{M}_q}{\rho D^3 v^2}$对应着气动力矩系数 $C_n=\dfrac{\boldsymbol{M}_q}{2\rho v^2 SD}$;

(10) $\pi_w=\dfrac{w}{v/D}$、$\pi_m=\dfrac{m}{\rho D^3}$、$\pi_J=\dfrac{J}{\rho D^5}$分别为无量纲参数。

要正确地进行模型试验,应使原型与模型之间的单值性条件相似,同名相似准数相同,即要求原型与模型在试验中保持雷诺数 Re、马赫数 Ma、弗劳德数 Fr、斯特劳哈尔数 Sr 相同;同时,要求螺旋桨的前进比 J_{proper}、推力系数 C_T、扭矩系数 C_M 在螺旋桨模型设计时保持与原型相同;要求牛顿数相似准则数气动阻力系数 C_d、气动力矩系数 C_n 相同,即需要保证囊体材料、结构、加工在原型与模型之间保持一致;要求 π_w、π_m、π_J 无量纲参数相同,即要保证模型设计的布局、构型、质量分布要和原型保持一致。

为了保证原型与模型试验的相似,要求上述 12 个相似准则数相同,这在工程实现中会大大增加试验成本,实施难度也会大大增加,通常只要根据模型试验验证的目的,选择相同的具有决定性的相似准则数,就可以判定两个现象的相似性。

本书中低空缩比飞行试验主要验证所设计的飞行控制算法的有效性,反映螺旋桨性能的相似准数在缩比模型设计时不用考虑;另外在缩比模型设计时要根据工程实际尽量保证模型的布局、构型、质量分布和原型保持一致,即相似准数 π_w、π_m、π_J 相同。

综上所述,抗压体制临近空间飞艇缩比模型在设计过程中要依据的相似准数主要是雷诺数 Re、马赫数 Ma、弗劳德数 Fr、斯特劳哈尔数 Sr。

6.1.4 相似指标分析

在缩比模型设计过程中,为保证上述 4 个相似准数相同,要求其对应的相似指标都为 1,则有

$$\frac{C_\rho C_l C_v}{C_\mu}=1,\frac{C_v}{C_a}=1,\frac{C_v}{\sqrt{C_g C_l}}=1,\frac{C_l}{C_v C_t}=1 \tag{6-15}$$

式中:C_ρ、C_l、C_v、C_a、C_μ、C_g、C_t 表示原型与模型试验中同名单值性条件的变换比例尺。

由于运动黏性系数 $\gamma=\mu/\rho$,因此有 $C_\gamma=C_\mu/C_\rho$;同时由于低空与 20km 临近空间的重力加速度基本相同,即有 $C_g\approx 1$。因此相似准则数式(6-15)可进一步化简为以下形式:

$$\frac{C_l C_v}{C_\gamma}=1,\frac{C_v}{C_a}=1,\frac{C_v}{\sqrt{C_l}}=1,\frac{C_l}{C_v C_t}=1 \tag{6-16}$$

由式(6-16)可知,要保证雷诺数 Re、马赫数 Ma、弗劳德数 Fr、斯特劳哈尔数 Sr 相同,即原型试验与模型试验“完全相似”,则有 $C_l=C_v=C_a=C_t=C_\gamma=1$,即只能做临近空间环境下的原型试验,这在实际工程中是无法实现的,因此只能做到“部分相似”。

由于各种相似准则的物理意义不相同,在某一具体情况下,并非所有的相似准则数都同等重要。换句话说,对于某一具体试验,有些相似准则数必须模拟,有些相似准则数可以不模拟。要正确做到这一点,就应该搞清楚各个相似准则数的物理意义。上述 4 个相似准则数的应用场合如表 6-2 所列。

表 6-2　相似准则数的应用场合

名称	符号	应用场合
雷诺数	Re	黏性流动
马赫数	Ma	高流速(Ma>0.4)
弗劳德数	Fr	重力作用场合
斯特劳哈尔数 Sr	Sr	非定常流动

由于临近空间飞艇属于低速飞行器(设计速度约为 10m/s)远小于临界马赫数(Ma>0.4,约 120m/s),故在缩比模型设计时可忽略相似准数马赫数的影响。缩比模型试验验证平台设计时只要保证雷诺数 Re、弗劳德数 Fr、斯特劳哈尔数 Sr 的相同即可,即缩比设计原则要满足以下相似指标:

$$\frac{C_l C_v}{C_\gamma}=1,\frac{C_v}{\sqrt{C_l}}=1,\frac{C_l}{C_v C_t}=1 \tag{6-17}$$

求解式(6-17),可有 $C_l=C_\gamma^{2/3}$,$C_v=C_\gamma^{1/3}$,$C_t=C_\gamma^{1/3}$。因此,缩比模型试验验证平台的缩比等效设计要根据不同飞行高度下的空气运动黏性来对应设计,而不能随意选择。针对抗压体制临近空间飞艇原型平台,通过标准大气环境数据来说明抗压体制临近空间飞艇缩比飞行试验平台的缩比尺寸设计随设计驻空高度变化的规律。

原型平台临近空间飞行环境参数如表 6-3 所列。

表 6-3　临近空间大气环境参数

海拔高度/m	压强/Pa	温度/K	重力加速度/(m/s^2)	密度/(kg/m^3)
20000	5525.4	216.5	9.7197	0.0889

从图 6-1 可以看出，自然环境下大气运动黏度变换尺度 C_γ 随海拔高度的增加是单调递减的，进而导致相似变换尺度 C_l、C_v、C_t 随海拔高度的增加也是单调递减的。

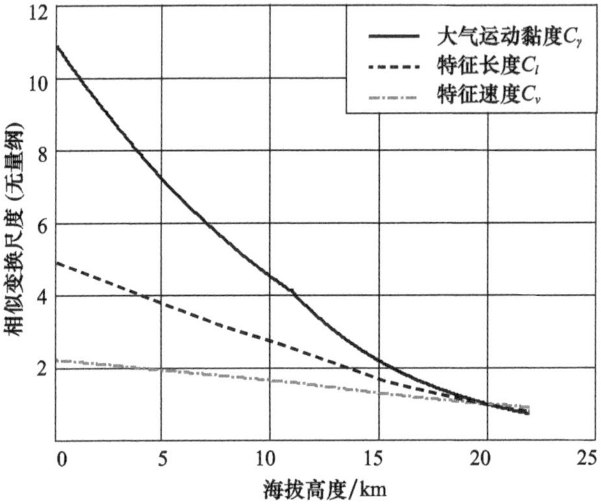

图 6-1 各相似变换尺度随海拔高度的变化规律

综上所述，抗压体制临近空间飞艇缩比模型在设计过程中为了保证模型与原型相似，缩比模型试验平台的设计特征长度、特征速度会随着设计飞行高度的增大而逐渐增大，在 20km 高度会恢复原型平台设计数据。

6.1.5 缩比参数计算

以在平原海拔高度 20～60m 或类似的低海拔地区进行低空飞行试验验证为例，阐述试验验证系统具体缩比参数，在此高度下安全控制较易实现，同时模型尺寸最小，成本最低。为书写方便，用下标 p、m 分别表示原型与模型的相应物理量，同时，根据原型平台总体指标可知 $v_p=10\text{m/s}$，$L_p=44\text{m}$。

缩比模型低空飞行环境参数见表 6-4。

表 6-4 缩比模型低空飞行环境参数

海拔高度/m	压强/Pa	温度/K	重力加速度/(m/s^2)	密度/(kg/m^3)
60	100606.3	293.15	9.8014	1.1956

空气的动力黏性系数 μ 的计算方法为

$$\mu = 1.4580\times 10^{-6}\frac{T^{1.5}}{T+110.4} \tag{6-18}$$

则有

$$C_\gamma = \frac{C_\mu}{C_\rho} = \frac{\rho_m\mu_p}{\rho_p\mu_m} = \frac{\rho_m}{\rho_p}\left(\frac{T_p}{T_m}\right)^{1.5}\frac{T_m+110.4}{T_p+110.4} = 10.5370 \tag{6-19}$$

进一步可求出：

$$C_l = 4.8063, C_v = 2.1923, C_t = 2.1923 \tag{6-20}$$

根据各比例尺的定义，则有

$$C_l = \frac{L_p}{L_m} = \frac{44}{L_m}, C_v = \frac{v_p}{v_m} = \frac{10}{v_m} \tag{6-21}$$

可求出 $L_m = 9.1547\text{m}, v_m = 4.5614\text{m/s}$。进而可明确原型平台与缩比模型相应参数的比例尺关系如表 6-5 所列。

表 6-5　原型平台与缩比模型相应参数的比例尺关系

参数	符号	比例尺关系	数值
雷诺数	Re	—	1
弗劳德数	Fr	—	1
斯特劳哈尔数	Sr	—	1
密度	C_ρ	—	0.0744
特征长度	C_l	—	4.8063
特征速度	C_v	$C_l^{0.5}$	2.1923
时间	C_t	$C_l^{0.5}$	2.1923
力	C_F	$C_\rho C_l^3$	8.2605
力矩	C_{M_f}	$C_\rho C_l^4$	39.7024
角速度	C_w	$C_l^{-0.5}$	0.4561
质量	C_m	$C_\rho C_l^3$	8.2605
转动惯量	C_J	$C_\rho C_l^5$	190.8215

抗压体制临近空间飞艇低空缩比飞行试验验证平台按照相似原理来设计，保证了原型平台与缩比模型的相似，对缩比模型的飞行试验数据结果按照表 6-5 的参数比例尺进行推广，就可以评估原型平台在 20km 的飞行特性、控制性能。缩比飞行试验验证平台总体布局分布如图 6-2 所示。

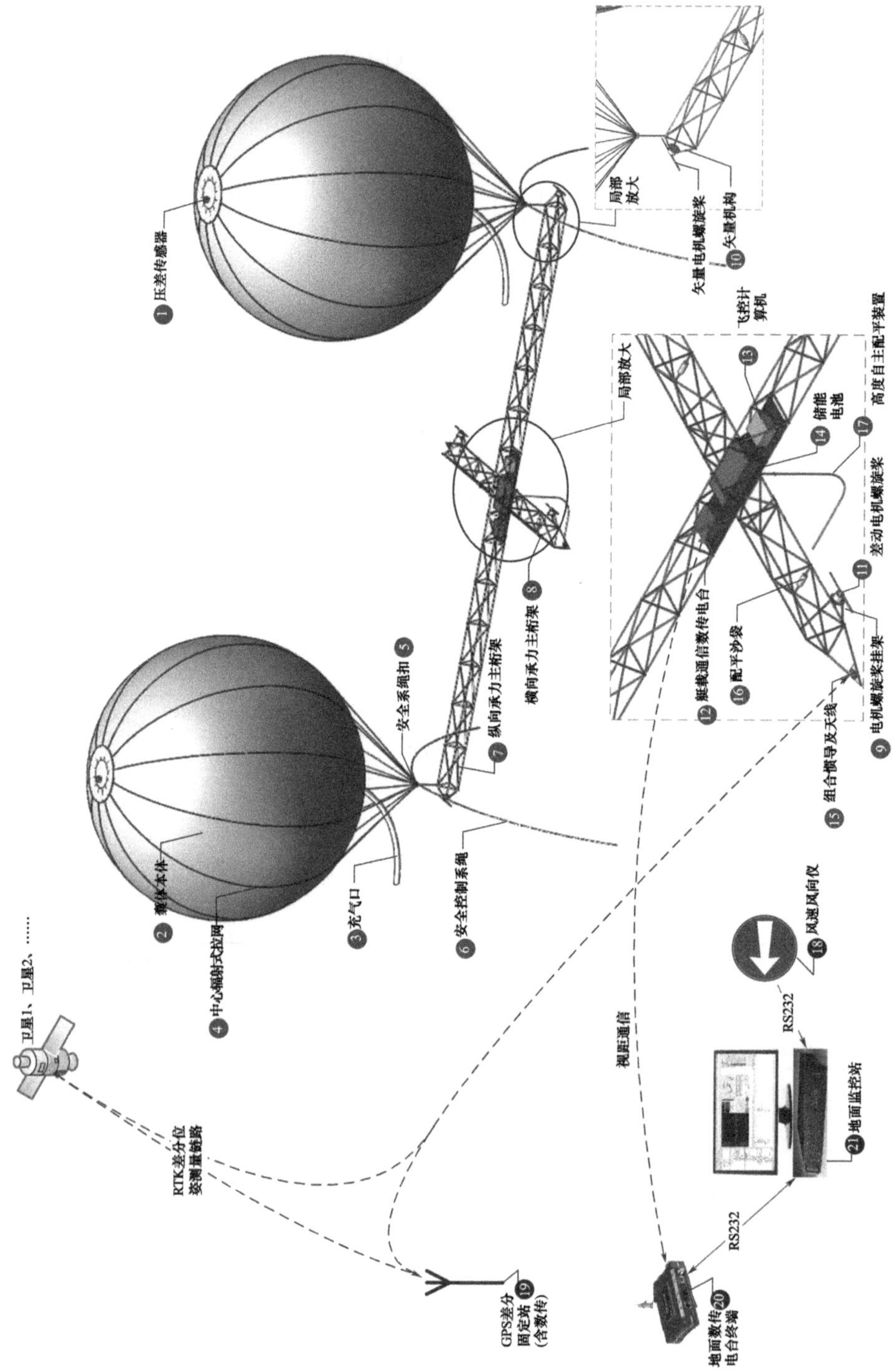

图6-2 缩比飞行试验验证平台总体布局分布

6.2 低空缩比飞行试验验证平台

6.2.1 组成及功能

抗压体制临近空间飞艇低空缩比飞行试验验证平台[131]主要包括囊体分系统、结构分系统、飞控分系统、配重分系统及地面分系统五大部分,如图 6-3 所示。

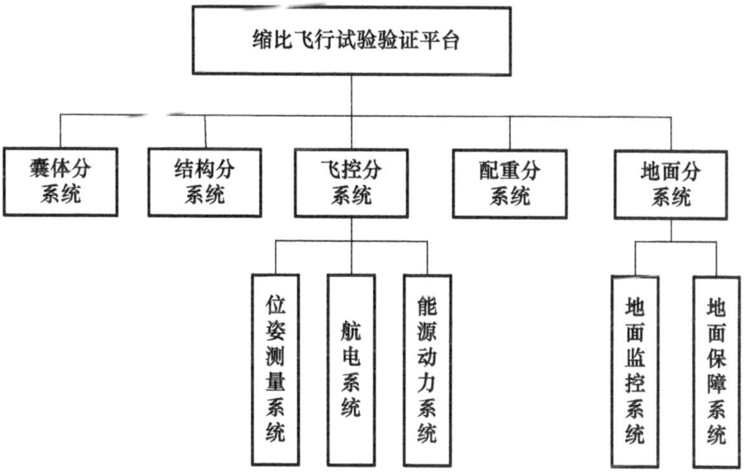

图 6-3　抗压体制临近空间飞艇低空缩比飞行试验验证平台组成

(1)囊体分系统和结构分系统为缩比飞行试验验证平台提供静浮力及安装结构支撑。

(2)飞控分系统是平台的核心,也是本次试验验证的关键系统,包括位姿测量系统,含桁架姿态、位置、速度测量设备;航电系统,包括飞控计算机(运行飞行控制程序、采集位姿数据、发送控制指令等功能)、数传电台、线缆、接插件等;能源动力系统,其为飞控的执行机构,为飞行控制提供动力,为用电负载提供能源。

(3)配重分系统主要实现缩比飞行试验平台在设计高度的浮重平衡配平、质量分布配平、重心位置复现等功能,采用系绳实现飞行过程中的安全控制及回收。

(4)地面分系统包括地面监控系统及地面保障系统,其中地面监控系统实现飞行数据的接收、显示、存储，飞控指令的上传；地面保障系统提供氦气储存和回收、试验系统的存放、安装、调试、锚泊、飞试等。

6.2.2 临近空间大气环境耦合平台驻空高度影响模拟

实现低空缩比实物飞行试验天地基本等效的关键前提是完成临近空间大气环境变化规律对平台驻空高度影响的模拟（空气密度随驻空高度的升高而降低，随驻空高度的降低而升高），实现平台驻空高度自稳定特性，它是验证测试所突破的平面航路飞控技术的前提，如抗压体制临近空间飞艇动态飞行过程中驻空高度具备自主配平特征（详见 2.4.3 节，以驻空平衡高度为基准，高度波动 0.375%），即当飞行高度升高时，由于空气密度减小，浮力降低，原型平台浮重合力作用会下降（重力大于浮力）；当飞行高度降低时，由于空气密度增加，浮力增大，原型平台受浮重合力作用会上升（浮力大于重力）。抗压体制临近空间飞艇高度自主配平特性使得平台在驻空飞行过程中高度波动较小，基本位于设计高度平面内，如 3.4 节路径跟踪闭环控制飞行中高度波动范围为 0.75%。

20km 临近空间高度附近的大气密度基本变化规律如下：

$$\rho=\rho_{20}+(h-20000)\times10^{-5}$$

式中：ρ 为原型平台所在高度空气密度；ρ_{20} 为海拔 20km 高度空气密度；h 为驻空高度。

缩比飞行试验验证平台运行高度较低（海拔高度为 20~60m），密度变化不大，且由于缩比囊体较小，其高度自主配平特性微乎其微，这就使得平面路径控制技术的验证失效。为解决该问题，通过在桁架上附加一段拖地系绳来实现平台的高度自主被动控制[132]。拖地系绳实际上是将原缩比飞行试验平台转变为变质量系统（图 6-4），模拟临近空间大气环境变化规律对平台驻空高度的影响。结合 20km 高空的大气密度变化规律，拖地系绳的悬空绳段质量 m_T 随高度 h 的变化规律可表示为

$$m_T=m_{T0}+\rho_T(h-h_0)$$

式中：m_{T0} 为预定高度 h_0 时的离地绳段质量；ρ_T 为拖地系绳线密度。

在浮力不变的情况下，当平台高于配平高度时，系绳拖地部分离地导致平台总质量变大，高度在重力作用下会下降；而当平台低于配平高度时，系绳拖地部分离地导致平台总质量变小，系统高度在浮力作用下会上升。这样，平台可基本保持在预定高度。同时，为减小拖地系绳的总质量和拖地部分的

摩擦力给推进系统带来的额外负担，将拖地系绳设计为由一段悬空低密度细绳拖着以减小离地绳段质量 m_{T0}；为增加高度调节的灵敏度，拖地系绳采用高密度铁链以增加拖地系绳线密度 ρ_T。这种方式的优势是成本低、操作便利（图 6-4）。

图 6-4　缩比飞行试验验证平台拖地系绳

6.2.3　实物样机

根据 6.1.5 节结果完成抗压体制临近空间飞艇低空缩比飞行试验验证平台研制，实物样机如图 6-5 所示，产品配套如表 6-6 所列。

图 6-5　低空缩比飞行试验验证平台实物样机

表 6-6 低空缩比飞行试验验证平台产品配套

序号	分系统名称			配置需求	数量
1	囊体分系统			囊体本体	2 个
				紧固件(螺栓 M6、螺母 M6、垫圈 $\phi 6$)	若干个
				拉网缆绳(锦丝带 50~450)	20 条(备份 10 条)
				U 形扣(螺旋马蹄扣 50)	4 个(备份 2 个)
				吊点集束连接绳(锦丝带 50~450)	2 套(合计 3m)
				安全系绳(PE10—2000)	4 套(备份 3 条)
2	结构分系统			中心桁架	1 套
				纵向前后段桁架	2 套
				两翼螺旋桨挂架	2 套
				矢量机构	2 套
				集成附件	若干个
3	飞控分系统	位姿态测量系统	基准站	GNSS 卫星接收机	1 套
				天线	
				发送数传电台	1 个
			移动站	高精度光纤组合惯导	1 套
				天线	
				接收数传电台	1 个
		航电系统		飞控计算机	1 台
				压差传感器	2 个
				无线数传电台	3 套
		能源动力系统	动力	IIDTXFT30X10 螺旋桨	3 套
				SMP10072 电机	4 个
				BPL-090-30 电机驱动器	4 个
				BPL-CK 电机驱动器接插头	4 套
				BPL-NC-10(3m)电机驱动器总线线缆	4 套
				BPL-HK 电机驱动器散热器	4 个
			能源	电池组 1(19~29.4V)/6.4A·h	1 组
				电池组 2(16.5~25.2V)/6.4A·h	1 组
				电池组 3(60~79.8V)/22.4A·h	4 组
				电池组 4(8.4~12.6V)/16A·h	2 组

续表

序号	分系统名称		配置需求	数量
4	配重分系统		拖地铁链	1 套
			小沙袋	若干
			捆扎绳	若干
5	地面分系统	地面监控	地面监控站	1 台
			地面监控软件	1 套
		地面保障	锚固设备	1 套
			氦气车与充气设备	1 套
			固定绳索	1 套
			囊体防护垫布	2 块
			供电设备	1 套

6.3　低空飞行控制试验及数据分析

6.3.1　试验基本过程

艇库内的试验过程较为简单，现重点介绍艇库外的试验过程。艇库外低空飞行控制试验场地选在江苏常州新誉工业园内，海拔高度约为 20m，飞行试验场地及规划飞行轨迹如图 6-6 所示。由于该区域与奔牛机场仅有一墙之隔，飞

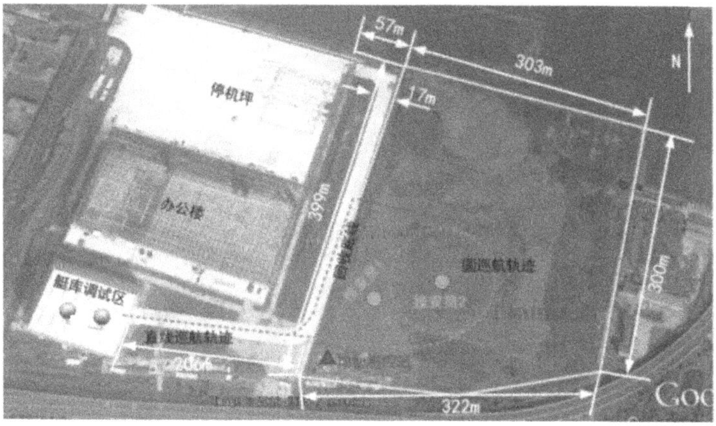

图 6-6　飞行试验场地与规划飞行轨迹

行空域受限、飞行试验窗口需要空管塔台统筹错峰(图 6-7~图 6-11)。经协调,空管塔台要求飞行试验高度不能超过 50m,飞行边界不能超过新誉宇航机库最外侧,以保证航空安全。因此,在外场试验初始配平高度设置为 5m,但不会影响平面路径飞行控制能力的验证。

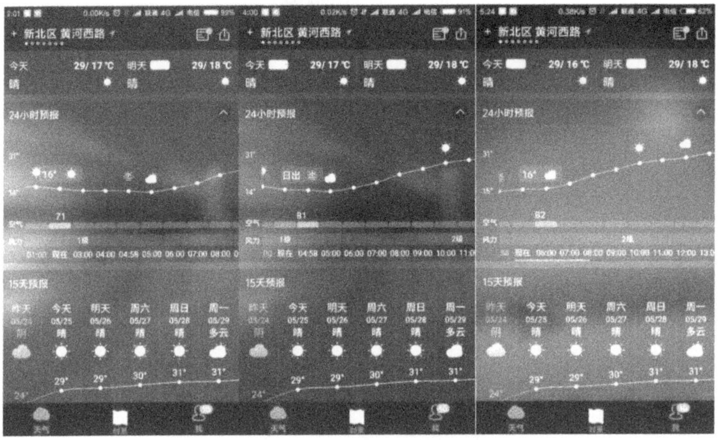

图 6-7 试验时间段气象窗口预报

图 6-8 试验平台充气完成后等待气象窗口出库状态

图 6-9 圆路径巡航闭环飞行控制试验

图 6-10　直线路径巡航闭环飞行控制试验

图 6-11　试验结束后系统返场入库

另外，由于低空飞行控制试验场地杂草丛生，且雨后刚过 1 天(5 月 23 日雨天，5 月 25 日凌晨试验)，场地比较泥泞，对自主配平铁链的干涉十分明显(摩擦拖拽现象凸显，会导致较大的俯仰姿态波动)。为保证试验现场安全，当试验过程平台出现较大“低头”或“抬头”且离地高度较低时，会紧急中断试验，调整平台状态后再进行试验。

6.3.2　试验数据获取

低空缩比飞行试验验证平台位姿测量如图 6-12 所示，艇载安装组合惯导，其系统组成如图 6-13 所示，性能参数如表 6-7 所列。地面配置 GPS 基站，通过与艇载组合惯导形成 RTK 差分定位链路，提高定位精度。

通过该位姿测量系统实时获取低空缩比飞行试验验证平台外场闭环自主控制试验测试时的时间信息、位置信息、速度信息、姿态信息等，用来分析评估飞行控制性能。

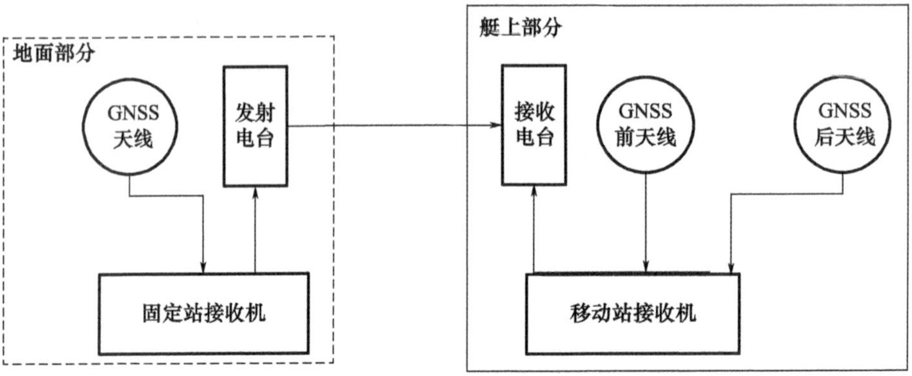

图 6-12　低空缩比飞行试验验证平台位姿测量组成

图 6-13　XW-GI7661 安装图

表 6-7　XW-GI7661 性能参数

系统精度	航向	单点:0.1°(1σ,GNSS/BD 信号良好,基线长度≥2m)
	姿态	单点:0.05°(1σ,GNSS/BD 信号良好)
	位置	单点:3m(CEP)(GNSS/BD 信号良好) RTK:2cm+1×10^{-6}(CEP)(GNSS/BD 信号良好)
	数据更新速率	1Hz/5Hz/10Hz/100Hz(可调)
接口特性	接口方式	RS-232/CAN 或 RS-422/CAN(选配)/网口(选配)
	波特率	115200b/s(默认)

续表

物理特性	供电电压	24VDC 额定(10~32VDC)
	额定功率	≤24W
	工作温度	-40~55℃
	物理尺寸	186mm×185.5mm×140mm
	质量	≤5kg(不含天线和线缆)

6.3.3　试验数据分析

1. 艇库内试验数据分析

1)期望路径参数

新誉宇航艇库外径为 100m×80m×48m(长×宽×高),可用内径空间约为 90m×70m×45m(长×宽×高),考虑平台自身空间尺寸及试验安全,设置区域驻留期望路径参数:飞行高度为 20m(桁架离地 5m)、期望飞行速度为 0.4m/s、巡航半径为 15m,设置航线巡航期望路径参数:飞行高度为 20m(桁架离地 5m)、期望飞行速度为 0.4m/s。

2)飞行试验数据分析

通过对抗压体制临近空间飞艇低空缩比飞行试验验证平台艇库内闭环自主实飞数据进行分析(图 6-14~图 6-17),可以看出所构建的对象模型的置信度与飞行控制的有效性、鲁棒性。

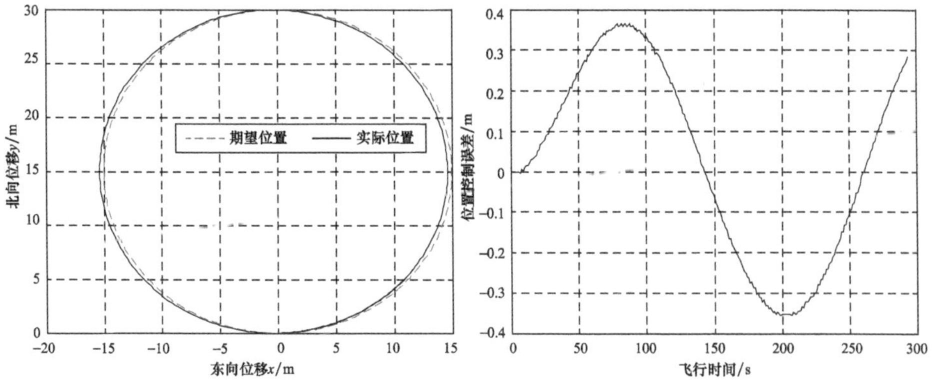

(a)

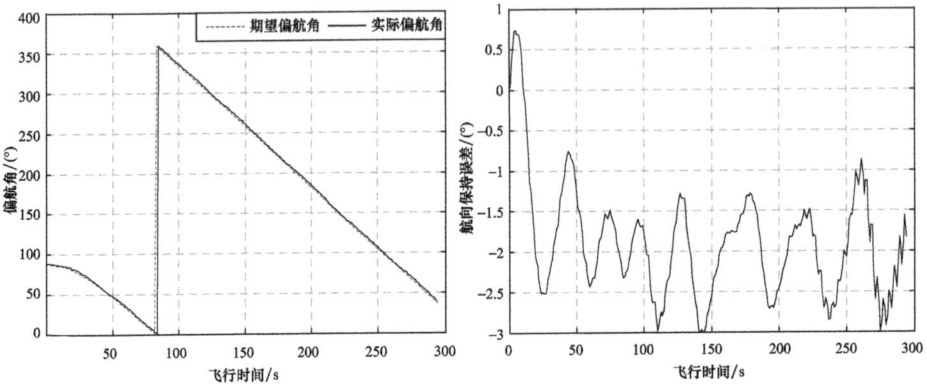
期望偏航角
实际偏航角
偏航角/(°)
飞行时间/s
航向保持误差/(°)
飞行时间/s

(b)

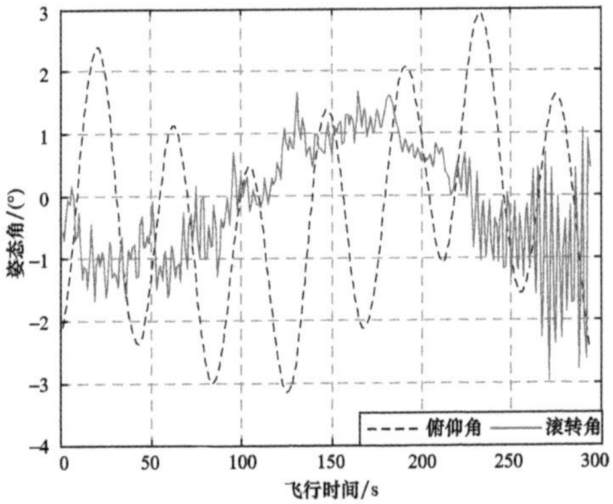
姿态角/(°)
俯仰角
滚转角
飞行时间/s

(c)

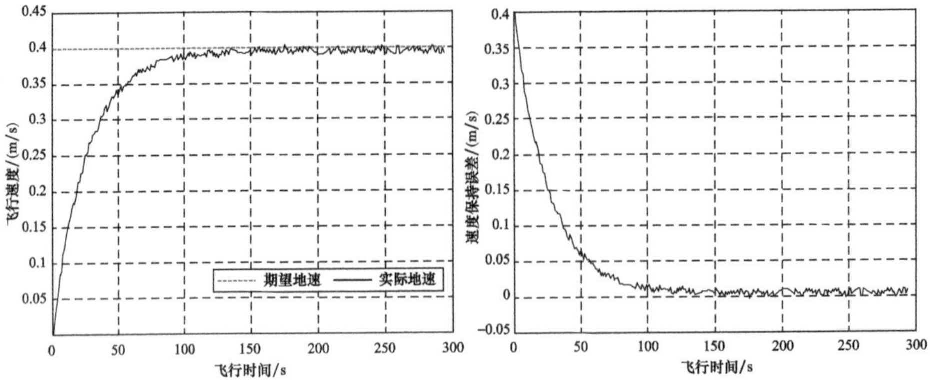
飞行速度/(m/s)
期望地速
实际地速
飞行时间/s
速度保持误差/(m/s)
飞行时间/s

(d)

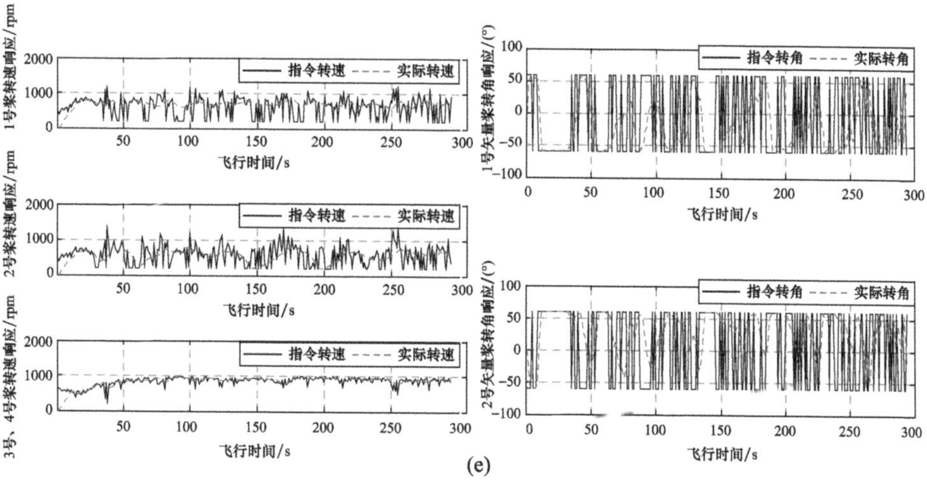

(e)

图 6-14　无初始误差区域驻留路径巡航控制

(a)位置跟踪控制性能;(b)航向姿态保持控制性能;

(c)俯仰姿态与滚转姿态保持性能;(d)飞行速度控制性能;(e)执行机构响应特性。

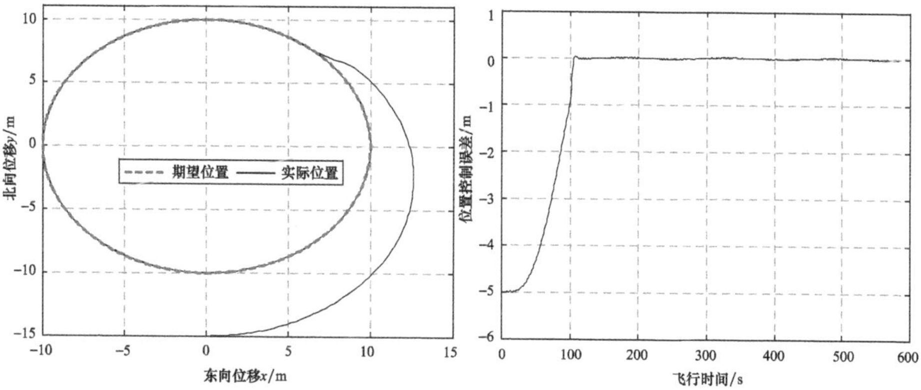

(a)

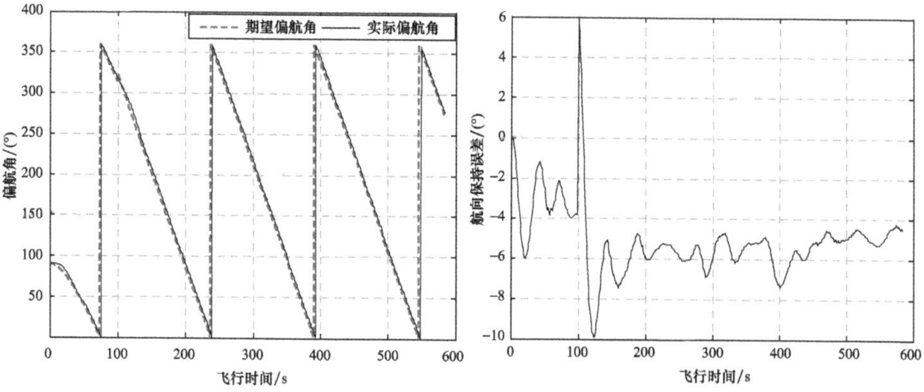

(b)

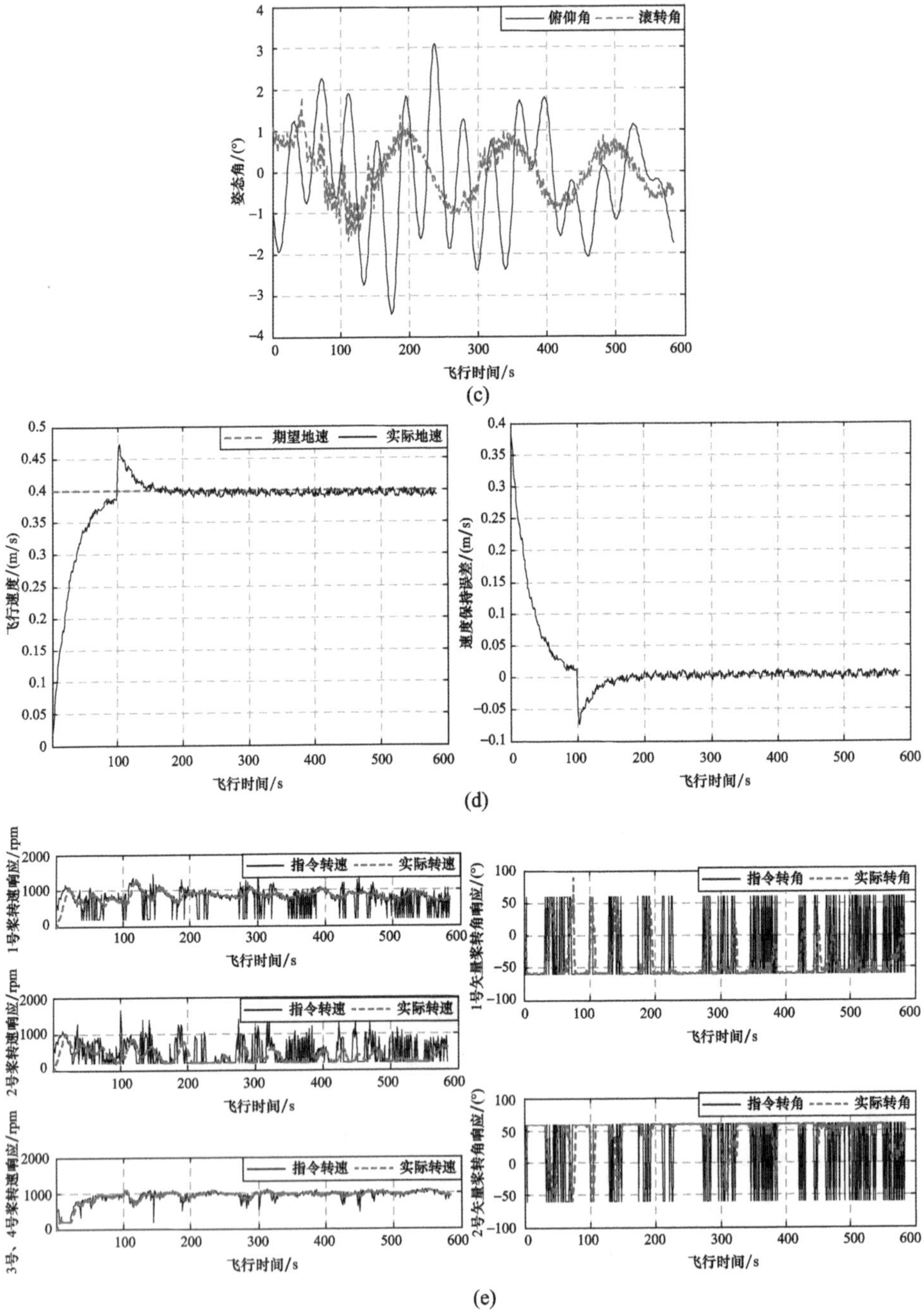

图 6-15　有初始误差区域驻留路径巡航控制

(a)位置跟踪控制性能;(b)航向姿态保持控制性能;

(c)俯仰姿态与滚转姿态保持性能;(d)飞行速度控制性能;(e)执行机构响应特性。

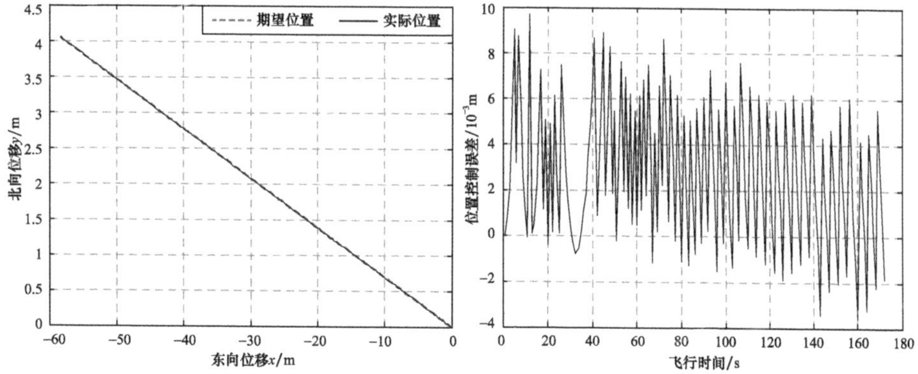
期望位置
实际位置
北向位移y/m
东向位移x/m
位置控制误差/10⁻³m
飞行时间/s

(a)

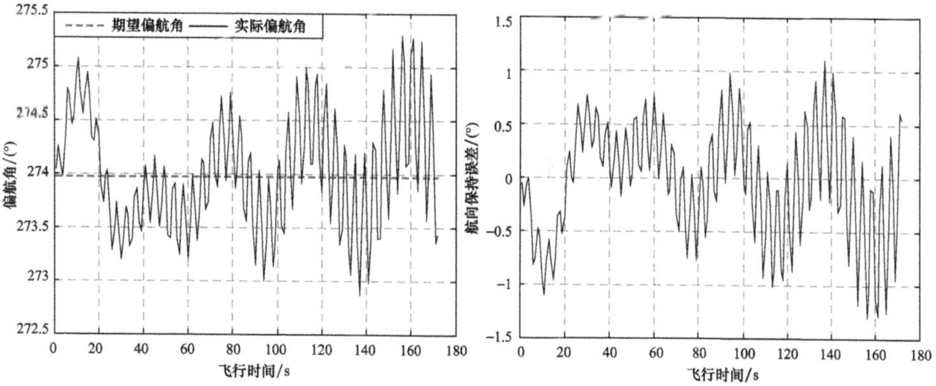
期望偏航角
实际偏航角
偏航角/(°)
飞行时间/s
航向保持误差/(°)
飞行时间/s

(b)

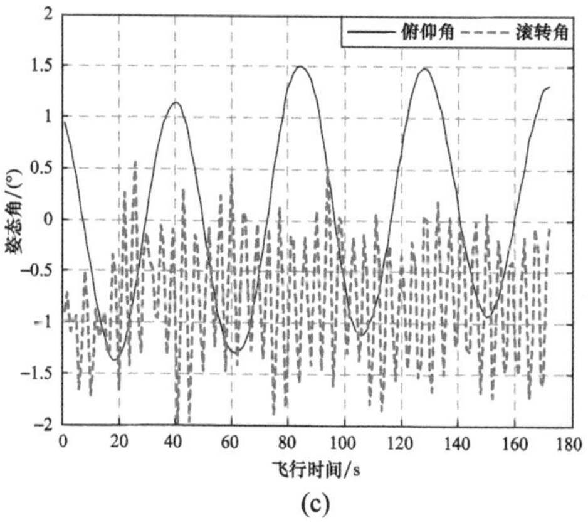
俯仰角
滚转角
姿态角/(°)
飞行时间/s

(c)

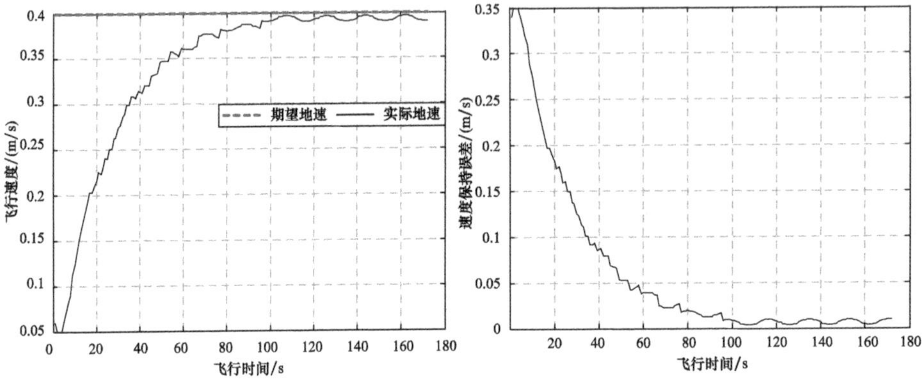

(d)

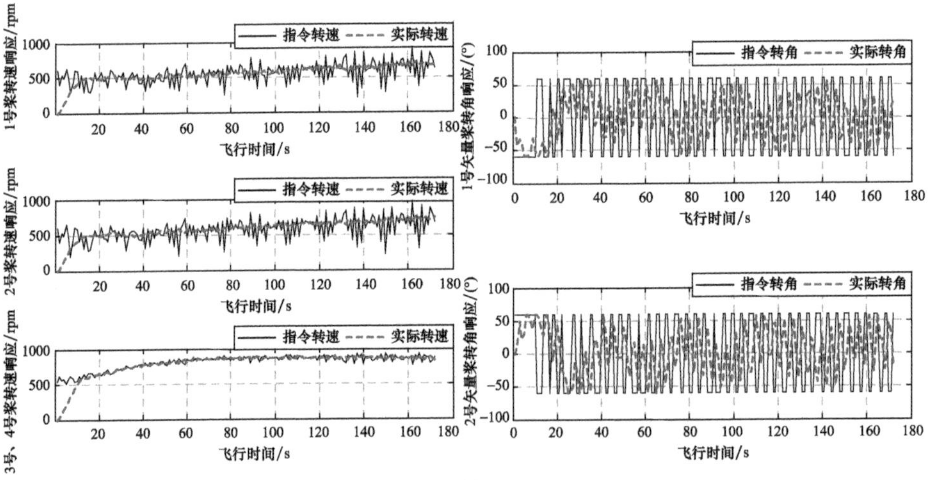

(e)

图 6-16　无初始误差航线巡航路径巡航控制

(a)位置跟踪控制性能;(b)航向姿态保持控制性能;

(c)俯仰姿态与滚转姿态保持性能;(d)飞行速度控制性能;(e)执行机构响应特性。

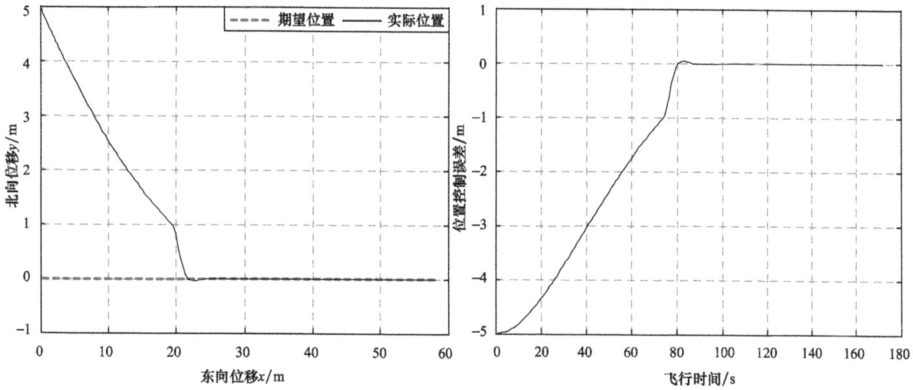
期望位置
实际位置
北向位移y/m
东向位移x/m
位置控制误差/m
飞行时间/s

(a)

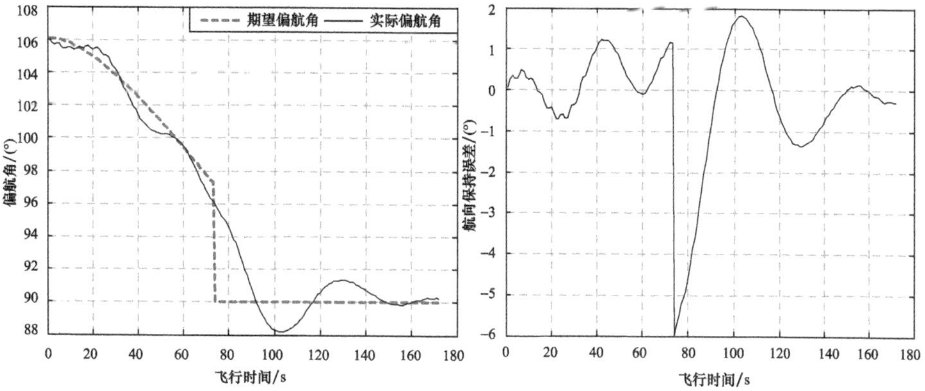
期望偏航角
实际偏航角
偏航角/(°)
飞行时间/s
航向保持误差/(°)
飞行时间/s

(b)

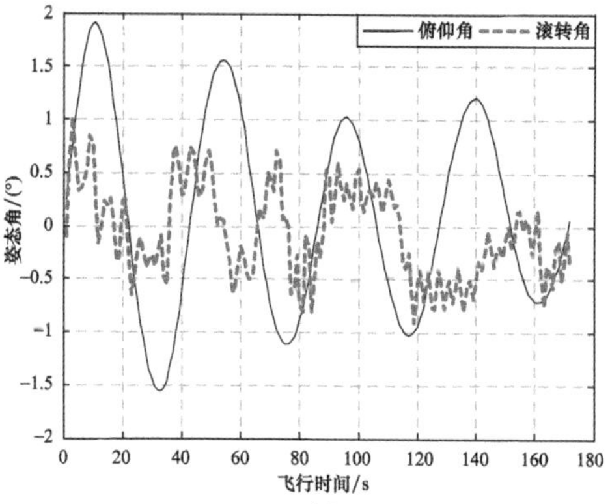
俯仰角
滚转角
姿态角/(°)
飞行时间/s

(c)

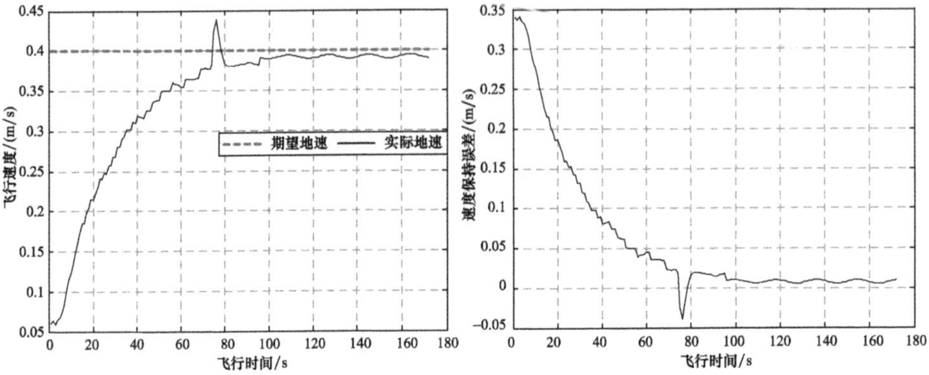

(d)

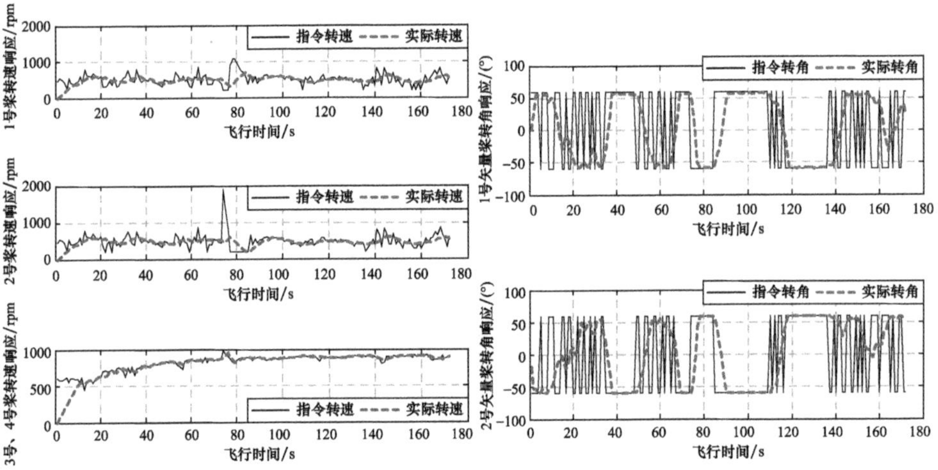

(e)

图 6-17　有初始误差航线巡航路径巡航控制

(a)位置跟踪控制性能;(b)航向姿态保持控制性能;

(c)俯仰姿态与滚转姿态保持性能;(d)飞行速度控制性能;(e)执行机构响应特性。

2. 艇库外试验数据分析

1)期望路径参数

充分考虑新誉宇航艇库外场场地情况及飞行安全要求(图 6-6),设置期望飞行速度为 0.5~1m/s,开展区域驻留路径跟踪(巡航半径为 50m)、航线巡航路径跟踪飞行控制试验。

2）飞行试验数据分析

通过对抗压体制临近空间飞艇低空缩比飞行试验验证平台艇库外闭环自主实飞数据进行分析（图 6-18、图 6-19），可以看出所构建的对象模型的置信度与飞行控制的有效性、鲁棒性。

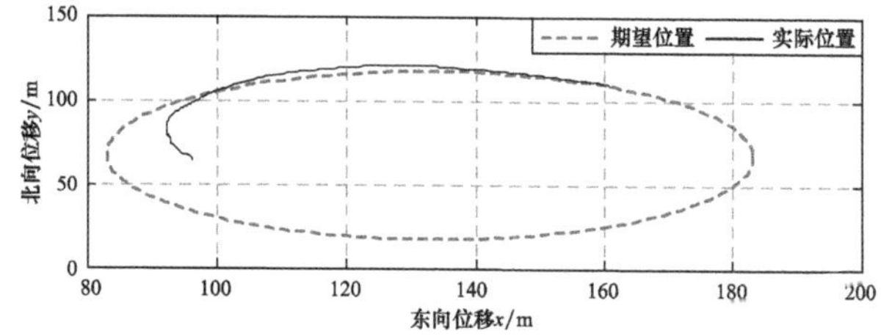

(a)

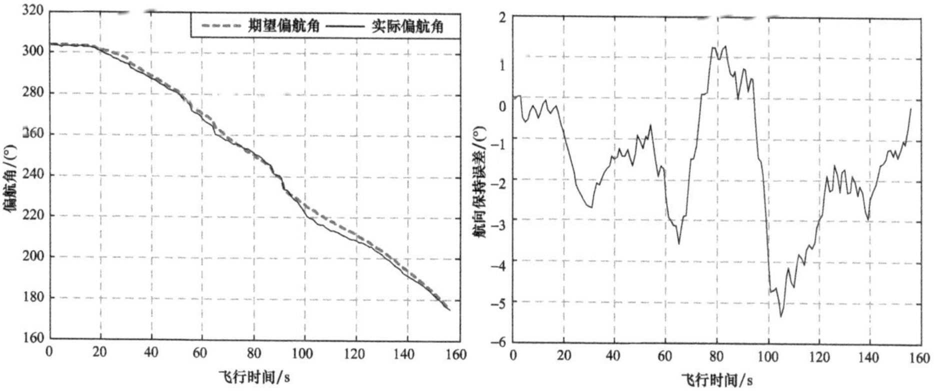

(b)

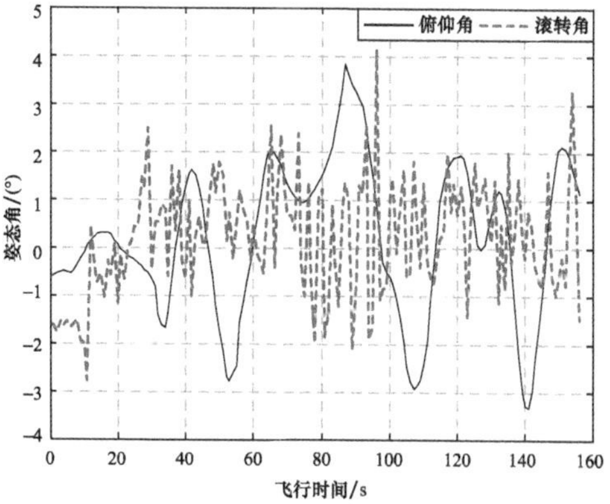

(c)

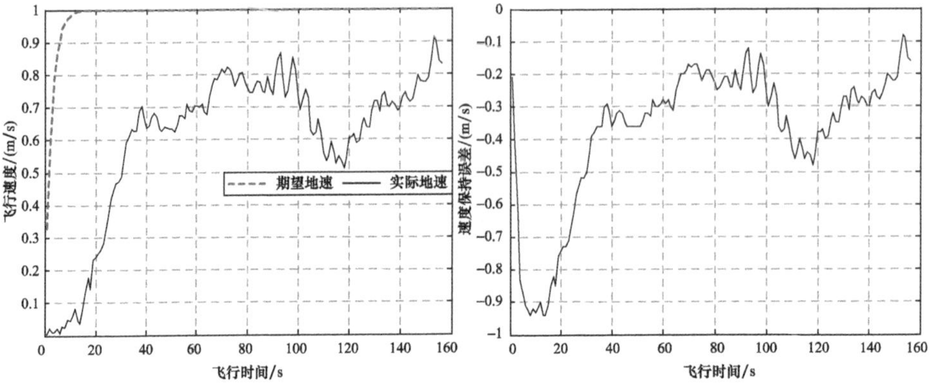

(d)

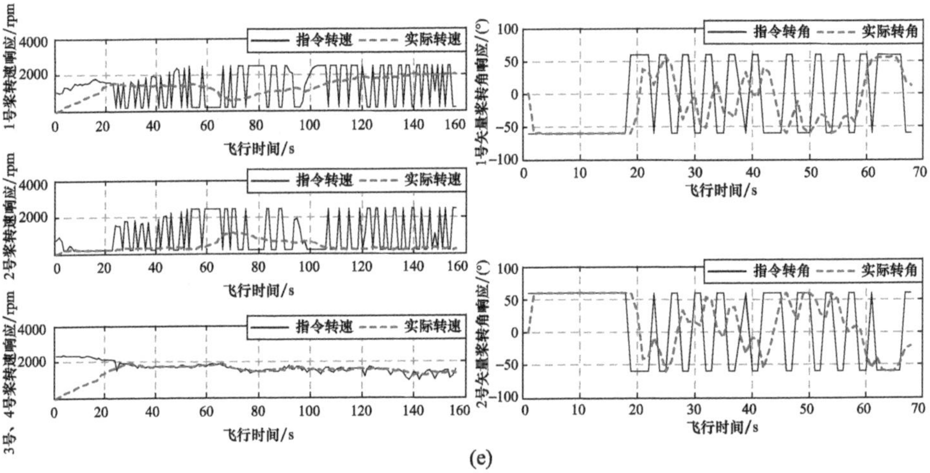

(e)

图 6-18　区域驻留路径跟踪控制

(a)位置跟踪控制性能;(b)航向姿态保持控制性能;

(c)俯仰姿态与滚转姿态保持性能;(d)飞行速度控制性能;(e)执行机构响应特性。

3. 飞行试验控制误差影响因素分析

1)高度自主配平铁链干扰

为模拟原型平台在 20km 临近空间动力飞行高度自主配平特性,低空缩比飞行试验验证平台通过设计一段拖地铁链来实现。同时,也对试验验证系统增加了地面摩擦阻力干扰,特别是在外场试验环境下(场地杂草丛生、泥泞),飞行试验场地对配平铁链的拖拽现象凸显,会引起较大的俯仰姿态波动,摩擦阻力干扰影响较大,对自主飞行控制干扰也较大。

2）螺旋桨转速与转角动态响应性能较差

在飞行试验过程中螺旋桨转速、转角动态响应控制指令时存在较大的延迟，对实际控制输出造成较大的执行误差。

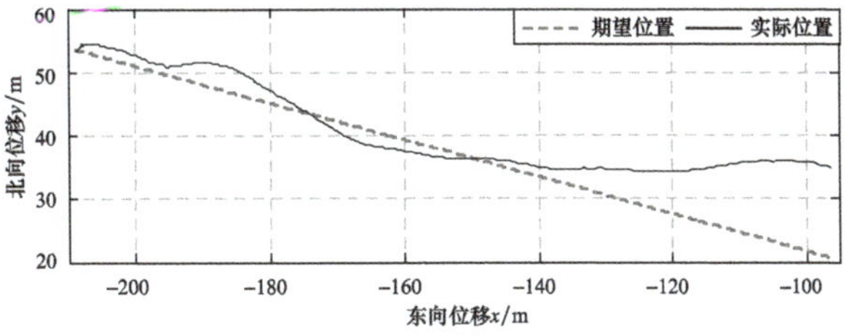

(a)

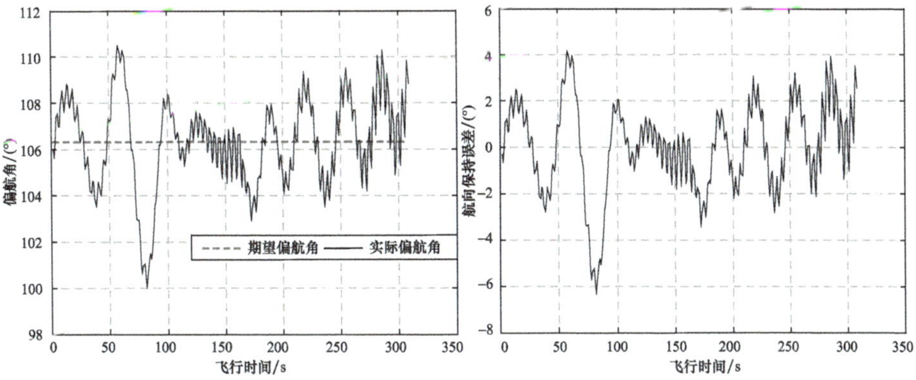

(b)

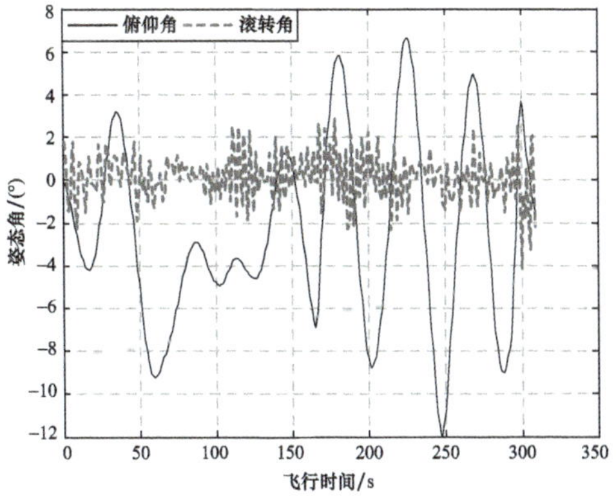

(c)

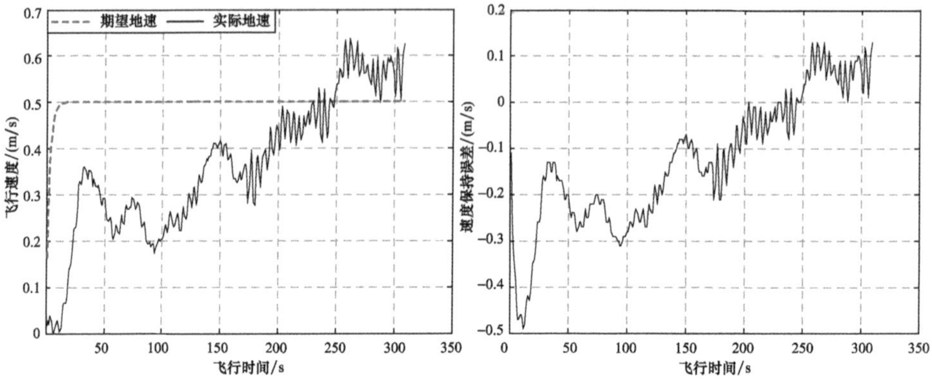

(d)

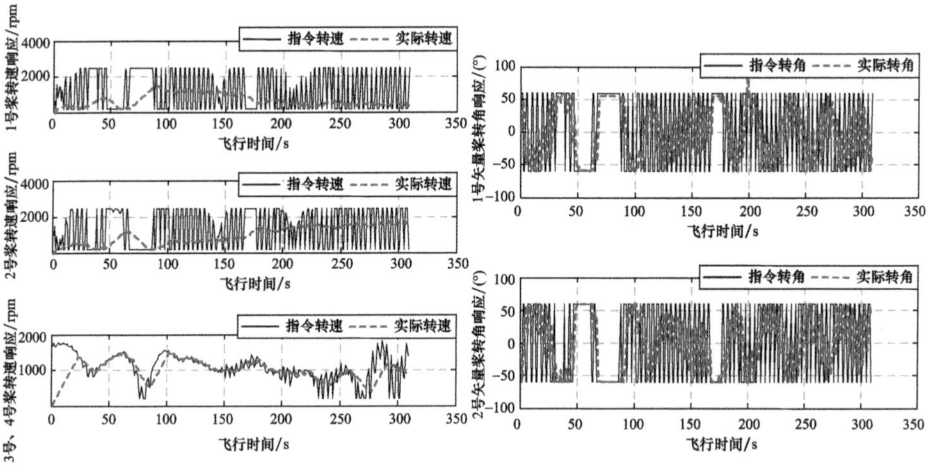

(e)

图 6-19　航线巡航路径跟踪控制

(a)位置跟踪控制性能;(b)航向姿态保持控制性能;

(c)俯仰姿态与滚转姿态保持性能;(d)飞行速度控制性能;(e)执行机构响应特性。

3)近地面风场紊乱

在飞行试验过程中,平台离地高度为 20m 左右,受近地面紊乱风场影响较大。试验气象窗口选择满足不大于 2m/s 的要求,但风向变化频率较大、紊乱,不具备临近空间风场环境特征(风速、风向总体稳定)。虽然所开发的鲁棒自适应飞控技术具备自适应估算不确定风场引起的干扰能力,但近地面高频紊乱风场会降低其估算性能。

4）初始状态不稳定

在飞行试验初期，人工释放平台升空过程中（通过约束绳子）无法做到完全同步，且受外场实时风场影响，平台初始状态稳定需要较长的时间。受限于所申请的飞行试验空域时间，在实际操作中当平台稳定升至平衡高度即开展闭环试验时，俯仰姿态、滚转姿态初始误差较大，会引起持续地波动干扰。

5）浮力囊体未完全成形

在飞行试验过程中，外场气温环境明显低于艇库内，导致在艇库内已成形浮力囊体在外场时明显处于低压或欠压状态，其气动外形引起的气动干扰较大。同时，在外场试验过程中，由于各浮力囊体成形情况各不相同，俯仰姿态配平失效，引起较大的俯仰姿态波动，进而影响控制性能。

综上所述，尽管在低空缩比外场飞行控制试验验证过程中存在众多干扰因素及飞行安全操纵约束，导致飞行控制未能实现周期性验证，但通过所获得的飞行试验数据可以看出，控制误差已基本收敛，并充分验证了所构建对象模型的置信度与飞行控制的有效性、鲁棒性。

6.4　小结

本章首先开展了低空缩比飞行试验验证平台相似性设计，包括单值性条件、相似准则推导、相似准则数选取、相似指标分析及缩比参数计算，明确了平台总体设计要求；其次研制出 4.8∶1 缩比实物样机，简要介绍了其组成及功能、高度自主配平能力关键技术实现途径及实物样机；最后实施艇库内及艇库外实飞验证，综述了试验基本过程、试验数据获取途径，并对艇库内及艇库外实际环境下航线巡航、区域驻留应用模式飞行控制试验数据进行详细分析，验证前面所构建的对象模型的置信度与飞行控制的有效性、鲁棒性。

参考文献

[1] 侯中喜,杨希祥,乔凯,等. 平流层飞艇技术[M]. 北京:科学出版社,2019.

[2] 吕达仁,陈泽宇,郭霞,等. 临近空间大气环境研究现状[J]. 力学进展,2009,39(6):674-681.

[3] 周彪,苏浩. 临近空间军事价值分析研究[C]. 临近空间创新发展与开发应用高峰论坛,2017:9-12.

[4] 崔尔杰. 近空间飞行器研究发展现状及关键技术问题[J]. 力学进展,2009,39(6):658-673.

[5] 曹锐,吴曼青,阎跃鹏,等. 传感器即结构件关键技术及研究进展[J]. 雷达科学与技术,2011,9(6):485-491.

[6] 杨维东,杨凡德. 临近空间飞行器预警能力分析[J]. 装备指挥技术学院学报,2008,19(2):57-60.

[7] VOGT W J. Performance Capability of a Damaged Lighter-Than-Air Vehicle Operating in the Near Space Regime[D]. Ohio:Air Force Institute of Technology Graduate School of Engineering and Management(AFIT/EN),2006.

[8] 刘东旭,杨永强,吕明云,等. 蒙皮热辐射特性对平流层浮空器氦气温度影响[J]. 北京航空航天大学学报,2010,36(7):836-840.

[9] 姚伟,李勇,王文隽,等. 美国平流层飞艇发展计划和研制进展[J]. 航天器工程,2008,17(2):69-75.

[10] 姚伟,李勇,王文隽,郑威. 美国平流层飞艇发展计划和研制进展[J]. 航天器工程,2008,17(2):69-75.

[11] MICHAEL S S,EDWARD L R. Applications of Scientific Ballooning Technology to High Altitude Airships[R]. AIAA2003-6711,2003.

[12] SMITH S,FORTENBERRY M,LEE M. HiSentine 180:Flight of a High Altitude Airship[C]. Proceedings of the 11th AIAA Aviation Technology,Integration,and Operations(ATIO) Conference,Reston:AIAA,2011:1-14.

[13] 李联合,程建,王庆. 美军临近空间飞艇项目建设情况及启示[J]. 装备学院学报,2015,26(1):63-67.

[14] STAVROS P,RICKY A J. Status and Plans of High Altitude Airship(HAA™) Program[C]. AIAA Lighter-Than-Air Systems Technology(LTA) Conference,AIAA,2013:1-9.

[15] CLARK T,JASKA E. Million Element ISIS Array[C]. IEEE International ARRAY,Waltham, MA,2010:29-36.

[16] KENYA H,KUNIHISA E,MASAAKI S. Experimental Study of Thermal Modeling for Stratospheric Platform Airships[C]. AIAA 3rd Annual Aviation Technology,Integration,and Operations (ATIO) Tech,2003:1-8.

[17] 赵达,刘东旭,孙康文,等. 平流层飞艇研制现状、技术难点及发展趋势[J]. 航空学报, 2016,37(1):45-55.

[18] 吴森堂,费玉华. 飞行控制系统[M]. 北京:北京航空航天大学出版社,2005.

[19] 霍伟. 机器人动力学与控制[M]. 北京:高等教育出版社,2005.

[20] 方振平,陈万春,张曙光. 航空飞行器飞行动力学[M]. 北京:北京航空航天大学出版社,2005.

[21] 王润平. 平流层飞艇的数学建模及增稳控制系统设计[D]. 西安:西北工业大学,2006.

[22] KHOURY G H, GILLETT J D. Airship Technology [M]. Cambridge: Cambridge Univ. Press,1999.

[23] SERGIO B,VARELLA G,JOSUE J G R. Airship Dynamic Modeling for Autonomous Operation[C]. Proceedings of the 1998 IEEE International Conference on Robotics and Automation. Leuven,Belgium:IEEE,1998:3462-3467.

[24] DAVID K S. Modeling and Near-Space Station keeping Control of a Large High-Altitude Airship[J]. Journal of Guidance,Control,and Dynamics,2007,30(2):540-547.

[25] JOSEPH B M,MICHAEL A P. Development of an Aerodynamic Model and Control Law Design for a High Altitude Airship[C]. 3rd Unmanned Unlimited Technical Conference,Chicago:AIAA 2004-6479.

[26] 欧阳晋,屈卫东,席裕庚. 平流层验证飞艇的建模与分析[J]. 上海交通大学学报,2003, 37(6):956-960.

[27] 方存光. 平流层信息平台——自主飞艇动力学建模与控制的研究[D]. 沈阳:东北大学, 2003.

[28] LI Y W,MEYER N. Modeling and Simulation of Airship Dynamics[J]. Journal of Guidance, Control,and Dynamics,2007,30(6):1691-1700.

[29] LI Y W,MEYER N. Simulation of Airship Dynamics[C]. AIAA Modeling and Simulation Technologies Conference and Exhibit,Keystone,Colorado,AIAA 2006-6628.

[30] BATTIPEDE M,GILI P A,MASSOTTI L,et al. Dynamic Modelling of a Non Conventional Thrust-Vectored Airship[C]. AIAA Modeling and Simulation Technologies Conference and Exhibit,Austin,Texas,AIAA-2003-5460.

[31] MICHAEL T,FRYE S M G,QIAN C J. The 6-DOF Dynamic Model and Simulation of the Tri-Turbofan Remote-Controlled Airship[C]. Proceedings of the 2007 American Control Conference,New York,USA,IEEE,2007:816-821.

[32] CAI Z L,QU W D,XI Y G. Dynamic Modeling for Airship Equipped with Ballonets and Ballast[J]. Applied Mathematics and Mechanics,2005,26(8):1072-1082.

[33] 蔡自立. 平流层自治飞艇动力学建模与非线性控制研究[D]. 上海:上海交通大学,2006.

[34] ERIC A,KULCZYCKI J R,JOHNSON D S B. On the Development of Parameterized Linear Analytical Longitudinal Airship Models[C]. AIAA Guidance,Navigation and Control Conference and Exhibit,Honolulu,Hawaii,AIAA-2008-7260.

[35] LI Y W,MEYER N,INNA S. Dynamics Modeling of Flexible Airships[C]. 48th AIAA/ASME/ASCE/AHS/ASC Structures,Structural Dynamics and Materials Conference,Honolulu,Hawaii,AIAA-2007-2212.

[36] LI Y W,MEYER N,INNA S. Dynamics Modeling and Simulation of Flexible Airships[J]. AIAA Journal,2009,47(3):592-605.

[37] NAOUFEL A,YASMINA B,OLIVIER L. Dynamic Analysis of Airships with Small Deformations[C]. Third International Workshop on Robot Motion and Control,2002,IEEE:209-215.

[38] JOSE R A,ELY C D P,SAMUEL S B. Influence of Wind Speed on Airship Dynamics[J]. Journal of Guidance,Control,and Dynamics,2002,25(6):1116-1124.

[39] TAKESHI Y,KOKI F,NORIHIRO G. Identification of Blimp Dynamics by Constrained Flight Tests[C]. AIAA Atmospheric Flight Mechanics Conference and Exhibit,Montreal,Canada,AIAA-2001-4259.

[40] JOHAN B,WILLEM S. Kalman Filter Configurations for a Low-cost Loosely Integrated Inertial Navigation System on an Airship[J]. Control Engineering Practice,2007,8(16):1509-1518.

[41] 马文良. 基于动力学与热力学模型耦合的平流层飞艇上升段航迹研究[D]. 长沙:国防科技大学,2013.

[42] 郑永骏. 平流层飞艇上升段航迹多目标优化设计与分析[D]. 长沙:国防科技大学,2014.

[43] 郑黎明,杏建军,陈子昂. 平流层飞艇上升段轨迹优化[J]. 计算机仿真,2016(12):80-84.

[44] 郑黎明,郑鑫,黄海涛. 平流层飞艇上升段轨迹优化的初值选取方法[J]. 制导与引信,2017,38(3):53-59.

[45] CERUTI A,MARZOCCA P. Heuristic Optimization of Bezier Curves Based Trajectories for Unconventional Airships Docking[J]. Aircraft Engineering and Aerospace Technology,2017,89(1):76-86.

[46] ZHU B J,YANG X X,DENG X L. Trajectory Optimization and Control of Stratospheric Airship in Cruising[J]. Proceedings of the Institution of Mechanical Engineers,PartI:Journal of Systems and Control Engineering,2019,0959651819832723.

[47] PAIVA E C,BUENO S S,GOMES S B. A Control System Development Environment for AURORA's Semi-Autonomous Robotic Airship[C]. IEEE International Conference on Robotics

and Automation, Michigan, USA, 1999.

[48] PAIS A R. Project AURORA: Infrastructure and Flight Control Experiments for a Robotic Airship[J]. Journal of Field Robotics, 2006, 23: 201-222.

[49] SCHMIDT D K. Modeling and Near-Space Station Keeping Control of a Large High Altitude Airship[J]. Journal of Guidance, Control and Dynamics, 2007, 30(2): 540-547.

[50] 丁秋峰,陈丽,段登平. 低空无人飞艇运动配平和控制器设计研究[J]. 系统仿真学报, 2009, 21(10): 3035-3039.

[51] 周超,屈卫东. 飞艇迎风控制器的设计[J]. 控制工程, 2009, 16: 16-21.

[52] ISIDORI A. Nonlinear Control Systems[M]. London: Bertelsmann Springer Publishing Group, 2005.

[53] WANG X L, SHAN X X. Airship Attitude Tracking System[J]. Applied Mathematics and Mechanics, 2006, 27(7): 919-926.

[54] LEE S J, KIM D M. Feedback Linearization Controller for Semi Station Keeping of the Unmanned Airship[C]. The 5th AIAA Aviation, Technology, Integration, and Operations Conference, Virginia, USA, 2005.

[55] WU X T, CLAUDE H M, HU Y M. Singular Perturbation Approach to Moving Mass Control of Buoyancy-Driven Airship in 3D Space[J]. Transactions of Nanjing University of Aeronautics and Astronautics, 2011, 28(4): 343-352.

[56] YANG Y N, ZHENG W, WU J. Station-Keeping Attitude Control for an Autonomous Airship Using Feedback Linearization and Sliding Mode Control[J]. International Journal of Innovative Computing, Information and Control, 2011, 8(9): 152-165.

[57] MOUTINHO A, AZINHEIRA J R. Stability and Robustness Analysis of the AURORA Airship Control System Using Dynamic Inversion[C]. IEEE International Conference on Robotics and Automation, Barcelona, Spain, 2005.

[58] ACOSTA D M, JOSHI S S. Adaptive Nonlinear Dynamic Inversion Control of an Autonomous Airship for the Exploration of Titan[C]. AIAA Guidance, Navigation and Control Conference and Exhibit, South Carolina, USA, 2007.

[59] 王延,周凤岐,周军,等. 基于变结构动态逆控制的平流层飞艇时间最优航迹设计[J]. 测控技术, 2010, 29(12): 62-66.

[60] 胡跃明. 变结构控制理论与应用[M]. 北京:科学出版社, 2003.

[61] 方存光,王伟. 自主飞艇俯仰角姿态动力学建模及控制[J]. 控制理论与应用, 2004, 21(2): 231-238.

[62] 王晓亮,刘丹,单雪雄. 飞艇三维航迹控制研究[J]. 上海交通大学学报, 2006, 40(12): 2164-2167.

[63] 方存光,王伟. 自主飞艇水平位移动力学建模及其控制[J]. 控制理论与应用, 2007, 24(2): 163-169.

[64] YANG Y N,WU J,ZHENG W. Sliding Mode Control for a Near-Space Autonomous Airship [C]. The Second International Conference on Electric Information and Control Engineering, Wuhan,China,2011.
[65] 杨跃能,吴杰,郑伟. 自主飞艇姿态跟踪的终端滑模控制[J]. 中国空间科学技术,2012, 32(4):29-36.
[66] ZHANG Y,QU W D,XI Y G,et al. Stabilization and Trajectory Tracking of Autonomous Airship's Planar Motion[J]. Journal of Systems Engineering and Electronics,2008,19 (5):974-981.
[67] ZHANG Y,QU W D,XI Y G,et al. Adaptive Stabilization and Trajectory Tracking of Airship with Neutral Buoyancy[J]. Acta Automatica Sinica,2008,34(11):1437-1440.
[68] AZINHEIRA J R,PAIVA E C,RAMOS J G. Mission Path Following for an Autonomous Unmanned Airship[C]. IEEE International Conference on Robotics and Automation,San Francisco,USA,2000.
[69] 欧阳晋. 空中无人飞艇的建模与控制方法研究[D]. 上海:上海交通大学,2003.
[70] TREVINO R,FRYE M,FRANZ J A,et al. Robust Receding Horizon Control of a Tri-Turbofan Airship[C]. IEEE International Conference on Control and Automation,Guangzhou,China,2007.
[71] YAMADA M,TAKI Y,KATAYAMA A. Robust Global Stabilization and Disturbance Rejection of an Under-Actuated Non-Holonomic Airship[C]. The 16th IEEE International Conference on Control Applications,Singapore,2007.
[72] 孙烨,陈澜,王志峰. 基于鲁棒控制和 EA 的平流层验证飞艇姿态控制器设计[J]. 计算机测量与控制,2011,19(9):2183-2186.
[73] 师黎,陈铁军,李晓媛. 智能控制理论及应用[M]. 北京:清华大学出版社,2009.
[74] RAO J J,GONG Z B,LUO J. Robotic Airship Mission Path-Following Control Based on ANN and Human Operator's Skill[J]. Transactions of the Institute of Measurement and Control, 2007,29(1):5-15.
[75] PARK C S,LEE H. Airship Control Using Neural Network Augmented Model Inversion[C]. IEEE Conference on Control Applications,USA,2003.
[76] 刘其睿,李勇. 平流层飞艇巡航姿态自适应神经网络补偿控制[J]. 空间控制技术与应用,2009,35(4):34-38.
[77] XIE S R,LUO J,RAO J. Computer Vision-Based Navigation and Predefined Track Following Control of a Small Robotic Airship[J]. Acta Automatica Sinica,2007,33(3):286-291.
[78] FALAHPOUR M,MORADI H,REFAI H. Performance Comparison of Classic and Fuzzy Logic Controller for Communication Airships[C]. The 28th Digital Avionics Systems Conference, Nagara Falls,Canada,2009.
[79] 肖军,章玮玮,郭晓鹏. 基于模糊 PID 控制的飞艇压力调节系统设计[J]. 辽宁工程技术

大学学报,2010,29(5):807-809.

[80] YANG Y N,WU J,ZHENG W. Trajectory Tracking for an Autonomous Airship Using Fuzzy Adaptive Sliding Mode Control[J]. Journal of Zhejiang University-SCIENCE C,2012,13(7):534-543.

[81] RUTING J,MICHAEL T F. Control of an Airship Using Particle Swarm Optimization and Neural Network[C]. IEEE International Conference on Systems,Man,and Cybernetics,Texas,USA,2009.

[82] 王延,周凤岐,周军.基于改进遗传算法的平流层飞艇定点悬停控制[J].火力与指挥控制,2010,35(2):22-27.

[83] 吴雷,李勇,李智斌.基于遗传算法的平流层飞艇航迹规划方法研究[J].航天返回与遥感,2011,31(2):1-6.

[84] DAVID F F. Fifty Years of Flight Research:an Notated Bibliography of Technical Publi-cations of NASA Dryden Flight[R]. NASA/TP-1999-206568,California:NASA Dryden Flight Research Center,1946-1996,1999.

[85] CHAMBERS R J. Use of Dynamically Scaled Models for Studies of the High Angle of Attack Behavior of Airplanes[J]. International Symposium on Scale Modeling,Tokyo:1988.

[86] OWENS D B. BRANDON,J. M. ,CROOM,M. A. ,Overview of Dynamic Test Techniques for Flight Dynamics Research at NASA LaRC[C]. 25th AIAA Aerodynamic Measurement Technology and Ground Testing Conference,San Francisco,California,2006:3146-3177.

[87] LAURENCE A W. Flight Testing the X-36—the test Pilot´s Perspective[R]. Presented at the Society of Experimental Test Pilots,Annual Symposium,Beverly Hills,California,1997.

[88] BRIAN R T. X-48B Preliminary Flight Test Results[C]. NASA Fundamenta Aeronautics Program,Subsonic Fixed Wing Project,Atlanta,GA,USA,2009:1-24.

[89] ZHANG W. GUO,Q. ,Zhang,Y. Z. ,Research and Prospect of Scale Model Remote Control Flight Verification Technology[C]. Advances in Aeronautical Science and Engineering,2011,2(1),43-47.

[90] CHEN M G. GAO,J. Y. ,The Similarity between Scale Model Aircraft and its Flight Control System and Prototype[C]. Flight Dynamics,2003,21(2),34-37.

[91] 王浩,华俊,钟敏. CAE-AVM 模型巡航构型风洞试验[J].空气动力学学报,2022,40(4):148-157.

[92] 周萌,高国柱,薛松海.双囊体飞艇布局气动特性分析[J].西安航空学院学报,2021,39(1):3-8.

[93] 胡晓强,黄政,刘志华.复合材料螺旋桨扭转变形对推力脉动影响研究[J].推进技术,2022,43(8):416-424.

[94] 易贤,周志宏,杜雁霞.螺旋桨结冰试验相似准则研究[C].第六届中国航空学会青年科技论坛,2014:256-261.

[95] 焦俊,宋笔锋,张玉刚. 平流层飞艇螺旋桨气动相似准则研究[C]. 2014 年中国浮空器大会,2014:268-272.
[96] 高永卫,乔志德. 螺旋桨风洞实验气动声学相似准则研究[J]. 西北工业大学学报,2005,23(4):430-434.
[97] 孙振华. 复合材料螺旋桨缩比相似模型振动特性研究[D]. 大连:大连理工大学,2022.
[98] 张宇. 平流层浮空器及螺旋桨气动特性研究[D]. 上海:上海交通大学,2020.
[99] 刘沛清,马蓉,段中喆. 平流层飞艇螺旋桨地面风洞试验[J]. 航空动力学报,2011,26(8):1775-1781.
[100] 周利霖,唐国金. 大型飞艇缩比模型设计方法研究[C]. 第三届高分辨率对地观测学术年会,2014:387-400.
[101] 田中伟,周睿,吴子牛. 飞艇相似准则研究[C]. 中国浮空器大会,2008:84-88.
[102] 牛文韬,高永. 缩比模型飞行试验相似准则研究[J]. 兵工自动化,2021,40(8):30-34.
[103] SUVARNA S,CHUNG H,SINHA A. Revised Semi-empirical Aerodynamic Estimation for Modelling Flight Dynamics of an Airship[J]. Aerospace Science and Technology,2022,7(126):1-6.
[104] 李意,陈务军,高成军. 考虑裁切效应飞艇囊体模型充气数值模拟与试验[J]. 上海交通大学学报,2020,54(3):277-284.
[105] 中国人民解放军总装备部军事训练教材编辑工作委员会. 低速风洞试验[M]. 北京:国防工业出版社,2002.
[106] 吴子牛,王兵,周睿等. 空气动力学[M]. 北京:清华大学出版社,2008.
[107] 张兆顺,崔桂香. 流体力学[M]. 北京:清华大学出版社,2006.
[108] 王铁城. 空气动力学实验技术[M]. 北京:航空工业出版社,1995.
[109] 邱绪光. 实用相似理论[M]. 北京:北京航空学院出版社,1988.
[110] 屠兴. 模型实验的基本理论和方法[M]. 西安:西北工业大学出版社,1989.
[111] CHAO G M,MA X Y,WANG N T. Control Method of Adaptive Delay Wind Tunnel Based on Total Pressure Characteristics[C]. Proceedings of China Automation Congress(CAC),2022:75-81.
[112] SHI Z G,DONG R N,GUO S S,et al. Dynamics Modeling and Simulation for the Near Space Airship with Pressure Resistance Mechanism[C],Journal of Physics:Conference Series,2023,doi:10.1088/1742-6596/2449/1/012026.
[113] 史智广,陆伟宁,潘安君,等. 一种多囊体平流层飞艇的路径跟踪控制方法:ZL201518010845.4[P]. 2019-11-12.
[114] SHI Z G,ZUO Z Y. Robust Path-Tracking Control and Low-Altitude Flight Test for Stratospheric Airship with Pressure Resistance Mechanism[J]. Journal of Guidance,Control and Dynamics,2023.
[115] 史智广,杨玉洁,左宗玉. 多囊体临近空间飞艇多要素耦合建模与仿真[J]. 航空学报,

2023,44(16):228451,doi:10.7527/S1000-6893.2023.28451.
[116] 史智广,杨玉洁,左宗玉.平流层飞艇气动特性相似缩比分析与风洞试验[J].国防科技大学学报,2023.
[117] MUELLER J B,PALUSZEKT M A,ZHAO Y. Development of an Aerodynamic Model and Control Law Design for a High Altitude Airship[C]. The 3rd AIAA Unmanned Unlimited Technical Conference,Workshop and Exhibit,Chicago,USA,2004.
[118] 基里林·阿列克桑德拉·尼卡拉伊维奇.现代飞艇设计导论[M].吴飞,王培美,译.北京:国防工业出版社,2009.
[119] 李赫.有粘流中飞艇艇体气动力计算方法研究[D].厦门:厦门大学,2016.
[120] TUCKERMAN L B. Inertia Factors of Ellipsoids for Use in Airship Design[J]. Technical Report Archive & Image Library,1926.
[121] 苗景刚,王帆,周江华,等.风场环境下平流层飞艇运动建模[J].系统科学与数学,2013,33(6):685-694.
[122] 张先炳.平流层飞艇的航迹规划方法研究[D].北京:北京航空航天大学,2019.
[123] 孟新宇.临近空间飞艇建模与控制关键技术研究[D].南京:南京航空航天大学,2016.
[124] 史智广,张小强,李锦清,等.平流层浮空器保压指标对驻空性能的影响[J].航空学报,2016,37(6):1833-1839.
[125] SHI Z G,ZUO Z Y,YANG Y J. Motion-Pressure Coupled Control and Simulation of Long-Endurance Capability for Multi-Capsule Near Space Airships[J]. Chinese Journal of Aeronautics,2023.
[126] 孙光,霍伟.卫星姿态直接自适应模糊预测控制[J].自动化学报,2010,36(8):1151-1159.
[127] 史智广,陆伟宁,潘安君,等.一种往返式超长航时可重复使用的平流层飞艇:CN202111579333.0[P].2022.
[128] 吴耀,颜坤,钱太阳,等.基于相似理论的飞艇缩比模型设计方法:CN202010463766.9[P].2020-5-27.
[129] 邱绪光.实用相似理论[M].北京:北京航空学院出版社,1988.
[130] 屠兴.模型试验的基本理论与方法[M].西安:西北工业大学出版社,1989.
[131] SHI Z G,ZUO Z Y,DONG R N. Low Altitude Scaled Similarity Analysis and Flight Test for the Near Space Airship with Pressure Resistance Mechanism[J],Advance in Space Research,2023,72(6):2324-2335.
[132] 史智广,贺启林,熊超,等.一种软式飞艇艇库内高效简易配平配重方法:ZL201811619333.7[P].2020-10-16.

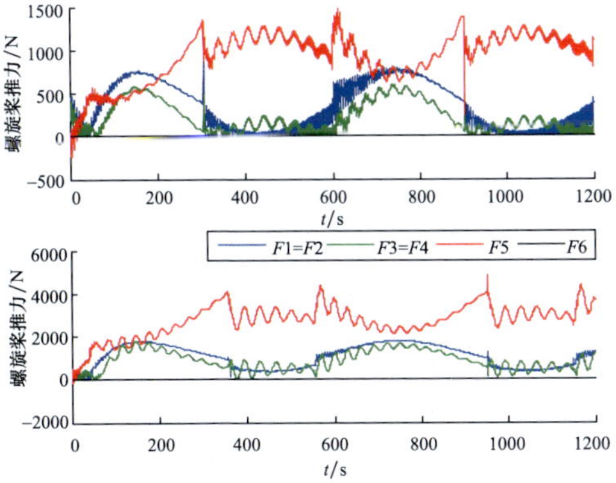

(h)

图 3-4　抗压体制临近空间飞艇时变风场下平面航线巡航路径跟踪控制仿真

(h)各螺旋桨所需推力。

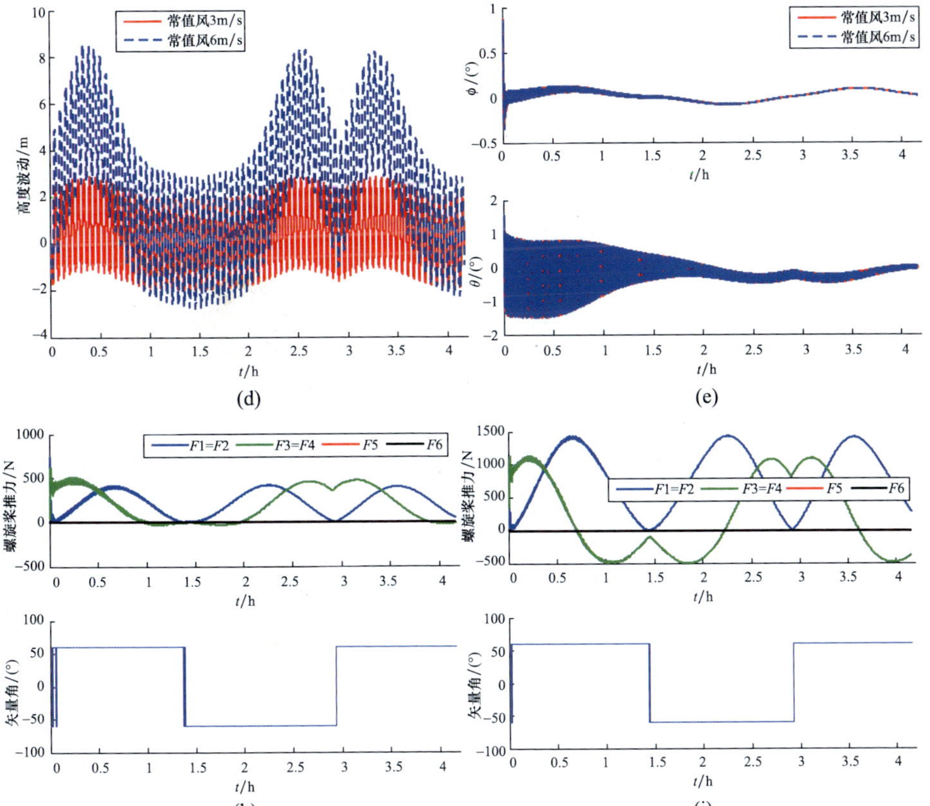

图 3-5　抗压体制临近空间飞艇常值风场下平面区域驻留路径跟踪控制仿真

(d)平衡高度动态波动；(e)桁架俯仰角与滚转角；

(h)常值风 3m/s 下动力输出；(i)常值风 6m/s 下动力输出。

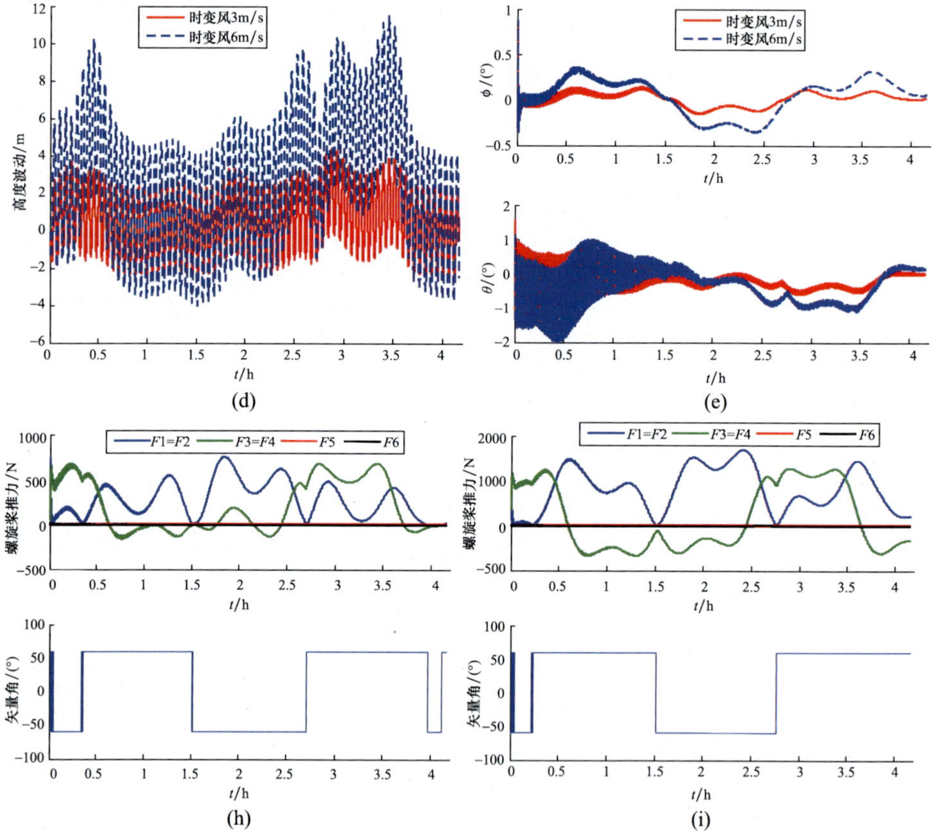

图 3-6 抗压体制临近空间飞艇时变风场下平面区域驻留路径跟踪控制仿真

(d)平衡高度动态波动;(e)桁架俯仰角与滚转角;

(h)时变风 3m/s 下动力输出;(i)时变风 6m/s 下动力输出。

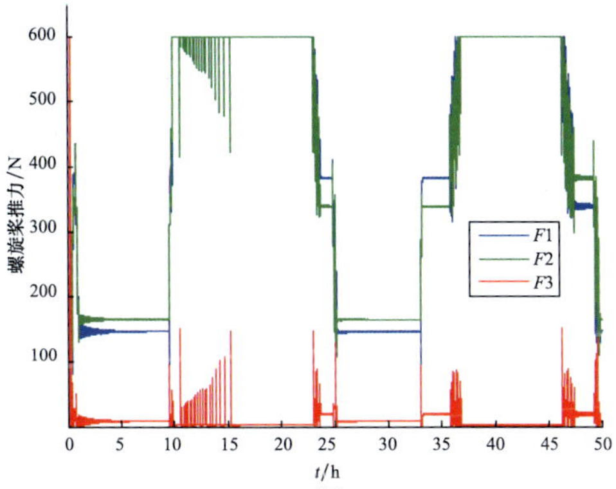

(k)

图 5-1　调压体制临近空间飞艇常值风场下平面航线巡航力热耦合路径跟踪控制仿真(3m/s 常值风)

(k)各螺旋桨所需推力。

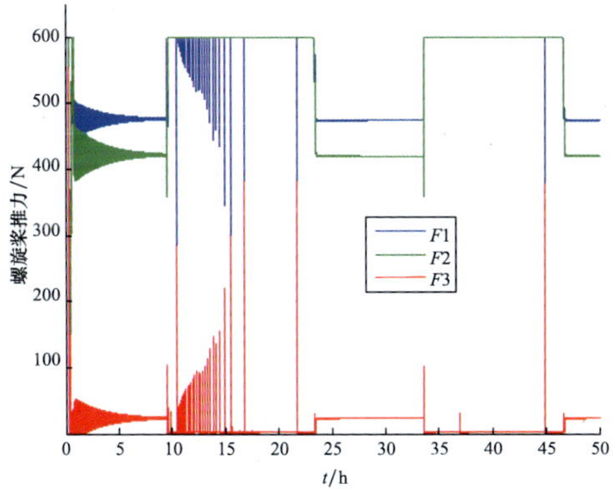

(k)

图 5-2　调体制临近空间飞艇常值风场下平面航线巡航力热耦合路径跟踪控制仿真(6m/s 常值风)

(k)各螺旋桨所需推力。

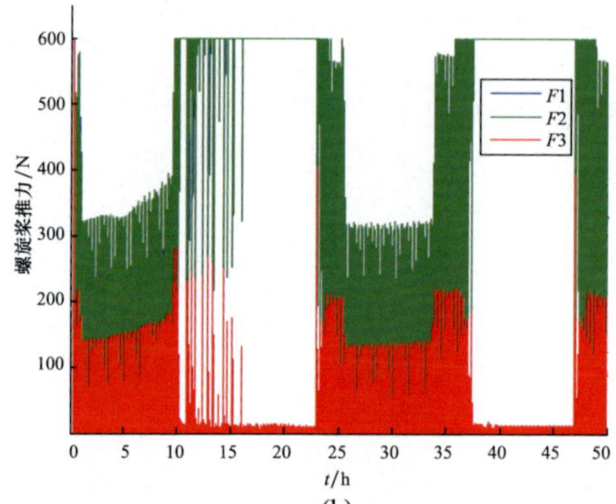

图 5-3　调压体制临近空间飞艇时变风场下平面航线巡航力热耦合路径跟踪控制仿真(3m/s 时变风)

(k)各螺旋桨所需推力。

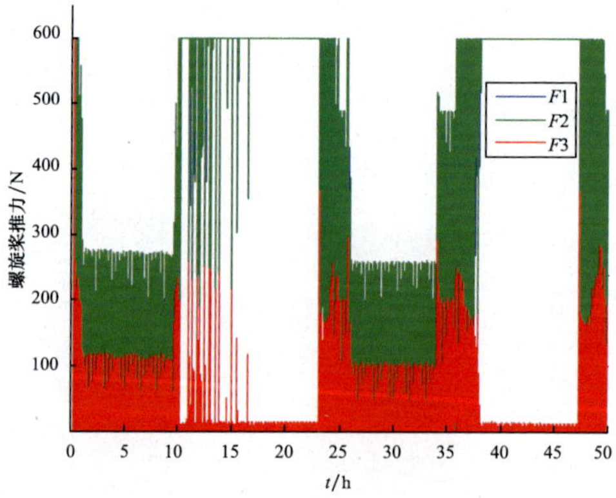

图 5-4　调压体制临近空间飞艇时变风场下平面航线巡航力热耦合路径跟踪控制仿真(6m/s 时变风)

(k)各螺旋桨所需推力。

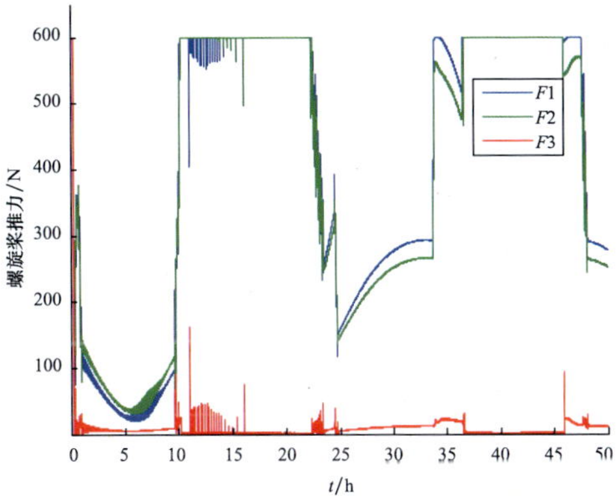

(k)

图 5-5　调压体制临近空间飞艇常值风场下平面区域驻留力热耦合路径跟踪控制仿真(3m/s 常值风)

(k)各螺旋桨所需推力。

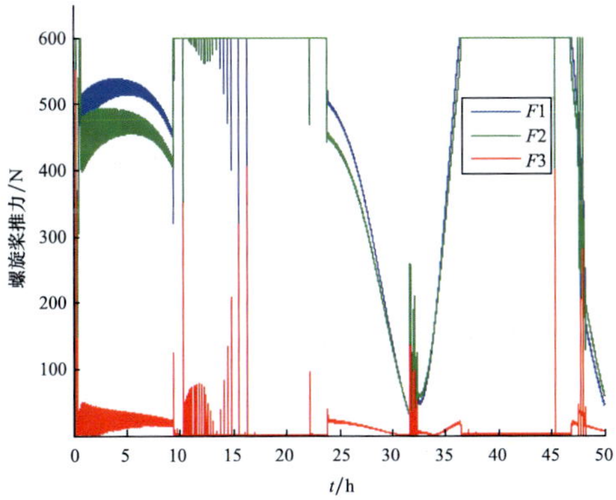

(k)

图 5-6　调压体制临近空间飞艇常值风场下平面区域驻留力热耦合路径跟踪控制仿真(6m/s 常值风)

(k)各螺旋桨所需推力。

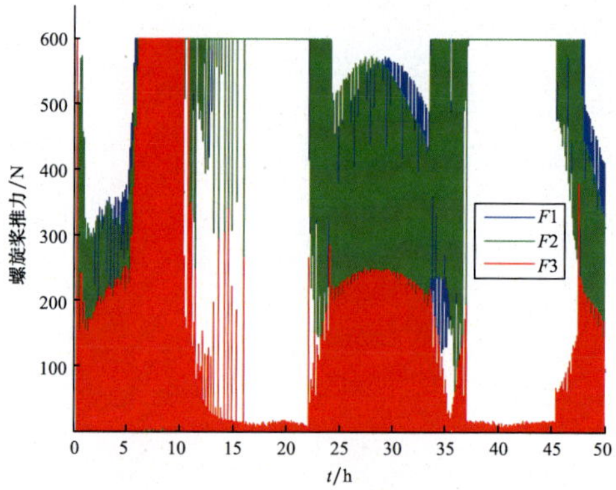

(k)

图 5-7 调压体制临近空间飞艇时变风场下平面区域驻留力热耦合路径跟踪控制仿真(3m/s 时变风)

(k)各螺旋桨所需推力。

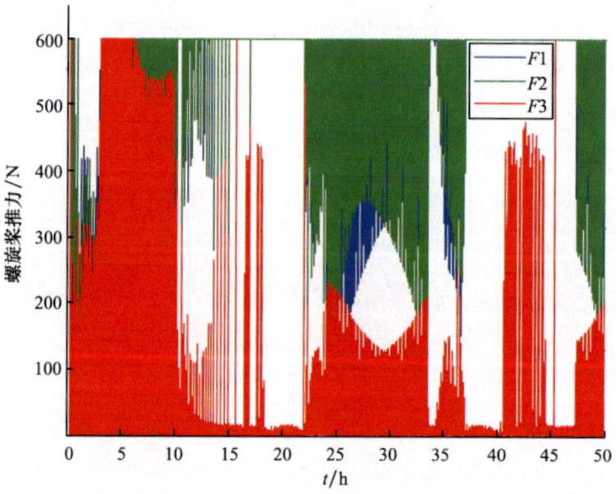

(k)

图 5-8 调压体制临近空间飞艇时变风场下平面区域驻留力热耦合路径跟踪控制仿真(6m/s 时变风)

(k)各螺旋桨所需推力。

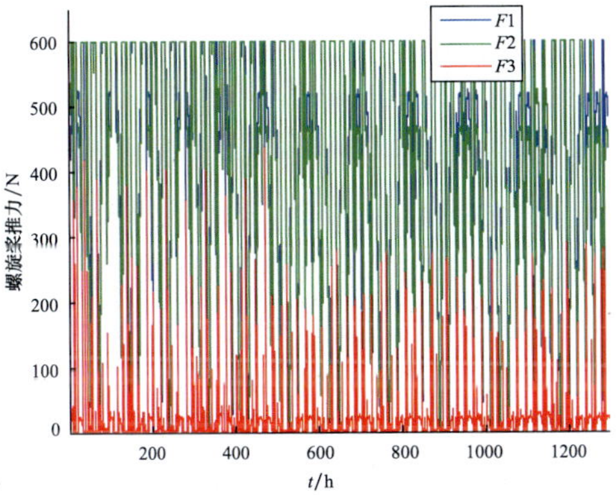

(k)

图 5-9　调压体制临近空间飞艇常值风场下区域驻留航时能力仿真(5mm 等效孔径)

(k)各螺旋桨所需推力。

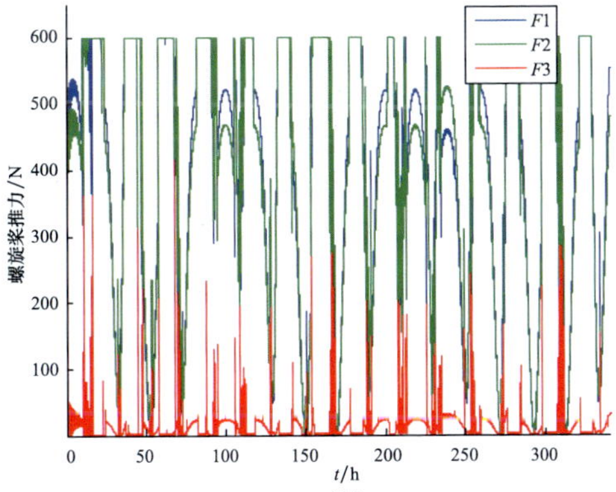

(k)

图 5-10　调压体制临近空间飞艇常值风场下区域驻留航时能力仿真(10mm 等效孔径)

(k)各螺旋桨所需推力。

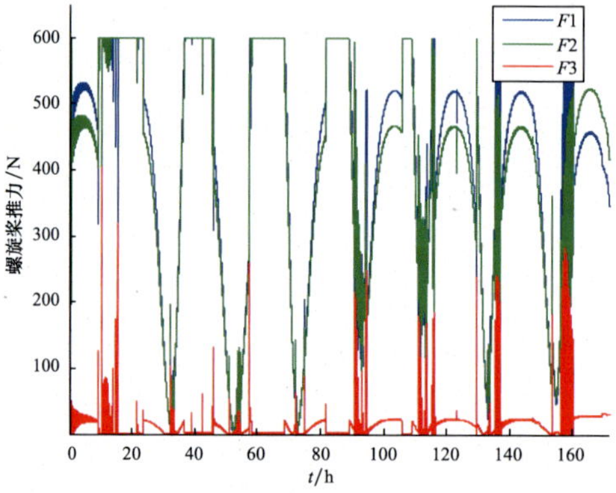

(k)

图 5-11 调压体制临近空间飞艇常值风场下区域驻留航时能力仿真(15mm 等效孔径)

(k)各螺旋桨所需推力。

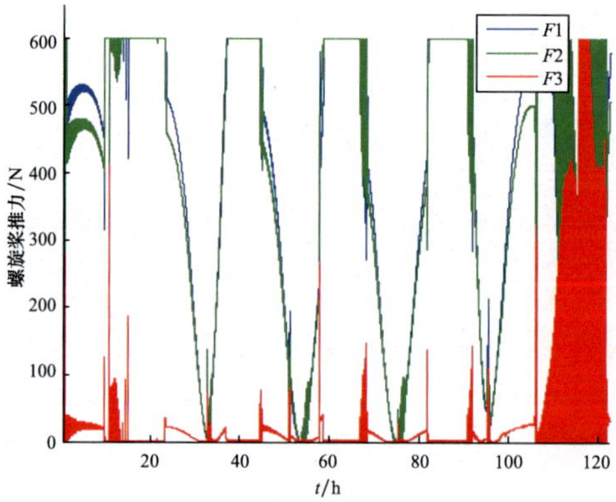

(k)

图 5-12 调压体制临近空间飞艇常值风场下区域驻留航时能力仿真(20mm 等效孔径)

(k)各螺旋桨所需推力。